Dieter Kreß | Benno Kaufhold

Signale und Systeme verstehen und vertiefen

Digitale Signalverarbeitung
von K. D. Kammeyer und K. Kroschel

Signalverarbeitung
von M. Meyer

Digitale Sprachsignalverarbeitung
von P. Vary, U. Heute und W. Hess

Information und Codierung
von M. Werner

Digitale Signalverarbeitung mit MATLAB®
von M. Werner

Digitale Signalverarbeitung mit MATLAB®-Praktikum
von M. Werner

Nachrichtentechnik
von M. Werner

Nachrichten-Übertragungstechnik
von M. Werner

Signale und Systeme
von M. Werner

Digitale Audiosignalverarbeitung
von U. Zölzer

Dieter Kreß | Benno Kaufhold

Signale und Systeme verstehen und vertiefen

Denken und Arbeiten im Zeit- und Frequenzbereich

Mit 90 Abbildungen und 34 Übungsaufgaben

STUDIUM

VIEWEG+
TEUBNER

Bibliografische Information der Deutschen Nationalbibliothek
Die Deutsche Nationalbibliothek verzeichnet diese Publikation in der
Deutschen Nationalbibliografie; detaillierte bibliografische Daten sind im Internet über
<http://dnb.d-nb.de> abrufbar.

Höchste inhaltliche und technische Qualität unserer Produkte ist unser Ziel. Bei der Produktion und
Auslieferung unserer Bücher wollen wir die Umwelt schonen: Dieses Buch ist auf säurefreiem und
chlorfrei gebleichtem Papier gedruckt. Die Einschweißfolie besteht aus Polyäthylen und damit aus
organischen Grundstoffen, die weder bei der Herstellung noch bei der Verbrennung Schadstoffe
freisetzen.

1. Auflage 2010

Umschlaggestaltung: KünkelLopka Medienentwicklung, Heidelberg
Technische Redaktion: FROMM MediaDesign, Selters/Ts.

Gedruckt auf säurefreiem und chlorfrei gebleichtem Papier.

ISBN 978-3-8348-1019-9

Vorwort

„Grau, teurer Freund, ist alle Theorie ... ". Auch wenn Studenten im Allgemeinen klassischen Zitaten keine Bedeutung beimessen – in diesem Falle stimmen wohl die meisten zu. Aber bedenken sie auch, dass Goethe den angedeuteten Satz Mephisto in den Mund legt? Vielleicht lässt sich das so interpretieren: Es ist „des Teufels", wer das über die Theorie denkt.

Die Verfasser sprechen aus langjähriger Erfahrung in der Lehre, nicht nur auf dem Gebiet „Signal- und Systemtheorie", dem Gegenstand dieses Buches. Es kam zwar mehrfach vor, dass ehemalige Studenten nach Jahren erklärten, ihre systemtheoretischen Kenntnisse hätten sich als sehr nützlich erwiesen. Aber die aktuell mit dem Studium der Theorie Konfrontierten sind skeptisch und finden immer wieder, sie könnten nicht sehen, wozu das Ganze gut sei. Man kann es dabei bewenden lassen und darauf vertrauen, dass die Erkenntnis der Nützlichkeit schon irgendwann noch kommen wird. Wir dagegen wollen versuchen, einerseits klar zu machen, worin die Problematik der Vermittlung einer Theorie besteht, und andererseits wenigstens andeutungsweise zu zeigen, wozu sie nötig ist. Das liefert vielleicht einen kleinen Motivationsschub. Wenn Sie den nicht nötig haben – desto besser – überspringen Sie einfach die folgenden Absätze und lesen Sie bei Kapitel 1, eventuell sogar erst ab Abschnitt 1.2, weiter.

Es gibt ein verbreitetes Vorurteil, das die Einordnung der Begriffe „abstrakt" und „anschaulich" betrifft. Sie werden in der Regel als gegensätzlich empfunden. Aber „abstrakt" muss nicht das Gegenteil von „anschaulich" sein. Zumindest behaupten wir das von der „Signal- und Systemtheorie", die als Theorie Abstraktion zur Voraussetzung hat. Zum Glück haben Sie schon solche Erfahrungen gemacht, dass abstrakte Gegenstände anschaulich sein können. Es ist Ihnen vermutlich nur nicht bewusst geworden. Ein einfaches Beispiel stellen die komplexen Zahlen dar. Komplexe Zahlen sind eine ziemlich abstrakte Angelegenheit. Aber inzwischen sind Ihnen komplexe Zahlen in der Gaußschen Zahlenebene doch auch sehr anschaulich geworden. Das war sicher nicht von Anfang an so. Jedoch haben hinreichende gedankliche Beschäftigung mit komplexen Zahlen und vor allem auch Übung Ihnen diese Materie so nahe gebracht, dass Sie mit komplexen Zahlen vertraut sind. Jetzt erhöhen z. B. das Eintragen der Lösungen einer quadratischen Gleichung in die komplexe Zahlenebene und das Verfolgen der eingetragenen Lösungen bei Änderung von Parametern die Anschaulichkeit. Dabei begann alles (stark vereinfacht) mit der höchst abstrakten Idee, den Ausdruck $i = \sqrt{-1}$ oder, wie es in Elektrotechnik und Elektronik üblich ist, $j = \sqrt{-1}$ einzuführen bzw. zu akzeptieren. Durch diese abstrakte Betrachtungsweise (die wir im Wesentlichen C. F. Gauß verdanken) wurde also vieles erst anschaulich, nicht sofort, wie man einräumen muss, aber nach hinreichender Beschäftigung damit. Genau hier liegt wohl das Problem, aber wenigstens stimmen Sie nun hoffentlich der These zu: Abstraktion und Anschaulichkeit sind keine unvereinbaren Gegensätze. Vielmehr dient Abstraktion in vielen Fällen sogar der Erhöhung der Anschaulichkeit. So soll auch die Abstraktion in der Signal- und Systemtheorie verstanden werden.

Worin besteht nun eigentlich das Problem, eine Theorie zu vermitteln? Auch das kann man gleich am Beispiel der komplexen Zahlen erläutern. Ohne Vorkenntnisse kann man nämlich schlechterdings den Umfang der nützlichen Anwendungsgebiete einer Theorie kaum vorstellen. Es hätte Ihnen wohl wenig geholfen, Begeisterung für die komplexen Zahlen zu entwickeln, wenn man versucht hätte, Ihnen *vorher* z. B. den Umfang der Anwendung in der Elektrotechnik vor Augen zu führen. Inzwischen haben Sie es hoffentlich gemerkt, wie nützlich komplexe Zahlen in der Elektrotechnik sind. Im Prinzip wäre es zwar denkbar, jeden einzelnen Schritt bei der Einführung einer Theorie durch Vorstellen eines speziellen Problems einzuleiten und anschließend zu zeigen, wie man es nun lösen kann. Aber das wäre nicht effektiv und oft auch praktisch unmöglich, weil ein Untersuchungsgegenstand oft so kompliziert ist, dass man die Begriffswelt der erst einzuführenden Theorie braucht, um die Problematik überhaupt klar zu erkennen. Außerdem wäre damit immer noch nicht die Vielzahl von weiteren Anwendungen gezeigt. Gerade darin besteht aber der Vorteil einer theoretischen Abstraktion, dass man mit der Theorie ein Werkzeug in die Hand bekommt, mit dem man kreativ arbeiten, also viele andere Probleme lösen kann, die vielleicht im Augenblick noch gar nicht bekannt sind. Das mag nicht immer zutreffen, aber die Signal- und Systemtheorie, wie sie hier geboten wird, stellt ein solches Handwerkszeug dar.

Zumindest versuchsweise soll nun ein wenig angedeutet werden, welche technischen Aufgaben man mit der Signal- und Systemtheorie bearbeiten kann. Wir beschränken uns dabei auf Baugruppen, Geräte und Systeme, etwa der Telekommunikations- und Automatisierungstechnik, Computertechnik, Medizintechnik usw., die in ähnlicher Weise elektronische Techniken verwenden und von der Digitalisierung Gebrauch machen, um moderne Digital- bzw. Computerbausteine einsetzen zu können.

Grundsätzlich ist in diesen Anwendungsgebieten der Umgang mit *Information* im weitesten Sinne wesentlich. Im einfachsten Falle geht es darum, Information über eine gewisse Entfernung zu *übertragen*. Dazu gehört auch das *Verteilen, Sammeln, Speichern* und *Abrufen* von Information. Kompliziert und vielgestaltig ist allgemein das *Verarbeiten* von Information, etwa zur Steuerung eines Produktionsprozesses oder eines medizinischen Therapiesystems, um nur zwei Beispiele willkürlich herauszugreifen. Information aber ist an einen physikalischen Träger gebunden. In der Elektronik ist der Träger z. B. eine elektrische Spannung oder auch eine optische Strahlung. Da menschliche Sinnesorgane oft die Sender und Empfänger von Information sind, spielen auch andere physikalische Träger eine Rolle, wie etwa der Luftdruck. Von beliebigen biologischen Systemen über Erzeugnisse aller technischen Disziplinen bis zu Großprojekten, z. B. Flussregulierungssystemen oder kompletten automatischen Fabriken, reicht das Spektrum der Objekte, in denen sämtliche denkbaren physikalischen Größen die Rolle von Informationsträgern übernehmen können. Allen gemeinsam ist, dass die Information in gewissen charakteristischen zeitlichen oder räumlichen Verläufen bzw. Strukturen steckt oder künstlich „verpackt" ist. Da räumliche Strukturen durch eine „Lesevorschrift" in eine eindimensionale Zeitabhängigkeit überführt werden können, soll es uns genügen, nur solche eindimensionalen zeitabhängigen Vorgänge zu betrachten. Dabei abstrahieren wir von der speziellen physikalischen Dimension, verwenden stattdessen die Pseudodimension „Amplitude" und bezeichnen zeitabhängige Amplituden als *Signale*.

Signale als (potenzielle) Informationsträger kommen heute in nahezu allen technischen Baugruppen, Geräten und Objekten vor, desgleichen aber auch, wie bereits erwähnt, in allen natürlichen Organismen.

Von der Form her ist es zweckmäßig, eine Einteilung in zwei grundsätzliche Modell-Klassen vorzunehmen, nämlich Signale mit kontinuierlichen und mit diskreten Parametern. Kontinuierliche Signale werden auch Analogsignale genannt. Bei ihnen setzt man voraus, dass jedem Zeitpunkt ein kontinuierlicher Amplitudenparameter zugeordnet werden kann. Beispiele sind die durch eine menschliche Stimme an einem bestimmten Messpunkt erzeugte Luftdruckschwankung oder der veränderliche Pegelstand einer Flüssigkeit in einem Behälter. Signale mit ausschließlich diskreten Parametern dagegen können nur zu ausgewählten Zeitpunkten und nur mit ausgewählten Amplitudenwerten auftreten. Zu ihnen gehören z. B. Codezeichen, die Zahlen in Computern darstellen. Eine geeignete Modellierung gestattet, beide Klassen durch eine gemeinsame Theorie zu behandeln. Dadurch wird es möglich, Mischsignale, die z. B. diskrete Strukturen wie etwa Codeworte darstellen und aus Analogsignalen aufgebaut sind, einheitlich zu beschreiben. Der logisch-strukturelle Aspekt dagegen, wie er z. B. in der Codierungstheorie oder der Booleschen Algebra oder gar der algorithmischen Basis von Protokollen zum Ausdruck kommt, bleibt dabei unberücksichtigt – es handelt sich bei uns um eine physikalisch-technische Signalbeschreibung.

Informationsübertragung und -verarbeitung verlangen naturgemäß auch die Übertragung und Verarbeitung von Signalen. Bei der Übertragung steht die Überbrückung einer Entfernung im Vordergrund. Das können Tausende von Kilometern sein, wie etwa bei den Funkstrecken der Satellitenkommunikation, oder auch nur Bruchteile von Millimetern, wie z. B. auf Leitungsbahnen in einem Silizium-Chip der Mikroelektronik. In jedem Fall werden die Signale bei der Ausbreitung in ihrer Intensität beeinträchtigt, aber dabei auch in ihrer Form verändert – sie werden verzerrt, wie man das nennt. Dies kann bereits zu Störungen führen. Außerdem werden Störungen verursacht durch verschiedene physikalische Effekte, die sich als Störsignale äußern. Solche Störsignale überlagern sich dem Nutzsignal, womöglich sogar nichtlinear, was besonders unangenehm ist. Aber auch fremde Signalquellen bewirken Störungen, teilweise sogar in böser Absicht. Diese Einflüsse muss man zumindest berechnen, um z. B. die Güte einer Übertragungsstrecke beurteilen zu können. Noch wichtiger jedoch ist es, ein Gerät unter Berücksichtigung solcher parasitärer Einflüsse zu entwerfen und zu dimensionieren. Bei der *Übertragung* von Signalen steht also die Berücksichtigung *ungewollter* Effekte im Vordergrund. In der Technik spielt aber auch die *gewünschte* Veränderung von Signalen eine große Rolle, die *Signalverarbeitung*. In Regelungssystemen etwa ist je nach Aufgabenstellung z. B. die Integration oder Differentiation von Signalen nötig. Auch die Wiederherstellung der ursprünglichen Form eines verzerrten Signals, die Entzerrung, ist dem Wesen nach eine Signalverarbeitung. Von außerordentlicher Bedeutung ist die bekannte Analog-Digital-Wandlung von Signalen als Element der heute nahezu durchgängig verwendeten Methode, störanfällige Analogsignale durch robuste diskrete Signalstrukturen darzustellen. Das Ziel ist dann, Analogsignale nach dieser Umwandlung, also in Form von Digitalsignalen, zu übertragen und/oder mit Computerbausteinen zu verarbeiten und anschließend, wenn nötig, wieder in Analogsignale zurückzuverwandeln. Beide Aspekte, den *Übertragungs-* und den *Verarbeitungs*aspekt von Signalen, kann man in Modellen zusammenfassen, die durch Signaleingänge und Signalausgänge gekennzeichnet sind und durch ihre Wirkungsweise beschrieben werden, nicht im Inneren, sondern nur hinsichtlich der Signale an Ein- und Ausgang. Solche Modelle bezeichnet man als *Systeme* im Sinne der Signal- und Systemtheorie. Wir beschränken uns auf Systeme mit nur einem Eingang und nur einem Ausgang und auf eindimensionale Signale. (Dass etwa in der Bildverarbeitung mehrdimensionale Signale eine Rolle spielen, leuchtet unmittelbar ein. Auch dort ist eine lineare Signalverarbeitung von Bedeutung, und die Theorie eindimensionaler Signale ist ein guter Einstieg.)

Die komplette technische Realisierung von elektronischen, aber auch optoelektronischen und optischen Baugruppen und Geräten etwa der Automatisierungs- und Kommunikationstechnik benötigt ausgefeilte Entwurfsmethoden, die wiederum mit zugehörigen Fertigungstechnologien zusammenhängen. Dieser gesamte Komplex ist nicht Gegenstand der Signal- und Systemtheorie, vielmehr wird von den speziellen Realisierungsmethoden, zu denen z. B. die Halbleiter-Schaltungstechnik gehört, weitgehend abstrahiert. Stattdessen werden die prinzipiellen Möglichkeiten herausgearbeitet, Signale zu beeinflussen. Das hört sich relativ anspruchsvoll an. Glücklicherweise stellt sich allerdings heraus, dass es in Verbindung mit einer eleganten Methode der Signalbeschreibung, zumindest für eine einfache Klasse von Systemen, die sogenannten *linearen Systeme*, eine ziemlich übersichtliche und dennoch leistungsfähige Systemtheorie gibt. Nichtlineare Systeme sind weitaus komplizierter zu beschreiben. Auch von nichtlinearen Methoden wird in der Technik (und in der Natur) weithin Gebrauch gemacht, aber lineare oder zumindest näherungsweise lineare Systeme sind doch wichtige Grundbausteine, vor allem in der Technik. Daher ist die in diesem Buch gebotene Signal- und Systemtheorie (für lineare Systeme, wie man präziser sagen müsste) eine wichtige Grundlage für das Verständnis der Wirkungsweise und der Prinzipien von informationselektronischen Baugruppen und Geräten. Dass diese Theorie eine Grundlage für Entwicklungsingenieure ist, kann man sicher verstehen. Aber auch der Anwender wird mit ihr in die Lage versetzt, die Leistungsfähigkeit angebotener Erzeugnisse beurteilen zu können. Auf dem Markt werden häufig Erzeugnisse unter abenteuerlichen Namen und mit angeblich neuen

Prinzipien angeboten, deren Vielfalt nicht überschaubar wäre, wenn man sie nicht nach den relativ wenigen Grundprinzipien ordnen könnte, die in der Technik eine Rolle spielen. Dabei wird Ihnen die Signal- und Systemtheorie eine wichtige Hilfe sein.

Mit diesen Vorbemerkungen wollten wir Sie ermuntern, eine Theorie zu studieren, auch wenn Ihnen nicht in jedem Augenblick die Tragweite einer Formel, einer Gesetzmäßigkeit oder einer Betrachtungsweise vor Augen steht. Eingedenk unserer Erfahrungen kommen wir Ihnen in der Darstellung dadurch entgegen, dass wir die Abstraktion nicht unnötig weit treiben. Im Sinne obiger Bemerkungen steht in diesem Buch der Anwendungsaspekt im Mittelpunkt. Auf mathematische Beweise wird im Interesse der Lesbarkeit für Ingenieurstudenten weitgehend verzichtet, nicht aber auf mathematische Korrektheit. Wiederholungen sind gewollt. Beispiele sollen der Festigung des Stoffes und Verinnerlichung der Gesetzmäßigkeiten nützen. Nach Möglichkeit streuen wir auch Übungsaufgaben ein, die Ihnen einerseits zumindest eine Ahnung von der Anwendung verschaffen, aber Sie vor allem auch veranlassen sollen, sich mit dem neuen Handwerkszeug vertraut zu machen. Wir bedienen uns eines etwas aufgelockerten Vorlesungsstiles. Erläuternder Text möchte auf Zusammenhänge aufmerksam machen.

Damit hoffen wir, einen kleinen Beitrag zu Ihrem physikalisch-technischen „Weltbild" der Signale und (linearen) Systeme in modernen informationselektronischen Erzeugnissen zu leisten, einem Weltbild, das Sie vielfältig anregen soll.

Für Ihre Weiterbildung können Sie auf eine große Literaturauswahl zurückgreifen. Viele Autoren verwenden den Titel „Signale und Systeme", wie etwa Fliege [Fli08], Kiencke [KJ08], Werner [Wer08], Scheithauer, [Sch05] und folgen damit dem bedeutenden Wissenschaftler F.H. Lange (1909 – 99) [Lan71]. Die Verwendung des Terminus „Systemtheorie" dagegen, wie z. B. bei Unbehauen [Unb02] oder Frey/Bossert, [FB08] geht auf den zu den Pionieren der Nachrichtentechnik zu zählenden Karl Küpfmüller (1897 – 1977) zurück mit dem Buch „Systemtheorie der elektrischen Nachrichtenübertragung" [Küp49]. Aktuelle Bücher zu weiter gehenden theoretischen Grundlagen der Signal- bzw. Nachrichtenübertragung mit Grundlagen und Anwendungen der Signal- und Systemtheorie stammen z. B. von Ohm/Lüke [OL07] und Kammeyer [Kam08]. Eine Vertiefung in Richtung auf digitale Signalverarbeitung wird z. B. geboten von Schüßler [Sch08] und wiederum von Kammeyer und Mitautoren [DKBK09], [KK09], Doblinger [Dob07] oder Meyer [Mey09]. Dem statistischen Aspekt dagegen widmen sich z. B. Hänsler [Hän01] und Wunsch [Wun06]. Bitte beachten Sie, dass die genannten Titel nur eine beschränkte Auswahl aus den nach dem Jahre 2000 erschienenen oder neu aufgelegten Büchern mit z. T. erheblich unterschiedlicher Diktion darstellen. Auf Beispiele von Projekten mit unserer Thematik, die mehr als die häufig anzutreffenden computergestützten Übungen bieten, sei besonders hingewiesen, nämlich ein Buch von Karrenberg [Kar05] und vor allem ein unter http://www.LNTwww.de/ zugängliches umfangreiches interaktives Lerntutorial von Prof. Günter Söder (TU München) und Mitautoren. Letzteres geht in seiner Gesamtheit weit über die hier dargestellte Thematik hinaus, vermittelt aber in den ersten beiden elektronischen „Büchern" auch unsere Gegenstände mit ähnlichem Anliegen und ist speziell hinsichtlich seiner multimedialen und interaktiven Angebote als Ergänzung zu empfehlen. In diesem Tutorial, wie in vorliegendem Buch, schimmert übrigens eine Zeitschriftenveröffentlichung von Prof. Hans Marko durch („Die Reziprozität von Zeit und Frequenz in der Nachrichtentechnik", NTZ 9(1956), S. 387–390), die damals bei vielen Ingenieuren Aha-Effekte ausgelöst hat und mit dem ITG-Preis ausgezeichnet wurde. In diesem Zusammenhang soll auch der Einfluss des Gesamtwerkes von Prof. Gottfried Fritzsche, Dresden, (siehe u. a. [Fri81]) dankbar erwähnt werden.

Die Verfasser haben von vielen Kollegen, Mitarbeitern und Studenten Unterstützung erhalten. Wesentlichen Anteil an der technischen Ausführung des Manuskriptes hat Herr Prof. Jochen Seitz von der TU Ilmenau. Herr M.Sc. Steven Müller von der Berufsakademie Gera setzte alle Abbildungen um. Auch die Herren Dr.-Ing. Karl Schran und Dipl.-Ing. (FH) Wolfgang Erdtmann, beide TU Ilmenau, halfen bereitwillig bei verschiedenen Anlässen. Allen möchten wir auf das Herzlichste Dank sagen. Sehr erfreulich und unkompliziert entwickelte sich die Zusammenarbeit mit dem Verlag und mit Frau Angela Fromm von FROMM MediaDesign, im Verlagsauftrag agierend. Dafür sind wir besonders dankbar.

Unsere Leserinnen und Leser schließlich möchten wir ausdrücklich zu Rückmeldungen ermuntern (z. B. an „dieter.kress@tu-ilmenau.de") und uns im Voraus dafür bedanken.

Arnstadt, Stützerbach, im März 2010

Dieter Kreß, Benno Kaufhold

Inhaltsverzeichnis

Kapitel 1

Signale

In diesem ersten Kapitel wird versucht, Ihnen die Beschreibung von Signalen im Zeit- und Frequenzbereich nahezubringen. Als Handwerkszeug dient – abgeleitet aus der Fourierreihe – zunächst ausschließlich die Fouriertransformation. (Die Z-Transformation lernen Sie im zweiten Kapitel und die Laplacetransformation erst im Kapitel „Ergänzungen" kennen.) Das klingt alles sehr akademisch, und es lässt sich auch nicht verheimlichen, dass die Fouriertransformation primär ein mathematisches Kalkül ist. Aber Mikro- und Nanoelektronik sind heute so leistungsfähig, dass viele theoretische und damit mathematisch formulierte Prinzipien unmittelbare praktische Bedeutung haben und die Funktionsweise von technischen Geräten bestimmen. Die Fouriertransformation bildet so eine wesentliche Grundlage der modernen Signalverarbeitung und erscheint in einer großen Anzahl von speziellen Algorithmen in Form von Software für viele Anwendungen. In fast allen signalverarbeitenden modernen Geräten werden z. B. digitale Signalprozessoren (DSP) verwendet, die zum großen Teil auf der Basis der diskreten Variante der Fouriertransformation operieren. Das zweite Kapitel „Systeme"basiert ebenfalls auf der Fouriertransformation und ist als eine wichtige praktische Anwendung des im ersten Kapitel vermittelten Stoffes aufzufassen. Das erste Kapitel „Signale" ist daher mit Bedacht so angelegt, dass es vor allem das theoretische Fundament liefert und die Darstellung im Interesse der Übersichtlichkeit mit nur einfachen Übungsbeispielen „würzt". Wer daher beim Studium des Kapitels mehr zum praktischen Gebrauch der Theorie wissen will, der sei auf das zweite Kapitel vertröstet. Dort findet er auch weitere Gelegenheit, die Anwendung der gelernten Zusammenhänge und Grundgesetze zu üben. Trotzdem ist man gut beraten, den Stoff im Kapitel „Signale"

zunächst separat möglichst gut zu verinnerlichen. Die Thematik „Abtastung"
spielt dabei eine zentrale Rolle, wiederum nicht nur für die Theorie, sondern
auch hinsichtlich der umfangreichen Anwendung in der Praxis.

Dass auch Zufallssignale (stochastische Signale, statistische Signale) elegant mit Hilfe der Fouriertransformation behandelt werden können, ist eigentlich sehr wichtig, aber wir beschränken uns darauf, nur im Kapitel „Ergänzungen" ein wenig auf sie einzugehen. In [KI90], einer Darstellung unseres
Gegenstandes mit ähnlicher Diktion, sind sie dagegen in größerem Umfang
enthalten, und ausführlich widmet sich z. B. Hänsler in [Hän01] diesem Thema. Nur Zufallssignale können Information beinhalten.

Was Information ist, kann hier nicht ausführlich besprochen werden. Zumindest aber
ist festzustellen, dass Information nur dann in Signalen enthalten sein kann, wenn sie
nicht vorhersagbar sind, d. h. wenn es sich um *Zufallsignale* handelt. Wir beschränken
uns hier allerdings auf *determinierte Signale*. Aus dem vorher gesagten zu schließen, dass
solche determinierten Signale uninteressant sind, wäre vorschnell geurteilt. Determinierte Signale sind z. B. Aufbausignale für tatsächlich informationstragende Zufallssignale.
(Beispiel: Rechteckförmige determinierte Impulse, die mit zufälliger Polarität aufeinander
folgen, stellen ein informationstragendes Digitalsignal dar.) Determinierte Signale können
auch der Beschreibung von Übertragungsmedien dienen und sind dann z. B. Testsignale
der Messtechnik oder charakteristische Kennfunktionen (Beispiel: Reaktion eines Über-
tragungsgliedes auf einen kurzen Impuls oder eine eingeschaltete Gleichgröße). Außerdem
spielt bei den wird bei den Zufallssignalen die Korrelationstheorie eine große Rolle, bei
der auf der Theorie der determinierten Signale aufgebaut wird. Die Grundgesetze der
Darstellung determinierter Signale stellen also in mehrfacher Hinsicht eine wichtige Basis
dar.

1.1 Fourieranalyse

1.1.1 Einführung

Aus der Elektrotechnikausbildung sind Sie mit elementaren Signalen, insbesondere mit periodischen Kosinus- und Sinusfunktionen in Abhängigkeit von
der Zeit t vertraut. Wir wollen zunächst reelle zeitkontinuierliche Funktionen
voraussetzen. Beispiele für Spannung $u(t)$ und Strom $i(t)$ sind:

$$
\begin{aligned}
u(t) &= U_0 \cos(2\pi f_0 t) \\
i(t) &= I_0 \sin(2\pi f_0 t)
\end{aligned}
$$

In realen elektronischen Schaltungen kommen Ströme und Spannungen vor, in anderen Anordnungen auch elektrische oder magnetische Feldstärken oder mechanische Auslenkungen (etwa von Lautsprechermembranen). In der Automatisierungs- und Telekommunikationstechnik ist solchen physikalischen Größen gemeinsam, dass sie in Abhängigkeit von der Zeit in charakteristischer Weise laufend verändert werden, also insbesondere im Allgemeinen *keine* periodischen Kosinus- (bzw. Sinus-)funktionen darstellen.

In der Signaltheorie stehen die zeitabhängigen physikalischen Größen als Zeitfunktion „an sich" im Vordergrund, d. h. es interessiert nicht, um welche spezielle physikalische Größe es sich handelt (Strom, Spannung usw.) Daher wird anstelle der physikalischen Größe einfach der Begriff „Signal", auch „Momentansignal" oder „Momentanamplitude" verwendet und einheitlich mit u bezeichnet, als Zeitfunktion somit $u(t)$. Zum Vertrautwerden mit der Begriffswelt ist es allerdings zunächst nicht schädlich, wenn man sich unter $u(t)$ eine Spannung vorstellt.

Wir bleiben zunächst bei periodischen sinusförmigen bzw. kosinusförmigen Signalen. Das periodische Signal

$$u_p(t) = U_0 \cos\left(2\pi f_0 t + \varphi_0\right)$$

ist gekennzeichnet durch die Parameter

U_0 Amplitude
f_0 Frequenz
φ_0 Nullphasenwinkel

Frequenz und Periode

Am Beispiel der Kosinusfunktion $y(x) = \cos(x)$, die Ihnen gut bekannt ist, möchten wir einige elementare Weisheiten rekapitulieren. Das Argument x ist ein *Winkel*, den wir vorzugsweise im Bogenmaß angeben wollen. Als *periodisch* bezeichnet man eine Funktion für die gilt

$$y(x) = y(x - x_p) \qquad x_p = \text{const}$$

Die so genannte *Primitivperiode* ist die kleinste von mehreren möglichen Konstanten x_p. Bei der Kosinusfunktion beträgt die Primitivperiode 2π, es gilt $\cos(x) = \cos(x - 2\pi)$. Es gilt aber auch $\cos(x) = \cos(x - k\,2\pi)$, wenn k ganzzahlig ist, d. h. $k \in \mathbf{Z}$ [1]. Damit können wir ebenso einen Wert $k\,2\pi$ als Periode bezeichnen. Zur Präzisierung dient der oben erklärte Begriff Primitivperiode. Sie ist mit $k = 1$ also die kleinste aller Perioden $k\,2\pi$.

Wir interessieren uns für Funktionen in Abhängigkeit von der Zeit, die wir kurz als *Zeitfunktionen* oder, wie erläutert, als *Signal* bezeichnen wollen, in unserem Falle ist also z. B. die Kosinusfunktion in der Form $\cos(2\pi f_0 t)$ ein *Kosinussignal*. Das Winkelargument x ist nun zeitabhängig. Mit $x = 2\pi f_0 t$ kann somit auch eine Primitivperiode als *Zeitgröße* angegeben werden. Man erhält für die Primitivperiode als spezielle *Winkel*größe (Winkelparameter) $x = 2\pi$. Aus der Beziehung $x = 2\pi f_0 t$ wird mit $x = 2\pi$ die Bestimmungsgleichung $2\pi = 2\pi f_0 t$, deren Lösung die spezielle *Zeit*größe (Zeitparameter) $t = 1/f_0$ als Primitivperiode im Zeitbereich ergibt. Der Primitivperiode im Zeitbereich wollen wir das Formelzeichen t_p zuordnen, d. h. es gilt

$$t_p = 1/f_0$$

Für ein allgemeines periodisches Signal $u_p(t)$ können wir also zusammenfassend feststellen:

- $u_p(t) = u_p(t - t_p)$ und damit auch

- $u_p(t) = u_p(t - k t_p)$ $\qquad k \in \mathbf{Z}$

Der Parameter $f_0 = 1/t_p$ soll exakt **Grundfrequenz** genannt werden und ist der Reziprokwert der **Primitivperiode** t_p der periodischen Funktion. So wie gemeinhin t_p als *Periodendauer* oder einfach *Periode* bezeichnet wird, heißt f_0 auch *Frequenz* schlechthin. Die Unterscheidung von Periode und Primitivperiode ist keine mathematische Spitzfindigkeit, sondern von einiger Wichtigkeit, wie wir später noch sehen werden. Wir wollen allerdings vereinbaren, in diesem Buch den Begriff Periode im Allgemeinen im Sinne von Primitivperiode zu verwenden, ebenso wie es die Grundfrequenz bedeuten soll, wenn wir von der Frequenz einer periodischen Funktion sprechen.

---

[1]In Anlehnung an die üblichen Bezeichnungen von Zahlenmengen drücken wir mit $k \in \mathbf{Z}$ die Zugehörigkeit von k zur Menge der ganzen Zahlen $(0, 1, -1, 2, -2, \ldots)$ aus. Zur Erinnerung: Es gibt noch u. a. die Mengen der natürlichen Zahlen $\mathbf{N} = (1, 2, 3, \ldots)$, der rationalen $\mathbf{Q}$, der reellen $\mathbf{R}$, der komplexen Zahlen $\mathbf{C}$.

Nullphasenwinkel und zeitliche Verschiebung

Das in runden Klammern stehende Argument der Kosinusfunktion ist eine Winkelangabe. Bei zeitabhängigen periodischen Sinus- und Kosinussignalen verwendet man dafür auch den Begriff Phasenwinkel. Bei einer Kosinusfunktion $\cos\left(2\pi f_0 t + \varphi_0\right)$ hat dieser Phasenwinkel zum Zeitpunkt $t = 0$ den Wert φ_0, weshalb φ_0 korrekt als **Nullphasenwinkel** bezeichnet wird. In der Praxis spricht man jedoch oft einfach kurz von **Phase**. Der spezielle Nullphasenwinkel $\varphi_0 = -\frac{\pi}{2}$ z. B. bewirkt also auch eine bestimmte Verschiebung der Kosinusfunktion $\cos(2\pi f_0 t)$ auf der Zeitachse. Es gilt $\cos(x - \frac{\pi}{2}) = \sin(x)$, d. h. aus der Kosinusfunktion entsteht eine Sinusfunktion: $\cos\left(2\pi f_0 t - \frac{\pi}{2}\right) = \sin(2\pi f_0 t)$. Wir wissen, dass die als Phasenwinkel ausgedrückte (Primitiv-)Periode der Kosinusfunktion 2π beträgt, wohingegen die (Primitiv-)Periode t_p als Zeitangabe den Wert $t_p = 1/f_0$ besitzt. Eine Phasenverschiebung um $\varphi_0 = -\frac{\pi}{2}$ entspricht also einer zeitlichen Verschiebung um $t_p/4$, gemäß $\cos\left(2\pi f_0 t - \frac{\pi}{2}\right) = \cos\left[2\pi f_0 \left(t - \frac{t_p}{4}\right)\right]$. Allgemein lässt sich ansetzen:

$$\cos\left(2\pi f_0 t + \varphi_0\right) = \cos\left[2\pi f_0 \left(t - t_x\right)\right]$$

mit der zeitlichen Verschiebung t_x (nach rechts, falls $t_x > 0$, d. h. $\varphi_0 < 0$). Durch Gleichsetzung der Argumente ergibt sich für t_x:

- $t_x = -\varphi_0/(2\pi f_0)$ oder mit $f_0 = 1/t_p$:

- $t_x/t_p = -\varphi_0/2\pi$

Die letzte Beziehung ist vielleicht als Merkform besonders gut geeignet, weil sie die entsprechenden Winkel- und Zeitgrößen in Beziehung setzt. Dass eine zeitliche Verschiebung nach rechts, d. h. $t_x > 0$ zu einem negativen Nullphasenwinkel, d. h. $\varphi_0 < 0$ korrespondiert, empfinden Sie womöglich als unschön. Es ist eine Frage der Definition, wobei wir uns allerdings an die in der Literatur übliche Darstellung gehalten haben.

Diesen Zusammenhang zwischen einer zeitlichen und einer phasenmäßigen Verschiebung können wir uns schon für die im 2. Kapitel behandelte Theorie der linearen zeitinvarianten Übertragungssysteme merken. Solche Systeme haben nämlich die Eigenschaft, dass sie die Kurvenform kosinusförmiger Signale nicht verändern (insbesondere bleibt somit die Frequenz f_0 erhalten). Wohl aber werden im Allgemeinen Amplitude und Phasenlage beeinflusst. Die durch das System bewirkte Phasenverschiebung kann man nun, wie oben gezeigt, wahlweise durch eine Winkelangabe oder durch eine Zeitangabe ausdrücken. Die zeitliche Verzögerung, die lineare zeitinvariante Systeme speziell bei periodischen kosinusförmigen Signalen verursachen, heißt *Phasenlaufzeit*.

Da die Kosinusfunktion periodisch ist, sind alle Winkelangaben um ganzzahlige Vielfache von 2π und alle Zeitangaben um ganzzahlige Vielfache von t_p unsicher.

Addition von phasenverschobenen Kosinussignalen und Approximation

Das Summensignal $u_{px}(t)$ zweier Kosinussignale $u_{p1}(t)$ und $u_{p2}(t)$ unterschiedlicher Frequenz ist nicht mehr kosinusförmig, wie in Abbildung 1.1 beispielhaft demonstriert.

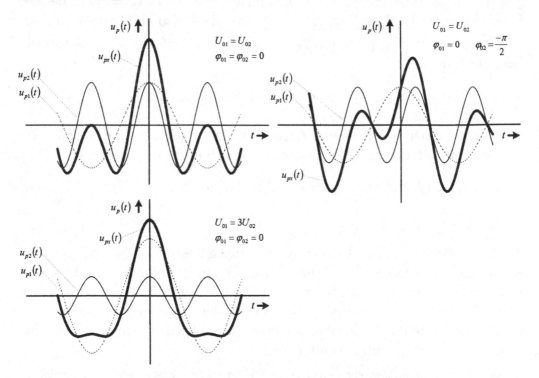

Abbildung 1.1: *Beispiele für Summensignale zweier Kosinusfunktionen im Frequenzverhältnis 1:2*

Die drei Beispiele in Abbildung 1.1 beruhen auf

$$u_{p1}(t) = U_{01} \cos\left(2\pi f_{01} t + \varphi_{01}\right)$$

$$u_{p2}(t) = U_{02} \cos\left(2\pi f_{02} t + \varphi_{02}\right)$$

Die beiden Frequenzen seien vorgegeben und zu $f_{02} = 2f_{01}$ festgelegt. Die Amplituden U_{01} und U_{02} sowie die Nullphasenwinkel φ_{01} und φ_{02} sind unterschiedlich gewählt. Man beachte: Wegen $f_{02} = 2f_{01}$ hat das Summensignal $u_{px}(t)$ die (Primitiv-)Periode $t_p = 1/f_{01}$, denn beide Summanden haben eine gemeinsame Periode, die Primitivperiode von $u_{p1}(t)$ und die doppelte Primitivperiode von $u_{p2}(t)$. Die beiden oberen Summensignale zeigen, dass trotz gleicher Maximalamplituden $U_{01} = U_{02}$ der Elementarsignale infolge unterschiedlicher Nullphasenwinkel φ_{01} und φ_{02} verschiedene Kurvenformen entstehen. Das untere Summensignal demonstriert den Einfluss der Amplitudenparameter bei gleichen Nullphasenwinkeln. Man erkennt, dass durch Variation der Parameter unterschiedliche Formen von Summensignalen mit einer gewissen (selbstverständlich begrenzten) Vielfalt „komponiert" werden können. Demzufolge kann man versuchen, eine vorgegebene nichtsinusförmige periodische Zeitfunktion $u_p(t)$ durch die Summe zweier kosinusförmiger Elementarsignale zu approximieren.

Ein solches Beispiel für die Approximation eines sägezahnförmigen Signals $u_p(t) = u_{ps}(t)$ mit der (Primitiv-)Periode $t_p = 1/f_0$ und der Maximalamplitude U_s durch die Summe zweier kosinusförmiger Elementarsignale mit den Frequenzen $f_{01} = f_0$ und $f_{02} = 2f_0$ zeigt Abbildung 1.2.

Die Approximationsgüte ist offenbar nicht besonders hoch. Aber das sollte uns nicht verwundern. Schließlich konnten wir nur 4 Parameter variieren. Die Güte einer Approximation durch Besichtigen zu beurteilen, reicht natürlich nicht aus. Wir möchten ein objektives Maß für die Approximationsgüte zur Verfügung haben. Was Sie aus der Abbildung 1.2 nicht entnehmen können: Es handelt sich hier um das Ergebnis einer Approximation im Sinne eines **minimalen mittleren quadratischen Fehlers**, d. h. die Wahl der 4 Parameter $U_{01}, U_{02}, \varphi_{01}, \varphi_{02}$ erfolgte optimal im Sinne dieses Gütekriteriums. Man bezeichnet dies auch als **Approximation im Gaußschen Sinne**. Äquivalent ist die Aussage: Die Parameter sind optimal im Sinne eines minimalen mittleren quadratischen Fehlers.[2]

---

[2]In der angloamerikanischen Literatur spricht man auch von MMSE criterion (MMSE: Minimum Mean Square Error).

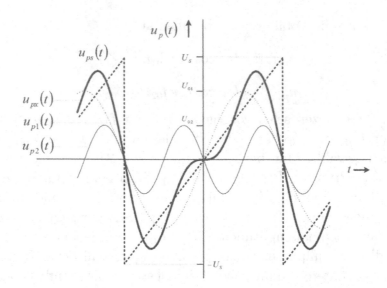

Abbildung 1.2: *Approximation eines periodischen Sägezahnsignals*

Die Vokabel *optimal* wird in der Umgangssprache ziemlich lax verwendet. Obwohl oben bereits behandelt, möchten wir daher vorsichtshalber noch einmal erklären, was wir unter optimalen Parametern verstehen wollen, nämlich: Optimale Parameter haben Werte, die so gewählt sind, dass ein wohldefiniertes Gütemaß einen möglichst günstigen Wert hat. Im vorliegenden Fall ist das Gütemaß der mittlere quadratische Fehler, der möglichst klein sein soll. Dieses spezielle Gütemaß ist zwar technisch nicht immer befriedigend, da es nur ein pauschales Maß ist. Aber es hat aus mathematischer Sicht große Vorteile, wie wir noch feststellen werden. Merke: Von Optimierung kann man nur in Verbindung mit einem Gütemaß sprechen.

Wir wollen erklären, was man unter dem von uns gewählten, aus mathematischer Sicht zweckmäßigen Gütemaß (es gibt noch andere) versteht: Mit dem approximierenden Summensignal $u_{px}(t) = u_{p1}(t) + u_{p2}(t)$ ist der zeitabhängige momentane Approximationsfehler $\epsilon(t)$ die Differenz von $u_{px}(t)$ und dem zu approximierenden Signal $u_p(t)$, d. h.

$$\epsilon(t) = u_{px}(t) - u_p(t)$$

Die Differenzfunktion $\epsilon(t)$ kann auch als Fehlerfunktion oder Fehlersignal bezeichnet werden. Sie hat eine mit $u_{px}(t)$ und $u_p(t)$ gemeinsame Periode t_p. Der mittlere quadratische Fehler $\overline{\epsilon^2(t)}$, d. h. der lineare Mittelwert des quadrierten Differenzsignals $\epsilon^2(t)$, ist erklärt durch

$$\overline{\epsilon^2(t)} = \frac{1}{t_p} \int_{t_p} \epsilon^2(t)\, dt$$

Die Schreibweise $\int_{t_p} \cdots dt$ wird benutzt, um auszudrücken, dass das Integral über ein zeitliches Intervall der Länge t_p zu bilden und die absolute Lage des Intervalles frei wählbar ist. Es gilt somit

$$\frac{1}{t_p} \int_{t_p} \cdots dt = \frac{1}{t_p} \int_{kt_p}^{(k+1)t_p} \cdots dt \qquad k \in \mathbf{R}$$

Insbesondere gilt auch

$$\frac{1}{t_p} \int_{t_p} \cdots dt = \frac{1}{t_p} \int_{-\frac{t_p}{2}}^{+\frac{t_p}{2}} \cdots dt = \frac{1}{t_p} \int_0^{t_p} \cdots dt$$

Der mittlere quadratische Fehler ist, wie oben erwähnt, der lineare Mittelwert des quadrierten Fehlersignals $\epsilon^2(t)$. Da diese quadrierte Zeitfunktion, wie auch das Fehlersignal $\epsilon(t)$ selbst, periodisch mit einer Periode (nicht unbedingt der Primitivperiode) t_p ist, kann man willkürlich auch über ein ganzzahliges Vielfaches von t_p mitteln (denn ganzzahlige Vielfache von t_p sind, wie oben erläutert, auch Perioden im allgemeinen Sinne). Somit gilt auch

$$\overline{\epsilon^2(t)} = \frac{1}{Nt_p} \int_{Nt_p} \epsilon^2(t)\, dt \qquad N \in \mathbf{N}$$

Zur analytischen Berechnung von $\overline{\epsilon^2(t)}$ ist im Allgemeinen $N = 1$ sinnvoll. Allerdings kann es bei apparativer oder numerischer Bestimmung des quadratischen Mittelwertes durchaus sinnvoll sein, mit Werten $N > 1$ oder sogar $N \gg 1$ zu arbeiten. (Das ist insbesondere der Fall, wenn zufällige additive Störungen vorliegen. Das Ergebnis ist dann nur ein Schätzwert des quadratischen Mittelwertes des ungestörten Signals, und die Schätzung ist in der Regel um so genauer, je größer N gewählt wird.)

Für das obige in Abbildung 1.2 gezeigte Beispiel ergaben sich die im Sinne eines minimalen mittleren quadratischenFehlers optimalen 2 Amplituden- und 2 Winkelparameter der beiden Summanden $u_{p1}(t)$ und $u_{p2}(t)$ unter Berücksichtigung der Maximalamplitude U_s des zu approximierenden periodischen Sägezahnsignals zu:

$$U_{01} = 2U_s/\pi \qquad U_{02} = U_s/\pi$$
$$\varphi_{01} = -\pi/2 \qquad \varphi_{02} = -3\pi/2$$

Bitte überprüfen Sie durch Lösen der folgenden Aufgabe Ihr Verständnsi für
die Problematik.

> **Übungsaufgabe:** Wie verändern sich die optimalen Nullphasen-
> winkel φ_{01} und φ_{02} der approximierenden Funktion $u_{px}(t)$, wenn
> das Sägezahnsignal $u_p(t) = u_{ps}(t)$ zeitlich um $t_p/2$ nach rechts
> verschoben wird?

Wir hoffen, dass Sie nun das Bedürfnis haben zu erfahren, auf welche Weise man allgemein derartige optimale Approximationen periodischer Signale
durch Summen periodischer Kosinusfunktionen durchführen kann. Vermutlich ist Ihnen die Lösung nicht völlig neu, denn es ist anzunehmen, dass Sie die
Fourier-Reihe kennen. Wir wollen diese hier rekapitulieren, aber zunächst anstelle der reellen Kosinusfunktionen als Elementarfunktionen komplexe Drehzeiger einführen.

Komplexe Drehzeiger als periodische Elementarfunktionen

Bei unseren bisherigen Betrachtungen spielten periodische Kosinusfunktionen die Rolle von Elementarfunktionen zum Aufbau – vornehmer ausgedrückt: zur Synthese – komplizierterer Signale. Eine periodische Kosinusfunktion $\cos(x)$ kann als Summe zweier konjugiert komplexer Funktionen e^{jx}
und e^{-jx} dargestellt werden gemäß

$$\cos(x) = \frac{1}{2}[e^{jx} + e^{-jx}]$$

Dies lässt sich sehr leicht verifizieren durch Berücksichtigung der Beziehung

$$e^{jx} = \cos(x) + j\sin(x)$$

Anstelle von periodischen Zeitfunktionen der Form

$$u_p(t) = U_0 \cos(2\pi f_0 t + \varphi_0) = \frac{U_0}{2} e^{j(2\pi f_0 t + \varphi_0)} + \frac{U_0}{2} e^{-j(2\pi f_0 t + \varphi_0)}$$

kann man also nun zeitabhängige Drehzeiger der Form

$$U_c\, e^{j(2\pi f_0 t + \varphi_0)} \qquad \text{mit} \qquad U_c = \frac{U_0}{2}$$

als Elementarfunktionen verwenden.

Das sieht zunächst so aus, als würde es die mathematischen Ausdrücke komplizierter machen. Das Gegenteil ist der Fall, wie Sie schon bei der Behandlung und vor allen Dingen auch der Anwendung der komplexen Wechselstromrechnung im Lehrgebiet „Grundlagen der Elektrotrechnik" hoffentlich bemerken konnten. Es ist nur eine Frage der Übung bis Sie erkennen, dass eine Abstraktion – und das ist die Verwendung komplexer Funktionen zweifellos – der Erhöhung der Anschaulichkeit dienen kann.

Bitte versuchen Sie, sich einen solchen Drehzeiger in der komplexen Gaußschen Zahlenebene vorzustellen, wie er in Abbildung 1.3 dargestellt ist: Der Drehzeiger rotiert mit konstanter Drehzahl um den Koordinatenursprung, und zwar (stillschweigend nehmen wir $f_0 > 0$ an) in mathematisch positiver Drehrichtung, d. h. entgegen dem Uhrzeigersinn. In der Zeit $t_p = 1/f_0$ vollführt er einen vollen Umlauf, d. h. er legt den Winkel 2π zurück. Die Frequenz f_0 kann somit als Drehzahl des Drehzeigers interpretiert werden. Die

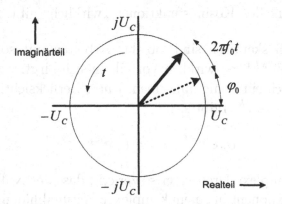

Abbildung 1.3: *Drehzeiger in der komplexen Gaußschen Zahlenebene*

Länge des Drehzeigers wird durch den Amplitudenparameter U_c repräsentiert. Die Spitze des Drehzeigers bewegt sich also auf einem Kreis mit dem Radius U_c. Zum Zeitpunkt $t = 0$ wird die Lage des Drehzeigers auf dem Kreis durch den Winkel φ_0, den Nullphasenwinkel, beschrieben.

Weiterhin gelte $f_0 > 0$. Was bedeutet nun ein Drehzeiger $U_c\,e^{-j(2\pi f_0 t + \varphi_0)}$? Offenbar handelt es sich auch um einen Drehzeiger, der aber jetzt im mathematisch negativen Sinne, also im Uhrzeigersinne, rotiert. Es liegt nahe, den Parameter $-f_0$ als negative Drehzahl zu bezeichnen.

Wir bleiben dabei, die Drehzahl eines Drehzeigers als Frequenz zu bezeichnen und haben damit eine „**negative Frequenz**" eingeführt. Verinnerlichen Sie also:

- Eine reelle Kosinusfunktion mit der Frequenz f_0 wird durch die Summe zweier komplexer Drehzeiger mit den beiden Frequenzen $+f_0$ und $-f_0$ repräsentiert.

Gelegentlich wird die Frage aufgeworfen, ob es negative Frequenzen „wirklich" gibt. Das ist eine müßige Fragestellung, denn wir arbeiten mit mathematischen Modellen der „Wirklichkeit". Für diese Modelle müssen Begriffe bzw. Parameter mehr oder weniger „künstlich" definiert werden. Das trifft auf den Begriff „Frequenz" in Verbindung mit reellen Kosinusfunktionen genau so zu wie auf den Begriff „Negative Frequenz" in Verbindung mit komplexen Drehzeigern. Sie kämen auch nicht auf die Idee zu fragen, ob es (positive) Frequenzen von reellen Kosinusfunktionen „wirklich" gibt.

Obwohl Sie noch skeptisch sind, ob das Arbeiten mit solchen komplexen Drehzeigern $U_c\,e^{j(2\pi f_0 t + \varphi_0)}$ wirklich Vorteile in sich birgt, wollen wir nun diesen Ausdruck noch ein wenig umformen. Unter Berücksichtigung des Zusammenhangs $e^{(a+b)} = e^a e^b$ ergibt sich

$$U_c\,e^{j(2\pi f_0 t + \varphi_0)} = U_c\,e^{j\varphi_0}\,e^{j2\pi f_0 t}$$

Damit ist der komplexe Drehzeiger so zerlegt, dass der Nullphasenwinkel φ_0 als imaginärer Exponent in einem komplexen zeitunabhängigen Koeffizienten $U_c\,e^{j\varphi_0}$ erscheint, der als **komplexe Amplitude** eines „Einheitsdrehzeigers" $e^{j2\pi f_0 t}$ aufgefasst werden kann. Mit der Bezeichnung C für die komplexe Amplitude gemäß

$$C = U_c\,e^{j\varphi_0}$$

entsteht die neue Produktform für den Drehzeiger

$$U_c\,e^{j(2\pi f_0 t + \varphi_0)} = C\,e^{j2\pi f_0 t}$$

Wir kehren zu dem obigen Beispiel der Approximation einer Sägezahnkurve $u_p(t) = u_{ps}(t)$ durch $u_{px}(t) = u_{p1}(t) + u_{p2}(t)$ zurück. Für f_{01} und f_{02} hatten wir festgelegt

$$f_{01} = f_0, \qquad f_{02} = 2f_{01} = 2f_0 \qquad \text{mit} \qquad f_0 = 1/t_p$$

Damit können wir die approximierende Funktion $u_{px}(t)$ wie folgt notieren:

$$u_{px}(t) = \sum_{\mu=1}^{2} U_{0\mu} \cos(2\pi\mu f_0 t + \varphi_{0\mu}) \qquad \mu \in \mathbf{Z}$$

Die beiden kosinusförmigen Elementarsignale beschreiben wir nun durch je zwei Drehzeiger gemäß

$$u_{p1}(t) = U_{01} \cos(2\pi f_0 t + \varphi_{01}) = C(-1) e^{-j2\pi f_0 t} + C(1) e^{j2\pi f_0 t}$$
$$u_{p2}(t) = U_{02} \cos(2\pi \, 2f_0 \, t + \varphi_{02}) = C(-2) e^{-j2\pi \, 2f_0 \, t} + C(2) e^{j2\pi \, 2f_0 \, t}$$

Die komplexen Amplituden $C(-1), C(1), C(-2), C(2)$ sind gegeben durch

$$C(-1) = \frac{1}{2} U_{01} e^{-j\varphi_{01}} \qquad\qquad C(1) = \frac{1}{2} U_{01} e^{j\varphi_{01}}$$

$$C(-2) = \frac{1}{2} U_{02} e^{-j\varphi_{02}} \qquad\qquad C(2) = \frac{1}{2} U_{02} e^{j\varphi_{02}}$$

In geschlossener Form kann man somit anstelle der Summe von Kosinusfunktionen eine Summe von Drehzeigern angeben:

$$u_{px}(t) = \sum_{\mu=-2}^{+2} C(\mu) \, e^{j2\pi\mu f_0 t} \qquad \mu \in \mathbf{Z}$$

Dieser Summenausdruck enthält (zunächst unbeabsichtigt) eine zusätzliche zeitunabhängige Konstante $C(0)$. Wir wollen sie als *Gleichkomponente* bezeichnen, für die in unserem Beispiel gilt

$$C(0) = 0$$

Anmerkung: Eine Konstante $C(0)$ „in Reserve" zu haben ist sehr nützlich. Falls nämlich in unserem Beispiel die zu approximierende Sägezahnfunktion $u_{ps}(t)$ um einen konstanten Amplitudenwert U_{sc} verschoben wird, gemäß $u_{psc}(t) = u_{ps}(t) + U_{sc}$, muss auch die approximierende Funktion $u_{px}(t)$ additiv um diese Konstante verschoben werden, d. h. es tritt als zusätzlicher Parameter eine endliche Gleichkomponente auf: $C(0) = U_{sc}$.

Die approximierende Funktion $u_{px}(t)$ wird in der komplexen Schreibweise also formal durch 4 komplexe Parameter $C(\mu)$ beschrieben, obwohl im vorliegenden Fall ein Zusammenhang besteht, nämlich

$$C(-\mu) = C^*(\mu)$$

Der hochgestellte Stern bezeichnet die konjugiert komplexe Größe, d. h.

$$|C(-\mu)| = |C(\mu)| \qquad \varphi_C(-\mu) = -\varphi_C(\mu)$$

Wir haben oben anstelle der Nullphasenwinkel $\varphi_{0\mu}$ die Winkel der komplexen Größen $C(\mu)$ als $\varphi_C(\mu)$ eingeführt, wobei gilt:

$$\varphi_C(\mu) \equiv \begin{cases} +\varphi_{0\mu} & \text{für} \quad \mu > 0 \\ -\varphi_{0|\mu|} & \text{für} \quad \mu < 0 \end{cases}$$

Die Summanden $C(\mu)\,e^{j2\pi\mu f_0 t}$ in obigem Summenausdruck für $u_{px}(t)$ werden als komplexe Drehzeiger mit den Frequenzen (Drehzahlen) μf_0 auch als **Spektralkomponenten** bezeichnet. Sie werden komplett durch die Parameter $C(\mu)$ beschrieben, die deshalb auch **Spektralkoeffizienten** oder in ihrer Gesamtheit kurz **Spektrum** genannt werden. Eine grafische Darstellung des Spektrums der komplexen Koeffizienten $C(\mu)$ durch Angabe ihrer Polarkoordinaten, d. h. der Beträge $|C(\mu)|$ und der Winkel $\varphi_C(\mu)$ in getrennten Diagrammen zeigt (für unser obiges Beispiel) Abbildung 1.4

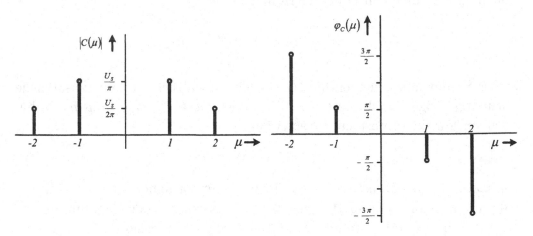

Abbildung 1.4: *Betrags- und Phasenspektrum der komplexen Koeffizienten* $C(\mu)$

Da bei der Verwendung komplexer Drehzeiger als Elementarfunktionen neben positiven auch negative Frequenzen vorkommen, spricht man von einem **zweiseitigen Spektrum**. Natürlich ist es auch möglich, sich bei der Spektraldartellung auf Kosinusfunktionen als Elementarfunktionen zu beziehen, so dass nur positive Frequenzen auftreten. Man erhält dann sinngemäß ein

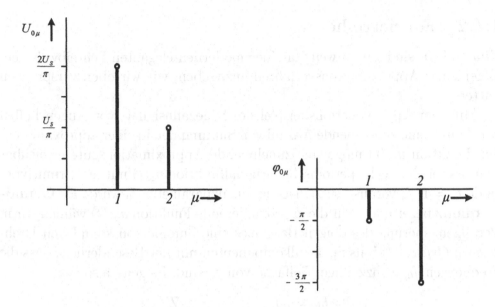

Abbildung 1.5: *Einseitiges Amplituden- und Phasenspektrum (Amplituden und Nullphasenwinkel von Kosinusschwingungen als Elementarfunktionen)*

einseitiges Spektrum, nämlich die Amplituden und Nullphasenwinkel von Kosinusschwingungen. Das zu Abbildung 1.4 äquivalente einseitige Spektrum zeigt Abbildung 1.5.

Man beachte, dass die Amplituden der Kosinusschwingungen U_{01} und U_{02} doppelt so groß sind wie die zugehörigen Beträge $|C(\mu)|$ der komplexen Drehzeigeramplituden für $\mu > 0$. Dagegen sind die Nullphasenwinkel φ_{01} und φ_{02} des einseitigen Spektrums, wie oben notiert, identisch mit den Winkeln $\varphi_C(\mu)$ für $\mu > 0$.

Zusammenfassung

Wir befassen uns mit periodischen reellen Signalen $u_p(t)$. Anstelle von (zunächst zwei) reellen Kosinusfunktionen der Form $U_0 \cos(2\pi f_0 t + \varphi_0)$ als elementare Summanden zur Approximation komplizierterer periodischer Signalformen führen wir periodische komplexe Drehzeiger der Form $C\, e^{j2\pi f_0 t}$ ein. Als Kriterium für die Approximationsgüte dient der mittlere quadratische Fehler $\overline{\epsilon^2(t)}$.

1.1.2 Fourierreihe

Nun endlich sind wir so weit, in einer modernen eleganten Schreibweise ein allgemeines Approximationsverfahren anzugeben, wie wir oben versprochen hatten.

Mit dem Approximationsbeispiel des Sägezahnsignals vor Augen hoffen wir: Durch eine zunehmende Anzahl von Summanden in einer approximierenden Funktion $u_{px}(t)$ möge eine zunehmende Approximationsgüte erreichbar sein. Es sei eine reelle periodische Originalfunktion $u_p(t)$ mit der Primitivperiode $t_p = 1/f_0$ vorausgesetzt. Der Frequenzparameter f_0 werde als **Grundfrequenz** bezeichnet. Für die approximierende Funktion $u_{px}(t)$ wählen wir in Verallgemeinerung des obigen Beispieles eine Summe von komplexen Drehzeigern $C(\mu)e^{j2\pi f_{0\mu}t}$ als Spektralkomponenten mit der Besonderheit, dass die Frequenzen $f_{0\mu}$ ganzzahlige Vielfache von f_0 sind. Es gelte also

$$f_{0\mu} = \mu f_0 \qquad \mu \in \mathbf{Z}$$

Schon jetzt sei darauf hingewiesen, dass einige Frequenzen im Spektrum möglicherweise nicht „besetzt" sind, weil die zugehörigen Spektralkoeffizienten $C(\mu)$ identisch Null sind.

Damit setzen wir für die approximierende Funktion $u_{px}(t)$ folgenden Ausdruck an:

$$u_p(t) \approx u_{px}(t) = \sum_{\mu=-K}^{K} C(\mu)e^{j2\pi\mu f_0 t} \qquad \mu \in \mathbf{Z}$$

Als Gütekriterium verwenden wir weiterhin den mittleren quadratischen Fehler

$$\overline{\epsilon^2(t)} = \overline{[u_{px}(t) - u_p(t)]^2}$$

Wir hoffen nun, dass, dass dieser mittlere quadratische Fehler nicht nur für ein vorgegebenes K minimal ist, sondern mit zunehmendem K immer kleiner wird und für $K = \infty$ sogar verschwinde. Tatsächlich existiert eine solche unendliche Reihe: Unter gewissen Bedingungen, die jedoch von technisch sinnvollen Funktionen erfüllt werden, gilt

$$u_p(t) = u_{px}(t) = \sum_{\mu=-\infty}^{\infty} C(\mu)e^{j2\pi\mu f_0 t} \qquad \mu \in \mathbf{Z} \qquad (1.1)$$

mit

$$C(\mu) = \frac{1}{t_p} \int_{t_p} u_p(t)e^{-j2\pi\mu f_0 t} \, dt \qquad (1.2)$$

Wir merken uns

- Beziehung (1.1) in Verbindung mit (1.2) ist die (komplexe) **Fourier-Reihe**.

- Die Koeffizienten $C(\mu)$ gemäß (1.2) heißen (komplexe) **Fourierkoeffizienten** (oder Spektralkoeffizienten).

- Die Ermittlung der Fourierkoeffizienten bezeichnet man als **Fourieranalyse** (oder Spektralanalyse).

Beispiel periodische Rechteckfolge

In Abbildung 1.6 ist eine periodische Rechteckfolge mit der Periode t_p und der Rechteckbreite $T = t_p/2$ sowie der Amplitude U_0 skizziert. Die komplexen

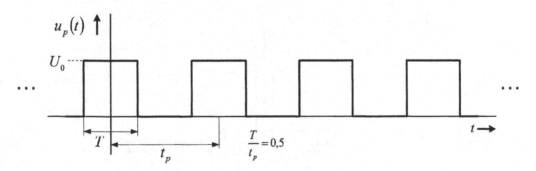

Abbildung 1.6: *Periodische Rechteckfolge*

Fourierkoeffizienten $C(\mu)$ ergeben sich zu

$$C(\mu) = \begin{cases} \frac{U_0}{\pi} \frac{\sin(\mu\pi/2)}{\mu} & \text{für} \quad \mu \neq 0 \\ \frac{U_0}{2} & \text{für} \quad \mu = 0 \end{cases}$$

Das aus diesen Werten resultierende Spektrum ist in Abbildung 1.7 zu sehen. Da die Fourierkoeffizienten in diesem Fall reell sind, kann man auf eine getrennte Darstellung von Betrags- und Phasenspektrum verzichten (oben im Bild). Selbstverständlich ist aus Gründen der Systematik auch eine Aufteilung in Betrags- und Phasenspektrum gemäß $C(\mu) = |C(\mu)|\, e^{j\varphi_C(\mu)}$ möglich (unten im Bild). Aus Plausibilitätsgründen wurde das Phasenspektrum als ungerade dargestellt, was im Grunde genommen willkürlich ist, denn Winkelangaben sind ja grundsätzlich in Vielfachen von 2π unsicher. wie Sie wissen. Oft werden wir uns bei Phasenspektren auf das Werteintervall $\pm\pi$ beschränken, aber bei rellen Zeitfunktionen grundsätzlich ungerade Phasenspektren vereinbaren.

Beim Spektrum der angegebenen Rechteckfolge liegt der oben erwähnte Fall vor, dass nicht alle Frequenzen μf_0 besetzt sind. Bei geradzahligen Vielfachen von $f_0 = 1/t_p$ sind die Fourierkoeffizienten identisch Null. Eine weitere Besonderheit fällt uns auf: Die im Allgemeinen komplexen Fourierkoeffizienten sind in diesem Fall nicht nur reell, sondern das Spektrum ist von gerader Symmetrie gegenüber $f = 0$. Da wir immer daran interessiert sind, uns das Leben zu vereinfachen, werden wir gelegentlich der Frage nachgehen, unter welchen Bedingungen die Spektren reell und gerade sind. Niemand hindert Sie daran, schon jetzt selbstständig zu versuchen, das herauszufinden.

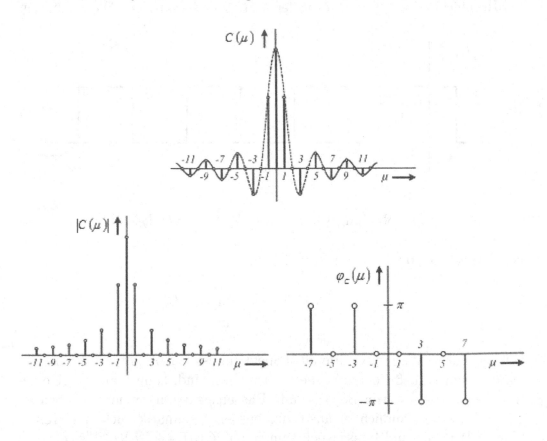

Abbildung 1.7: *Zweiseitiges Spektrum der Beispiel-Rechteckfolge*

Approximation und Bandbreite

Wie bereits im vorigen Unterabschnitt erläutert, sind wir an Approximationen einer periodischen Funktion $u_p(t)$ interessiert. Durch Abbruch der Reihe (1.1) entsteht der oben zunächst angesetzte Ausdruck

$$u_p(t) \approx u_{px}(t) = \sum_{\mu=-K}^{K} C(\mu)e^{j2\pi\mu f_0 t} \qquad (1.3)$$

Man kann zeigen, dass mit den gleichen Koeffizienten $C(\mu)$ nach (1.2) für beliebige Grenzen $K > 0$ solche abgebrochenen Fourierentwicklungen nach (1.3) jeweils Approximationen im Gaußschen Sinne darstellen. Diese Eigenschaft ist für die Praxis sehr wichtig und eine Folge des verwendeten Gütekriteriums. Immerhin hätten wir damit rechnen können, dass für jedes gewählte K die Koeffizienten $C(\mu)$ neu bestimmt werden müssen. Für andere Gütekriterien ist dies auch durchaus der Fall. Der technische Vorteil dieser erfreulichen Eigenschaft der Approximation im Sinne eines minimalen mittleren quadratischen Fehlers wird durch Betrachtung der für die Übertragung oder Verarbeitung eines Signals erforderlichen Bandbreite deutlich.

Als **Bandbreite** wollen wir die spektrale Ausdehnung des Frequenzintervalles bezeichnen, das von Fourierkoeffizienten belegt ist, genauer: in dem Fourierkoeffizienten $C(\mu) \neq 0$ auftreten. Im einfachsten Fall können wir die Bandbreite durch eine im Spektrum enthaltene maximale Frequenz f_{max} angeben, die erklärt ist durch

$$C(\mu) \equiv 0 \text{ für } |\mu f_0| > f_{max} \qquad (1.4)$$

Als Bandbreite B im signaltheoretischen Sinne (d. h. unter Einbeziehung negativer Frequenzen) soll gelten

$$B = 2f_{max} \qquad (1.5)$$

Das Beispiel der periodischen Rechteckfolge zeigt, dass sich das Spektrum allerdings theoretisch bis zu unendlich hohen Frequenzen $|\mu f_0|$ erstreckt, und gemäß Fourierreihe (1.1) müssen wir damit auch bei anderen Signalen rechnen. Die Bandbreite ist in solchen Fällen also theoretisch unendlich. Selbstverständlich können wir in der technischen Praxis nur Frequenzkomponenten endlicher Bandbreite erzeugen bzw. übertragen oder verarbeiten. Daraus resultiert, dass solche Signale mit unendlicher Bandbreite (wie die periodische

Rechteckfolge) theoretische Modelle darstellen und praktisch gar nicht existieren können. Im Falle der periodischen Rechteckfolge sind es insbesondere
die an den Rechteckflanken auftretenden Diskontinuitäten (mathematisch:
Unstetigkeiten) die technisch nicht realisierbar sind. Trotzdem haben derartige Signale als Modellsignale große Bedeutung. Allerdings gibt es auch
Signale, die gemäß Definition oder „von Natur aus" eine endliche Maximalfrequenz besitzen, die wir als **bandbegrenzte Signale** bezeichnen wollen.
Aber auch für Signale mit endlicher Bandbreite konstatieren wir: Je größer
die Bandbreite, desto größer der technische und damit der ökonomische Aufwand. Schon im Interesse eines technisch-ökonomisch abzuwägenden Aufwandes sind wir also oft gezwungen, sogar bei bandbegrenzten Signalen die
Bandbreite künstlich zu verkleinern, d. h. Spektralkomponenten außerhalb
einer Verarbeitungsbandbreite $B_v = 2f_{gv}$ wegzulassen. Wie man das technisch bewerkstelligt, erfahren Sie im Hauptabschnitt „Systeme", wenn wir
über Filter sprechen. Ein solches künstlich bandbegrenztes Signal stellt also
nach unseren obigen Ausführungen eine Approximation des Originalsignals
im Sinne eines minimalen mittleren quadratischen Fehlers dar.

Beispiel Sprachsignal: Ein Sprachsignal ist zwar von Natur aus nicht
periodisch, aber es kann zumindest intervallweise durch periodische Funktionen modelliert werden. Die in einem Sprachsignal auftretenden Frequenzen
erstrecken sich je nach Individuum in den Bereich von Maximalfrequenzen
bis zu ca. 20 KHz. Aus Gründen des technisch-ökonomischen Aufwandes hat
man sich vor längerer Zeit in Verbindung mit der Einführung der öffentli-
chen Telefonie auf eine (Verarbeitungs-)Maximalfrequenz von 3,4 KHz für
diesen Zweck geeinigt. Diese Maximalfrequenz ist für bescheidene Ansprüche
ausreichend, d. h. sie garantiert zumindest eine ausreichende Verständlich-
keit und sogar die Identifizierung eines persönlich bekannten Sprechers (ja
sogar einer Sprecherin, deren Sprachspektrum in der Regel im Original eine
höhere Maximalfrequenz aufweist). Höhere Qualitätsansprüche, insbesondere
Musiksignale, erfordern eine höhere Bandbreite, z. B. eine Maximalfrequenz
von 20 KHz (Nennwert).

Lineare Verzerrung: Was wir bisher als Approximation und damit
im positiven Sinne als erwünschte Operation bezeichnet haben, kann man
auch unter dem Gesichtspunkt der Beeinträchtigung eines Signals, also eines
*un*erwünschten Vorganges, betrachten. Durch Weglassen von Spektralkomponenten wird das Signal verzerrt. Jeder multiplikative Eingriff (im Allgemeinen
komplexe Faktoren!) in die Fourierkoeffizienten, die ein Signal beschreiben, d.
h. also eine Veränderung der Fourierkoeffizienten $C(\mu)$ nach Betrag und/oder

Phase wird als lineare Verzerrung bezeichnet. Dazu gehört als Sonderfall auch der drastische Eingriff, der darin besteht, Spektralkomponenten $C(\mu)$ außerhalb gewisser Grenzen von $|\mu| = K$ identisch Null zu setzen (d. h. mit Null zu multiplizieren). Im technischen Sinne ist dies also der Vorgang einer Bandbegrenzung. Diese (hier lineare) Verzerrung der Zeitfunktion entspricht also dem Fehlersignal bei einer Approximation.

Nichtlineare Verzerrung: Technische Bedeutung hat allerdings auch eine andere Art von Verzerrung, die durch das unerwünschte Auftreten *zusätzlicher* Spektralkomponenten gegenüber dem Originalsignal gekennzeichnet ist. Dies wird durch nichtlineare Operationen (in der Analogtechnik durch nichtlineare Bauelemente) bewirkt. Demgemäß bezeichnet man eine solche Beeinträchtigung eines Signals als nichtlineare Verzerrung. Als Beispiel betrachten wir die Quadrierung: Durch Multiplikation einer Kosinusfunktion $\cos(2\pi f_0 t)$ mit sich selbst (d. h. Verzerrung an einer quadratischen Kennlinie) entsteht mit $\cos^2(2\pi f_0 t) = \frac{1}{2} + \frac{1}{2}\cos(2\pi 2 f_0 t)$ ein massiver Eingriff in das Spektrum (mit neuen Spektrallinien bei $f = 0$ und $|f| = 2 f_0$ und Verschwinden der bisherigen Spektrallinien bei $|f| = f_0$).

Wir verzichten hier darauf, die verschiedenen Verzerrungsarten zu systematisieren und ausführlicher zu beschreiben. Im 2. Kapitel kommen wir noch einmal auf lineare Verzerrungen und Entzerrung zurück.

Obige Exkursion in die Praxis hielten wir für nötig, weil wir annehmen, dass Sie nach Anwendungen lechzen. Immerhin hätten Sie aber auch als mathematisch geschulte Studenten bisher einen Mangel an mathematischen Einzelheiten verspüren können. Dem soll anschließend abgeholfen werden.

Konvergenz der Fourierreihe

Die bisherige Darstellung bedarf einer Präzision hinsichtlich der Frage der Konvergenz der Fouriersumme (1.1) und des Integrales zur Berechnung der Fourierkoeffizienten (1.2). Ohne Beweis ergänzen wir: Eine *hinreichende* Bedingung für die Konvergenz der Fourierreihe und damit der Existenz der $C(\mu)$ ist die Integrabilität der quadrierten Funktion $u_p^2(t)$ im Intervall t_p (allgemeiner: $u_p(t)$ muss in einem endlichen Zeitintervall quadratisch integrabel sein) d. h. es muss gelten:

$$\int_{t_p} u_p^2(t)\, dt < \infty \tag{1.6}$$

Wie bereits erwähnt, erfüllen alle technisch interessierenden Signale diese Bedingung. Allerdings gibt es einige theoretisch bedeutsame Signalmodelle, die diese (hinreichende und somit nicht notwendige) Bedingung nicht erfüllen und denen eine Fourierreihe zugeordnet werden kann. Wir kommen auf diese Modelle (gemeint ist insbesondere die sogenannte δ-Funktion, die mathematisch mit der Distributionen-Theorie behandelt werden kann), später zu sprechen. Die Fourierreihe (1.1) gehört zur Klasse der Entwicklungen nach orthogonalen Funktionen, die im weiteren Sinne ebenfalls als Fourierreihen zu bezeichnen sind. Sie beruhen gemeinsam auf dem Gütekriterium des minimalen mittleren quadratischen Fehlers. Als Beispiel soll die auf dem orthogonalen System der Walshfunktionen (periodischen Folgen einer Art von binären Codeworten) aufbauende sogenannte Walsh-Fourierreihe erwähnt werden.

Ermittlung der komplexen Fourierkoeffizienten

Dieser Unterabschnitt dient vor allem dem Ziel, die mathematische Seite der komplexen Fourierreihe noch ein wenig zu beleuchten. Dazu schreiben wir zunächst den Summenausdruck von (1.1) ausführlicher nieder:

$$u_p(t) = \cdots + C(-2)e^{j2\pi(-2f_0)t} + C(-1)e^{j2\pi(-f_0)t} +$$
$$+ C(0) + C(1)e^{j2\pi f_0 t} + C(2)e^{j2\pi(2f_0)t} + \cdots$$

Bitte erinnern Sie sich an die Zerlegung einer Kosinusschwingung in zwei Drehzeiger und erkennen Sie, dass sich in obiger Darstellung je zwei Drehzeiger zu einer reellen Kosinusschwingung zusammenfassen lassen, also z. B. $C(-2)e^{j2\pi(-2f_0)t} + C(2)e^{j2\pi2f_0 t} = 2|C(2)|\cos[2\pi f_0 t + \varphi_C(2)]$. Es gilt allgemein für $\mu > 0$:

$$C(-\mu)e^{j2\pi(-\mu f_0)t} + C(\mu)e^{j2\pi\mu f_0 t} = 2|C(\mu)|\cos[2\pi\mu f_0 t + \varphi_C(\mu)]$$

Dem Summanden $C(0)$ gönnen wir zunächst die Ruhe, die er hat – er repräsentiert eine Konstante, d. h. einen ruhenden Drehzeiger, wenn man so will. Wir könnten nun also durchaus „rückfällig" werden und die Fourierreihe in reeller Schreibweise angeben gemäß

$$u_p(t) = C(0) + U_{01}\cos(2\pi f_0 t + \varphi_{01}) + U_{02}\cos(2\pi 2 f_0 t + \varphi_{02}) + \cdots$$

oder kürzer

$$u_p(t) = C(0) + \sum_{\mu=1}^{\infty} U_{0\mu}\cos(2\pi\mu f_0 t + \varphi_{0\mu})$$

Geben Sie zu, dass diese Schreibweise in der Eleganz der komplexen gemäß Gl. (1.1) unterlegen ist?

Bitte überprüfen Sie, ob Sie die Übersicht behalten haben, indem Sie sich folgender Aufgabe annehmen

Übungsaufgabe: Rekapitulieren Sie den Zusammenhang zwischen $C(\mu)$ und $U_{0\mu}$ sowie $\varphi_{0\mu}$ für $\mu > 0$.

Den Summanden $C(0)$ wollen wir als **Gleichkomponente** bezeichnen. Die Gleichkomponente ist der lineare Mittelwert $\overline{u_p(t)}$ der Funktion $u_p(t)$, ausführlich:

$$C(0) = \overline{u_p(t)} = \frac{1}{t_p} \int_{t_p} u_p(t)\, dt$$

Das erkennt man sofort durch Besichtigen der Fourierreihe, zunächst in reeller Schreibweise, denn alle Summanden außer $C(0)$ sind Kosinusfunktionen, deren linearer Mittelwert Null ist. Selbstverständlich erkennt man das auch aus der komplexen Form Gl. (1.1), denn alle Summanden außer C(0) sind Drehzeiger, die im Integrationsintervall t_p eine ganzzahlige Anzahl von kompletten Umläufen ($\mu 2\pi$) mit dem Integral Null vollbringen. Keiner der Drehzeiger trägt also für $\mu \neq 0$ etwas zu dem Integral $\int_{t_p} u_p(t)\, dt$ bei.

Nun müssen wir uns den anderen Fourierkoeffizienten $C(\mu)$ zuwenden, die wir ebenfalls aus $u_p(t)$ berechnen möchten. Da die Berechnung von $C(0)$ so schön einfach ist, überlegen wir, ob wir nicht durch einen Trick die mit den anderen Fourierkoeffizienten behafteten Drehzeiger ebenfalls der Reihe nach zum Stillstand bringen könnten. Dann ließen sie sich auch durch lineare Mittelung von den anderen separieren. Die Besichtigung der komplexen Fourierreihe (1.1) bringt uns auf die Lösung: Durch Multiplizieren der Summe (und damit jedes Summanden) mit einem Faktor $e^{-j2\pi\mu f_0 t}$ bringen wir den Drehzeiger mit der Frequenz μf_0 zum Stillstand, d. h. $C(\mu)$ beschreibt nun eine Gleichkomponente der Zeitfunktion $u_p(t)e^{-j2\pi\mu f_0 t}$. Damit liefert die lineare Mittelung über die Funktion $u_p(t)e^{-j2\pi\mu f_0 t}$ den Koeffizienten $C(\mu)$ gemäß

$$C(\mu) = \overline{u_p(t)e^{-j2\pi\mu f_0 t}} = \frac{1}{t_p} \int_{t_p} u_p(t)e^{-j2\pi\mu f_0 t}\, dt$$

Diesen Ausdruck hatten wir oben schon angegeben, vgl. (1.2). Insofern wäre die letzte Betrachtung eigentlich gar nicht nötig gewesen, Sie hätten sich einfach mit der angegebenen Formel (1.2) zufrieden geben können. Nun aber wissen Sie, wie sie entsteht, und sind mit ihr vertraut geworden.

Bitte beweisen Sie sich jetzt durch Bearbeiten folgender Aufgabe, dass Sie in
der Lage sind, Fourierkoeffizienten selbstständig zun berechnen, auch wenn
es ein wenig Mühe macht.

Übungsaufgabe: Bestimmen Sie die komplexen Fourierkoeffizi-
enten $C(\mu) = |C(\mu)|\,e^{j\varphi_C(\mu)}$ der im vorigen Unterabschnitt als
Beispiel herangezogenen Sägezahnfunktion. Überprüfen Sie, ob
die dort als optimal angegebenen $U_{01}, U_{02}, \varphi_{01}, \varphi_{02}$ zu Ihrer Lösung
korrespondieren. Skizzieren Sie das berechnete Spektrum nach
Betrag und Phase ($|C(\mu)|$ und $\varphi_C(\mu)$).

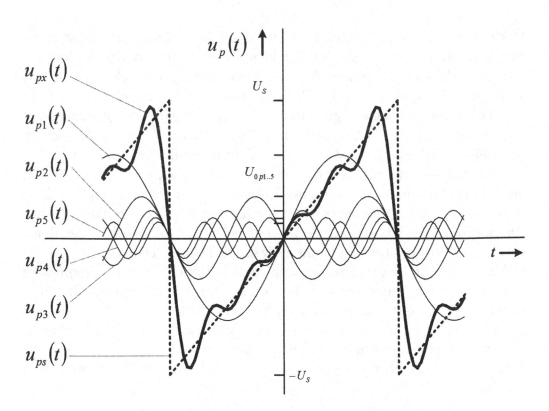

Abbildung 1.8: *Approximation eines Sägezahnsignals mit 5 reellen Komponenten*

Wenn Sie richtig gerechnet haben, ergibt sich z. B. für die aus 5 reellen bzw. 10
komplexen Fourierkomponenten zusammengesetzte Approximation (mit $K =$
5 abgebrochene Fourier-Reihe) das in Abbildung 1.8 dargestellte Bild. Es ist

eine deutlich bessere Annäherung an den Verlauf des Sägezahnes gegenüber Abbildung 1.2 festzustellen, da dort nur 2 reelle Fourierkomponenten zur Approximation verwendet wurden.

Reelle und gerade Spektren

Es interessiert uns der Sonderfall, der uns beim Beispiel der Rechteckfolge auffiel: Reelle Fourierkoeffizienten $C(\mu)$ mit der Eigenschaft $C(\mu) = C(-\mu)$, d. h. das Spektrum ist von gerader Symmetrie hinsichtlich des Frequenzpunktes $f = 0$. Die komplexe Fourierreihe enthält daher, abgesehen von der Konstanten $C(0)$, paarweise Summanden der Art

$$
\begin{aligned}
C(\mu)e^{j2\pi\mu f_0 t} + C(-\mu)e^{-j2\pi\mu f_0 t} &= C(\mu)e^{j2\pi\mu f_0 t} + C(\mu)e^{-j2\pi\mu f_0 t} \\
&= C(\mu)[e^{j2\pi\mu f_0 t} + e^{-j2\pi\mu f_0 t}] \\
&= 2\,C(\mu)\cos(2\pi\mu f_0 t)
\end{aligned}
$$

Da die Kosinusfunktion eine gerade Zeitfunktion ist, d. h. es gilt $\cos(x) = \cos(-x)$, muss die entstehende Zeitfunktion $u_p(t)$ als Summe solcher unverschobener reeller Kosinusfunktionen ebenfalls gerade und reell sein:

$$
u_p(t) = u_p(-t) = C(0) + \sum_{\mu=1}^{\infty} 2\,C(\mu)\cos(2\pi\mu f_0 t)
$$

Natürlich hätten wir auch von einer geraden reellen Zeitfunktion ausgehen und zeigen können, dass daraus ein reelles gerades Spektrum resultiert. Merke:

- Reelle gerade Zeitfunktionen haben reelle gerade Spektren.

Dies fordert eine Frage heraus, deren Beantwortung wir Ihnen überlassen wollen:

Übungsaufgabe: Welche besonderen Eigenschaften haben die Spektren *ungerader* reeller Zeitfunktionen, für die gilt $u_p(t) = -u_p(-t)$? Demonstrieren Sie die von Ihnen gefundene Aussage an einem einfachen Beispiel.

Spektralkomponenten in rationalem Frequenzverhältnis

Um zu prüfen, wie weit Sie sich in den Mechanismus der Fourierreihe hin-
eingedacht haben, könnten wir Ihnen die Frage stellen, ob die Summe zweier
Kosinusfunktionen $u_x(t)$ und $u_y(t)$ mit den Frequenzen f_x und f_y als Fourierreihe dargestellt werden kann, wenn die beiden Frequenzen in einem rationalen, jedoch keinem ganzzahligen Verhältnis stehen. Genauer: Es wird nach
der Fourierreihenentwicklung eines Signals

$$u_z(t) = u_x(t) + u_y(t) \quad \text{mit} \quad u_x(t) = U_{0x} \cos(2\pi f_x t), \quad u_y(t) = U_{0y} \cos(2\pi f_y t)$$

gefragt, wenn für f_x und f_y gilt:

$$\frac{f_x}{f_y} = \frac{m}{n} \quad \text{mit} \quad m, n \in \mathbf{N} \quad m < n, \quad n/m \notin \mathbf{N}, \text{ teilerfremd}$$

Wir hoffen, dass Sie sich zuerst die Frage stellen, ob $u_z(t)$ überhaupt eine
periodische Funktion ist, und, wenn ja, welche Primitivperiode $t_p = 1/f_0$ sie
hat. Mit obiger Darstellung für das rationale Verhältnis f_x/f_y ist die Lösung
in der Spektraldarstellung sofort ablesbar: Die Frequenzen f_x und f_y können
als ganzahlige Vielfache einer Frequenz f_0 gemäß

$$f_x = m f_0 \qquad f_y = n f_0$$

angegeben werden, d. h. es gilt

$$f_0 = f_x/m = f_y/n$$

Das Rezept besteht also darin, das gegebene, rational vorausgesetzte Frequenzverhältnis als *teilerfremden* Bruch auszudrücken und daraus die Grundfrequenz f_0 bzw. die Primitivperiode $t_p = 1/f_0$ zu ermitteln. Nur bei einem
irrationalen Frequenzverhältnis gäbe es keine solche Darstellung und wäre
das Summensignal folglich keine periodische Funktion. Diese zwar mathematisch korrekte Einschränkung hat allerdings für die Praxis keine Bedeutung,
denn im technischen Sinne können alle Frequenzverhältnisse als rational angenommen werden.

Damit können wir auch behaupten, dass zwei Kosinusfunktionen unterschiedlicher Frequenz (aus technischer Sicht) immer orthogonal sind, wenngleich im Intervall der entstehenden Primitivperiode des Summensignals. Bei

großen Werten n, m allerdings können so große Primitivperioden des Summensignals auftreten, dass sie größer als die technisch interessierenden Zeitintervalle sind.

Eine äquivalente, aber vielleicht nicht so anschauliche Überlegung hätten wir auch im Zeitbereich anstellen können und gefunden: Die Primitivperiode t_p des Summensignals ist die kleinste gemeinsame Periode der beiden Komponenten. (Sie erinnern sich hoffentlich an unsere Erkenntnis, dass jede ganzzahlige Vielfache der Primitivperiode eines periodischen Signals ebenfalls eine Periode darstellt.)

Das Beispiel einer Summe von zwei Kosinussignalen lässt sich natürlich auf eine Summe mit mehreren Summanden in Form von Kosinussignalen in verschiedenen Phasenlagen und damit auch auf Summen anderer periodischer Funktionen verallgemeinern, wobei sich unter Umständen ein Summensignal mit einer sehr großen Primitivperiode ergibt. Aus praktischer technischer Sicht (d. h. vorausgesetzter rationaler Frequenzverhältnisse) können wir also behaupten:

- Jede Summe periodischer Funktionen ergibt wieder eine periodische Funktion.

Betrachten wir noch einmal den einfachen Fall der Summe zweier Kosinusfunktionen mit beliebigem nicht ganzzahligen jedoch rationalen Frequenzverhältnis. Bei der zugehörigen Fourierreihe verschwinden also fast alle Fourierkoeffizienten mit Ausnahme von zwei Paaren bei $\pm f_x$ und $\pm f_y$. Insbesondere gilt auch $C(1) = C(-1) = 0$, d. h. hier liegt eine periodische Funktion mit einer Grundfrequenz f_0 vor, ohne dass bei der Grundfrequenz ein Fourierkoeffizient $C(\pm 1) \neq 0$ auftritt. Mit dieser Erkenntnis können Sie nun verstehen, dass ein periodisches Signal, bei dem man die Spektralkomponenten der Grundfrequenz $(\pm f_0)$ unterdrückt hat, dennoch periodisch mit der *gleichen* Primitivperiode sein *kann*. Haben wir uns hier versehentlich unkorrekt ausgedrückt? Ist es vielleicht richtig, dass ein periodisches Signal mit unterdrückten Spektralkomponenten bei der Grundfrequenz $(\pm f_0)$ weiterhin periodisch mit der gleichen Primitivperiode sein *muss*? Bitte klären Sie dieses Problem selbstständig im Rahmen der folgenden

Übungsaufgabe: Untersuchen Sie die Frage, ob aus einem periodischen Signal durch Unterdrückung der Fourierkoeffizienten $C(\pm 1)$ ein periodisches Signal mit halber Primitivperiode entstehen kann. Wenn ja, geben Sie ein Beispiel an.

Leistung und Leistungssignale

Der Begriff „Leistung" wird in der Signaltheorie nicht im physikalischen Sinne verwendet. Vielmehr wird das Quadrat eines Amplitudenwertes schlechthin als (signaltheoretische) Leistung bezeichnet. So ist also $u_p^2(t)$ eine (zeitabhängige) Momentanleistung . Die Verbindung zur physikalischen Leistung erkennt man durch Betrachtung eines Stromkreises mit einem ohmschen Widerstand R, in dem Strom und Spannung durch das ohmsche Gesetz verknüpft sind. Die in dem ohmschen Widerstand umgesetzte physikalische Momentanleistung ist dann proportional dem Quadrat der Momentanspannung mit dem Proportionalitätsfaktor $1/R$ und ebenso proportional dem Quadrat des Momentanstromes mit dem Proportionalitätsfaktor R. Wenn man in einem solchen Stromkreis $R = 1\ \Omega$ setzt, ist die signaltheoretische Leistung also zahlenmäßig (nicht dimensionsmäßig) identisch mit der physikalischen, unabhängig davon, ob mit $u(t)$ Strom oder Spannung bezeichnet wird. Analog ist also $\overline{u_p^2(t)} = \frac{1}{t_p} \int_{t_p} u_p^2(t)\, dt$ die **mittlere Leistung** (auch Leistung schlechthin) des periodischen Signals $u_p(t)$. Wenn Bedingung (1.6) erfüllt ist, bedeutet dies, dass die (mittlere) Leistung des periodischen Signals $u_p(t)$ endlich ist. Ein solches Signal heißt daher **Leistungssignal** [3]. Ebenso heißt die maximale Momentanleistung $[u_p^2(t)]_{max}$ Spitzenleistung. Für ein kosinusförmiges periodisches Signal $u_p(t) = U_0 \cos(2\pi f_0 t)$ gilt somit:

$$
\begin{aligned}
u_p^2(t) &= U_0^2 \cos^2(2\pi f_0 t) & &\text{Momentanleistung} \\
\overline{u_p^2(t)} &= U_0^2/2 & &\text{mittlere Leistung} \\
U_0^2 & & &\text{Spitzenleistung}
\end{aligned}
$$

Auch das Fehlersignal $\epsilon(t)$ bei einer Approximation ist eine periodische Zeitfunktion, deren mittlere Leistung $\overline{\epsilon^2(t)}$ identisch mit dem mittleren quadratischen Fehler ist. Es wurde bereits erwähnt, dass es weniger technische, sondern vor allem mathematische Gründe sind, diese „mittlere Fehlerleistung" als Gütekriterium zu bevorzugen. Eine andere Möglichkeit wäre, anstelle der mittleren Fehlerleistung die Spitzen-Fehlerleistung als Gütekriterium zu verwenden. Bei den hier nicht behandelten Approximationen von Filter-Charakteristiken im Frequenzbereich wird das tatsächlich auch realisiert (Stichwort: $\check{C}eby\check{s}ev$-Approximation).

---

[3]Das Integral selbst liefert also die Energie (im signaltheoretischen Sinne), die im Intervall einer (Primitiv-)Periode enthalten ist.

Zusammenfassend können wir kurz formulieren:

- Leistungssignale lassen sich in eine Fourierreihe entwickeln.

- Eine abgebrochene Fourierreihe stellt eine Approximation mit minimaler (mittlerer) Fehlerleistung dar.

Leistungsaddition von Spektralkomponenten

Für die mittlere Leistung $\overline{u_p^2(t)} = \frac{1}{t_p} \int_{t_p} u_p^2(t)\, dt$ ergibt sich mit

$$u_p^2(t) = \left[\sum_{\mu=-\infty}^{+\infty} C(\mu)e^{j2\pi\mu f_0 t} \right]^2 = \sum_{\mu=-\infty}^{+\infty} \sum_{\nu=-\infty}^{+\infty} [C(\mu)e^{j2\pi\mu f_0 t}][C(\nu)e^{j2\pi\nu f_0 t}]$$

wegen

$$\int_{t_p} u_p^2(t)\, dt = \int_{t_p} \sum\sum \cdots dt = \sum\sum \int_{t_p} \cdots dt$$

unter Berücksichtigung der Eigenschaft orthogonaler Funktionen[4]

$$\int_{t_p} [C(\mu)e^{j2\pi\mu f_0 t}][C(\nu)e^{j2\pi\nu f_0 t}]\, dt = \begin{cases} 0 & \text{für} \quad \mu \neq -\nu \qquad \mu, \nu \in \mathbf{Z} \\ |C(\mu)|^2 t_p & \text{für} \quad \mu = -\nu \end{cases}$$

der einfache Ausdruck

$$\overline{u_p^2(t)} = \frac{1}{t_p} \int_{t_p} u_p^2(t)\, dt = \sum_{-\infty}^{+\infty} |C(\mu)|^2 \tag{1.7}$$

Diese Beziehung ist das **Theorem von *Parseval*** (für periodische Signale). Es gilt für jegliche Summe aus orthogonalen Summanden, zu denen, wie bereits erwähnt, die Fourierreihe gehört. Wir werden diesem Theorem später noch einmal begegnen.

---

[4]Hier wurde die Orthogonalitätseigenschaft in einer angepassten Form verwendet. Für zwei in dem Intervall einer gemeinsamen Periode t_p *orthogonale* komplexe periodische Funktionen $u_{px}(t)$ und $u_{py}(t)$ gilt allgemein

$$\int_{t_p} u_{px}(t)u_{py}^*(t)\, dt = 0$$

Da die Beträge der Fourierkoeffizienten $|C(\mu)|$ Amplituden von Drehzeigern und somit die Quadrate $|C(\mu)|^2$ deren Leistungen sind, kann man formulieren:

- Die mittlere Leistung eines periodischen Signals ist gleich der Summe der Leistungen ihrer Spektralkomponenten.

Von besonderem Interesse ist das Theorem von *Parseval* für die Approximation einer periodischen Funktion, was uns oben wiederholt beschäftigt hat. Ausgehend von der Fourierreihe

$$u_p(t) = \sum_{\mu=-\infty}^{+\infty} C(\mu)e^{j2\pi\mu f_0 t}$$

hatten wir ein $u_p(t)$ approximierendes Signal $u_{px}(t)$ durch Abbruch der im Allgemeinen unendlichen Fourierreihe gefunden gemäß

$$u_{px}(t) = \sum_{\mu=-K}^{K} C(\mu)e^{j2\pi\mu f_0 t}$$

Wie wir oben gesehen haben, modelliert dies den praktischen Fall, dass $u_p(t)$ z. B. aus technischen Gründen auf das Frequenzintervall $|f| \leq K f_0$ bandbegrenzt wird. Das so (und nicht etwa durch Amplitudenänderung der Fourierkoeffizienten mit Faktoren $\neq 1$) entstehende Fehlersignal

$$\epsilon(t) = u_{px}(t) - u_p(t)]$$

ist daher orthogonal zum Approximationssignal $u_{px}(t)$. Sie erkennen dies durch Besichtigen des Ausdrucks

$$u_p(t) = u_{px}(t) - \epsilon(t)$$

der ausführlich wie folgt geschrieben werden kann:

$$u_p(t) = \underbrace{\sum_{\mu=-K}^{K} C(\mu)e^{j2\pi\mu f_0 t}}_{u_{px}(t)} + \underbrace{\sum_{\mu=-\infty}^{-K-1} C(\mu)e^{j2\pi\mu f_0 t} + \sum_{\mu=K+1}^{+\infty} C(\mu)e^{j2\pi\mu f_0 t}}_{-\epsilon(t)}$$

Die Orthogonalität der Summanden (man lasse sich nicht durch das Minuszeichen täuschen) führt somit zu

$$\overline{u_p^2(t)} = \overline{u_{px}^2(t)} + \overline{\epsilon^2(t)}$$

Den mittleren quadratischen Fehler $\overline{\epsilon^2(t)}$ können wir auch als **Verzerrungsleistung** bezeichnen, so dass für die durch Bandbegrenzung entstehende Verzerrung die verbale Aussage gilt

- Verzerrungsleistung gleich Leistung des Originalsignals minus Leistung des durch Bandbegrenzung verzerrten Signals.

Mit dieser Erkenntnis können wir folgendes Problem lösen:

> **Übungsaufgabe:** Die in dem Beispiel vorausgesetzte Rechteckfolge sei spezifiziert durch die Amplitude $U_0 = 2$ V und die Periode $t_p = 0{,}25$ ms. Sie werde durch Bandbegrenzung (und nur dadurch) verzerrt. Die Maximalfrequenz f_{max} des verzerrten Signals betrage $f_{max} = 4$ KHz. (Beachte: Die Maximalfrequenz ist laut Definition im bandbegrenzten Spektrum noch mit enthalten.) Skizzieren Sie das Spektrum des verzerrten, d. h. bandbegrenzten Signals und die verzerrte Zeitfunktion zusammen mit dem unverzerrten Signal (Rechteckfolge) und berechnen Sie die (mittleren) Leistungen von unverzerrtem und verzerrtem Signal sowie die (mittlere) Verzerrungsleistung.

Bei dieser Gelegenheit wollen wir einen weiteren Amplitudenparameter, den so genannten **Effektivwert**, kennenlernen. Der Effektivwert U_{eff} einer periodischen Funktion ist definiert zu

$$U_{eff} = \sqrt{\overline{u_p^2(t)}}$$

Erinnern Sie sich: Der Effektivwert U_{eff} eines kosinusförmigen Signals mit der Amplitude (Spitzenwert) U_0 beträgt $U_{eff} = U_0/\sqrt{2}$. Es wäre verhängnisvoll, Effektivwert und quadratischen Mittelwert (d. h. signaltheoretische Leistung) zu verwechseln.

Spektraldarstellung einer aperiodischen Zeitfunktion

Unseren bisherigen Betrachtungen wurden periodische Signale $u_p(t)$ zugrundegelegt. Periodische Signale sind durch Angabe des Kurvenverlaufes während einer beliebig ausgewählten Primitivperiode vollkommen bestimmt. Die Zeitfunktion im Intervall einer Primitivperiode kann als erzeugendes Signal $u(t)$ bezeichnet werden. Es ist ein *aperiodisches* Signal, da es auf eine Periode begrenzt ist. Damit lässt sich eine periodische Zeitfunktion bekannter Dauer t_p der Primitivperiode wie folgt darstellen:

$$u_p(t) = \sum_{-\infty}^{+\infty} u(t - mt_p) \tag{1.8}$$

Diese Operation soll als *Periodifizierung* von $u(t)$ bezeichnet werden. Die zu der periodischen Funktion $u_p(t)$ gehörigen Fourierkoeffizienten $C(\mu)$, aus denen mittels Fourierreihe die komplette periodische Funktion $u_p(t)$ für beliebige Argumente t berechnet werden kann, bestimmen damit auch die auf ein Intervall der Periodendauer t_p zeitbegrenzte aperiodische Zeitfunktion $u(t)$. Das ist keine überraschende Erkenntnis, aber von ziemlicher Tragweite, wie sich noch zeigen wird. Wir sind nämlich nun auch in der Lage, eine primär vorgegebene aperiodische Zeitfunktion $u(t)$ durch Fourierkoeffizienten zu beschreiben, sofern $u(t)$ zeitbegrenzt ist. Die Zeitbegrenzung ist eine wichtige Nebenbedingung für das aperiodische Signal $u(t)$, denn nur dann ist es als Zeitverlauf eines periodischen Signals innerhalb einer Primitivperiode der Dauer t_p zu interpretieren. Aus $u(t)$ können wir also Fourierkoeffizienten $C(\mu)$ berechnen, wobei das Begrenzungsintervall der aperiodischen Zeitfunktion als Integrationsintervall eine Rolle spielt. Aus den $C(\mu)$ lässt sich eine periodische Funktion $u_p(t)$ ermitteln und mit dem vorausgesetzten, d. h. bekannten Begrenzungsintervall der zugehörigen aperiodischen Funktion $u(t)$ auch die Funktion $u(t)$ selbst. Zur Berechnung von $u(t)$ aus den Fourierkoeffizienten $C(\mu)$ genügt also nicht allein das Spektrum, sondern man muss zusätzlich das Begrenzungsintervall von $u(t)$ kennen.

Wir erweitern nun unsere Betrachtungen, indem wir die zeitbegrenzte Funktion $u(t)$ in den Vordergrund stellen und das Zeitintervall, auf das die Funktion begrenzt ist, mit T bezeichnen. Zur Vereinfachung der Darstellung möge das zeitliche Begrenzungsintervall symmetrisch zum Punkt $t = 0$ gewählt werden. Es gelte

$$u(t) \equiv 0 \text{ für } |t| \geq T/2$$

Eine solche Funktion können wir als erzeugende Funktion für ein periodisches Signal $u_p(t)$ verwenden. Bisher hatten wir suggeriert, dass die Primitivperiode t_p des periodischen Signals mit dem Begrenzungsintervall übereinstimmen müsse. Das ist natürlich nicht der Fall. Wir können aus dieser erzeugenden Funktion $u(t)$ periodische Zeitfunktionen $u_p(t)$ mit beliebiger Primitivperiode t_p erzeugen, sofern wir nur garantieren, dass t_p hinreichend groß ist, d. h. wir müssen $t_p \geq T$ verlangen. Dabei haben wir vorausgesetzt, dass bei der „Synthese" eines periodischen Signal nach der Vorschrift (1.8) die Kurvenform von $u(t)$ erhalten bleiben soll. Selbstverständlich könnten wir t_p auch kleiner als T wählen, um ein periodisches Signal zu erzeugen, aber dann ergeben sich Überlagerungen derart, dass $u(t)$ nicht mehr mit einer Periode von $u_p(t)$ übereinstimmt. In Abbildung 1.9 sind die Zusammenhänge für das Beispiel einer periodischen Dreieckfolge gezeigt.

Diese Überlegungen haben wir angestellt, um eine Möglichkeit zu finden, wie man auch aperiodische Signale spektral darstellen kann. Das ist uns nun gelungen, allerdings vorläufig nur für den Fall zeitbegrenzter aperiodischer Signale. Da eben ein auf das Intervall T zeitbegrenztes aperiodisches Signal $u(t)$ durch eine periodische Funktion $u_p(t)$ dargestellt werden kann und diese wiederum durch Fourierkoeffizienten $C(\mu)$ zu repräsentieren ist, kann auch $u(t)$ durch die selben Fourierkoeffizienten repräsentiert werden, sofern wir eine Bedingung einhalten: $t_p \geq T$. Die spektrale Repräsentation des aperiodischen Signals besteht somit aus Spektralkomponenten, die auf der Frequenzachse im Frequenzraster $\mu f_0 = \mu/t_p$ auftreten. Der Wert $f_0 = 1/t_p$ ist, genauer betrachtet, bei gewähltem Wert t_p der *minimale* Frequenzabstand, weil es möglich ist, dass einige Fourierkoefizienten $C(\mu)$ identisch Null sind. Wegen der Bedingung $t_p \geq T$ muss gelten $f_0 \leq 1/T$, d. h. das Frequenzraster, bestimmt durch $f_0 = 1/t_p$, kann bei vorgegebenen Wert T zwar beliebig kleine aber nicht beliebig große Abstände f_0 haben.

Zusammenfassend können wir formulieren:

- Eine zeitbegrenzte aperiodische Funktion $u(t)$ mit der Eigenschaft

$$u(t) \equiv 0 \text{ für } t \geq T/2$$

  kann durch Spektralkomponenten bei diskreten Frequenzen im Rasterabstand $f_0 \leq 1/T$ beschrieben werden.

Wir möchten diesen Sachverhalt noch etwas näher beleuchten. Einen kleinen Abstand f_0 von Spektrallinien kann man auch als große „Dichte" von Spektrallinien bezeichnen. Da die (fiktive) Periodendauer t_p, gewählt oberhalb einer durch T bestimmten unteren Grenze, beliebig groß sein darf, kann die *Dichte* der Spektralkomponenten, bestimmt durch den Frequenzrasterabstand $f_0 = 1/t_p \leq 1/T$ ebenfalls beliebig groß sein. Abbildung 1.10 zeigt Spektren der in Abbildung 1.9 dargestellten Beispiele.

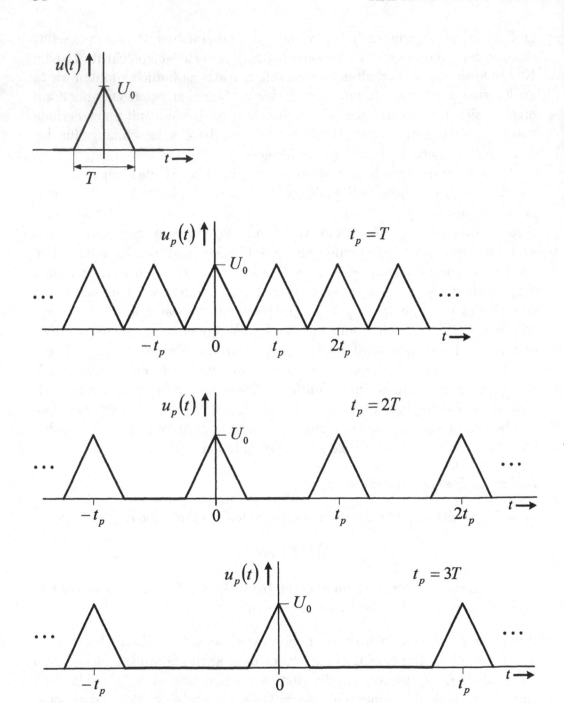

Abbildung 1.9: *Erzeugen von Dreieckfolgen aus aperiodischen Dreieckignalen*

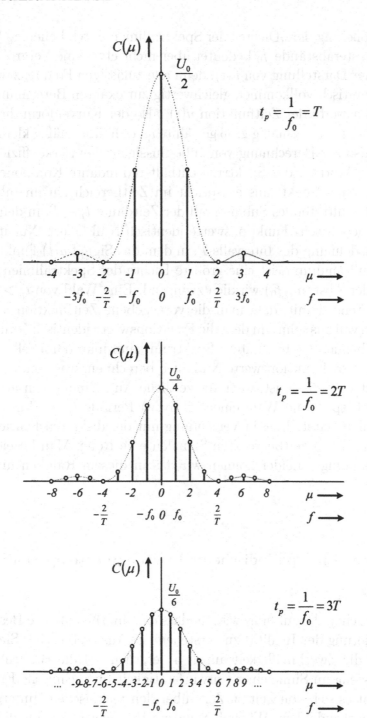

Abbildung 1.10: *Spektren der in Abbildung 1.9 gezeigten Beispiele*

Eine Vergrößerung der „Dichte" der Spektrallinien durch beliebige Verkleinerung der Rasterabstände f_0 bedeutet aber nicht etwa eine Vergrößerung der
Präzision der Darstellung von $u(t)$, denn alle zulässigen Frequenzabstände f_0
sind ja theoretisch vollkommen gleichwertig zur exakten Berechnung beliebiger Funktionswerte der Zeitfunktion $u(t)$, also der Kurvenform dieses aperiodischen Signals. Übermäßig groß gewählte t_p, d. h. übermäßig klein gewählte
f_0 führen also zur Berechnung von „überflüssigen" Fourierkoeffizienten oder
mit anderen Worten, das Spektrum enthält redundante Komponenten. Der
Redundanz eines Spektrums entspricht im Zeitbereich ein im Intervall der
Zeitdauer t_p auftretendes Subintervall der Zeitdauer $t_p - T$, in dem die Fourierreihe (theoretisch) Funktionswerte identisch Null liefert. Nur mit zunehmender Ausdehnung des Intervalls T, in dem das Signal $u(t)$ Funktionswerte
ungleich Null annimmt, ist eine größere Dichte der Spektrallinien (d. h. ein
abnehmender Abstand f_0) wirklich zwingend. Eine Wahl von $t_p > T$ ist also
gleichbedeutend damit, dass man die vorgegebene Zeitfunktion $u(t)$ formal
auf ein Intervall ausdehnt, in dem die Funktionswerte identisch Null sind. Aus
dem entstehenden (redundanten) Spektrum kann man dann selbstverständlich die dortigen Funktionswerte Null auch berechnen, was vom numerischen
Standpunkt überflüssig ist, wenn die zeitliche Ausdehnung von $u(t)$ bekannt
ist. Dennoch spielt die Wahl einer (fiktiven) Periode $t_p > T$ in der Praxis
der spektralen Darstellung in Verbindung mit der diskreten Fouriertransformation (DFT) von zeitbegrenzten Signalen eine Rolle. Man bezeichnet dies
als „zero padding". Leider können wir das in diesem Rahmen nicht weiter
diskutieren.

Modellvergleich – periodische und zeitbegrenzte aperiodische Signale

Wir haben schon darauf hingewiesen, dass eine mathematische Beschreibung
als Modellierung der Realität zu verstehen ist. Aus technischer Sicht kommt
es uns auf die Zweckmäßigkeit an, d. h. letztlich auf die Brauchbarkeit als
Handwerkszeug im Sinne einer Entwurfstätigkeit für technische Erzeugnisse.
Daher lohnt es sich von Zeit zu Zeit, über den technischen Hintergrund von
Modellen nachzudenken. Wir haben unsere Betrachtungen aus didaktischen
Gründen mit dem Modell der *periodischen* Signale begonnen, weil wir da-
von ausgehen, dass Ihnen periodische Signale und darunter Kosinus- bzw.

Sinusfunktionen aus der bisherigen Ausbildung am ehesten vertraut sind [5]. Dann führten wir als zweites Modell das *aperiodische zeitbegrenzte* Signal ein. Zu beiden Signalen ist zu sagen, dass sie in ihrer mathematischen Strenge aus technischer Sicht nicht vorkommen. Ein periodisches Signal ist geeignet, etwa die Schwingungen eines Oszillators oder eines Multivibrators zu modellieren, wobei uns bewusst ist, dass jeder technische Signalgenerator einmal eingeschaltet wurde und irgendwann auch wieder ausgeschaltet wird (oder wegen eines Defektes seinen Dienst versagt). Kein technischer Vorgang in dieser Welt wirkt „von Ewigkeit zu Ewigkeit", wie es in dem mathematischen Modell des periodischen Signals vorausgesetzt wird. Ebensowenig aber interessiert uns ein einmaliges Signal, das definitionsgemäß im Zeitintervall von minus Unendlich bis plus Unendlich zwar einmal erscheint, aber nie wiederkehrt. Wozu hätten wir ein Signal mit technischem Aufwand generiert, wenn wir es nicht mehrmals verwenden wollten? Damit kein Missverständnis aufkommt: Wir wollen mit dieser Überlegung nicht etwa die Unbrauchbarkeit beider Modelle beweisen, sondern wir wollen sie einordnen und ihre Grenzen deutlich machen. Tatsächlich interessieren uns technische Signale in einem bestimmten zeitlichen „Beobachtungsintervall". Das ist ein Zeitintervall, das praktisch zugänglich oder technisch sinnvoll ist. Je nach Aufgabenstellung kann dieses Beobachtungsintervall Sekunden, Stunden, Tage, Jahre oder Jahrzehnte umfassen. Man denke z. B. an den Entwurf von Regelungssystemen für Rückhaltebecken zur Hochwasserbekämpfung, die Beobachtungsergebnisse in Zeiträumen von Jahrzehnten berücksichtigen müssen. (Interessanterweise hat ein Meteorologe, Julius von Hann, eine bestimmte Form eines gewichteten Beobachtungsfensters eingeführt, das so genannte Hann-Fenster, das in der modernen Signalverarbeitung von Bedeutung ist.) Auf der anderen Seite spielen bei so genannten Breitband-Übertragungssystemen der Nachrichtentechnik, die Übertragungsgeschwindigkeiten (Bitraten) bis in die Größenordnung von Terabit pro Sekunde realisieren, Beobachtungszeiträume von Pikosekunden eine Rolle. Gemeinsam ist allen technischen Anwendungen jedoch die Endlichkeit eines interessierenden Zeitraumes. Wir kehren zurück zu unseren beiden bisher betrachteten Signalmodellen, dem periodischen und dem zeitbegrenzten aperiodischen Signal und stellen eine zunächst vielleicht verblüffende Behauptung auf: Beide Modelle leisten prinzipiell das Gleiche.

---

[5]Es gibt allerdings Autoren, die auf diese historische Herangehensweise verzichten und sofort mit diskreten Signalen beginnen, vgl. [Vog99] [Wer08].

Wenn wir nämlich sowieso letztlich nur an der Beschreibung eines Signals in einem endlichen Beobachtungsintervall interessiert sind, ist es grundsätzlich gleichgültig, was wir von dem Signal außerhalb dieses Intervalles annehmen, ob es sich entweder dort periodisch wiederholt oder aber identisch Null gesetzt wird. (Es interessiert uns nicht, was außerhalb des Beobachtungsintervalles passiert.) Im ersten Falle können wir das interessierende Beobachtungsintervall mit $kt_p, k \in \mathbf{Z}$, identifizieren und im zweiten Falle mit T. Dazu korrespondiert, dass in beiden Fällen das Modellsignal durch Fourierkoeffizienten bei äquidistanten Frequenzen, also durch ein *diskretes Spektrum* zu beschreiben ist. Der feine Unterschied in der mathematischen Beschreibung besteht darin, dass wir beim periodischen Signalmodell das komplette Signal, periodisch auch außerhalb eines Beobachtungsintervalles, obwohl es uns dort nicht interessiert, durch eine einheitliche Berechnungsvorschrift, nämlich die Fourierreihe, theoretisch exakt berechnen können. Beim zeitbegrenzten aperiodischen Signalmodell benutzen wir zwar die gleiche Fourierreihe, aber wir müssen daneben noch zusätzlich angeben, wo das Signal lokalisiert ist, denn es soll ja definitionsgemäß außerhalb des gewählten Beobachtungsintervalles identisch Null sein. Wir haben darauf hingewiesen, dass auch das periodische Signal in endlichen periodischen Intervallen abschnittsweise identisch verschwinden kann und diese Funktionswerte Null theoretisch aus der Berechnung mittels Fourierreihe entstehen. Weshalb betonen wir, dass diese Funktionswerte Null „theoretisch" berechnet werden können? Weil eine *praktische* numerische Berechnung niemals unendlich viele Summanden der Fourierreihe berücksichtigen kann. Die numerische Berechnung einer Zeitfunktion mittels Fourierreihe geht damit zwangsläufig von einem bandbegrenzten Signal aus und liefert also, falls das Signal nicht von Natur aus bandbegrenzt ist, eine Approximation im Gaußschen Sinne. In diesem Falle kann übrigens das Signal nicht abschnittsweise *identisch* verschwinden, sondern höchstens punktweise. (Bandbegrenzte Signale haben weitere interessante Eigenschaften, auf die wir später zu sprechen kommen. Unmittelbar leuchtet aus dem oben gesagten ein, dass bandbegrenzte Signale z. B. auch nicht abschnittsweise zeitlich *konstant* sein können.)

Mit diesen Überlegungen wollten wir Sie auf den allgemeinen Fall (wiederum ein Modell) aperiodischer Signale $u(t)$ vorbereiten, nämlich auf Signale, die nicht notwendig auf ein endliches Zeitintervall T begrenzt sind. Die spektrale Darstellung führt an Stelle der Fouriersumme auf das Fourierintegral. Freuen Sie sich auf ein Modell, das auf der Fouriertransformation beruht und zwar primär auf dem Modell des aperiodischen Signals begründet ist, aber periodische Signale als Sonderfall einbezieht und sogar in gleicher Weise auch die bisher noch gar nicht betrachtete Modellklasse der zeitdiskreten Signale zu behandeln gestattet! Zeitdiskrete Signale sind zur Modellierung der heute so wichtigen digitalen Signalverarbeitung geeignet – immer wieder weisen wir im Interesse Ihrer Motivation darauf hin.

Zusammenfassung

Periodische Signale sind durch ein frequenzdiskretes Spektrum beschreibbar. Dieses Spektrum, auch Linienspektrum genannt, besteht aus den im Allgemeinen komplexen Fourierkoeffizienten, die äquidistanten Frequenzen zugeordnet sind. Die Ermittlung der Fourierkoeffizienten wird auch als Fourieranalyse (oder harmonische Analyse) bezeichnet. Die Berechnung einer Zeitfunkion mit Hilfe der (komplexen) Fourierreihe heißt auch Fouriersynthese. Mathematisch sind beide Algorithmen gegeben durch

$$u_p(t) = \sum_{\mu=-\infty}^{\infty} C(\mu)e^{j2\pi\mu f_0 t} \qquad \mu \in \mathbf{Z} \qquad \text{(Fouriersynthese)}$$

und

$$C(\mu) = \frac{1}{t_p} \int_{t_p} u_p(t)e^{-j2\pi\mu f_0 t}\, dt \qquad \text{(Fourieranalyse)}$$

Durch Abbruch der im Allgemeinen unendlichen Fourierreihe, wie sie bei einer praktischen numerischen Berechnung zwangsläufig auftritt, entsteht eine Approximation des Originalsignals im Sinne eines minimalen mittleren quadratischen Fehlers (Gauß-Kriterium, MMSE-Kriterium). Technisch gesehen entspricht dies einer spektralen Begrenzung des Originalsignals, kurz Bandbegrenzung genannt. Mit zusätzlicher Definition eines Zeitfensters kann die Fourierreihe auch zur Darstellung eines zeitbegrenzten aperiodischen Signals verwendet werden, d. h. auch ein zeitbegrenztes aperiodisches Signal ist durch ein frequenzdiskretes Spektrum (Linienspektrum) zu repräsentieren.

Ergänzung: Obige Beziehungen gelten prinzipiell auch für komplexe Zeitfunktionen, wobei die Aussagen zu reellen geraden Spektren usw. entsprechend zu modifizieren sind. In den Ausdrücken für Leistung, Effektivwert usw. und im Theorem von *Parseval* sind die Amplituden $u_p(t)$ durch Beträge $|u_p(t)|$ zu ersetzen.

1.1.3 Fourierintegral

Nachdem bisher periodische und zeitbegrenzte aperiodische Signale und ihre Spektraldarstellung behandelt wurden, wenden wir uns nun allgemein aperiodischen Signalen (also auch zeitlich unbegrenzten Zeitfunktionen) zu. Zunächst setzen wir weiterhin zeitkontinuierliche Funktionen voraus. Die Ergebnisse gelten allgemein auch für komplexe Signale. Für die Einarbeitung empfehlen wir aber durchaus, sich reelle Zeitfunktionen vorzustellen, die physikalische Modelle von Signalen in der Analogtechnik bilden. Das Fourierintegral kann aus der Fourierreihe (1.1) hergeleitet werden, indem wir ein periodisches Signal durch einen Grenzübergang in ein aperiodisches überführen. Dazu sind wir bereits vorbereitet durch Beziehung (1.8).

Spektrale Darstellung eines aperiodischen Signals

In der Darstellung eines periodischen Signals $u_p(t)$ mit Hilfe einer erzeugenden Funktion $u(t)$ gemäß Gl. (1.8)

$$u_p(t) = \sum_{m=-\infty}^{+\infty} u(t - mt_p)$$

hatten wir vorausgesetzt, dass $u(t)$ auf eine Periode t_p zeitbegrenzt ist. Diese Voraussetzung lassen wir nun fallen. Das Signal $u(t)$ darf sich zeitlich bis ins Unendliche erstrecken. Vorläufig wollen wir allerdings die Einschränkung machen, dass $u(t)$ ein so genanntes **Energiesignal** darstellt, erklärt durch

$$\int_{-\infty}^{+\infty} |u(t)|^2 \, dt < \infty \qquad (1.9)$$

d. h. die Zeitfunktion wird als quadratisch integrabel im Intervall Unendlich vorausgesetzt. Damit muss die Zeitfunktion $u(t)$ für $t \to \pm\infty$ betragsmäßig mindestens asymptotisch verschwinden. Falls $|u(t)|$ tatsächlich für $t \to \pm\infty$ nur asymptotisch verschwindet, d. h. nicht zeitbegrenzt ist, und das wollen wir zunächst als ungünstigsten Fall annehmen, ergibt sich eine zeitliche Überlagerung der Elementarsignale $u(t)$ bei der Summenbildung. Somit ist die Kurvenform des entstehenden periodischen Signals $u_p(t)$ innerhalb einer Periode nun nicht mehr identisch mit der von $u(t)$. Das heißt: Das periodisches Signal $u_p(t)$ kann zwar durch eine Fourierreihe und ein Linienspektrum dargestellt werden, nicht aber können wir im Allgemeinen daraus $u(t)$ wiedergewinnen, so dass das Linienspektrum dann auch nicht $u(t)$ repräsentiert.

Das wäre, wie wir wissen, nur der Fall, wenn $u(t)$ zeitbegrenzt und die Periode t_p hinreichend groß gewählt wäre. Ein zeitlich nicht begrenztes Signal $u(t)$ können wir also offenbar dann reproduzierbar spektral darstellen, wenn wir die Periode t_p des zu $u(t)$ korrespondiereden periodischen Signals $u_p(t)$ gegen Unendlich gehen lassen und somit im Grenzfall aus dem periodischen de facto ein aperiodisches Signal machen, d. h. voraussetzen:

$$u(t) = \lim_{t_p \to \infty} u_p(t) = \lim_{t_p \to \infty} \sum_{m=-\infty}^{+\infty} u(t - mt_p) \qquad (1.10)$$

Diese etwas abenteuerlich wirkende Darstellung hilft uns, durch den Umweg über die bekannte Spektraldarstellung eines *periodischen* Signals eine Spektraldarstellung des *nicht zeitbegrenzten aperiodischen* Signals zu gewinnen. Ohne uns zunächst Gedanken um die Konvergenz zu machen, erhalten wir mit der Fourierreihe (1.1) den Ausdruck

$$u(t) = \lim_{t_p \to \infty} u_p(t) = \lim_{f_0 \to 0} \sum_{\mu=-\infty}^{\infty} C(\mu)e^{j2\pi\mu f_0 t} \qquad \text{mit} \qquad f_0 = 1/t_p \quad (1.11)$$

Dabei müssen wir natürlich untersuchen, was bei dieser Manipulation aus den Fourierkoeffizienten $C(\mu)$ wird. Lassen Sie uns den Ausdruck für die $C(\mu)$ nach (1.2) in Ruhe betrachten:

$$C(\mu) = \frac{1}{t_p} \int_{-t_p/2}^{+t_p/2} u_p(t)e^{-j2\pi\mu f_0 t} \, dt$$

Zur besseren Veranschaulichung haben wir das, wie wir wissen, zeitlich beliebig verschiebbare Integrationsintervall t_p in den Grenzen von $-t_p/2$ bis $+t_p/2$ gewählt und stellen uns nun vor, dass t_p langsam immer größer wird. Dann nähern sich die Funktionswerte von $u_p(t)$ im Integrationsintervall immer mehr an die der erzeugenden Funktion $u(t)$ an, weil die Überlagerungseffekte allmählich verschwinden. Wir wollen nun einen bestimmten Frequenzpunkt $f = f_x$ ins Auge fassen, der zu den Rasterfrequenzen μf_0 gehört, d. h. es gelte

$$f_x = \mu_x f_0 \qquad \text{bzw.} \qquad \mu_x = f_x/f_0$$

Den zugehörigen Fourierkoeffizienten $C(\mu) = C(\mu_x)$ bezeichnen wir vorübergehend mit $C_x(f_x)$. Dann erhalten wir

$$C(\mu_x) = C_x(f_x) = \frac{1}{t_p} \int_{-t_p/2}^{+t_p/2} u_p(t)e^{-j2\pi f_x t} \, dt$$

Dass zu dem festen Frequenzpunkt f_x im Integral für zunehmende $t_p = 1/f_0$, d. h. abnehmende f_0, immer größere Werte μ_x korrespondieren, soll uns nicht stören, denn wir interessieren uns eben im Augenblick für eine bestimmte ausgewählte Stelle auf der Frequenzachse. Wir betrachten weiter das Integral.[6] Im Grenzfall $t_p \to \infty$, entsprechend $f_0 \to 0$, ergibt sich wegen $u_p(t) \to u(t)$

$$\lim_{t_p \to \infty} \int_{-t_p/2}^{+t_p/2} u_p(t) e^{-j2\pi f_x t}\, dt = \int_{-\infty}^{+\infty} u(t) e^{-j2\pi f_x t}\, dt$$

Aus dem Integral wird also ein so genanntes uneigentliches Integral, dessen Konvergenz wir für Energiesignale (1.9) voraussetzen können (hinreichende Bedingung).

Die Grundfrequenz $f_0 = 1/t_p$ bezeichnet zugleich den (minimalen) Abstand benachbarter Spektrallinien, den wir deshalb, ebenfalls vorübergehend, mit $f_0 = \Delta f$ bezeichnen wollen. Wir erkennen, dass für zunehmende Periodendauer $t_p = 1/\Delta f$ die Spektralkoeffizienten auf der Frequenzachse immer dichter nebeneinander liegen. Zugleich wird der Faktor $1/t_p = f_0 = \Delta f$ vor dem konstanten Integral immer kleiner, so dass auch die Koeffizienten $C(\mu_x) = C_x(f_x)$ gegen Null streben und ihre Aussagekraft verlieren. Daher betrachten wir anstelle des Fourierkoeffizienten den Quotienten

$$C_x(f_x)/\Delta f = \int_{-t_p/2}^{+t_p/2} u_p(t) e^{-j2\pi f_x t}\, dt$$

Das Integral ist unabhängig von Δf, so dass wir annehmen, es bestimmt auch den Wert des Quotienten für $\Delta f \to 0$.

Da im Grenzfall $\Delta f \to 0$ die Frequenzachse kontinuierlich „mit Amplitude belegt" ist, bezeichnen wir den Grenzwert des Quotienten als Amplitudendichte :

$$\lim_{\Delta f \to 0} C_x(f_x)/\Delta f = \lim_{t_p \to \infty} \int_{-t_p/2}^{+t_p/2} u_p(t) e^{-j2\pi f_x t}\, dt = \int_{-\infty}^{+\infty} u(t) e^{-j2\pi f_x t}\, dt$$

Mit $\Delta f \to 0$ verschwinden die Abstände des ursprünglich diskreten Frequenzrasters, so dass wir anstelle eines Rasterpunktes f_x einen beliebigen Punkt f auf der kontiniuierlichen Frequenzskala der Frequenzachse wählen können.

---

[6]Was für Sie zunächst nur im Falle zeitbegrenzter aperiodischer Signale $u(t)$ für hinreichend große $t_p = 1/f_0$ also hinreichend kleine f_p vorstellbar ist: Wir erhalten an der Stelle $f = f_x$ einen konstanten, zwar von f_x, nicht aber von t_p abhängigen Integralwert.

Wir bezeichnen die kontinuierlich von f abhängige Amplitudendichte mit $U(f)$ gemäß

$$\lim_{\Delta f \to 0} \frac{C_x(f_x)}{\Delta f} = U(f) \qquad \text{mit } f_x \to f$$

und erhalten damit endgültig für die so genannte **spektrale Amplitudendichte** $U(f)$, den Zusammenhang:

$$U(f) = \int_{-\infty}^{+\infty} u(t)e^{-j2\pi ft}\, dt \qquad\qquad (1.12)$$

Ein Integral dieser Form wollen wir als **Fourierintegral** und $U(f)$ als **Fouriertransformierte** von $u(t)$ bezeichnen, denn es handelt sich im mathematischen Sinne um eine *Funktionaltransformation*. Anstelle der korrekten Bezeichnung „Spektrale Amplitudendichte" für die Fouriertransformierte $U(f)$ der Zeitfunktion $u(t)$ verwenden wir auch die Begriffe *„Amplitudendichte"* schlechthin oder *„Spektralfunktion"* sowie *„Frequenzfunktion"*. Generell soll eine Zeitfunktion mit kleinen Buchstaben (hier $u(t)$) und die zugehörige Spektralfunktion mit dem entsprechenden Großbuchstaben (hier $U(f)$) bezeichnet werden. Diese Vereinbarung gilt nicht etwa für die üblichen funktionellen Zusammenhänge wie etwa $\sin x, \cos x$ usw. und weitere, die wir in Kürze einführen werden.

Wenn Sie Schwierigkeiten mit dem Begriff der Amplitudendichte haben, dann sollten Sie an den Dichtebegriff in der Physik denken. Die Fourierkoeffizienten als diskretes Spektrum stellen eine diskrete Amplitudenverteilung auf der Frequenzachse dar, vergleichbar mit konzentrierten d. h. punktförmigen aber verschieden großen Massen in einem äquidistanten Raumgitter, beschrieben durch Raumkoordinaten. Bei uns handelt es sich um eine eindimensionale Anordnung, also um ein äquidistantes „Frequenzgitter", beschrieben durch Frequenzkoordinaten. Stellen Sie sich nun vor, dass die mit unserem Raumgitter verbundenen Massepunkte, vielleicht durch Erwärmen, zu einem zähen kontinuierlichen „Massebrei" verschmelzen, so dass nun eine ungleichmäßige kontinuierliche räumliche Masseverteilung vorliegt. Diese kontinuierliche Verteilung der Massen können wir nur durch einen Parameter, der die Masse je Volumenelement angibt, beschreiben, also durch eine räumliche Massedichte in Abhängigkeit von kontinuierlichen Raumkoordinaten. Dem entspricht in unserem eindimensionalen Fall das „Verschmieren" der diskreten Drehzeiger-Amplituden zu einer kontinuierlichen Amplitudenbelegung der Frequenzachse. Jedem einzelnen Frequenzpunkt kann nur eine infinitesimal kleine Amplidude zugeordnet werden, so dass nur die Beschreibung der Amplitudenverteilung durch eine spektrale Amplitudendichte in Abhängigkeit von einer kontinuierlichen Frequenzkoordinate Sinn macht. Die

„Dimension" der spektralen Amplitudendichte ist also „Amplitude/Frequenz". Puristen lassen weder „Amplitude" noch „Frequenz" als physikalische Dimension gelten. Falls die Amplitude eine Spannung ist, erhalten wir als „richtige" physikalische Dimension: „Spannung mal Zeit", z. B. mit der Einheit Vs oder V/Hz.

Darstellung eines aperiodischen Signals mittels Spektralfunktion

Die Spektralfunktion $U(f)$ repräsentiert die aperiodische Zeitfunktion $u(t)$ im vollen Umfang, obwohl wir im Augenblick noch nicht wissen, wie wir aus einer gegebenen Spektralfunktion die Zeitfunktion berechnen können. Erwartungsgemäß gelingt das nach dem gleichen Rezept durch den gleichen Grenzübergang vom periodischen zum aperiodischen Signal.

Wir starten mit der Fouriersumme für periodische Zeitfunktionen $u_p(t)$ nach Gl. (1.1)

$$u_p(t) = \sum_{\mu=-\infty}^{\infty} C(\mu)e^{j2\pi\mu f_0 t}$$

Um den Grenzübergang $u_p(t) \to u(t)$ gemäß

$$u(t) = \lim_{t_p \to \infty} u_p(t) = \lim_{t_p \to \infty} \sum_{m=-\infty}^{+\infty} u(t - mt_p)$$

vorzubereiten, notieren wir die Fouriersumme mit $\Delta f = f_0$ und $f_x = \mu_x f_0$ sowie $C(\mu) = C(\mu_x) = C_x(f_x)$ in der Form

$$u_p(t) = \sum_{\mu_x=f_x/f_0=-\infty}^{\infty} \frac{C_x(f_x)}{\Delta f} e^{j2\pi f_x t}\Delta f$$

Mit $t_p \to \infty$ bzw. $\Delta f = 1/t_p \to df \to 0$ erhalten wir für $u(t)$ eine Summe infinitesimal kleiner Summanden, d. h. ein Integral, so dass sich unter Berücksichtigung von

$$\lim_{\Delta f \to 0} \frac{C_x(f_x)}{\Delta f} = U(f) \qquad \text{mit } f_x \to f$$

ergibt:

$$u(t) = \lim_{t_p \to \infty} u_p(t) = \lim_{\Delta f \to 0} \sum_{\mu_x=f_x/f_0=-\infty}^{\infty} \frac{C_x(f_x)}{\Delta f} e^{j2\pi f_x t}\Delta f = \int_{-\infty}^{+\infty} U(f)e^{j2\pi ft}\, df$$

Damit ist die Aufgabe gelöst. Aus Symmetriegründen vertauschen wir im Exponenten des Integrals noch f und t und notieren endgültig

$$u(t) = \int_{-\infty}^{+\infty} U(f) e^{+j2\pi tf}\, df \qquad (1.13)$$

Diese Beziehung ist mathematisch prinzipiell die gleiche Funktionaltransformation wie Gl.(1.12), wenn man von den unterschiedlichen Vorzeichen des Exponenten der e-Funktion absieht. Es handelt sich ebenfalls um ein Fourierintegral, das für $\int_{-\infty}^{+\infty} |U(f)|^2\, df < \infty$ konvergiert. Damit ergibt sich eine bemerkenswerte Symmetrie: *$U(f)$ und $u(t)$ sind gegenseitig Fouriertransformierte.* Ohne Beweis ergänzen wir: Die (endliche) Energie eines Signals lässt sich sowohl im Zeitbereich durch $u(t)$ als auch im Frequenzbereich durch $U(f)$ ausdrücken. Es gilt das so genannte **Theorem von *Parseval*** für aperiodische Signale:

$$\int_{-\infty}^{+\infty} |u(t)|^2\, dt = \int_{-\infty}^{+\infty} |U(f)|^2\, df \qquad (1.14)$$

Erinnern Sie sich an das Theorem von *Parseval* für periodische Signale in Verbindung mit der Einführung des Begriffs Leistungssignal? Es lautet:

$$\frac{1}{t_p} \int_{t_p} |u_p(t)|^2\, dt = \sum_{-\infty}^{+\infty} |C(\mu)|^2$$

Da wir hier von vornherein auch komplexe Zeitfunktionen zulassen, wurde gegenüber Gl. (1.7) der Ausdruck $u^2(t)$ durch $|u(t)|^2$ ersetzt.

Wir fassen zusammen (mathematisch korrekt):

- Die Fourierintegrale

$$
\begin{aligned}
u(t) &= \int_{-\infty}^{+\infty} U(f) e^{+j2\pi tf}\, df \\
U(f) &= \int_{-\infty}^{+\infty} u(t) e^{-j2\pi ft}\, dt
\end{aligned}
$$

konvergieren *im quadratischen Mittel* unter der hinreichenden Bedingung, dass $u(t)$ quadratisch integrable Signale bezeichnet, so genannte **Energiesignale**, d. h.

$$\int_{-\infty}^{+\infty} |u(t)|^2\, dt = \int_{-\infty}^{+\infty} |U(f)|^2\, df < \infty$$

Falls zwei Funktionen $u(t)$ und $U(f)$ durch die Fouriertransformation verknüpft sind, wollen wir dies durch das Symbol $\circ\!\!-\!\!\bullet$ kennzeichnen. Obige Beziehungen notieren wir also in Kurzform

$$u(t) \circ\!\!-\!\!\bullet U(f) \tag{1.15}$$

Der leere Kreis des Symbols wird der Zeitfunktion, der volle der Spektralfunktion zugeordnet.

Beispiel: Aperiodisches Rechtecksignal im Zeitbereich

Ein aperiodisches Rechtecksignal $u(t)$ sei definiert durch

$$u(t) = \begin{cases} U_0 & \text{für} & |t| < T/2 \\ U_0/2 & \text{für} & |t| = T/2 \\ 0 & \text{sonst} \end{cases} \tag{1.16}$$

Dieses Signal zeichnet sich durch eine sprungförmige Unstetigkeit an den Stellen $|t| = T/2$ aus. Als Analogsignal, etwa erzeugt durch einen elektronischen Impulsgenerator, ist ein Vorgang mit einer solchen unendlichen Flankensteilheit technisch nicht realisierbar, aber es ist ein brauchbares mathematisches Modell für einen Rechteckimpuls mit „sehr großer" Flankensteilheit. Nehmen Sie es als Entgegenkommen der Mathematik gegenüber der Praxis, dass wir die in der Realität kontinuierlich verlaufende Flanke in unserem Modell wenigstens durch einen isolierten Funktionswert der Größe $U_0/2$ berücksichtigen, gewissermassen als „mildere" Form der Unstetigkeit gegenüber einem Sprung von 0 auf U_0 in „einem Satz". Diese Aussagen sind mathematisch anfechtbar, und wir müssen uns von einem Mathematiker den Vorwurf gefallen lassen, „Vulgärmathematik" zu betreiben. Einer genaueren Darstellung gehen wir aber auch deshalb aus dem Wege, weil nämlich ein stillschweigend als kontinuierlich vorausgesetztes Analogsignal bei „mikroskopischer" Betrachtung auch nicht existiert. Wie Sie wissen, ist ein elektrischer Strom aus Ladungsträgern (in einem metallischen Leiter aus Elektronen) zusammengesetzt, d. h. es liegt ein diskontinuierlicher Vorgang vor, der hinsichtlich des zeitlichen Erscheinens der einzelnen Ladungsträger dazu noch nicht einmal determiniert, sondern statistischer Natur ist. Auch das kontinuierliche Analogsignal ist also „nur" ein Modell, das allerdings in den meisten praktischen Fällen seine Berechtigung hat.

Die von uns als kontinuierlich schlechthin vorausgesetzten Zeitfunktionen sollen Signale mit sprungförmigen Unstetigkeiten beinhalten. (In Kürze werden wir Modelle für Signale kennenlernen, die in noch viel höherem Grade abenteuerlich sind.)

Durch Einsetzen des Rechtecksignals in Gl. (1.12) ergibt sich die spektrale Amplitudendichte $U(f)$ zu

$$U(f) = U_0 \frac{\sin(\pi T f)}{\pi f} = U_0 T \operatorname{sinc}(Tf) \tag{1.17}$$

Als neue Funktionsbezeichnung wurde hier die im Angloamerikanischen verwendete so genannte „sinc"-Funktion (gesprochen: sink) eingeführt. Sie ist definiert durch

$$\operatorname{sinc}(x) = \frac{\sin(\pi x)}{\pi x} \qquad \text{mit} \qquad \operatorname{sinc}(0) = 1$$

In der deutschsprachigen Literatur wurde und wird anstelle der im Angloamerikanischen gebräuchlichen sinc-Funktion auch die so genannte Spaltfunktion

$$\operatorname{si}(x) = \frac{\sin(x)}{x}$$

verwendet, d. h. es gilt

$$U(f) = U_0 T \operatorname{sinc}(Tf) = U_0 T \operatorname{si}(\pi Tf)$$

Wir werden weiterhin die Darstellung mit der sinc-Funktion vorziehen.

In Kurzfassung ergibt sich also

$$U_0 T \operatorname{sinc}(Tf) \bullet\!\!-\!\!\circ \begin{cases} U_0 & \text{für} & |t| < T/2 \\ U_0/2 & \text{für} & |t| = T/2 \\ 0 & \text{sonst} \end{cases} \tag{1.18}$$

In Abbildung 1.11 sind Zeit- und Spektralfunktion dargestellt.

Obwohl uns komplexe Spektralfunktionen vertraut sind, stellen wir erfreut fest, dass die spektrale Amplitudendichte in diesem Beispiel reell ist. Wir haben uns schon einmal bei den komplexen Fourierkoeffizienten die Frage gestellt, unter welchen Bedingungen das Spektrum reell ist. Unter Verwendung der dortigen Betrachtungen sollte es Ihnen gelingen, folgende Übungsaufgabe zu lösen.

Übungsaufgabe: Unter welchen Voraussetzungen für $u(t)$ ist die im Allgemeinen komplexe Spektralfunktion $U(f)$ reell?

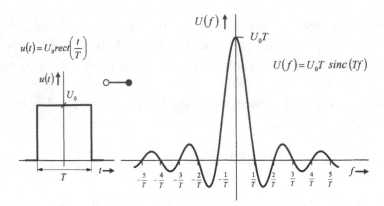

Abbildung 1.11: *Aperiodisches Rechtecksignal und zugehörige spektrale Amplitudendichte*

Fourierkoeffizienten und spektrale Amplitudendichte bei zeitbegrenzten erzeugenden Funktionen

Wir erinnern uns schwach, was wir im Unterabschnitt über die Fourierreihe festgestellt hatten: Die Spektraldarstellung durch Fourierkoeffizienten beschreibt nicht nur eine periodische, sondern auch eine zeitbegrenzte aperiodische Zeitfunktion, die man als Ausschnitt eines periodischen Signals im Intervall einer Periode betrachten kann. (Ein solches zeitbegrenztes aperiodisches Signal ist z. B. der oben betrachtete Rechteckimpuls.) Die Spektraldarstellungen einer zeitbegrenzten aperiodischen Zeitfunktion durch Fourierkoeffizienten einerseits und durch die spektrale Amplitudendichte andererseits müssen also miteinander zusammenhängen. Dieser Frage wollen wir jetzt nachgehen.

Die Fourierkoeffizienten $C(\mu)$ einer periodischen Zeitfunktion

$$u_p(t) = \sum_{m=-\infty}^{+\infty} u(t - m t_p)$$

mit einer Periode $t_p = 1/f_0$ ergaben sich zu

$$C(\mu) = \frac{1}{t_p} \int_{t_p} u_p(t) e^{-j2\pi\mu f_0 t} \, dt$$

und repräsentieren damit auch die erzeugende aperiodische Funktion $u(t)$, die auf ein Intervall der Periode t_p zeitbegrenzt sein soll. Es sei

$$u(t) \equiv 0 \quad \text{für} \quad |t| \geq t_p/2.$$

Dann gilt also ebenso

$$C(\mu) = \frac{1}{t_p} \int_{-t_p/2}^{+t_p/2} u(t) e^{-j2\pi\mu f_0 t} \, dt$$

Andererseits können wir für die spektrale Amplitudendichte $U(f)$ einer aperiodischen Funktion $u(t)$ gemäß

$$U(f) = \int_{-\infty}^{+\infty} u(t) e^{-j2\pi f t} \, dt$$

unter der Bedingung der obigen Zeitbegrenzung für $u(t)$ das Integrationsintervall beschränken (weil der Integrand außerhalb des Intervalles $|t| < t_p/2$ identisch verschwindet) und erhalten

$$U(f) = \int_{-t_p/2}^{+t_p/2} u(t) e^{-j2\pi f t} \, dt$$

Durch Vergleich der Ausdrücke für $C(\mu)$ und $U(f)$ stellen wir fest, dass es sich um die gleichen Integrale handelt, sofern wir den kontinuierlichen Frequenzparameter f mit dem diskreten Frequenzraster μf_0 identifizieren, d. h. es gilt:

$$C(\mu) = \frac{1}{t_p} U(\mu f_0)$$

bzw. mit $1/t_p = f_0$ auch

$$C(\mu) = f_0 U(\mu f_0) \tag{1.19}$$

Anmerkung: Hoffentlich ist Ihnen aufgefallen, dass wir diese Zusammenhänge schon von der Herleitung der spektralen Amplitudendichte kennen. Den dort beschriebenen Weg haben wir jetzt nur in umgekehrter Richtung beschritten.

Selbst wenn wir die Fouriertransformation nicht zwingend benötigen, ist Gl. (1.19) doch eine sehr nützliche Beziehung. Wir können aus der bekannten Fouriertransformierten $U(f)$ einer auf das Intervall $|t| < T/2$ zeitbegrenzeten erzeugenden Funktion $u(t)$, die Fourierkoeffizienten $C(\mu)$ der aus $u(t)$ erzeugten periodischen Funktion $u_p(t)$ mit beliebiger Periodendauer $t_p = 1/f_0 > T$ berechnen. Die Fourierkoeffizienten ergeben sich auf sehr einfache Weise aus äquidistanten Stützwerten $U(\mu f_0)$ der spektralen Amplitudendichte $U(f)$. Aus der Beziehung (1.17) können wir also sofort die Fourierkoeffizienten $C(\mu)$

für periodische Rechteckfolgen mit beliebigem Tastverhältnis $T/t_p < 1$ angeben. (Schon allein aus diesem Grund erschiene es zweckmäßig, die Fouriertransformation und damit die spektrale Amplitudendichte einzuführen.) Wir hatten z. B. früher für die Fourierkoeffizienten $C(\mu)$ einer periodischen Rechteckfolge mit der Rechteckbreite T und der Primitivperiode $t_p = 2T$ (also dem Tastverhältnis $1/2$) angegeben

$$C(\mu) = \begin{cases} \frac{U_0}{\pi} \frac{\sin(\mu\pi/2)}{\mu} & \text{für} \quad \mu \neq 0 \\ \frac{U_0}{2} & \text{für} \quad \mu = 0 \end{cases}$$

Dies zu kontrollieren sind Sie jetzt in der Lage.

> **Übungsaufgabe:** Bitte überprüfen Sie unter Verwendung von Beziehungen (1.17) und (1.19) die oben angegebene Formel zur Berechnung der Fourierkoeffizienten einer periodischen Rechteckfolge mit dem Tastverhältnis $1/2$.

Wir wollen nicht vergessen, dass wir zu Beginn unserer Betrachtung und damit als Voraussetzung für Gl. (1.19) *zeitbegrenzte* aperiodische Signale angenommen hatten. Wie schön wäre es, wenn Gl. (1.19) auch für zeitlich *un*begrenzte (aber fouriertransformierbare) aperiodische Signale gelten würde. Allerdings haben wir starke Zweifel, ob dies zutrifft, denn bei zeitlich unbegrenzten erzeugenden Signalen $u(t)$ ergeben sich bei der Bildung der daraus hergeleiteten periodischen Funktion $u_p(t) = \sum_{-\infty}^{+\infty} u(t - mt_p)$ schließlich Überlagerungen, so dass die Kurvenform von $u(t)$ nicht in $u_p(t)$ erhalten bleibt. Nun fällt uns ein, dass in der Fußnote bei der Herleitung der spektralen Amplitudendichte behauptet wurde, dass das Integral

$$\frac{C_x(f_x)}{f_0} = \int_{-t_p/2}^{+t_p/2} u_p(t) e^{-j2\pi f_x t} \, dt$$

mit $u_p(t) = \sum_{m=-\infty}^{+\infty} u(t - mt_p)$ bei vorgegebener *nicht notwendig zeitbegrenzter* aperiodischer Zeitfunktion $u(t)$ unabhängig von t_p sei. Das gerade können wir uns nicht vorstellen, aber trotzdem wollen wir anschließend mutig diesen Fall betrachten.

Fourierkoeffizienten und spektrale Amplitudendichte bei nicht zeitbegrenzten erzeugenden Funktionen

Damit wir unsere Geisteskräfte nicht an eventuell untauglichen Objekten verschleißen, nehmen wir uns zunächst die Spektralwerte bei der Frequenz $f = 0$

vor, also $C(0)$ einer periodischen Zeitfunktion $u_p(t) = \sum_{-\infty}^{+\infty} u(t - mt_p)$ und $U(0)$ der erzeugenden, zeitlich nicht begrenzten, aperiodischen Zeitfunktion $u(t)$. Es gilt

$$C(0) = \frac{1}{t_p} \int_{t_p} u_p(t)\, dt = \frac{1}{t_p} \int_{-t_p/2}^{+t_p/2} [\sum_{m=-\infty}^{+\infty} u(t - mt_p)]\, dt$$

und

$$U(0) = \int_{-\infty}^{+\infty} u(t)\, dt$$

Um die beiden Integralausdrücke einander anzunähern, kommen wir auf die Idee, in der letzten Beziehung die Integration von $u(t)$ über das unendlich große Intervall des uneigentlichen Integrales *abschnittsweise*, nämlich in Teilintervallen der Ausdehnung t_p, durchzuführen. Wir erhalten

$$U(0) = \sum_{k=-\infty}^{+\infty} \int_{-\frac{t_p}{2}-kt_p}^{+\frac{t_p}{2}-kt_p} u(t)\, dt \qquad k \in \mathbf{Z}$$

Anstatt das Integrationsfenster der Ausdehnung t_p an der Funktion $u(t)$ „vorbei zu ziehen", können wir auch die Funktion $u(t)$ an einem festen Integrationsfenster der Ausdehnung t_p vorbei ziehen, d. h. also sukzessive um kt_p verschieben. Es ergibt sich[7]

$$U(0) = \sum_{k=-\infty}^{+\infty} \int_{-\frac{t_p}{2}}^{+\frac{t_p}{2}} u(t - kt_p)\, dt = \int_{-\frac{t_p}{2}}^{+\frac{t_p}{2}} \sum_{k=-\infty}^{+\infty} u(t - kt_p)\, dt$$

Der rechte Ausdruck ist, abgesehen von dem beliebig wählbaren Formelzeichen für den Index k, den wir also auch mit m bezeichnen können, exakt das Integral in der Formel für $C(\mu)$, d. h. es gilt

$$C(0) = \frac{1}{t_p} U(0) = f_0 U(0)$$

---

[7]Wenn Sie es lieber formal hätten: Mit der Substitution $\tau = t + kt_p$ und nachträglicher Umbenennung der neuen Integrationsvariablen τ in t erreichen Sie das Gleiche.

Damit ist bewiesen, dass Beziehung (1.19) an der Stelle $f = 0$ auch für nicht zeitbegrenzte aperiodische Signale, also allgemein gilt. Dieses Ergebnis macht uns Mut, die Frage der Allgemeingültigkeit von Beziehung (1.19) auch für beliebige Frequenzen $f = \mu f_0$ zu untersuchen. Das möchten wir gerne Ihnen überlassen in der

> **Übungsaufgabe:** Beweisen Sie, dass für beliebige fouriertrans-
> formierbare aperiodische Zeitfunktionen $u(t)$ mit der spektralen
> Amplitudendichte $U(f)$ die Fourierkoeffizienten $C(\mu)$ der aus $u(t)$
> erzeugten periodischen Zeitfunktion $u_p(t) = \sum_{-\infty}^{+\infty} u(t - mt_p)$ für
> beliebige Perioden $t_p = 1/f_0 > 0$ berechnet werden können aus:
> $C(\mu) = f_0 U(\mu f_0)$. Der Beweis kann dem für $f = 0$ vorgeführten
> Weg folgen. Beachten Sie die Eigenschaft: $e^{j2\pi\mu f_0 t} = e^{j2\pi\mu f_0(t-kt_p)}$
> wegen $f_0 t_p = 1$ und $e^{j2\pi\mu} = 1$. (Der Drehzeiger $e^{j2\pi\mu f_0 t}$ ist eine
> periodische Funktion mit der Periode t_p.)

Auch wenn Ihnen die Lösung dieser Aufgabe zu primitiv war, nehmen Sie doch hoffentlich mit großer Freude zur Kenntnis, dass tatsächlich die Beziehung (1.19) allgemein gilt. Hätten Sie das erwartet? Selbst wenn die Kurvenform von $u(t)$ in der von ihr erzeugten periodischen Funktion $u_p(t)$ infolge von Überlagerungseffekten nicht mehr erkennbar ist, bleiben für beliebige Periodendauern $t_p = 1/f_0$ Stützwerte $U(\mu f_0)$ der spektralen Amplitudendichte $U(f)$ in der Form

$$U(\mu f_0) = \frac{1}{f_0}\, C(\mu) \tag{1.20}$$

mit den Fourierkoeffizienten $C(\mu)$ verbunden. Nachträglich stellen Sie nun vielleicht fest: Die Betrachtungen für den zunächst vorausgesetzten Sonderfall *zeitbegrenzter* aperiodischer Signale hätten wir uns sparen können. Das ist richtig, wenn wir vordergründig an der Berechnung von Fourierkoeffizienten aus spektralen Amplitudendichten der erzeugenden aperiodischen Signale interessiert sind. Der Fall zeitbegrenzter aperiodischer Signale $u(t)$ enthält aber noch einen anderen Aspekt: Bei aperiodischen Signalen, die auf ein Intervall T zeitbegrenzt sind, bleibt die Kurvenform in einer Periode t_p der daraus erzeugten periodischen Funktion unverändert erhalten, sofern $t_p > T$. Das heißt aber auch, dass dann aus den Fourierkoeffizienten $C(\mu)$ und damit aus den äquidistanten Stützwerten $U(\mu f_0) = \frac{1}{f_0}C(\mu)$ die komplette spektrale Amplitudendichte $U(f)$ für beliebige Frequenzen f rekonstruierbar sein muss. Prinzipiell hatten wir das schon einmal gefunden. Wir hatten nämlich festgestellt, dass zeitbegrenzte aperiodische Signale $u(t)$ auch durch Fourier-koeffizienten vollständig spektral beschrieben werden können. Erinnern Sie sich an den Schluss des Unterabschnittes Fourierreihe? Wenn $u(t)$ vollständig beschrieben ist, gilt das auch für $U(f)$, was wir eben dargelegt haben. Diese Überlegungen sind wichtig für die spätere Behandlung des Abtastheorems, das wir eigentlich „versehentlich" hier schon abgeleitet haben: Es besagt, dass man aus äquidistanten Abtastwerten einer Funktion unter gewissen Bedingungen die komplette Funktion rekonstruieren kann. Selbst wenn das wiederum nur in der Theorie gilt und in der Praxis nur näherungsweise gelingt, ist das Abtasttheorem eine Aussage von beträchtlicher Tragweite in der Technik. Sie werden staunen, wie elegant wir mit dem vorbereiteten Handwerkszeug und einigen weiteren noch kennenzulernenden Zusammenhängen das Abtasttheorem behandeln können.

Zusammenfassung

Aperiodische Zeitfunktionen $u(t)$, also einmalige Vorgänge, lassen sich als erzeugende Funktionen auffassen und durch Periodifizierung mit periodischen Signalen $u_p(t)$ in Zusammenhang bringen gemäß

$$u_p(t) = \sum_{-\infty}^{+\infty} u(t - mt_p)$$

Aus der Fourierreihe für periodische Funktionen

$$u_p(t) = \sum_{\mu=-\infty}^{\infty} C(\mu)e^{j2\pi\mu f_0 t} \qquad f_0 = 1/t_p$$

mit den Fourierkoeffizienten $C(\mu)$ (die komplexe Amplituden von komplexen Drehzeigern $e^{j2\pi\mu f_0 t}$ darstellen und somit ein Linienspektrum im Raster der diskreten Frequenzen μf_p bilden)

$$C(\mu) = \frac{1}{t_p} \int_{t_p} u_p(t)e^{-j2\pi\mu f_0 t} \, dt$$

ergeben sich durch Grenzübergang $(t_p \to \infty)$ die Beziehungen der Fourier-transformation:

$$u(t) = \int_{-\infty}^{+\infty} U(f)e^{+j2\pi t f} \, df$$

$$U(f) = \int_{-\infty}^{+\infty} u(t)e^{-j2\pi f t} \, dt$$

Beide sind Fourierintegrale, die unter der hinreichenden Bedingung für Energiesignale

$$\int_{-\infty}^{+\infty} u^2(t)\,dt = \int_{-\infty}^{+\infty} |U(f)|^2\,df \ < \infty$$

konvergieren. In Kurzform kennzeichnen wir die Fouriertransformation durch:

$$u(t) \ \circ\!\!-\!\!\bullet \ U(f)$$

Die Fouriertransformierte $U(f)$ wird als spektrale Amplitudendichte oder kurz als Spektralfunktion bezeichnet.

Die durch die Vorschrift

$$u_p(t) = \sum_{-\infty}^{+\infty} u(t - mt_p)$$

mit beliebig gewählten Perioden $t_p = 1/f_0$ aus $u(t)$ erzeugte periodische Funktion $u_p(t)$ hat Fourierkoeffizienten $C(\mu)$, die mit der spektralen Amplitudendichte $U(f)$ zusammenhängen gemäß

$$C(\mu) = f_0 U(\mu f_0)$$

Anmerkung: Bei der Periodifizierung überlagern sich im Allgemeinen die zeitverschobenen erzeugenden Signale $u(t - mt_p)$, deren Kurvenform infolge dessen dann *nicht* mit Ausschnitten von $u_p(t)$ im Intervall einer Periode übereinstimmt. Auch in diesem Überlagerungsfall ergeben sich jedoch die Fourierkoeffizienten korrekt aus den Stützstellen bzw. Abtastwerten $U(\mu f_0)$ der Spektralfunktion $U(f)$ des aperiodischen Signals $u(t)$ gemäß der letztgenannten Beziehung $C(\mu) = f_0 U(\mu f_0)$. Das aperiodische Signal $u(t)$ wurde zwar bisher der Einfachheit halber als ein impulsförmiger Vorgang angenommen, aber es kann selbstverständlich ein strukturierter Vorgang sein, wie etwa ein Codesignal, das seinerseits vielleicht wieder aus einer Folge von einfacheren Elementarimpulsen aufgebaut zu denken ist.

1.2 Signaltheorie mit Fouriertransformation

Vorbemerkung

Den nunmehr beendeten ersten Hauptabschnitt des ersten Kapitels haben wir relativ ausführlich gehalten. In der Hoffnung, dass es uns darin einigermaßen gelungen ist, Ihre Vorbehalte gegenüber der Theorie etwas abzubauen, erlauben wir uns jetzt eine kompaktere Darstellung. Ein Leser, der den Vorteil abstrakter Darstellungen bereits erkannt hat, könnte sogar auf den vorhergehenden Hauptabschnitt verzichten, denn die meisten dort behandelten grundlegenden Zusammenhänge finden Sie im folgenden Text wieder. Es wird das einfachste Handwerkszeug zusammengestellt, das Sie zur praktischen Anwendung der Fouriertransformation benötigen.

Im engeren Sinne werden $U(f)$ als Fouriertransformierte von $u(t)$ sowie $u(t)$ als Fourier-Rücktransformierte von $U(f)$ bezeichnet.

1.2.1 Elementare aperiodische Signale und ihre Spektren

Der Techniker klassifiziert Signale in der Regel nach ihrem Erscheinungsbild im Zeitbereich. Das wollen wir in diesem Text voraussetzen. Aperiodische Signale sollen im Allgemeinen als komplexwertige nichtperiodische Zeitfunktionen $u(t)$ eines kontinuierlichen reellen Argumentes, der laufenden Zeit t, und ihre zugehörigen ebenfalls komplexwertigen von f abhängigen Spektralfunktionen $U(f)$ dargestellt werden, also im Zeitbereich und im Frequenzbereich. Unter der Voraussetzung (hinreichende Konvergenzbedingung) existierender Integrale

$$\int_{-\infty}^{+\infty} |u(t)|^2 \, dt = \int_{-\infty}^{+\infty} |U(f)|^2 \, df \; < \infty$$

für so genannte Energiesignale (Theorem von *Parseval*) sind Zeit- und Spektralfunktion durch die Fourierintegrale

$$u(t) = \int_{-\infty}^{+\infty} U(f)e^{+j2\pi t f} \, df$$

$$U(f) = \int_{-\infty}^{+\infty} u(t)e^{-j2\pi f t} \, dt$$

verknüpft, die die Fouriertransformation erklären. In Kurzfassung notieren wir diese Beziehungen zwischen Zeitfunktion und Spektralfunktion (korrekt:

Spektrale Amplitudendichte oder vereinfacht: Frequenzfunktion schlechthin) durch

$$u(t) \circ\!\!-\!\!\bullet U(f) \tag{1.21}$$

Die Fourierintegrale können mit der so genannten Kreisfrequenz $\omega = 2\pi f$ auch in der folgenden Form notiert werden:

$$u(t) = \frac{1}{2\pi} \int_{-\infty}^{+\infty} U_\omega(\omega) e^{+j\omega t} \, d\omega$$

$$U_\omega(\omega) = \int_{-\infty}^{+\infty} u(t) e^{-j\omega t} \, dt$$

Es gilt der Zusammenhang $U(f) = U_\omega(2\pi f)$. Die Symmetrie der beiden Fourierintegrale tritt in der Schreibweise unter Verwendung von ω weniger deutlich hervor, weshalb wir sie nicht verwenden.

Die einfachsten aperiodischen Signale sind einmalige Impulse verschiedener Form.

Beispiele und Vergleich elementarer zeitbegrenzter Impulse

Rechteckimpuls: Modell für einen idealen Rechteckimpuls sei die symme-trische Zeitfunktion

$$u(t) = \begin{cases} U_0 & \text{für} \quad |t| < T/2 \\ U_0/2 & \text{für} \quad |t| = T/2 \\ 0 & \text{sonst} \end{cases}$$

Die zugehörige Spektralfunktion ergibt sich zu

$$U(f) = U_0 T \operatorname{sinc}(Tf)$$

mit

$$\operatorname{sinc}(x) = \frac{\sin(\pi x)}{\pi x} \qquad \text{wobei} \qquad \operatorname{sinc}(0) = 1$$

Auch für eine Rechteckfunktion wird eine besondere Funktionsbezeichnung „rect" verwendet, definiert durch

$$\operatorname{rect}(x) = \begin{cases} 1 & \text{für} \quad |x| < 1/2 \\ 1/2 & \text{für} \quad |x| = 1/2 \\ 0 & \text{sonst} \end{cases}$$

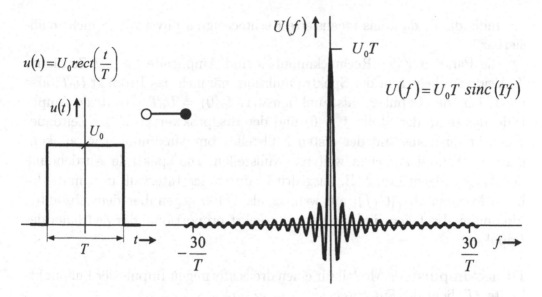

Abbildung 1.12: *Rechtecksignal und zugehörige Spektralfunktion*

Damit ergibt sich eine Kurzschreibweise für das obige Rechtecksignal und seine Spektralfunktion gemäß

$$U_0 \, \text{rect}(t/T) \circ\!\!-\!\!\bullet \, U_0 T \, \text{sinc}(Tf) \qquad (1.22)$$

In Abbildung 1.12 sind das Signal und seine Spektralfunktion dargestellt. Im Gegensatz zu Abbildung 1.11 wurde hier für den Spektralbereich ein anderer Maßstab gewählt, um zu demonstrieren, wie „langsam" die spektrale Amplitudendichte für $|f|$ gegen ∞ abklingt.

Das Rechtecksignal enthält sprungförmige Unstetigkeiten an den Stellen $t = \pm T/2$. Aus formalen Gründen ordnen wir solchen sprungförmigen Unstetigkeiten von Funktionen einen Funktionswert zu, der aus dem arithmetischen Mittelwert von rechts- und linksseitigem Grenzwert gebildet wird, also den Wert $U_0/2$ beim Rechtecksignal. Diese Werte errechnen sich auch aus dem Fourierintegral. Aus technischer Sicht sind solche sprungförmigen Übergänge bei physikalischen Größen (zumindest makroskopisch) nicht möglich. Das Rechtecksignal ist, wie bereits erwähnt, als idealisiertes Modell für einen realen Rechteckimpuls mit extrem steilen Flanken zu verstehen. Die zugehörige Spektralfunktion erstreckt sich bis zu unendlich hohen Frequenzen. Die Funktion (genauer: die durch die lokalen Maxima von $|U(f)|$ bestimmte Hüllkurve) geht für $|f| \to \infty$ nur asymptotisch im Maße $1/|f|$ gegen Null. Auch dies ist

ein Indiz dafür, dass das idealisierte Rechtecksignal physikalisch nicht realisierbar ist.

Die Parameter des Rechteckimpulses sind Amplitude U_0 und Zeitdauer
T. Beide erscheinen in der Spektralfunktion, nämlich das Produkt $U_0 T$, also
die Fläche des Impulses, als Funktionswert $U(0) = U_0 T$ (spektrale Amplitudendichte an der Stelle $f = 0$) und der Reziprokwert $1/T$ der Zeitdauer
T als Frequenzabstand der ersten Nullstelle vom Maximum bzw. als konstanter Abstand zwischen weiteren Nullstellen. Die spektrale Ausdehnung
der Amplitudendichte, z. B. ausgedrückt durch das Intervall, in dem die lo-
kalen Maxima von $|U(f)|$ auf weniger als $1/100$ gegenüber dem absoluten
Maximum abgefallen sind, ist also umgekehrt proportional der Zeitdauer des
Impulses.

Dreieckimpuls: Als Modell für einen dreieckförmigen Impuls der Fußpunktbreite $2T$ dient die Funktion

$$u(t) = \begin{cases} U_0(1 - \frac{|t|}{T}) & \text{für} \quad |t| < T \\ 0 & \text{sonst} \end{cases}$$

Die zugehörige Spektralfunktion ergibt sich zu

$$U(f) = U_0 T \operatorname{sinc}^2(Tf) \tag{1.23}$$

Man bemerke, dass wiederum die Fläche $U_0 T$ der Zeitfunktion als Funktionswert $U(0)$ der Spektralfunktion erscheint, die jedoch jetzt als quadrierte
„sinc"-Funktion gegenüber dem Spektrum des Rechteckimpulses für $|f| \to \infty$
mit $1/|f|^2$ verschwindet. Der Abstand zwischen den (hier doppelten) äqui-
distanten Nullstellen der Spektralfunktion beträgt ebenfalls $1/T$, wobei T
beim Dreieckimpuls mit der so genannten Halbwertsbreite T_H identisch ist,
d. h. es gilt $T = T_H$. (Die Halbwertsbreite T_H ist erklärt durch den zeitlichen
Abstand der Punkte auf den Impulsflanken, die durch den halben Maximalwert gegeben sind.) Abbildung 1.13 zeigt Zeit- und Spektralfunktion im
Vergleich zum Rechteckimpuls (strichpunktiert) mit gleicher Halbwertsbreite. (Man beachte: Beim Rechteckimpuls sind Fußpunkt- und Halbwertsbreite
identisch.)

Gegenüber dem Rechteckimpuls hat der Dreieckimpuls keine sprungförmigen, sondern nur knickförmige Diskontinuitäten, d. h. es treten keine Unstetigkeiten in Form unendlich steiler Flanken auf. Das ist der Grund, weshalb
das Spektrum in Richtung auf höhere Frequenzen $|f|$ von höherer Ordnung

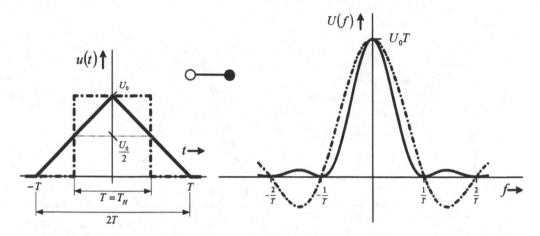

Abbildung 1.13: *Dreieckimpuls und zugehörige Spektralfunktion (strichpunktiert: Rechteckimpuls und Spektrum)*

verschwindet als beim Rechteckimpuls. Die Aussage, dass die spektrale Ausdehnung umgekehrt proportional der Impulsdauer ist, bleibt dagegen erhalten.

Kosinusquadratimpuls: Ein Beispiel für einen Impuls, der „mildere" Diskontinuitäten als sprung- und knickförmige aufweist, ist der Kosinusquadratimpuls. Dieser Impuls mit der Fußpunktbreite $2T$ und der Halbwertsbreite $T_H = T$ (wie beim Dreieckimpuls) ist gegeben durch

$$u(t) = \begin{cases} U_0 \cos^2(\frac{\pi}{2}\frac{t}{T}) & \text{für} \quad |t| < T \\ 0 & \text{sonst} \end{cases}$$

Die zugehörige Spektralfunktion lautet

$$U(f) = U_0 T \frac{\text{sinc}(2Tf)}{1 - (2Tf)^2} \tag{1.24}$$

Der Kosinusquadratimpuls ist deshalb bei $|t| = T$ diskontinuierlich, weil die (kontinuierliche) periodische Kosinusquadratfunktion dort abgebrochen ist. Diese Diskontinuität zeigt sich darin, dass die zweimal differenzierte Funktion (also die zweite Ableitung) dort eine Unstetigkeit aufweist. (Beim Dreieckimpulses zeigte schon die erste Ableitung Unstetigkeitsstellen, und der Rechteckimpuls war selbst bei $|t| = T/2$ unstetig.)

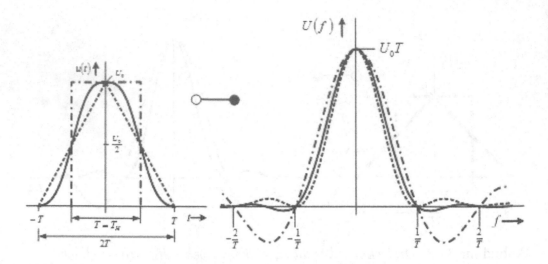

Abbildung 1.14: *Kosinusquadratimpuls und zugehörige Spektralfunktion (strichpunktiert: Rechteckimpuls und Spektrum, punktiert: Dreieckimpuls und Spektrum)*

Die Besichtigung der Spektralfunktion des Kosinusquadratimpulses ergibt, dass das Spektrum für $|f| \to \infty$ mit $1/|f|^3$ gegen Null geht.

Die grafische Darstellung in Abbildung 1.14 offenbart eine weitere interessante Eigenschaft des Spektrums: Mit Ausnahme der Umgebung der Stelle $f = 0$ hat die Frequenzfunktion äquidistante Nullstellen im Frequenzabstand $1/2T$.

Vergleich: Aus praktischer Sicht ist festzustellen, dass der technische (und damit auch der ökonomische) Aufwand mit zunehmender Ausdehnung des Spektralbereichs wächst. Man denke z. B. an die erforderliche Bandbreite des zur Darstellung eines Impulses in einem Oszilloskop benötigten Verstärkers. In der Praxis wird daher häufig nur der Betrag der Spektralfunktion dargestellt, und zwar als logarithmische Größe. Mit dem so genannten Pegelmaß $20\log(|U(f)|/U(0))$, das durch die Angabe dB (Dezibel) gekennzeichnet wird, lassen sich in einem Diagramm die Unterschiede von Größenordnungen viel besser darstellen als in linearem Maßstab. In Verbindung mit einer ebenfalls logarithmischen Frequenzskala ergeben sich für die drei oben besprochenen Impulsformen mit gleicher Halbwertsbreite $T_H = T = 1\mu s$ die in Abbildung 1.15 gezeigten Pegeldiagramme.

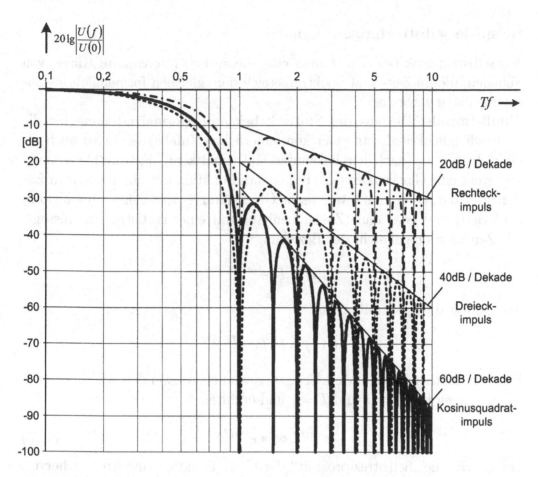

Abbildung 1.15: *Pegeldiagramme der Spektren von Rechteck-, Dreieck- und Kosinusquadratimpuls (gestrichelt: Rechteckimpuls, punktiert: Dreieckimpuls)*

Durch diese doppeltlogarithmische Darstellung erhält man nicht nur charakteristische Geraden als Asymptoten, sondern es werden auch Werte ablesbar, die in einem Diagramm mit linearer Teilung der Koordinaten nur sehr umständlich sichtbar zu machen wären. Man erkennt so z. B. deutlich, dass eine etwa durch den Abfall der spektralen Amplitudendichte um 40 dB (Faktor $1/100$) gegenüber dem Maximalwert bei $f = 0$ definierte spektrale Frequenzgrenze beim Rechteck erheblich größer ist als beim Kosinusquadratimpuls gleicher Halbwertsbreite. Zur Beurteilung des praktischen Bandbreitebedarf sind damit wichtige Einsichten gegeben, obwohl die betrachteten drei Impulsformen nur mathematische Modelle sind.

Beispiele selbstreziproker Signale

Als selbstreziprok bezeichnet man eine theoretisch interessante Klasse von
Signalen, die im Zeit- und Spektralbereich dem gleichen formelmäßigen Zusammenhang gehorchen.

Gauß-Impuls: Die aus der Statistik bekannte Normalverteilung für die
Wahrscheinlichkeitsdichte einer kontinuierlichen Zufallsgröße wird auch als
Gauß-Verteilung (nach dem bekannten Mathematiker C. F. Gauß) bezeichnet
und stellt eine Glockenkurve als Exponentialfunktion mit quadratischem Exponenten dar. Diese charakteristische Glockenkurve wird hier als Impulsform
deklariert, und zwar ohne Zusammenhang mit einer statistischen Aussage.
Die Zeitfunktion gehorcht der Beziehung

$$u(t) = U_0 e^{-\pi(t/T)^2}$$

und besitzt die Spektralfunkion

$$U(f) = U_0 T e^{-\pi(Tf)^2}$$

Um eine mathematische Merkform zu gewinnen, verwenden wir diesen Zusammenhang für $U_0 = 1$ und $T = 1$ und erhalten

$$e^{-\pi(t)^2} \circ\!\!-\!\!\bullet\ e^{-\pi(f)^2} \tag{1.25}$$

Dabei tritt die „Selbstreziprozität" der Gauß-Funktion unmittelbar hervor:
Für Zeit- und Spektralfunktion gilt die gleiche funktionelle Abhängigkeit vom
Argument, wobei t und f dimensionslos anzunehmen sind.

Anmerkung über physikalische Dimensionen: Wie bereits erklärt, beruhen unsere Betrachtungen grundsätzlich auf dem Modell (meist idealisierter) Analogsignale, d. h. wir unterstellen die Existenz von Signalen, die im Zeitbereich als zeitvariable physikalische Größen
betrachtet werden können. Die Dimension der physikalischen Größe (Spannung, Strom
usw.) lassen wir dabei offen, gelegentlich sprechen wir von der „Dimension Amplitude".
So können wir, wie wir noch zeigen, auch Signale modellieren, die in Digitalrechnern bzw.
digitalen Schaltkreisen als Zahlenfolgen existieren und in dieser Form digital verarbeitet
werden. Diese physikalische Denkweise hat neben der Anschaulichkeit den Vorzug, dass
Dimensionsproben möglich sind. Solche Dimensionsproben bestehen darin, dass z. B. über-
prüft wird, ob auf beiden Seiten einer Gleichung die physikalischen Dimensionen identisch
sind, was notwendig der Fall sein muss. Eine weitere Dimensionsprobe ergibt sich daraus,
dass die Argumente von mathematischen Funktionen dimensionslos sein müssen. Bisher

war das immer der Fall, wenn wir beachten, dass t die Dimension [Zeit], und f die Dimension [1/Zeit] haben muss. Für die obige mathematische Merkform haben wir jedoch ausnahmsweise $U_0 = 1$ und $T = 1$ vorausgesetzt und damit als dimensions*los* erklärt. Konsequenterweise müssen dann in der mathematischen Merkform auch t und f dimensionslos sein.

Hyperbolischer Kosinusimpuls: In der optischen Übertragungstechnik über Glasfasern spielt eine Impulsform der Momentanleistung eine Rolle, die unter gewissen Bedingungen durch Ausnutzung nichtlinearer Effekte eine dispersionsfreie Übertragung gestattet. Man nennt diese optischen Impulse, die sich unter Beibehaltung von Form von Form und Zeitdauer ausbreiten, Solitonen. Entsprechend ihrer mathematischen Beschreibung wollen wir sie als hyperbolische Kosinusimpulse bezeichnen.

$$u(t) = \frac{U_0}{\cosh(\pi t/T)}$$

Die zugehörige Spektralfunktion lautet

$$U(f) = \frac{U_0 T}{\cosh(\pi T f}$$

Es handelt sich also wiederum um einen Fall von Selbstreziprozität. Als mathematische Merkform ergibt sich für $U_0 = T = 1$:

$$\frac{1}{\cosh(\pi t)} \circ\!\!-\!\!\bullet \frac{1}{\cosh(\pi f)} \qquad (1.26)$$

Die Parameter T beider selbstreziproker glockenförmiger Impulsformen sind mit dem Impulsmoment $\int_{-\infty}^{+\infty} u(t)\,dt$ verknüpft durch

$$T = \frac{1}{U_0} \int_{-\infty}^{+\infty} u(t)\,dt$$

Die Halbwertsbreiten T_H sind hier nicht sofort aus dem Formelausdruck ablesbar. Man erhält

$$T_H = T\sqrt{4\ln(2/\pi)} \approx 0,939\ T \text{für den Gauß-Impuls}$$

und

$$T_H = 2T\cosh^{-1}(2/\pi) \approx 0,838\ T \quad \text{für den hyperbolischen Kosinusimpuls.}$$

Abbildung 1.16 zeigt die Impulse und ihre Spektren für gleiche Halbwertsbreiten im Vergleich zum Rechteckimpuls.

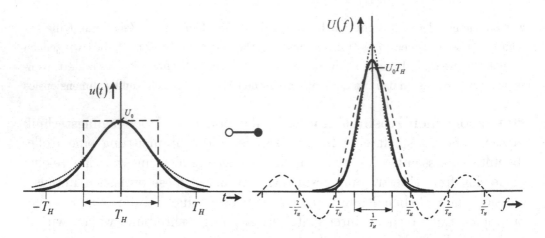

Abbildung 1.16: *Gauß-Impuls und hyperbolischer Kosinusimpuls und zugehörige Spektralfunktionen (punktiert: hyperbolischer Kosinusimpuls, gestrichelt: Rechteckimpuls)*

Aufbausignale

Als Aufbausignale sollen Zeitfunktionen mit Bausteincharakter bezeichnet werden, die also geeignet sind, aus ihnen kompliziertere Signale zu bilden. (Wie sich zeigen wird, kann man mit ihnen auch gegebene Signale manipulieren.) Eigentlich kann man auch Rechteck- Dreieck- und Kosinusquadratimpuls zu ihnen rechnen, aber diese wurden wegen ihrer unproblematischen Spektren oben gesondert behandelt.

Einheitsstoß: Zur Herleitung des Einheitsstoßes gehen wir von dem oben behandelten und in Abbildung 1.12 dargestellten Rechteckimpuls aus. Unter der Bedingung, dass das Impulsmoment (die Fläche) $c = U_0 T$ konstant bleibt, ergibt sich für abnehmende Impulsbreiten T eine zunehmende Amplitude $U_0 = c/T$. Den „pathologischen" Grenzfall des Rechteckimpulses mit verschwindender Zeitdauer und damit gegen Unendlich gehender Amplitude, aber endlichem Impulsmomnet c, wollen wir mit der Bezeichnung *Stoß* oder *Deltafunktion* belegen und durch die Funktionsbezeichnung

$$u(t) = c\,\delta(t)$$

kennzeichnen. Der Ausdruck $\delta(t)$ ist der so genannte *Einheitsstoß*. Er hat das Stoßintegral 1 und ist an der Stelle $t = 0$ lokalisiert. In der Literatur heißt dieser Grenzfall eines Signals auch *Diracfunktion* oder *Diracstoß*. Dass ein solcher Impuls $c\,\delta(t)$ technisch nicht realisierbar ist, liegt auf der Hand. Nicht nur die Impulsamplitude, sondern auch die Impulsenergie $\int_{-\infty}^{+\infty} u^2(t)\,dt$ geht gegen Unendlich. Damit aber wird die Klasse der Energiesignale verlassen, und auch die mathematische Beschreibung wird problematisch. Wir möchten die mathematische Problematik nicht weiter verfolgen, sondern uns damit zufrieden geben, dass derartige „Funktionen" zwar nicht mehr im analytischen Sinne erklärt sind, aber dennoch mit Hilfe der Distributionentheorie korrekt behandelt werden können. In diesem Sinne existiert auch eine (verallgemeinerte) Fouriertransformierte, mit der wir anschaulich keine Probleme haben. Aus dem Zusammenhang

$$U_0 \operatorname{rect}(t/T) \circ\!\!-\!\!\bullet U_0 T \operatorname{sinc}(Tf)$$

in Verbindung mit der Abbildung 1.12 ergibt sich für $U(f)$ bei obiger Manipulation (Verkleinern der Zeitdauer bei konstant bleibender Fläche) eine Dehnung der Spektralfunktion $U(f)$ bei konstanter Amplitude $U_0 T = c$, so dass im Grenzfall die Konstante $U_0 T = c$ übrig bleibt. Wir erklären den Stoß als fouriertransformierbar gemäß

$$c\,\delta(t) \circ\!\!-\!\!\bullet c \tag{1.27}$$

oder auch

$$\delta(t) \circ\!\!-\!\!\bullet 1$$

Etwas lax ausgedrückt, enthält also ein Stoß alle Frequenzen im Intervall $f = -\infty \cdots + \infty$ mit der gleichen Intensität. Dass an einem Vorgang alle Frequenzen in diesem unendlich ausgedehnten Intervall beteiligt sind, ist nicht das Entscheidende, sondern dass alle *mit gleicher Intensität* auftreten, ist wichtig.

Zur Komplettierung der theoretischen Beschreibung des Stoßes ergänzen wir die aus den bisherigen Ausführungen kommentarlos verständlichen Eigenschaften

$$\int_{-\varepsilon}^{+\varepsilon} c\,\delta(t)\,dt = c \qquad \text{für beliebige} \qquad \varepsilon > 0$$

und

$$c\,\delta(t) = 0 \qquad \text{für} \qquad |t| > 0$$

Für die graphische Darstellung eines Stoßes $c\,\delta(t)$ wählen wir einen Pfeil an der Stelle $t = 0$ mit der Schaftlänge c.

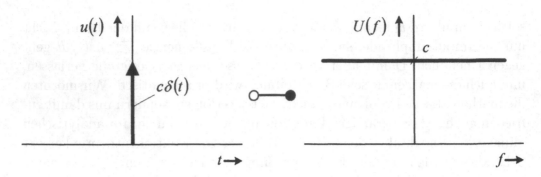

Abbildung 1.17: *Stoß und zugehörige Spektralfunktion*

Das ist nicht ganz konsequent, denn c als Stoßintegral hat die „Dimension" [Amplitude Zeit]. Der Pfeil wird verwendet, um an die unabhängig von c unendlich große Amplitude eines jeden Stoßes $c\,\delta(t)$ an der Stelle $t = 0$ zu „erinnern". Als Intensitätsparameter tritt anstelle einer Amplitudengröße das Stoßintegral c auf, das durch die Länge des Pfeiles veranschaulicht wird. Abbildung 1.17 zeigt die Zusammenhänge.

Man hätte den Stoß ebenso aus den oben behandelten Dreieck- und Kosinusquadratimpulsen herleiten können, indem man unter der Bedingung eines konstanten Impulsmomentes $c = U_0 T$ (= Fläche des Impulses) zum Grenzfall der verschwindenden Zeitdauer T übergeht.

Ergänzend behaupten wir (ohne Beweis, aber in der Hoffnung, dass Sie es glaubwürdig finden):

- Jeder aperiodische zeitliche Vorgang $u(t)$ mit endlichem Impulsmoment $c = \int_{-\infty}^{+\infty} u(t)\,dt$ führt durch zeitliche Kompression auf den Punkt $t = 0$ zu einem Stoß $c\,\delta(t)$.

Das heißt auch – und das ist für die Praxis wichtig:

- Jeder hinreichend kurzzeitige in der Umgebung von $t = 0$ (einschließlich $t = 0$) existierende aperiodische Vorgang $u(t)$ mit endlichem Impulsmoment $c = \int_{-\infty}^{+\infty} u(t)\,dt$ ist durch einen Stoß zu approximieren.

Umgekehrt gilt – nützlich, wenn z. B. die Vorstellung von mathematischen Operationen mit Stößen versagt:

- Ein Stoß kann näherungsweise durch einen hinreichend kurzzeitigen Impuls ersetzt werden, z. B. durch einen Rechteck- oder einen Dreieckimpuls, symmetrisch zum Punkt $t = 0$ angeordnet.

Diese Aussagen über Näherungen können durch Betrachtung des Spektralbereiches bestätigt werden. In der Praxis interessieren stets nur endliche Frequenzintervalle, z. B. mit einer oberen Grenzfrequenz oder mit einer unteren und einer oberen Grenzfrequenz. Sofern in diesen interessierenden Intervallen die Spektralfunktion einer Zeitfunktion konstant (oder näherungsweise konstant) ist, kann sie durch einen Stoß (oder näherungsweise durch einen Stoß) ersetzt werden. Dass es oft sehr viel einfacher ist, mit Stößen zu arbeiten als mit anderen Signalen, werden Sie später erkennen. Vorläufig würden wir uns freuen, wenn Sie sich von der etwas abenteuerlichen Theorie nicht abschrecken ließen und uns glauben würden, dass der Stoß ein sehr nützliches mathematisches Modell für einen kurzzeitigen Impuls ist, dessen Spektrum im aktuell interessierenden Frequenzintervall (nahezu) konstant bleibt.

> **Übungsaufgabe:** Ein Gerät mit der Grenzfrequenz 100 MHz soll mit Hilfe eines Testsignals auf seine Einsatzfähigkeit überprüft werden. Zur Verfügung steht ein Generator für Dreieckimpulse mit einer Amplitude von 10 V und einstellbarer Fußpunktbreite $2T$. Wählen Sie den Parameter T, wenn das Testsignal einem Stoß $c\,\delta(t)$ näherungsweise äquivalent sein soll. Welche Werte ergeben sich für den Parameter c ?

Konstante: Nachdem wir als Grenzfall eines sehr kurzzeitigen Impulses im Zeitbereich den Stoß $c\,\delta(t)$ mit der Spektralfunktion c kennengelernt haben, möchten wir den entgegengesetzten Grenzfall eines zeitlich extrem ausgedehnten Vorganges betrachten. Wiederum gehen wir vom Rechteckimpuls in der oben angegebenen Form aus und lassen nun die Zeitdauer T gegen Unendlich gehen. Im Grenzfall $T \to \infty$ entsteht die Konstante U_0, was wir seiner Anschaulichkeit wegen nicht interpretieren müssen. Es liegt kein Energiesignal mehr vor. Mathematisch ausgedrückt, ergibt sich

$$\lim_{T \to \infty} U_0 \operatorname{rect}(t/T) = U_0$$

Betrachten wir die Auswirkung dieser Manipulation im Spektralbereich. Die Fouriertransformierte $U(f)$ des Rechteckimpulses ist die sinc-Funktion

$$U(f) = U_0 T \operatorname{sinc}(Tf)$$

Mit zunehmender Zeitdauer T strebt $U(0)$ gegen Unendlich. Zugleich wird die Spektralfunktion komprimiert, und zwar derart, dass die Fläche unter der

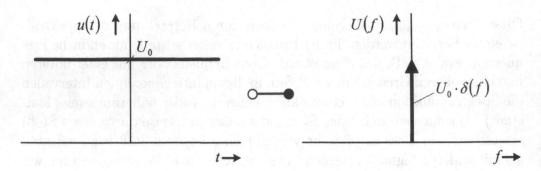

Abbildung 1.18: *Konstante und zugehörige Spektralfunktion*

Spektralfunktion konstant bleibt, denn es gilt

$$\int_{-\infty}^{+\infty} U(f)\, df = u(0) = U_0 = const$$

Für $T \to \infty$ liegt ein Grenzfall vor, den wir oben im Zeitbereich als Stoß kennengelernt haben. Hier also entsteht ein Stoß im Frequenzbereich mit dem Stoßintegral U_0, d. h. es gilt

$$U_0 \circ\!\!-\!\!\bullet\ U_0\, \delta(f) \qquad\qquad (1.28)$$

Abbildung 1.18 zeigt Zeit- und Frequenzfunktion.

Nachträglich wundert uns dieses Ergebnis nicht, haben wir doch bereits auf die Symmetrie der Fouriertransformation hinsichtlich der Transformation vom Zeit- in den Frequenzbereich und umgekehrt hingewiesen. Wir stellen also fest:

- Ein Stoß (an der Stelle Null) im Zeitbereich korrespondiert zu einer Konstanten im Frequenzbereich und ein Stoß (an der Stelle Null) im Frequenzbereich korrespondiert zu einer Konstanten im Zeitbereich.

Signumfunktion: Die Signumfunktion als Zeitfunktion $u(t) = \operatorname{sgn}(t)$ ist definiert gemäß

$$\operatorname{sgn}(t) = \begin{cases} 1 & \text{für} \quad t > 0 \\ 0 & \text{für} \quad t = 0 \\ -1 & \text{für} \quad t < 0 \end{cases} \qquad\qquad (1.29)$$

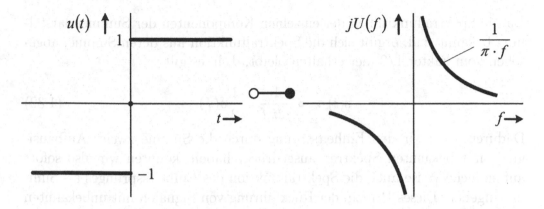

Abbildung 1.19: *Signumfunktion im Zeitbereich und zugehörige Spektralfunktion*

Auch dieses Signal gehört nicht zur Klasse der Energiesignale. Die zugehörige Fouriertransformierte wird erklärt zu

$$\text{sgn}(t) \circ\!\!-\!\!\bullet \frac{1}{j\pi f} \qquad (1.30)$$

In Abbildung 1.19 sind Zeit- und Spektralfunktion skizziert.

Wir wollen diesen speziellen Umschaltvorgang sogleich als Aufbausignal verwenden, um ein weiteres Aufbausignal zu erklären, den *Sprung*.

Einheitssprung: Durch Addition der Konstanten 1 zur Signumfunktion ergibt sich eine Funktion, die für $t < 0$ identisch verschwindet und für $t > 0$ den konstanten Wert 2 annimmt. Durch Multiplikation dieses Summensignals mit der Konstanten 1/2 entsteht der so genannte *Einheitssprung* s(t):

$$s(t) = \frac{1}{2}\left[\text{sgn}(t) + 1\right]$$

definiert durch:

$$s(t) = \begin{cases} 1 & \text{für} \quad t > 0 \\ 1/2 & \text{für} \quad t = 0 \\ 0 & \text{für} \quad t < 0 \end{cases} \qquad (1.31)$$

Da die Spektralfunktionen der einzelnen Komponenten der Summendarstellung bekannt sind, ergibt sich die Spektralfunktion aus deren Summe, abgesehen vom Faktor 1/2, der erhalten bleibt, d. h. es gilt

$$s(t) \circ\!\!-\!\!\bullet \frac{1}{j2\pi f} + \frac{1}{2}\delta(f) \qquad\qquad (1.32)$$

Dadurch, dass wir den Einheitssprung durch die Summe zweier Aufbausignale mit bekannten Spektren ausgedrückt haben, konnten wir also sofort auf einfache Weise auch die Spektralfunktion des Einheitssprunges als Summe angeben. Dieses Prinzip der Rückführung von Signalen mit unbekannten Spektren auf die Summe bekannter Signale mit bekannten Spektren wollen wir uns gut merken. Es „funktioniert" deshalb, weil die Fouriertransformation eine *lineare* Transformation ist, was wir im nächsten Unterabschnitt gleich noch einmal besprechen.

> **Übungsaufgabe:** Berechnen Sie die Fouriertransformierte $U(f)$ einer Zeitfunktion $u(t)$, die gegeben ist durch
>
> $$u(t) = \begin{cases} 2 & \text{für} \quad t > 0 \\ 1/2 & \text{für} \quad t = 0 \\ -1 & \text{für} \quad t < 0 \end{cases}$$
>
> Lösungshinweis: Versuchen Sie, diese Zeitfunktion als Summe von Aufbausignalen darzustellen.

Zusammenfassung

In diesem Unterabschnitt haben wir einige Signale im Zeit- und Frequenzbereich kennengelernt, die einerseits als Modelle für einfache Impulse dienen können (Rechteck-, Dreieck-, Kosinusquadrat-, Gauß-Impuls) und andererseits Aufbausignale, die als Bestandteile komplizierterer Signale nützlich sind (Stoß, Konstante, Sprung). Zum Umgang mit diesen Signalen fehlen uns einige wichtige Eigenschaften und Grundbeziehungen der Fouriertranformation, die wir im nächsten Unterabschnitt darstellen werden.

1.2.2 Eigenschaften und Grundgesetze

Eigenschaften

Linearität: Die Integration ist eine lineare Operation, d. h.

- das Integral einer Summe ist gleich der Summe der Integrale über die Summanden (Additivität) und

- ein konstanter Faktor vor dem Integranden kann durch den gleichen Faktor vor dem Integral ersetzt werden.

Das Gleiche gilt auch für das Fourierintegral, so dass unter der Voraussetzung

$$u_1(t) \circ\!\!-\!\!\bullet\, U_1(f), \qquad u_2(t) \circ\!\!-\!\!\bullet\, U_2(f)$$

entsteht

$$c_1 u_1(t) + c_2 u_2(t) \circ\!\!-\!\!\bullet\, c_1 U_1(f) + c_2 U_2(f) \qquad (1.33)$$

c_1, c_2 beliebige Konstanten.

Die Verallgemeinerung auf Linearkombinationen mit beliebig vielen Summanden ist zulässig, was Sie leicht selbst beweisen können.

> **Übungsaufgabe:** Ermitteln Sie die Fouriertranformierte der Zeitfunktion $u(t) = U_0(1 + \frac{1}{2}\mathrm{rect}(\frac{t}{T}))$.

Als praktische Konsequenz aus der Linearität der Fouriertransformation merken wir uns, wovon wir schon Gebrauch gemacht haben:

- Summen kann man gliedweise transformieren.

- Zur Fouriertransformation eines unbekannten Signals versuche man, dieses durch eine Summe einfacherer Signale mit bekannten Fouriertransformierten auszudrücken. Die unbekannte Fouriertransformierte ergibt sich aus der Summe der Fouriertransformierten der Summanden im Zeitbereich.

Korrespondenz reeller und imaginärer, gerader und ungerader Funktionen: Bisher haben wir vorzugsweise reelle Zeitfunktionen betrachtet (allerdings in Form des komplexen Drehzeigers im Abschnitt 1.1 auch schon von komplexen Zeitfunktionen Gebrauch gemacht). Das Fourierintegral ist, wie bereits erwähnt, auch auf komplexe Zeitfunktionen anwendbar, denn jede

komplexe Funktion $u(t)$ ist mittels Realteil $\mathrm{Re}[u(t)]$ und Imaginärteil $\mathrm{Im}[u(t)]$
als Summe darstellbar gemäß

$$u(t) = \mathrm{Re}[u(t)] + j\,\mathrm{Im}[u(t)]$$

Daher genügt die Transformierbarkeit der beiden reellen Funktionen Realteil
und Imaginärteil, um unter Berücksichtigung der Linearität der Fouriertransformation die Fouriertransformierte $U(f)$ von $u(t)$ gliedweise zu ermitteln.

Andererseits ist jede Funktion $u(t)$ als Summe einer geraden Komponente
$u_g(t)$ und einer ungeraden Komponente $u_u(t)$ darzustellen gemäß

$$u(t) = u_g(t) + u_u(t)$$

Gerade Funktionen $u_g(t)$ und ungerade Funktionen $u_u(t)$ sind erklärt durch

$$u_g(-t) = u_g(t) \qquad \text{und} \qquad u_u(-t) = -u_u(t)$$

Man kann zeigen, dass gerade reelle Zeitfunktionen zu geraden reellen Spektralfunktionen korrespondieren, ungerade reelle Zeitfunktionen dagegen korrespondieren zu ungeraden imaginären Spektralfunktionen. Daraus ergeben
sich insgesamt Zusammenhänge wie in folgender Tabelle zusammengefasst:

	reell	imaginär
gerade	$u(t) \circ\!\!-\!\!\bullet U(f)$	$u(t) \circ\!\!-\!\!\bullet U(f)$
ungerade	$u(t) \circ\!\!-\!\!\!-\!\!\!-\!\!\bullet U(f)$ $\;\;U(f) \bullet\!\!-\!\!\!-\!\!\!-\!\!\circ u(t)$	

Die in der Praxis häufig interessierenden reellen Zeitfunktionen, die stets in
eine Summe einer geraden und einer ungeraden Komponente zerlegt werden
können, haben also Spektralfunktionen mit geradem Realteil und ungeradem
Imaginärteil.

Beispiel:

$$u(t) = \left\{ \begin{array}{lll} e^{-\sigma t} & \text{für} & t > 0 \\ 1/2 & \text{für} & t = 0 \\ 0 & \text{für} & t < 0 \end{array} \right\} \circ\!\!-\!\!\bullet \frac{1}{\sigma + j 2\pi f} = \frac{\sigma}{\sigma^2 + (2\pi f)^2} - j\frac{2\pi f}{\sigma^2 + (2\pi f)^2}$$

$$\tag{1.34}$$

Übungsaufgabe: Skizzieren Sie die additive Zerlegung der obigen Zeitfunktion in eine gerade und eine ungerade Komponente.

Verinnerlichen Sie die Sonderfälle:

- *Gerade reelle* Zeitfunktionen haben *gerade reelle* Spektralfunktionen.

- *Ungerade reelle* Zeitfunktionen haben *ungerade imaginäre* Spektralfunktionen.

Funktionswerte mit dem Argument Null: Aus den Fourierintegralen ergibt sich für die Funktionswerte $u(0)$ und $U(0)$ unmittelbar

$$u(0) = \int_{-\infty}^{+\infty} U(f)\, df$$

$$U(0) = \int_{-\infty}^{+\infty} u(t)\, dt$$

Die Integrale stellen die (orientierte) Fläche unter zugehörigen Kurven dar. Die Funktionswerte an den Stellen Null sind also gleich den Flächen unter den zugehörigen Fouriertransformierten. Bei der Behandlung von Rechteck- und Dreiecksignal wurde dies bereits festgestellt.

Sonderfall reeller Zeitfunktionen: Da für reelle Zeitfunktionen das Integral über die ungerade imaginäre Spektralkomponente verschwindet, braucht in diesem Fall nur der (gerade) Realteil der Spektralfunktion berücksichtigt zu werden, d. h. es gilt

$$u(0) = \int_{-\infty}^{+\infty} \mathrm{Re}[U(f)]\, df = 2 \int_{0}^{+\infty} \mathrm{Re}[U(f)]\, df \qquad u(t) \text{ reell}$$

Beispiel: Für den oben definierten Einheitssprung $s(t)$ ergibt sich korrekt

$$s(0) = \int_{-\infty}^{+\infty} \left[\frac{1}{j\, 2\pi f} + \frac{1}{2}\delta(f) \right] df = \int_{-\infty}^{+\infty} \frac{1}{2}\delta(f)\, df = \frac{1}{2}$$

Zeitdauer und Bandbreite aperiodischer Signale: Aus obigen Zusammenhängen lässt sich eine für die Praxis sehr nützliche Beziehung zwischen Zeitdauer und Bandbreite von Signalen herleiten. Zunächst formal kann man mittels flächengleicher Rechtecke so genannte äquivalente Rechteckbreiten T_R und B_R für Zeit- und Frequenzfunktion angeben, definiert durch

$$u(0)T_R = \int_{-\infty}^{+\infty} u(t)\, dt = U(0) \qquad \text{und} \qquad U(0)B_R = \int_{-\infty}^{+\infty} U(f)\, df = u(0)$$

oder

$$T_R = \frac{U(0)}{u(0)} \qquad \text{und} \qquad B_R = \frac{u(0)}{U(0)}$$

Aus diesen Beziehungen ergibt sich

$$T_R\, B_R = 1 \tag{1.35}$$

Für den Fall reeller Zeitfunktionen, die von einem Maximalwert u_{max} an der Stelle $t = 0$, also $u_{max} = u(0)$, nach beiden Seiten monoton gegen Null streben, ist T_R ein technisch interessantes Maß für die Zeitdauer (Breite des flächengleichen Rechtecks mit der Amplitude u_{max}). Dann ist auch B_R ein sinnvoller Bandbreiteparameter. Die Reziprozität von Zeit und Frequenz, die wir bei den behandelten elementaren Impulsformen Rechteck, Dreieck usw. feststellten, spiegelt sich in dieser Beziehung allgemein wider. Ein Nachteil der so definierten Rechteckbreiten besteht darin, dass sie über Integrale berechnet werden müssen.

Ohne nähere Untersuchung geben wir anschließend eine *Faustformel* an, die diesen Nachteil nicht besitzt. Anstelle der äquivalenten Rechteckbreiten werden Halbwertsbreiten T_H und B_H eingeführt, die durch den Abfall des Betrages der Vorgänge auf den halben Maximalwert bestimmt sind. In Abbildung 1.20 werden die Zusammenhänge demonstriert, wobei im Falle der äquivalenten Rechteckbreiten die Flächeninhalte der jeweils gegenläufig schraffierten Flächen gleich sind.

Für Impulse, die von einem Maximalwert im Wesentlichen monoton nach beiden Seiten abfallen und deren Spektralfunktion ihr Betragsmaximum an der Stelle $f = 0$ hat, gilt anstelle der exakten Beziehung

$$T_R\, B_R = 1$$

die Näherungsbeziehung

$$T_H\, B_H \approx 1 \tag{1.36}$$

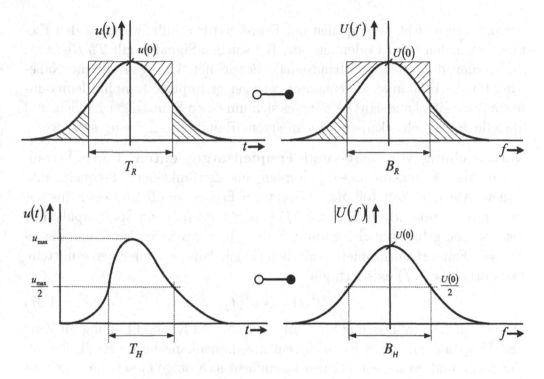

Abbildung 1.20: *Rechteck- und Halbwertsbreiten*

Die Güte der Näherung wird hier nicht weiter untersucht. Bei stark unsymmetrischen Impulsen (wie etwa einem linksseitig abgeschnittenen Exponentialimpuls mit $B_H T_H = 0,302$) ist die Näherung schlecht, dagegen befriedigend bei den symmetrischen Signalen Rechteckimpuls (1,21), Dreieckimpuls (0,886) Kosinusquadratimpuls (1), Gaußimpuls (0,883). Immerhin ist diese Faustformel nützlich, wenn es um grobe Abschätzungen geht.

In der Praxis verwendet man anstelle der signaltheoretischen (zweiseitigen) Bandbreite B_H die Halbwertsgrenzfrequenz $f_H = B_H/2$, die auch als 6-dB-Grenzfrequenz bezeichnet wird (Abfall auf $U(0)/2$ entspricht Abfall um 6,02 dB). Daraus entsteht die Näherungsbeziehung $T_H f_H \approx 1/2$.

> **Übungsaufgabe:** Schätzen Sie die minimale Impulsdauer von Impulsen mit der Videobandbreite des analogen Fernsehens ab (Grenzfrequenz ca. 5 MHz).

Die Voraussetzung, dass die Signale im Wesentlichen beidseitig vom Maximum monoton abfallen müssen, d. h. im Wesentlichen homogen sind, ist beispielsweise nicht bei Signalen mit Feinstruktur erfüllt, wie etwa den Elementarsignalen beim Codemultiplex. Bei solchen Signalen gilt $T_H B_H \gg 1$. Sie werden daher als Breitbandsignale bezeichnet. Dagegen gilt die Näherung für die Hüllkurve so genannter geträgerter Impulse (amplitudenmodulierte Zweiseitenbandsignale) wenn es sich um einen Sinusträger handelt und anstelle B_H die physikalische Hochfrequenz-Bandbreite Δf eingesetzt wird.

Vertauschung von Zeit- und Frequenzargumenten: Durch Vertauschung der Argumente $t \leftrightarrow f$ werden aus Zeitfunktionen Frequenzfunktionen. Aus dem Zeitstoß $\delta(t)$ entsteht ein Frequenzstoß $\delta(f)$ oder aus der spektralen Amplitudendichte $\mathrm{sinc}(af)$ entsteht $\mathrm{sinc}(at)$, ein Spaltimpuls. Für diese so neu gebildeten elementaren Signale bzw. Spektren kann man die jeweiligen Fouriertransformierten aus den Originalzusammenhängen ermitteln. Falls $u(t) \circ\!\!-\!\!\bullet\, U(f)$ existiert, gilt

$$U^*(t) \circ\!\!-\!\!\bullet\, u^*(f) \tag{1.37}$$

Die getroffene Vereinbarung hinsichtlich Groß- und Kleinschreibung für Zeit- und Frequenzfunktionen ist in diesem Zusammenhang außer Kraft gesetzt. Für reelle und gerade Funktionen vereinfacht sich obige Gesetzmäßigkeit zu

$$U(t) \circ\!\!-\!\!\bullet\, u(f) \qquad u(\cdot), U(\cdot) \text{ reell, gerade}$$

Diese Eigenschaft der Fouriertransformation (auch als Vertauschungssatz bezeichnet) kann man benutzen, um den Fundus bekannter Signale und zugehöriger Spektren zu erweitern, indem eine Zeitfunktion als Spektralfunktion und die zugehörige Spektralfunktion als Zeitfunktion aufgefasst wird.

Beispiele:

$$\delta(t) \circ\!\!-\!\!\bullet\, 1 \qquad \leftrightarrow \qquad 1 \circ\!\!-\!\!\bullet\, \delta(f)$$

$$\mathrm{sgn}(t) \circ\!\!-\!\!\bullet\, \frac{1}{j\pi f} \qquad \leftrightarrow \qquad \frac{-1}{j\pi t} \circ\!\!-\!\!\bullet\, \mathrm{sgn}(f)$$

$$U_0\,\mathrm{rect}(t/T) \circ\!\!-\!\!\bullet\, U_0 T\,\mathrm{sinc}(Tf) \qquad \leftrightarrow \qquad U_0\,\mathrm{sinc}(Bt) \circ\!\!-\!\!\bullet\, \frac{U_0}{B}\,\mathrm{rect}(f/B)$$

Im letzten Beispiel wurde der Zeitparameter T (Impulsdauer) des Originalzusammenhanges durch den Frequenzparameter B (systemtheoretische Bandbreite) ersetzt und der Amplitudenparameter U_0 sinngemäß in beiden Zusammenhängen der Zeitfunktion zugeordnet. Das Rechteckspektrum hat damit die der spektralen Amplitudendichte zugeordnete „Dimension" Amplitude/Frequenz.

Grundgesetze der Fouriertransformation

Manipulationen an Zeit- und Frequenzfunktionen wirken sich auf die zugehörigen Fouriertransformierten aus. Eine Anzahl von ihnen hat für die praktische Handhabung von Signalen und Spektren große Bedeutung und wird nachfolgend zusammengestellt. Präziser ausgedrückt, handelt es sich bei diesen Manipulationen und ihre Auswirkungen um mathematische Operationen, die in der Signalverarbeitung eine fundamentale Rolle spielen. Die Herleitungen dieser Grundgesetze werden nicht geboten, sie sind für den Leser als Übung zumutbar. Außerdem empfehlen wir, an einfachen Beispielen die nachfolgend angegebenen Operationen zeichnerisch darzustellen.

Es wird vorausgesetzt, dass Originalfunktionen $u(t)$ und $U(f)$ existieren, die durch die Fouriertransformation verknüpft sind, d. h. es gilt $u(t) \circ\!\!-\!\!\bullet U(f)$.

Verschiebungssatz: Zeitliche und spektrale Verschiebung der Originalfunktionen auf der Zeitachse um t_0 bzw. auf der Frequenzachse um f_0 wirken sich bei den jeweiligen zugehörigen Fouriertransformierten als Multiplikation mit komplexen Drehzeigern aus:

$$u(t - t_0) \quad \circ\!\!-\!\!\bullet \quad U(f)e^{-j2\pi t_0 f} \tag{1.38}$$

$$u(t)e^{+j2\pi f_0 t} \quad \circ\!\!-\!\!\bullet \quad U(f - f_0) \tag{1.39}$$

Insbesondere gilt damit auch:

$$\delta(t - t_0) \quad \circ\!\!-\!\!\bullet \quad e^{-j2\pi t_0 f}$$

$$e^{+j2\pi f_0 t} \quad \circ\!\!-\!\!\bullet \quad \delta(f - f_0)]$$

Achten Sie bitte auf die unterschiedlichen Vorzeichen in den Exponenten der Drehzeiger im Zeit- und Frequenzbereich.

Anwendungsbeispiel: Mit dem Verschiebungssatz ergibt sich eine Korrespondenz für die von uns so genannte „gerade symmetrische Aufspaltung" einer Originalfunktion, d. h. Verschiebung nach rechts und links zugleich, gemäß

$$\frac{1}{2}[u(t + t_0) + u(t - t_0)] \quad \circ\!\!-\!\!\bullet \quad U(f)\cos(2\pi t_0 f) \tag{1.40}$$

$$u(t)\cos(2\pi f_0 t) \quad \circ\!\!-\!\!\bullet \quad \frac{1}{2}[U(f + f_0) + U(f - f_0)] \tag{1.41}$$

Anmerkung: Die Multiplikation einer Zeitfunktion mit einer Kosinusfunktion beschreibt technisch die Amplitudenmodulation mit unterdrücktem Träger. Das Spektrum $U(f)$ einer modulierenden Funktion $u(t)$ wird dadurch also frequenzmäßig verschoben und erscheint in der Umgebung von f_0 und $-f_0$ (f_0 wird in diesem Fall Trägerfrequenz genannt).

Übungsaufgabe: Ergänzen Sie den o.a. Satz über „gerade symmetrische Aufspaltung" durch einen Satz über „ungerade symmetrische Aufspaltung", d. h. finden Sie die Korrespondenzen zu den Ausdrücken $\frac{1}{2}[u(t+t_0) - u(t-t_0)]$ und $\frac{1}{2}[U(f+f_0) - U(f-f_0)]$.

Unsere Sammlung elementarer Transformationen können wir mit Hilfe der Sätze über die gerade und ungerade symmetrische Aufspaltung (letzterer von Ihnen soeben gefunden) weiter ergänzen, indem wir die Sonderfälle $u(t) = 1$ und $U(f) = 1$ betrachten. Es ergibt sich

$$\frac{1}{2}[\delta(t+t_0) + \delta(t-t_0)] \quad \circ\!\!-\!\!\bullet \quad \cos(2\pi t_0 f) \tag{1.42}$$

$$\cos(2\pi f_0 t) \quad \circ\!\!-\!\!\bullet \quad \frac{1}{2}[\delta(f+f_0) + \delta(f-f_0)] \tag{1.43}$$

$$\frac{1}{2}[\delta(t+t_0) - \delta(t-t_0)] \quad \circ\!\!-\!\!\bullet \quad -j\sin(2\pi t_0 f) \tag{1.44}$$

$$\sin(2\pi f_0 t) \quad \circ\!\!-\!\!\bullet \quad \frac{-j}{2}[\delta(f+f_0) - \delta(f-f_0)] \tag{1.45}$$

Das sind bedeutsame Erkenntnisse! Gewissermaßen als Abfallprodukt des Verschiebungssatzes haben wir herausgefunden, dass man die *periodischen* Signale $e^{j2\pi f_0 t}$, $\cos(2\pi f_0 t)$ und $\sin(2\pi f_0 t)$ ebenfalls mittels Fouriertransformation im Frequenzbereich darstellen kann.

Wie behauptet, haben wir uns also durch Einführung der δ-Funktion die Fouriertransformation periodischer Funktionen erschlossen. Dies wird mit obigen Beziehungen bestätigt.

Dass *alle* periodischen Signale (soweit sie durch eine Fourierreihe darstellbar sind, was wir hier vorausgesetzt hatten) nunmehr auch eine Fouriertransformierte besitzen, ist leicht zu zeigen. Die Fourierentwicklung einer periodischen Zeitfunktion $u_p(t)$ mit den Fourierkoeffizienten $C(\mu)$ lautet

$$u_p(t) = \sum_{\mu=-\infty}^{\infty} C(\mu)e^{j2\pi\mu f_0 t}$$

Durch gliedweise Transformation der Summanden ergibt sich

$$u_p(t) \circ\!\!-\!\!\bullet \sum_{\mu=-\infty}^{\infty} C(\mu)\delta(f - \mu f_0) \qquad (1.46)$$

Die spektrale Amplitudendichte einer periodischen Funktion ist also eine Stoßfolge, wobei die Fourierkoeffizienten $C(\mu)$ als Stoßintegrale auftreten.

Schließlich kann man die spektrale Darstellung, ebenso wie die periodische Zeitfunktion $u_p(t)$, mit einer erzeugenden aperiodischen Zeitfunktion $u(t)$ und ihrer Spektralfunktion $U(f)$ in Verbindung bringen. Man erhält mit

$$u_p(t) = \sum_{m=-\infty}^{\infty} u(t - mt_p)$$

und

$$C(\mu) = f_0 U(\mu f_0)$$

den hochinteressanten Ausdruck

$$u_p(t) = \sum_{m=-\infty}^{\infty} u(t - mt_p) \circ\!\!-\!\!\bullet \sum_{\mu=-\infty}^{\infty} f_0 U(\mu f_0)\delta(f - \mu f_0) \qquad (1.47)$$

Wir werden später mit einer Spektralfunktion, wie sie oben als Stoßfolge erscheint, die Abtastung (im signaltheoretischen Sinne) beschreiben. Vorausschauende Leser möchten wir schon jetzt auf eine fundamentale Erkenntnis aufmerksam machen: Ausgehend von aperiodischen Signalen $u(t)$ mit der spektralen Amplitudendichte $U(f)$ korrespondiert also die periodifizierte Zeitfunktion $u_p(t) = \sum_{m=-\infty}^{\infty} u(t - mt_p)$ zu der Folge äquidistanter Stützstellen $f_0 U(\mu f_0)$ der kontinuierlichen Amplitudendichte $U(f)$, wobei diese Stützwerte als Stoßintegrale erscheinen. Die Stützwerte $U(\mu f_0)$ bezeichnen wir auch als Abtastwerte und den Vorgang ihrer Gewinnung als *Abtastung*, hier also Abtastung im Spektralbereich. In Kurzform gilt: Periodifizierung im Zeitbereich korrespondiert zu Abtastung im Frequenzbereich.

Ähnlichkeitssatz: In der Signaltheorie ist die Ähnlichkeitsoperation eine Dehnung oder Kompression der Argumente von Funktionen, z. B. der Art $u(t) \rightarrow u(at)$. (Der Begriff „Ähnlichkeit" wird hier also anders verwendet als in der Geometrie.) Es tritt gegenüber den vorhergehenden Operationen die Besonderheit auf, dass bei den jeweiligen Fouriertransformierten ebenfalls eine Ähnlichkeitsoperation erscheint, nämlich

$$u(at) \circ\!\!-\!\!\bullet \frac{1}{|a|} U\left(\frac{f}{a}\right) \qquad\qquad a \in \mathbf{R} \qquad\qquad (1.48)$$

Kompression im Zeitbereich erzeugt somit Dehnung im Spektralbereich (und umgekehrt), d. h. ein zeitlich verkürzter Impuls hat ein entsprechend breiteres Spektrum. Bemerken Sie bitte, dass mit einer zeitlichen Kompression auch eine entsprechende Verkleinerung der Fläche eines Impulses und damit des Funktionswertes $U(0)$ verbunden ist, wie im Ähnlichkeitssatz zum Ausdruck kommt. Sie sollten sich Klarheit darüber verschaffen, welche Bedeutung die numerische Größe der Konstanten a hat. (Bedeutet z. B. $a > 1$ Kompression oder Dehnung der Zeitfunktion? Bei der Darstellung der Kosinusfunktion $\cos(2\pi f_0 t)$ ist es Ihnen geläufig!)

Übungsaufgabe: Stellen Sie unter Verwendung des Ähnlichkeitssatzes eine Beziehung zwischen $\delta(at)$ und $\delta(t)$ her.

Mit dem Ähnlichkeitssatz kann man z. B. durch $a = -1$ die Auswirkung einer Spiegelung der Zeitfunktion an der Ordinate beschreiben. Man erhält:

$$u(-t) \circ\!\!-\!\!\bullet U(-f)$$

Für die häufig vorkommenden *reellen* Zeitfunktionen ist dies identisch mit:

$$u(-t) \circ\!\!-\!\!\bullet U^*(f) \qquad\qquad u(t) \text{ reell}$$

Differentiationssatz: Differentiation spielt zwar meist im Zeitbereich eine Rolle in der Signalverarbeitung, aber auch Differentiation im Frequenzbereich ist interessant. Es gilt:

$$\frac{d\,u(t)}{dt} \quad \bullet\!\!-\!\!\circ \quad (j\,2\pi f)U(f) \qquad\qquad (1.49)$$

$$(-j\,2\pi t)\,u(t) \quad \bullet\!\!-\!\!\circ \quad \frac{d\,U(f)}{df} \qquad\qquad (1.50)$$

Übungsaufgabe: Ermitteln Sie unter Verwendung des Differentiationssatzes die Spektralfunktion der Sinusfunktion $u(t) = \sin(2\pi f_0 t)$.

Mit Hilfe der (hier nicht behandelten) Distributionentheorie sind auch nicht-stetige Funktionen differenzierbar. Der Einheitsstoß $\delta(t)$ wird als Differenzierte des Einheitssprunges s(t) erklärt:

$$\delta(t) = \frac{d\,s(t)}{dt}$$

Übungsaufgabe: Bestimmen Sie die Spektralfunktion der Differenzierten des Rechteckimpulses

$$u(t) = \begin{cases} U_0 & \text{für} & |t| < T/2 \\ U_0/2 & \text{für} & |t| = T/2 \\ 0 & \text{sonst} \end{cases}$$

Integrationssatz: Als Integrierte einer Zeitfunktion $u(t)$ wird die Zeitfunktion bezeichnet, die durch Integration von $u(t)$ von der unteren Grenze $-\infty$ bis zu einer oberen Grenze t (laufende Zeit) entsteht, also $\int_{-\infty}^{t} u(\tau)\,d\tau$. Beachten Sie, dass die Integrierte also nicht einfach das Stammintegral einer Funktion ist. Wir hoffen, dass Sie sich über die Notwendigkeit des Wechsels der Integrationsvariablen im klaren sind. Man hätte anstelle des obigen Ausdruckes für die Integrierte von $u(t)$ auch z. B. $\int_{-\infty}^{t} u(x)\,dx$ schreiben können. In entsprechender Weise wird die Integrierte von $U(f)$ gebildet. Man erhält als Integrationssatz:

$$\int\limits_{-\infty}^{t} u(\tau)\,d\tau \quad \circ\!\!-\!\!\bullet \quad \left[\frac{1}{j\,2\pi f} + \frac{1}{2}\delta(f)\right] U(f) \qquad (1.51)$$

$$\left[\frac{-1}{j\,2\pi t} + \frac{1}{2}\delta(t)\right] u(t) \quad \circ\!\!-\!\!\bullet \quad \int\limits_{-\infty}^{f} U(\phi)\,d\phi \qquad (1.52)$$

Aus Verlegenheit wurde in der unteren Beziehung willkürlich ϕ als Integrationsvariable der Spektralfunktion gewählt, was Sie hoffentlich nicht irritiert. Auch hier hätte man anstelle von ϕ eine beliebige andere Variablenbezeichnung, etwa x oder y, wählen können.

Bitte bemerken Sie, dass wie beim Differentiationssatz eine mathematische Operation der Infinitesimalrechnung in Zeit- oder Frequenzbereich bei der jeweiligen Fouriertransformierten als Multiplikation mit einem relativ einfachen Ausdruck erscheint.

Als Pendant zu der oben angegebenen Beziehung

$$\delta(t) = \frac{d\,\mathrm{s}(t)}{dt}$$

wird der Einheitssprung $\mathrm{s}(t)$ als Integrierte des Einheitsstoßes $\delta(t)$ erklärt:

$$\int_{-\infty}^{t} \delta(\tau)\,d\tau = \mathrm{s}(t)$$

Übungsaufgabe: Skizzieren Sie die Integrierte der Stoßfolge
$u(t) = U_0\left[\delta(t + \frac{T}{2}) - \delta(t - \frac{T}{2}\right]$ und bestimmen Sie die Spektralfunktion der Integrierten.

Faltungssatz: Die Faltungsoperation im Zeitbereich, angewandt auf zwei
aperiodische Signale $u_1(t)$ und $u_2(t)$, ist erklärt durch

$$u(t) = \int_{-\infty}^{+\infty} u_1(\tau) u_2(t-\tau)\,d\tau \tag{1.53}$$

Wiederum wurde, wie beim Integrationssatz, willkürlich τ als Integrationsvariable gewählt. Bitte machen Sie sich diese Operation mit einfachen selbst
ausgewählten Funktionen schrittweise klar: Der Integrand des Faltungsintegrales setzt sich zusammen aus $u_1(\tau)$ und der zunächst an der Ordinate
gespiegelten und anschließend um t nach rechts (falls $t > 0$) verschobenen
Funktion $u_2(t - \tau)$. Die Zeitgröße t hat für den Integrationsprozess mit der
Integrationsvariablen τ den Charakter eines zunächst konstanten Parameters. Die Produktfunktion ist also abhängig von der Integrationsvariablen τ
und dem Parameter t. Das Integral in den Grenzen von $-\infty$ bis $+\infty$, also
die (orientierte) Fläche der Produktfunktion, hängt von diesem Parameter
t ab und ist somit eine Funktion von t, stellt also die als Ergebnis der Fal-
tungsopperation entstehende neue Zeitfunktion $u(t)$ dar.

Sie können im Augenblick die praktische Bedeutung dieser Faltungsoperation noch nicht einsehen. Als Vorgriff auf den Hauptabschnitt Systemtheorie
können wir Ihnen aber schon verraten, dass alle linearen zeitinvarianten Systeme, also z. B. Leitungen, Filter, Entzerrer, Verstärker usw., im Zeitbereich
diese Operation vollbringen, wobei eine der beiden Funktionen ($u_1(t)$ oder
$u_2(t)$) das jeweilige System theoretisch komplett beschreibt, die andere das
Eingangssignal des Systems und $u(t)$ das Ausgangssignal darstellt.

In Kurzschreibweise verwenden wir das Symbol $*$ zur Kennzeichnung der Faltungsoperation und notieren

$$u(t) = u_1(t) * u_2(t) = \int_{-\infty}^{+\infty} u_1(\tau)u_2(t-\tau)\,d\tau \tag{1.54}$$

Der Faltungssatz für Zeitfunktionen lautet in Kurzschreibweise

$$u_1(t) * u_2(t) \circ\!\!-\!\!\bullet\, U_1(f)\,U_2(f) \tag{1.55}$$

Erneut wird also erfreulicherweise eine im Zeitbereich erklärte komplizierte Integraloperation im Spektralbereich als einfache Multiplikation abgebildet.

Mit der Faltung im Frequenzbereich

$$U(f) = U_1(f) * U_2(f) = \int_{-\infty}^{+\infty} U_1(\phi)U_2(f-\phi)\,d\phi \tag{1.56}$$

ergibt sich der Faltungssatz in der Form

$$u_1(t)\,u_2(t) \circ\!\!-\!\!\bullet\, U_1(f) * U_2(f) \tag{1.57}$$

Da die Multiplikation kommutativ ist (d. h. Reihenfolge der Faktoren beliebig), ergibt sich aus dem Faltungssatz: Auch die Faltungsoperation ist kommutativ, also gilt

$$u_1(t) * u_2(t) = u_2(t) * u_1(t)$$

und

$$U_1(f) * U_2(f) = U_2(f) * U_1(f)$$

Man beachte, dass bei der Faltung von zwei dimensionsbehafteten Funktionen eine neue Dimension des Faltungsergebnisses entsteht. Zum Beispiel hat die Zeitfunktion $u(t)$ nur dann die selbe Dimension wie $u_1(t)$, wenn $u_2(t)$ die Dimension 1/Zeit hat.

Übungsaufgabe: Ermitteln Sie das Ergebnis der Faltung einer rechteckförmigen Zeitfunktion ($\text{rect}(t/T)$) mit sich selbst und geben Sie mit Hilfe des Faltungssatzes die zugehörige Spektralfunktion an.

Sonderfälle: Unmittelbar aus dem Faltungssatz ergeben sich in Verbindung mit dem Integrationssatz bzw. dem Verschiebungssatz die interessanten Beziehungen

$$u(t) * \mathrm{s}(t) = \int\limits_{-\infty}^{t} u(\tau)\,d\tau \qquad (1.58)$$

und

$$u(t) * \delta(t - t_0) = u(t - t_0) \qquad (1.59)$$

Insbesondere liefert somit die Faltung einer Funktion mit dem Einheitsstoß die Funktion selbst:

$$u(t) * \delta(t) = u(t)$$

Mehrfach haben wir auf die Symmetrie der Fouriertransformation hingewiesen. Daraus resultiert u. a., dass die oben betrachteten Grundgesetze der Fouriertransformation zugleich eine Anwendung im Zeitbereich und eine Anwendung im Frequenzbereich haben. Andererseits hätte man auch den Faltungssatz mit dem gleichen Recht als Multiplikationssatz bezeichnen können. Wenn man die Multiplikation in den Vordergrund stellt, ergeben sich mit dem Faltungssatz noch die besonderen Beziehungen

$$u(t)\,\delta(t) = u(0)\,\delta(t) \circ\!\!-\!\!\bullet\ U(f) * 1 = \int_{-\infty}^{+\infty} U(f)\,df$$

Die Multiplikation einer Funktion mit dem Einheitsstoß $\delta(t)$ bewirkt also, dass fast alle Werte der Funktion verschwinden. Nur der Funktionswert an der Stelle Null $u(0)$ „rettet" sich und bleibt in Form des Stoßintegrales des Stoßes $u(0)\,\delta(t)$ erhalten. Damit können wir beliebige einzelne Funktionswerte aus einer Funktion herauslösen, indem wir die Funktion mit einem Stoß an der ausgewählten Stelle multiplizieren, z. B. gilt also für Zeitfunktionen:

$$u(t)\,\delta(t - t_0) = u(t_0)\,\delta(t - t_0) \qquad (1.60)$$

Diese Beziehung ist sehr wichtig, denn sie modelliert die Entnahme einer Probe der Zeitfunktion, die wir als *Abtastwert* der Zeitfunktion $u(t)$ an der Stelle $t = t_0$ bezeichnen wollen. Wir werden gleich anschließend in verallgemeinerter Form davon Gebrauch machen.

1.3 Abtastung

Die Abtastung ist eine der entscheidenden Operationen bei der Analog-Digitalwandlung von Signalen und damit der digitalen Signalverarbeitung. Ihre signaltheoretische Basis wird anschließend behandelt. Durch Anwendung der bisher betrachteten Zusammenhänge ergibt sich eine elegante Darstellung.

1.3.1 Abtastung und Periodifizierung

Vorübung: Periodische Stoßfolgen im Zeit- und Frequenzbereich

Periodische Signale $u_p(t)$ mit der Primitivperiode t_p und der Grundfrequenz $f_0 = 1/t_p$ können mit Hilfe der Fourierreihe dargestellt werden, d. h.:

$$u_p(t) = \sum_{-\infty}^{+\infty} C(\mu) e^{j2\pi\mu f_0 t}$$

mit

$$C(\mu) = \frac{1}{t_p} \int_{t_p} u_p(t) e^{-j2\pi\mu f_0 t}\, dt$$

Im Folgenden soll zur Beschreibung einer periodischen Stoßfolge im Zeitbereich die Periodendauer nicht mit t_p, sondern mit t_0 und folglich deren Grundfrequenz nicht mit f_0, sondern mit f_p bezeichnet werden, so dass gilt $f_p = 1/t_0$. Damit ergibt sich die Darstellung

$$u_p(t) = t_0 \sum_{n=-\infty}^{+\infty} \delta(t - nt_0)$$

Für die Fourierkoeffizienten (jetzt indiziert nicht mehr mit μ, sondern mit ν) erhält man $C(\nu) = 1$ für alle ν, so dass gilt

$$t_0 \sum_{n=-\infty}^{+\infty} \delta(t - nt_0) = \sum_{\nu=-\infty}^{+\infty} e^{j2\pi\nu f_p t}$$

Die rechte Seite lässt sich gliedweise der Fouriertransformation unterwerfen (s. Verschiebungssatz), und man erhält

$$t_0 \sum_{n=-\infty}^{+\infty} \delta(t - nt_0) \circ\!\!-\!\!\bullet \sum_{\nu=-\infty}^{+\infty} \delta(f - \nu f_p) \qquad f_p = 1/t_0 \qquad (1.61)$$

Diese Beziehung ist von grundlegender Bedeutung für die Behandlung der Abtastung. Wir stellen fest, dass es sich um ein weiteres selbstreziprokes Signal handelt, hier periodisch im Zeit- und Frequenzbereich zugleich.

- Eine periodische Stoßfolge im Zeitbereich korrespondiert zu einer periodischen Stoßfolge im Frequenzbereich.

Ausnahmsweise haben wir diesen Zusammenhang hergeleitet, auch um zu demonstrieren, wie elegant dergleichen vonstatten geht.

Normalabtastung im Zeitbereich

Die Multiplikation einer Zeitfunktion $u(t)$ mit obiger Stoßfolge wird im signaltheoretischen Sinne als *Normalabtastung* erklärt und in Kurzform mit dem Operatorsymbol $A\{\cdot\}$ durch $A\{u(t)\}$ gekennzeichnet:

$$A\{u(t)\} = u(t)\,t_0 \sum_{n=-\infty}^{+\infty} \delta(t - nt_0) = \sum_{n=-\infty}^{+\infty} t_0 u(nt_0)\delta(t - nt_0) \qquad (1.62)$$

Wir wollen $A\{u(t)\}$ als **Abgetastete** von $u(t)$ bezeichnen. Der Abstand t_0 der Abtastwerte wird Abtastintervall (auch Abtastperiode) genannt und sein Reziprokwert $f_p = 1/t_0$ **Abtastfrequenz**. Durch die Abtastung gehen also alle Funktionswerte $u(t)$ für $t \neq nt_0$ verloren, nur die für $t = nt_0$ bleiben in Form von Stoßintegralen $t_0 u(nt_0)$ erhalten.

Periodifizierung im Frequenzbereich

Gemäß Faltungssatz korrespondiert zur Multiplikation im Zeitbereich die Faltung der zugehörigen Spektralfunktionen im Frequenzbereich, d. h. für die soeben deklarierte Abgetastete von $u(t)$ gilt

$$u(t)\,t_0 \sum_{n=-\infty}^{+\infty} \delta(t - nt_0) \mathrel{\circ\!\!-\!\!\bullet} U(f) * \sum_{\nu=-\infty}^{+\infty} \delta(f - \nu f_p) \qquad (1.63)$$

Jede Faltung mit einem Stoß $\delta(f - \nu f_p)$ entspricht einer Argumentverschiebung um νf_p, so dass entsteht:

$$u(t)\,t_0 \sum_{n=-\infty}^{+\infty} \delta(t - nt_0) \mathrel{\circ\!\!-\!\!\bullet} \sum_{\nu=-\infty}^{+\infty} U(f - \nu f_p) \qquad (1.64)$$

Die Fouriertransformierte der Abgetasteten ist also eine periodische Funktion $\sum_{\nu=-\infty}^{+\infty} U(f - \nu f_p)$, die durch **Periodifizierung** mit der Primitivperiode $f_p = 1/t_0$ aus $U(f)$ hervorgeht. Diese durch Normalabtastung im Zeitbereich verursachte periodische Spektralfunktion soll **Periodifizierte** genannt und mit Hilfe des Symbols $P\{\cdot\}$ in Kurzschreibweise durch $P\{U(f)\}$ bezeichnet werden.

Mit den eingeführten Operatorsymbolen gilt also

$$A\{u(t)\} \circ\!\!-\!\!\bullet\, P\{U(f)\} \tag{1.65}$$

oder in Worten

- Normalabtastung mit dem Abtastintervall t_0 im Zeitbereich korrespondiert zu Periodifizierung mit der Periode $f_p = 1/t_0$ im Spektralbereich

Abbildung 1.21 zeigt am Beispiel der Zeitfunktion $u(t) = c\frac{B_F}{2} \operatorname{sinc}^2(\frac{B_F}{2}t)$ den Mechanismus von Normalabtastung und Periodifizierung für unterschiedliche Abtastintervalle t_0. Der Frequenzparameter B_F bezeichnet hier die zweiseitige *Fußpunkt*breite (also *nicht* die bisher bevorzugte *Halbwerts*breite $B = B_H$) der zugehörigen dreieckförmigen Spektralfunktion.

Aliasingeffekt

Man erkennt in Abbildung 1.21, dass das dreieckförmige Originalspektrum $U(f)$ für die Abtastintervalle $t_0 = 1/(2B_F)$ und $t_0 = 1/B_F$ noch unverändert in $P\{U(f)\}$ enthalten ist, d. h. also z. B. durch „Besichtigung" identifiziert werden könnte. Man muss sich nur die durch Periodifizierung entstandenen Anteile von $P\{U(f)\}$ „wegdenken". Im untersten Teilbild mit $t_0 = 3/(2B_F)$ dagegen ist das Originalspektrum in $P\{U(f)\}$ nicht mehr komplett sichtbar. Die gestrichelt gezeichneten verschobenen Originalspektren (Dreiecke) dienen nur der Verdeutlichung des Entstehungsmechanismus der Periodifizierten. In einem experimentell ermittelten Spektrogramm etwa würden sie selbstverständlich nicht erscheinen. In dem zuletzt betrachteten Fall tritt also eine Überlagerung auf. Dieser durch abnehmende Perioden f_p, d. h. zunehmende Abstände t_0 der Abtastwerte verursachte Qualitätssprung ist sehr bedeutsam. Die Überlagerung der einzelnen verschobenen Spektren bei Periodifizierung infolge Abtastung der Zeitfunktion mit zu kleiner Abtastfrequenz, bezeichnet man als **Aliasingeffekt**, und man spricht von „*Aliasing*", wenn dieser

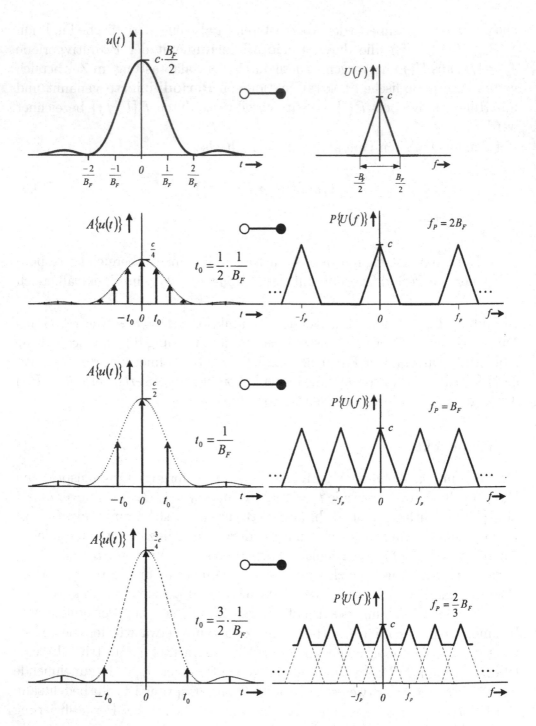

Abbildung 1.21: *Auswirkung unterschiedlicher Abtastintervalle*

Effekt auftritt. Der Begriff kommt aus dem Angloamerikanischen (vgl. *alien* – fremd). Bei Auftreten des Aliasingeffektes verfälschen also „Fremdanteile" das Bild des Originalspektrums $U(f)$ in der Periodifizierten $P\{U(f)\}$.

Es erhebt sich eine interessante Frage: Welche Bedingung hinsichtlich der Abtastfrequenz f_p muss erfüllt sein, wenn der Aliasing-Effekt vermieden werden soll?

Dies ist nun ausnahmsweise keine rhetorische Frage, sondern wir möchten Sie bitten, an dieser Stelle zunächst nicht weiterzulesen, sondern diese Frage selbst zu beantworten.

Falls Sie richtig erkannt haben, dass der Aliasing-Effekt dann verschwindet, wenn die Abtastfrequenz f_p *größer als* die systemtheoretische Bandbreite B_F gewählt wird und im Grenzfall sogar auch eine Abtastfrequenz *gleich* der systemtheoretischen Bandbreite erlaubt ist, gratulieren wir Ihnen. Sie haben soeben eine Bedingung des so genannten *Abtasttheorems* in seiner einfachsten Form gefunden:

$$f_p \geq B_F \qquad (1.66)$$

Mit der modernen Schreibweise der Signaltheorie war das kein Problem. Das schmälert allerdings nicht im geringsten die großen Verdienste der Entdecker des Abtasttheorems und ihrer Vorläufer, darunter bereits J. L. Lagrange im 18. Jahrhundert.[8]

Der Tragweite Ihrer Erkenntnis, dass unter obiger Bedingung der Aliasing-Effekt nicht auftritt, sind Sie sich womöglich noch gar nicht bewusst. Wenn nämlich aus der Periodifizierten $P\{U(f)\}$ das Originalspektrum $U(f)$ unverfälscht entnommen werden kann, lässt sich auch aus der Abgetasteten $A\{u(t)\}$ die Originalzeitfunktion $u(t)$ wiedergewinnen. Mit anderen Worten, die äquidistanten Abtastwerte eines Signals bestimmen unter gewissen Bedingungen den kompletten zeitlichen Verlauf. Die große praktische Bedeutung dieser Aussage erkennen Sie sofort: Zur Übertragung oder Speicherung von informationstragenden zeitabhängigen Vorgängen, etwa Sprach- oder Bildsignalen, genügt es – bei Einhaltung dieser Bedingungen – äquidistante Proben aus der kontinuierlichen Zeitfunktion zu entnehmen. Dies ist die Basis der digitalen Signalübertragung bzw. -verarbeitung. Wir werden uns im nächsten Unterkapitel daher ernsthaft mit dem Abtasttheorem auseinandersetzen.

---

[8]vgl. z. B. H.-D. Lüke: The Origins of the Sampling Theorem. IEEE Communications Magazine, 1999, pp 106–108

1.3.2   Abtasttheorem für Zeitfunktionen

Das Abtasttheorem beantwortet die Frage: Unter welchen Bedingungen kann aus äquidistanten Abtastwerten einer kontinuierlichen Funktion $u(t)$ die komplette Funktion rekonstruiert werden?

Bedingungen für die Rekonstruktion einer Zeitfunktion aus Abtastwerten

Nach obiger Vorbereitung erkennen wir, dass das Problem identisch ist mit der Frage: Unter welchen Bedingungen kann aus der Periodifizierten $P\{U(f)\}$ das Originalspektrum $U(f)$ unverfälscht, d. h. ohne Aliasing, zurückgewonnen werden? Die Antwort haben wir oben bereits formuliert. Dort hatten wir allerdings ein Spektrum gemäß Abbildung 1.21 vor Augen. Dieses Spektrum war bandbegrenzt, d. h. es existierte eine endliche Fußpunktbreite B_F. Wir erkennen sofort, dass Originalspektren $U(f)$ *ohne Bandbegrenzung* bei der Periodifizierung *stets Aliasing* bewirken. Beliebig hohe Abtastfrequenzen können dies theoretisch nicht aus der Welt schaffen. Anders ausgedrückt: Die im mathematischen Sinne korrekte aliasingfreie Periodifizierung ist grundsätzlich nur bei spektral bandbegrenzten Zeitfunktionen möglich. Das ist eine *notwendige* Bedingung. Nur wenn diese erfüllt ist, gelingt mit einer angemessenen Abtastfrequenz f_p eine aliasingfreie Periodifizierung mit der Möglichkeit einer unverfälschten Rückgewinnung des Originalspektrums $U(f)$ aus $P\{U(f)\}$ und damit auch der unverfälschten Rückgewinnung von $u(t)$ aus $A\{u(t)\}$. Wir können also formulieren:

> Spektral begrenzte Zeitfunktionen lassen sich aus äquidistanten Abtastwerten in hinreichend kleinem Abstand exakt rekonstruieren.

Genauer ergibt sich für das **Abtasttheorem** in seiner einfachsten Form:

> Eine Zeitfunktion $u(t)$ mit der Fußpunktbreite B_F ihrer Fouriertransformierten $U(f)$ gemäß $U(f) \equiv 0$ für $|f| \geq B_F/2$ lässt sich aus äquidistanten Abtastwerten im Abstand t_0 exakt rekonstruieren, sofern für die Abtastfrequenz $f_p = 1/t_0$ gilt:
>
> - $f_p \geq B_F$

In der angloamerikanischen Literatur wird das Abtasttheorem als „sampling theorem" (to sample – abtasten) bezeichnet.

Die Bandbegrenzung wurde bisher mit Hilfe des signaltheoretischen Parameters B_f, der zweiseitigen Fußpunktbandbreite formuliert. Der Ingenieur verwendet dagegen gerne den Parameter Grenzfrequenz f_g, der hier genauer als Fußpunktgrenzfrequenz verstanden werden soll und eine einseitige Bandbreite darstellt, d. h. es gilt

$$f_g = B_F/2$$

Die Bedingung des Abtasttheorems ist damit erfüllt für

- $U(f) \equiv 0$ für $|f| \geq f_g$

- $f_p \geq 2f_g$

In Kurzform wird oft verbal formuliert:

> Das Abtasttheorem verlangt Abtastung mit der doppelten Grenzfrequenz des Signals.

Man kann dies als Minimalvariante einer Aussage gerade noch durchgehen lassen, wenn man sich über Folgendes im klaren ist:
1. Der Begriff Grenzfrequenz ist hier so zu verstehen, dass gilt $U(\pm f_g) = 0$. Insbesondere darf damit das Signal auch keine (nicht verschwindende) periodische Komponente mit der Frequenz $f = f_g$ enthalten.
2. Eine Abtastfrequenz $f_p = 2f_g$ ist zwar theoretisch erlaubt, aber nicht zwingend, denn das Abtasttheorem verlangt $f_p \geq 2f_g$. Insbesondere sind also Abtastfrequenzen f_p erlaubt, die größer als $2f_g$ sind. Aus praktischer Sicht ist dies sogar von besonderer Bedeutung, wie wir später noch besprechen werden.

Beispiel: Für konventionelle Fernsprechsignale wird seit langem eine Grenzfrequenz von (nominell) $f_g = 3, 4 \, \text{KHz}$ als ausreichend erachtet. Um solche Signale digital übertragen zu können, müssen sie im ersten Verarbeitungsschritt abgetastet werden. Anstelle der theoretisch möglichen minimalen Abtastfrequenz $f_{p,min} = 2 \cdot 3, 4 \, \text{KHz} = 6, 8 \, \text{KHz}$ wird in der Praxis mit $f_p = 8 \, \text{KHz}$ gearbeitet. (Da jeder Abtastwert durch ein 8-stelliges Binärwort codiert wird, entsteht damit eine Bitrate $R_b = 8 \, \text{bit} \cdot 8 \, \text{KHz} = 64 \, \text{Kbit/s}$ für ein derartiges Sprachsignal, die etwa bei einem ISDN-Kanal eine Rolle spielt.)

Methode der Rekonstruktion einer Zeitfunktion aus Abtastwerten

Das oben formulierte Abtasttheorem im engeren Sinne ist nur eine „Verhei-
ßung", unter welchen Bedingungen die komplette Original-Zeitfunktion aus
äquidistanten Abtastwerten rekonstruiert werden kann. Selbstverständlich
sind Sie nun daran interessiert, wie diese Rekonstruktion zu bewerkstelligen
ist. Die Überlegungen im Spektralbereich, die uns zur Aussage des Abtasttheorems brachten, führen uns unmittelbar auf eine Lösung dieser Frage. Wir
hatten argumentiert, dass bei hinreichend großer Abtastfrequenz (genauer:
ohne Aliasing) das Originalspektrum $U(f)$ *unverfälscht* aus der Periodifizierten $P\{U(f)\}$ entnommen werden kann, indem man die Spektralkomponenten
in der Umgebung von $\pm f_p, \pm 2f_p, \pm 3f_p$ usw. weglässt, mathematisch ausgedrückt, indem man die Anteile $U(f - \nu f_p)$ für $\nu \neq 0$ unterdrückt. Dies kann
erreicht werden, indem man die Periodifizierte $P\{U(f)\}$ mit einer Spektral-
funktion $G_I(f)$ multipliziert, die für $|f| > f_p - f_g$ identisch verschwindet.
$G_I(f)$ soll als Interpolationsspektrum bezeichnet werden. Seine Wirkung ist
eine spektrale Filterung. Damit das Spektrum $U(f)$ unverändert bleibt, muss
zusätzlich noch $G_I(f) \equiv 1$ für $|f| < f_g$ gefordert werden. Eine Spektralfunkti-
on $G_I(f)$, die beides für beliebige Abtastfrequenzen $f_p \geq 2f_g$ leistet, ist z. B.
die Rechteckfunktion $G_I(f) = \text{rect}(f/f_p)$, wie in Abbildung 1.22 dargestellt.

Formelmäßig ergibt sich somit unter den Voraussetzungen $U(f) \equiv 0$ für
$f \geq 2f_g$ und $f_p \geq f_g$ (gemäß Abtasttheorem):

$$U(f) = P\{U(f)\}G_I(f) \qquad \text{mit z. B.} \qquad G_I(f) = \text{rect}(f/f_p)$$

Diese Beziehung kann unter Verwendung des Faltungssatzes in den Zeitbereich transformiert werden. Mit $g_I(t) \circ\!\!-\!\!\bullet G_I(f)$ und dem oben gewählten
$G_I(f)$ (Rechteckspektrum) ist $g_I(t) = f_p \,\text{sinc}(f_p t) \circ\!\!-\!\!\bullet \text{rect}(f/f_p)$, und es
entsteht:

$$u(t) = A\{u(t)\} * g_I(t) \text{ mit z. B. } g_I(t) = f_p \,\text{sinc}(f_p t) \qquad (1.67)$$

Das ist eine Vorschrift zur Rekonstruktion von $u(t)$ aus der Abgetasteten
$A\{u(t)\}$, wie gesucht.

Die Faltungsoperation in dieser Beziehung schreckt uns nicht, denn es
handelt sich um die Faltung mit zeitverschobenen Stößen, die bekanntlich
nur entsprechende zeitliche Verschiebungen bewirken, so dass unmittelbar
ausführlicher geschrieben werden kann:

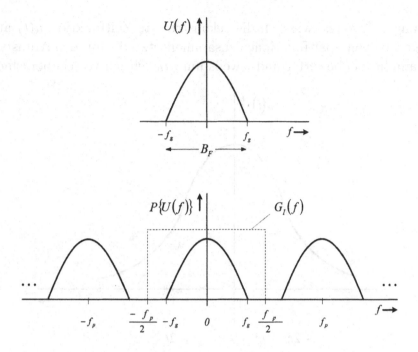

Abbildung 1.22: *Rückgewinnung des Originalspektrums $U(f)$ aus der Periodifizierten $P\{U(f)\}$*

$$
\begin{aligned}
u(t) &= A\{u(t)\} * g_I(t) \\
&= \sum_{n=-\infty}^{+\infty} t_0 u(nt_0)\, \delta(t - nt_0) * g_I(t) \\
&= \sum_{n=-\infty}^{+\infty} t_0 u(nt_0)\, g_I(t - nt_0)
\end{aligned}
$$

Die Zeitfunktion $g_I(t)$ wird in diesem Zusammenhang als **Interpolationsfunktion** bezeichnet. Mit der gewählten Interpolationsfunktion $g_I(t)$ ergibt sich schließlich unter Berücksichtigung von $t_0 = 1/f_p$ eine unmittelbare Rechenvorschrift zur Rekonstruktion:

$$
\begin{aligned}
u(t) &= \sum_{n=-\infty}^{+\infty} t_0 u(nt_0)\, \delta(t - nt_0) * f_p \operatorname{sinc}(f_p t) \\
&= \sum_{n=-\infty}^{+\infty} u(nt_0) \operatorname{sinc}[f_p(t - nt_0)] \tag{1.68}
\end{aligned}
$$

Abbildung 1.23 zeigt, wie sich die rekonstruierte Zeitfunktion $u(t)$ aus der Überlagerung von Spaltfunktionen zusammensetzt, die mit den Abtastwerten $u(nt_0)$ amplitudenbewertet und jeweils um nt_0 zeitlich verschoben sind.

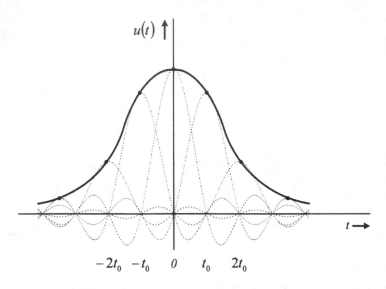

Abbildung 1.23: *Rekonstruktion der Originalzeitfunktion $u(t)$ aus der Abgetasteten $A\{u(t)\}$ bzw. aus den Abtastwerten $u(nt_0$*

Die Abtastwerte $u(nt_0)$ sind identisch mit den Maxima der um nt_0 verschobenen Spaltfunktionen und werden von sämtlichen anderen verschobenen Spaltfunktionen nicht beeinträchtigt, weil diese nämlich dort Nulldurchgänge haben. Alle anderen Werte $u(t)$ für $t \neq nt_0$ können mit Hilfe der angegebenen im Allgemeinen unendlichen Summe berechnet (interpoliert) werden, an der *alle* Abtastwerte beteiligt sind. Die Aufgabe der Rekonstruktion einer bandbegrenzten Zeitfunktion aus äquidistanten Abtastwerten (auch als Interpolation bezeichnet) ist unter den angegebenen Bedingungen damit vom mathematischen Standpunkt aus gelöst. Theoretisch handelt es sich um eine ideale Rekonstruktion. Anstelle eines kontinuierlichen Signals genügt es also (sofern die Bedingungen des Abtasttheorems erfüllt sind), äquidistante Abtastwerte zu übertragen bzw. zu speichern. Wir wiesen bereits auf die große praktische Bedeutung dieser prinzipiellen Möglichkeit hin.

Vom praktischen Standpunkt gibt es allerdings eine Anzahl von Problemen. Eines davon beunruhigt Sie vielleicht schon: Wir sind nun zwar im Besitz einer Formel zur theoretisch exakten Interpolation, müssen aber erkennen, dass die numerische Interpolation, abgesehen von Sonderfällen, mit *unendlich* vielen Summanden verknüpft ist. Rechentechnisch kann man nie unendlich viele Summenden berücksichtigen, mit anderen Worten, die Summation muss abgebrochen, d. h. die Rekonstruktion kann im Allgemeinen nur *näherungsweise* durchgeführt werden. Dazu gäbe es einiges zu durchdenken. Wir müssten uns nun eigentlich mit der Güte einer näherungsweisen Rekonstruktion befassen, die mit dem Konvergenzverhalten der unendlichen Reihe unserer Interpolationsformel zusammenhängt. Der aufmerksame Leser hat auch bemerkt, dass wir die verwendete Spaltfunktion als *Beispiel* einer Interpolationsfunktion bezeichnet haben. Tatsächlich gibt es für Abtastfrequenzen $f_p > 2f_g$ noch andere Funktionen, die zu einer idealen Interpolation führen. Darauf und auf nichtideale Interpolationsfunktionen werden wir noch eingehen, sofern Sie hier nicht erklären, nun genug von der Abtastung, dem Abtasttheorem und der Rekonstruktion zu wissen.

An diesem Punkt haben wir tatsächlich ein Minimal-Niveau erreicht, mit dem Sie sich zufrieden geben könnten, vielleicht sogar aus Zeitgründen auch müssen. Der eingeschlagene Weg ist aber so ergebnisträchtig, dass wir ohne große Mühe noch eine Anzahl von Erkenntnissen gewinnen können, die nicht nur für die Praxis wichtig sind, sondern das Thema so abrunden, dass Ihr signaltheoretisches Weltbild bedeutend bereichert und gefestigt wird. Wir möchten Ihnen daher empfehlen, nach Möglichkeit auch die folgenden Unterkapitel zu studieren.

1.3.3 Varianten der idealen Abtastung und Interpolation

Ideale Interpolationsfunktionen bei Abtastfrequenzen $f_p > 2f_g$

Die oben verwendete Interpolationsfunktion $g_I(t)$, die sinc-Funktion also, ist nur zwingend für den Grenzfall einer Abtastfrequenz $f_p = 2f_g$. Werden größere Abtastfrequenzen, also $f_p > 2f_g$, verwendet, so bezeichnet man das auch als Überabtastung (engl. Oversampling), insbesondere für deutlich größere Werte als $2f_g$. Für $f_p > 2f_g$ lässt sich aus der Spektraldarstellung Abbildung 1.22 sofort ablesen, dass ein rechteckförmiges Interpolationsspektrum $G_I(f) = \text{rect}(f/B_I)$ auch zulässig ist, wenn B_I in einem Intervall liegt, bestimmt durch

$$2f_g \leq B_I \leq 2(f_p - f_g) \tag{1.69}$$

In diesem Falle darf B_I also von f_p abweichen.

Wenn die spektralen Fußpunktbreiten B_I in dem angegebenen Intervall liegen, erfüllt das Rechteckspektrum die Bedingungen $G_I(f) \equiv 1$ für $|f| < f_g$ und $G_I(f) \equiv 0$ für $|f| > f_p - f_g$, d. h. in $P\{Uf\}$ wird erstens das Originalspektrum $U(f)$ nicht verfälscht und zweitens werden die Spektralanteile $U(f - \nu f_p)$ für $\nu \neq 0$ unterdrückt. Mit dem Parameter B_I in oben definiertem Intervall und unter Berücksichtigung von $t_0 = 1/f_p$ kann die Rekonstruktionsformel nun etwas allgemeiner gefasst werden:

$$u(t) = \sum_{n=-\infty}^{+\infty} t_0 u(nt_0) \delta(t - nt_0) * B_I \operatorname{sinc}(B_I t)$$

$$= (B_I/f_p) \sum_{n=-\infty}^{+\infty} u(nt_0) \operatorname{sinc}[B_I(t - nt_0)] \tag{1.70}$$

Das Bild der überlagerten Spaltfunktionen ist damit für $B_I \neq f_p$ optisch etwas getrübt, weil die Nulldurchgänge nicht mehr an den Stellen $t = nt_0$ auftreten, also nunmehr auch Überlagerungen der Funktionswerte $u(nt_0)$ erscheinen. Aber wir erkennen auch zu unserer Beruhigung, dass der Faktor B_I/f_p vor dem Summenzeichen die Überlagerungseffekte offenbar korrigiert. Trotzdem ist diese Verallgemeinerung zunächst hauptsächlich vom theoretischen Gesichtspunkt interessant. Aber wir wollen etwas weiter denken. Die Variationsmöglichkeit der Fußpunktbreite B_I, die sich für $f_p > 2f_g$ ergibt, bringt uns nämlich auf eine Idee, die nun auch vom praktischen Standpunkt bedeutsam ist. Wir bemerken bei genauerer Betrachtung, dass die Bedingungen $G_I(f) \equiv 1$ für $|f| < f_g$ und $G_I(f) \equiv 0$ für $|f| > f_p - f_g$ nicht zwangsläufig ein *rechteckförmiges* Interpolationsspektrum $G_I(f)$ verlangen. Vielmehr spielen die Funktionswerte des Interpolationsspektrums in den sowieso freien Frequenzintervallen $f_g \leq |f| \leq f_p - f_g$ keine Rolle, d. h. das Spektrum $G_I(f)$ kann in diesen Intervallen einen beliebigen Verlauf haben. Das können wir nutzen, um Interpolationsfunktionen mit besseren Konvergenzeigenschaften der Interpolationsformel zu suchen. Wir haben auch schon Beispiele solcher Funktionen kennengelernt. Als wir elementare aperiodische Zeitfunktionen behandelten, stellten wir fest, dass *sprungförmige* Unstetigkeiten der Originalfunktion bei der Fouriertransformierten „Hüllkurven" zur Folge haben, die nur mit $1/|f|$ abfallen. Treten dagegen nur *knickförmige* Diskontinuitäten auf, also nur sprungförmige Unstetigkeiten der ersten Ableitung, ergibt sich bei der Fouriertranformierten ein stärkerer Abfall mit $1/f^2$. Bei sprungförmigen Unstetigkeiten erst in der 2. Ableitung verschwindet die

Fouriertransformierte für $|f| \to \infty$ sogar mit sogar mit $1/|f|^3$. Anstelle von *Zeitfunktionen* handelt es sich jetzt um *Spektralfunktionen* $G_I(f)$, die wir durch „Entschärfung" der Übergänge zwischen den vorgeschriebenen Funktionswerten 1 und 0 so gestalten können, dass die Interpolationsfunktionen $g_I(t)$ möglichst schnell abklingen und damit die Konvergenzeigenschaften der Interpolationsformel verbessern. Abbildung 1.24 zeigt Beispiele solcher Spektren mit linearen und $\cos^2$-förmigen Flanken.

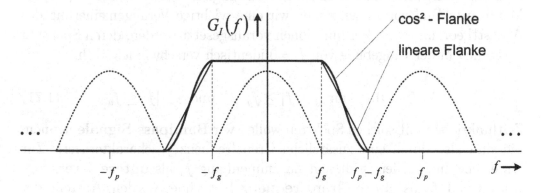

Abbildung 1.24: *Varianten für Spektralfunktionen* $G_I(f)$

Wir erkennen außerdem auch, dass für konstante Grenzfrequenzen f_g mit zunehmender Abtastfrequenz $f_p > 2f_g$ die notwendige Flankensteilheit des Spektrums von $g_I(t)$ immer mehr abnimmt, was zu immer besser konvergierenden Interpolationsformeln führt. Die bereits angegebene allgemeine Interpolationsformel

$$u(t) = \sum_{n=-\infty}^{+\infty} t_0 u(nt_0) g_I(t - nt_0)$$

hat also unterschiedliche Konvergenzeigenschaften, je nach der Interpolationsfunktion $g_I(t)$, die sich aus dem gewählten zulässigen Interpolationsspektrum $G_I(f)$ ergibt.

Bitte verinnerlichen Sie: Oversampling (also Abtastfrequenzen $f_p > 2f_g$), gestattet Interpolationsfunktionen $g_I(t)$, die günstiger als die Spaltfunktion sind. Sie bewirken bessere Konvergenzeigenschaften der Interpolationsformel, wodurch ein aus numerischen Gründen erforderlicher Abbruch der unendlichen Summe zu kleineren Fehlern führt. Von praktischer Bedeutung ist, dass dieser Vorteil durch größere Abtastfrequenzen, also größeren technischen Aufwand bei der Abtastung erkauft werden muss.

Abtastung von Bandpass-Signalen

Die bisher betrachteten Originalsignale $u(t)$ – durch Interpolation aus äquidistanten Abtastwerten $u(nt_0)$ ideal zu rekonstruieren – waren durch Existenz einer (Fußpunkt-)Grenzfrequenz f_g und die Bedingung $f_g \leq 1/2t_0$ entsprechend $f_g \leq f_p/2$ gekennzeichnet. Dies ergab sich unmittelbar anschau-
lich aus der Spektraldarstellung, denn wegen $U(f) \equiv 0$ für $|f| \geq f_g$ erhält
man unter obigen Voraussetzungen eine aliasingfreie Periodifizierte $P\{U(f)\}$.
Mit diesem Bild vor Augen finden wir eine wichtige Verallgemeinerung des
Abtasttheorems, wenn Zeitfunktionen vorausgesetzt werden, deren Spektren
zusätzlich in der Umgebung von $f = 0$ identisch verschwinden, d. h.

$$U(f) \equiv 0 \qquad \text{für} \qquad |f| \geq f_g \qquad \text{und} \qquad |f| \leq f_u \qquad (1.71)$$

Zeitfunktionen mit solchen Spektren wollen wir **Bandpass-Signale** nennen.
Sie sind also durch eine zusätzliche Grenzfrequenz f_u charakterisiert. Zur
Unterscheidung sollen in diesem Zusammenhang f_u als **untere Grenzfre-
quenz** und f_g als **obere Grenzfrequenz** bezeichnet werden. Anstelle der
Grenzfrequenzen können auch die Parameter **Bandmittenfrequenz** f_m und
physikalische Bandbreite Δf angegeben werden gemäß

$$f_m = \frac{1}{2}(f_u + f_g) \qquad (1.72)$$

$$\Delta f = f_g - f_u \qquad (1.73)$$

In Abbildung 1.25 ist ein schematisches Beispiel für das Spektrum eines
Bandpass-Signals skizziert.

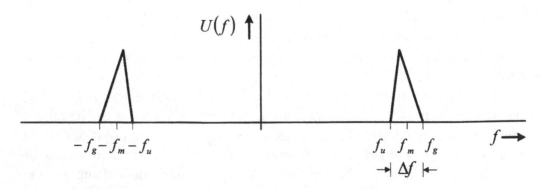

Abbildung 1.25: *Spektralfunktion eines Bandpass-Signals*

Bei der (Normal-)Abtastung von Bandpass-Signalen, d. h. Periodifizierung derartiger Spektren muss natürlich für eine ideale Rekonstruktion wiederum verlangt werden, dass dabei kein Aliasing auftritt. Nach wie vor ist dies unabhängig von f_u für $f_p \geq 2f_g$ erfüllt. Aber insbesondere für **Schmalbandsignale**, d. h. falls f_u nur wenig kleiner ist als f_g, kann man sich auch aliasingfreie Periodifizierungen mit kleineren Perioden f_p vorstellen. Man muss nur die Abtastfrequenzen f_p so wählen, dass bei der Periodifizierung des Originalspektrums keine Überlagerungen von Spektralkomponenten auftreten.

Abbildung 1.26 zeigt für das obige Beispiel einer Bandpass-Spektralfunktion eine aliasingfreie Periodifizierte mit $f_p < 2f_g$, hier speziell $f_p = 2f_g/5$.

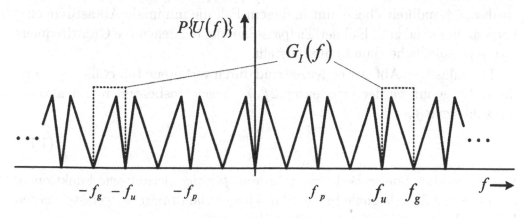

Abbildung 1.26: *Aliasingfreie Periodifizierte der Spektralfunktion eines Bandpass-Signals*

Die oben verbal ausgedrückte Bedingung für erlaubte Abtastfrequenzen lautet in mathematischer Form:

$$\frac{2f_g}{k} \leq f_p \leq \frac{2f_u}{k-1} \qquad k \in \mathbf{N} \qquad (1.74)$$

bzw.

$$\frac{2f_m + \Delta f}{k} \leq f_p \leq \frac{2f_m - \Delta f}{k-1} \qquad k \in \mathbf{N} \qquad (1.75)$$

Diese Beziehungen stellen eine Verallgemeinerung der Aussage des gemeinhin angegebenen Abtasttheorems dar. Die bisher bekannte Forderung $f_p \geq 2f_g$ ist als Lösung für $k = 1$ mit enthalten. Für $f_u = 0$, so genannte **Tiefpass-Signale**, also die anfangs stillschweigend unterstellten bandbegrenzten Zeitfunktionen mit einer Grenzfrequenz f_g, ist nur die Lösung mit $k = 1$ möglich.

Ab unteren Grenzfrequenzen $f_u \geq f_g/2$ sind Abtastfrequenzen $f_p < 2f_g$ erlaubt. Allerdings existieren (wie aus obigen Beziehungen hervorgeht) allgemein nur Lösungen für

$$k \leq \frac{f_g}{f_g - f_u}$$

bzw.

$$k \leq \frac{f_m}{\Delta f} + \frac{1}{2}$$

Falls der Quotient $f_g/(f_g - f_u) = f_g/\Delta f$ ganzzahlig ist, beträgt danach z. B. die minimal zulässige Abtastfrequenz $f_p = 2(f_g - f_u) = 2\Delta f$, d. h. die physikalische Bandbreite bestimmt in diesem Fall die minimale Abtastfrequenz, korrespondierend zum Fall der Tiefpass-Signale, bei denen die Grenzfrequenz f_g die physikalische Bandbreite darstellt.

Die zulässigen Abtastfrequenzen sind durch verbotene Intervalle separiert, die in Umgebungen der Frequenzen $2f_m/k$ liegen. Insbesondere gilt also für die zulässigen f_p

$$f_p \neq \frac{2f_m}{k} \tag{1.76}$$

Das ist von besonderer Bedeutung für *sinusförmige* periodische Funktionen, die als Schmalbandsignale mit extrem kleiner Bandbreite aufgefasst werden können. Davon machen wir in Kürze Gebrauch.

Selbstverständlich müssen zur Rekonstruktion von Bandpass-Signalen im Allgemeinen andere Interpolationsfunktionen verwendet werden, wenn eine Abtastfrequenz $f_p < 2f_g$ verwendet wird. Diese lassen sich aber ebenfalls auf einfache Weise aus der Spektraldarstellung ablesen. Man erhält (neben anderen Möglichkeiten) im einfachsten Fall im Spektralbereich eine Rekonstruktion von $U(f)$ durch Multiplikation der Periodifizierten $P\{U(f)\}$ mit

$$G_I(f) = [s(f + f_g) - s(f + f_u)] + [s(f - f_u) - s(f - f_g)]$$

Dies entspricht einer Interpolationsfunktion

$$g_I(t) = 2\Delta f \, [\mathrm{sinc}(\Delta f \, t)] \cos(2\pi f_m t) \tag{1.77}$$

Für eine gewählte Abtastfrequenz $f_p \geq 2f_g$ ist natürlich nach wie vor eine Spaltfunktion als Interpolationsfunktion geeignet.

Unzulässige Vereinfachungen

Bei der Betrachtung von Schmalbandsignalen kommt man einer in der Literatur anzutreffenden und bei Studenten leider beliebten unzulässigen und irreführenden „Vereinfachung" der Aussage des Abtasttheorems auf die Spur. Es wird nämlich zuweilen behauptet: Die minimale Abtastfrequenz sei *gleich* der doppelten maximalen im Signal *enthaltenen* Frequenz f_{max}. Nicht nur wird dabei stillschweigend der Fall von Tiefpass-Signalen vorausgesetzt, sondern diese „Aussage" impliziert auch die Definition der Bandbegrenzung durch ein Spektrum mit der Eigenschaft $U(f) \equiv 0$ für $f > f_{max}$, während wir die Bandbegrenzung durch $U(f) \equiv 0$ für $f \geq f_g$ definiert haben. Man versucht, obige Behauptung über die minimale Abtastfrequenz manchmal am Beispiel einer Funktion $u(t) = U_0 \cos(2\pi f_{max}t)$ zu erklären, bei der durch zweimalige Abtastung pro Periode, genauer durch Abtastwerte in den Maxima und Minima, entsprechend einer Normalabtastung, „offensichtlich" das Signal repräsentiert sei. Diese oberflächliche, wenn auch scheinbar einleuchtende Argumentation wird sofort entkräftet, wenn man statt der *Kosinus*-funktion eine *Sinus*funktion $u(t) = U_0 \sin(2\pi f_{max}t)$ betrachtet, die schließlich ebenfalls eine im Signal *enthaltene* Frequenzkomponente darstellen kann. Durch Normalabtastung einer Sinusfunktion unter den gleichen Bedingungen wird aber in den Nulldurchgaängen abgetastet, so dass das Signal mitnichten durch diese Abtastwerte repräsentiert wird! Eine Besichtigung der Verhältnisse im Frequenzbereich zeigt noch klarer, dass die Abtastung eines kosinusförmigen periodischen Signals der Frequenz f_{max} mit der Abtastfrequenz $f_p = 2f_{max}$ *keine* korrekte Rekonstruktion erlaubt: Es tritt Aliasing auf, und zwar unabhängig von der Phasenlage (d. h. dem Nullphasenwinkel) des Signals! (Nur das konkrete im Allgemeinen komplexe periodifizierte Spektrum selbst hängt ab von der Phasenlage.)

Diese Betrachtungen könnten als akademische Haarspalterei abgetan werden, da in der Praxis, wie bereits erwähnt, bei Tiefpass-Signalen, sowieso mit $f_p > 2f_g$ gearbeitet wird, d. h. eine Abtastfrequenz $f_p = 2f_g$ praktisch gar nicht vorkommt und der „feine Unterschied" zwischen f_g und f_{max} also vernachlässigt werden kann. Vor einem solchen saloppen Argumentieren möchten wir Sie eindringlich warnen, denn schließlich kommt es darauf an, den „Mechanismus" der Abtastung zu verstehen, der mit unserem mathematischen Handwerkszeug ausgesprochen übersichtlich dargestellt werden kann.

Reizt es Sie, die „vereinfachte Begründung" für das Abtasttheorem noch weiter zu „torpedieren"? Inzwischen haben wir doch die Klasse der Bandpass-

Signale kennengelernt und können somit, wie dort bereits erwähnt, eine Funktion $u(t) = U_0 \cos(2\pi f_m t + \varphi_0)$ als Schmalbandsignal mit der Bandmittenfrequenz f_m und extrem kleiner Bandbreite Δf einordnen. Mit unseren Definitionen für obere und untere Grenzfrequenz ergibt sich aus den dort behandelten Zusammenhängen insbesondere notwendigerweise für die beliebig kleine Bandbreite die Vorschrift: $\Delta f \neq 0$. Daraus leiten wir die Zulässigkeit einer *beliebig kleinen* (aber von Null verschiedenen) Abtastfrequenz f_p ab, für die wir allerdings auch die Bedingung

$$f_p \neq \frac{2f_m}{k}$$

gefunden hatten. In Übereinstimmung mit unserer obigen Überlegung erkennen wir daraus ebenfalls, dass mit $f_p \neq 2f_m$ für $k = 1$ auch die zweimalig pro Periode durchgeführte Abtastung nicht erlaubt ist.

Das zunächst verblüffende Ergebnis der Zulässigkeit beliebig kleiner von Null verschiedener Abtastfrequenzen für periodische kosinusförmige Signale ist bei näherer Betrachtung einleuchtend. Bei einem periodischen Signal ergeben sich mit äquidistanter Abtastung selbst für extrem große Abtastintervalle t_0 unendlich viele Abtastwerte, aus denen Amplitude und Phasenlage rekonstruiert werden können, sofern gewisse „Synchronfälle" $f_p = 2f_m/k$ ausgeschlossen werden. Auch dies leuchtet unmittelbar ein: In diesen „Synchronfällen" würden im Abstand einer ganzzahligen Anzahl von halben Primitivperioden des abzutastenden Signals stets die gleichen Funktionswerte, bei der Sinusfunktion also Nulldurchgänge, abgetastet.

Ergebnis: Man hüte sich vor der angegebenen „populären", aber irreführenden Erklärung des Abtasttheorems und verinnerliche stattdessen das von uns verwendete und wohl doch einfache aber tragfähige Bild der durch Normalabtastung mit der Abtastfrequenz f_p bewirkten Periodifizierung mit f_p im Spektralbereich. Daraus ergibt sich in eleganter Weise die zur idealen Rekonstruktion notwendige Vermeidung des Aliasing-Effektes durch Bandbegrenzung und entsprechende Wahl der Abtastfrequenz.

Nach diesen theoretischen Überlegungen möchten wir uns zu Ihrer Freude wieder mehr praktischen Betrachtungen zuwenden. Die zu obiger Thematik passende Behandlung der Abtastung beliebiger periodischer Signale, die zur Erklärung der praktischen Anwendung im so genannten *Samplingoszilloskop* führen könnte, unterdrücken wir an dieser Stelle allerdings aus pädagogischen Gründen. Wir weisen nur darauf hin, dass auch beim Samplingoszilloskop mit Abtastfrequenzen deutlich unterhalb der Grenzfrequenz gearbeitet wird.

1.3.4 Näherungen und praktische Gesichtspunkte

Wie bereits mehrfach erwähnt, beinhaltet jede mathematische Beschreibung eine mehr oder weniger weitreichende Idealisierung. Das trifft auch für die Abtastung und Rekonstruktion kontinuierlicher Signale zu, wie wir sie bisher behandelt haben. Wir werden in diesem Unterabschnitt zeigen, dass die mathematische Modellierung auch einige mit der praktischen Realisierung verbundenen Effekte elegant zu beschreiben gestattet. Bei den folgenden Betrachtungen soll wieder von Tiefpass-Signalen mit einer Grenzfrequenz f_g ausgegangen werden, obwohl auch dies bereits eine praktisch nicht streng realisierbare Idealisierung darstellt.

Nichtideale Interpolation

Zwar haben wir schon über die Konvergenzprobleme der Interpolationsformel

$$u(t) = \sum_{n=-\infty}^{+\infty} t_0 u(nt_0) g_I(t - nt_0)$$

nachgedacht und auf Interpolationsfunktionen $g_I(t)$ hingewiesen, die aus dieser Sicht vorteilhafter sind, aber man muss leider deutlich sagen: Mit den bisher angegebenen Interpolationsfunktionen sind in der Regel aus praktischer Sicht keine idealen Interpolationen durchzuführen, weil sie eine unendliche zeitliche Ausdehnung haben und damit zur Berechnung eines Funktionswertes $u(t)$ für $t \neq nt_0$ die praktisch unmögliche Berücksichtigung unendlich vieler Abtastwerte $u(nt_0)$ verlangen. (Nur in Ausnahmefällen führt die Abtastung bandbegrenzter Signale zu einer endlichen Anzahl von Abtastwerten, so dass die unendliche zeitliche Ausdehnung der Interpolationsfunktionen keine Rolle mehr spielt.)

Das allgemeine Interpolationsproblem, d. h. aus vorgegebenen argumentdiskreten Funktionswerten eine argumentkontinuierliche Funktion zu erzeugen, ist sehr vielschichtig, und es existiert eine Vielzahl mathematischer Methoden. Wir wollen uns hier auf zwei elementare Möglichkeiten beschränken und deren signaltheoretische Interpretation in Verbindung mit der *näherungsweisen* Rekonstruktion von äquidistant im Abstand t_0 abgetasteten Zeitfunktionen vorstellen. Die Originalfunktion $u(t)$ wird dabei durch eine Zeitfunktion $\tilde{u}(t)$ approximiert gemäß

$$u(t) \approx \tilde{u}(t) = A\{u(t)\} * \tilde{g}_I(t) = \sum_{n=-\infty}^{+\infty} t_0 u(nt_0) \tilde{g}_I(t - nt_0)$$

Die Funktion $\tilde{g}_I(t)$ ist nunmehr eine *zeitbegrenzte* Interpolationsfunktion. Dadurch wird jeder Funktionswert $\tilde{u}(t)$ nur durch eine *endliche* Anzahl von benachbarten Abtastwerten bestimmt.

Rechteckförmige Interpolationsfunktion: Eine einfache nichtideale Rekonstruktion der Originalfunktion $u(t)$ wird durch die approximierende Funktion $\tilde{u}(t)$ bewirkt, wenn als Interpolationsfunktion $\tilde{g}_I(t)$ eine Rechteckfunktion

$$\tilde{g}_I(t) = \frac{1}{t_0}\text{rect}(\frac{t}{t_0})$$

verwendet wird. Abbildung 1.27 erläutert das Prinzip.

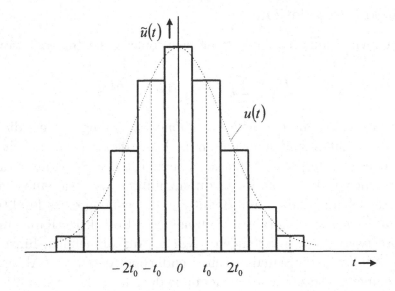

Abbildung 1.27: *Rechteckapproximation als nichtideale Interpolation*

Die Interpolationsfunktion führt zu einer **treppenförmigen Approximation** der Originalfunktion.

Diese in der Praxis oft zumindest als erster Signalverarbeitungsschritt verwendete Interpolation kann auf einfache Weise durch eine Halte-Operation realisiert werden. Jeder erscheinende Abtastwert wird dabei so lange als näherungsweiser Funktionswert beibehalten (= gehalten) bis ein neuer Abtastwert eintrifft. Gegenüber dem Formelausdruck tritt damit eine Verzögerung um $t_0/2$ auf, aber dies ist keine prinzipielle Änderung der Approximationsmethode.

Sehr instruktiv ist die „Übersetzung" dieses Vorganges der zeitlichen treppenförmigen Approximation in den Spektralbereich. Die allgemeinen korrespondierenden Beziehungen für die Interpolation lauten im Spektralbereich

$$U(f) \approx \tilde{U}(f) = P\{U(f)\}\,\tilde{G}_I(f) = \sum_{\nu=-\infty}^{+\infty} U(f - \nu f_p)]\,\tilde{G}_I(f)$$

Als Interpolationsspektrum $\tilde{G}_I(f)$ tritt nunmehr die Fouriertransformierte
des Rechtecks, also die Spaltfunktion

$$\tilde{G}_I(f) = \mathrm{sinc}(t_0 f)$$

auf, d. h. es gilt:

$$U(f) \approx \tilde{U}(f) = P\{U(f)\}\,\mathrm{sinc}(t_0 f)$$

Die Spaltfunktion erfüllt nur sehr unvollkommen die ideale Forderung, nämlich
$U(f)$ aus der Summe $\sum_{\nu=-\infty}^{+\infty} U(f - \nu f_p)$ herauszulösen und alle anderen Anteile zu unterdrücken. Abbildung 1.28 zeigt die Manipulation im Spektralbe-
reich.

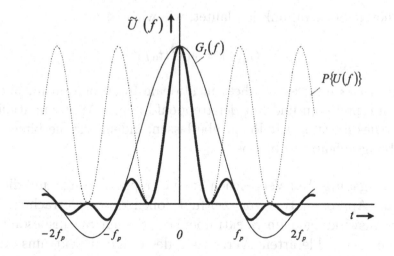

Abbildung 1.28: *Nichtideale Interpolation durch Multiplikation mit Spaltfunktion im Spektralbereich*

Die Approximationsfehler durch die zeitliche Rechteckapproximation werden im Spektrum an *zwei* Stellen sichtbar: Das Originalspektrum $U(f)$ wird

verfälscht, indem Spektralanteile mit zunehmenden Frequenzwerten $|f|$ zunehmend unterdrückt werden (Verzerrung) *und* im Spektrum $\tilde{U}(f)$ treten gegenüber $U(f)$ zusätzliche unerwünschte Spektralkomponenten in der Umgebung von Vielfachen der Abtastfrequenz $f = \pm k f_p$ mit $k \in \mathbf{N}$ auf.

Zugleich wird deutlich, dass eine zunehmende Abtastfrequenz $f_p > 2 f_g$ (bei konstanter Grenzfrequenz f_g) zu einer Verminderung der beschriebenen spektralen Fehler führt. Dies korrespondiert zu der im Zeitbereich unmittelbar sichtbar werdenden Verbesserung der Approximationsgüte, wenn die Breite $t_0 = 1/f_p$ der „Treppenstufen" abnimmt.

Dreieckförmige Interpolationsfunktion: Eine gegenüber der Verwendung rechteckförmiger Interpolationsfunktionen sichtbar bessere Interpolation erreicht man mittels Verbinden benachbarter Abtastwerte durch Geradenstücke. Diese **Geradenapproximation** wird als **lineare Interpolation** bezeichnet. Auch dieser einfachen Rekonstruktionsmethode kann man eine Interpolationsfunktion $\tilde{g}_I(t)$ zuordnen, die Dreieckfunktion

$$\tilde{g}_I(t) = \begin{cases} \frac{1}{t_0}(1 - \frac{|t|}{t_0}) & \text{für} \quad |t| < t_0 \\ 0 & \text{sonst} \end{cases}$$

Die zugehörige Spektralfunktion lautet, wie wir wissen,

$$\tilde{G}_I(f) = \text{sinc}^2(t_0 f)$$

Wiederum ist es interessant, diese nichtideale Interpolation im Spektralbereich zu interpretieren und mit der treppenförmigen Approximation zu vergleichen. Dies möchten wir Ihnen überlassen, indem wir Sie bitten, die folgende Übungsaufgabe zu bearbeiten:

Übungsaufgabe: Vergleichen Sie die treppenförmige und die lineare Approximation von Zeitfunktionen durch Betrachten ihrer Auswirkungen im Spektralbereich. Stellen Sie insbesondere die beiden Fehlerarten „Verzerrung des Originalspektrums" und „Unerwünschte Spektralkomponenten in der Umgebung der Stelle $f = f_p$" gegenüber.

Damit haben wir ein weiteres Beispiel für eine elegante Beschreibung und Erkenntnisgewinn durch signaltheoretische Methoden kennen gelernt:

- Treppenförmige und Geraden-Approximation als nichtideale elementare Interpolationsmethoden können durch rechteck- bzw. dreieckförmige Interpolationsfunktionen erklärt werden. Die Beurteilung der Approximationsgüte ist im Spektralbereich besonders instruktiv.

Interpolation als Filterung

Die Interpolationsfunktion $g_I(t)$ wurde als Fouriertransformierte von $G_I(f)$ eingeführt, einer Spektralfunktion, die geeignet ist, aus einem *aliasingfrei* periodifizierten Spektrum $P\{U(f)\}$ das Originalspektrum $U(f)$ herauszulösen. Dieses Herauslösen bewerkstelligten wir mit Hilfe der *Multiplikation*

$$U(f) = P\{U(f)\}\, G_I(f)$$

und hatten damit durch den eleganten Umweg über den Spektralbereich das Problem der Rekonstruktion der Zeitfunktion $u(t)$ aus ihrer Abgetasteten $A\{u(t)\}$ im Prinzip gelöst gemäß

$$u(t) = A\{u(t)\} * g_I(t)$$

Diese eigentlich bekannten Zusammenhänge haben wir hier aus pädagogischen Gründen wiederholt. Es ist nach unserer Ansicht viel wichtiger, diesen Entstehungsmechanismus vor Augen zu haben, als die auf den *Sonderfall*

$$G_I(f) = rect(f/f_p) \;\bullet\!\!-\!\!\circ\; g_I(t) = f_p \operatorname{sinc}(f_p t)$$

zurückgehende Interpolationsformel

$$u(t) = \sum_{n=-\infty}^{+\infty} u(nt_0)\operatorname{sinc}[f_p(t - nt_0)] \qquad \text{mit} \qquad t_0 = 1/f_p$$

Ein multiplikativer Eingriff in ein Spektrum wird allgemein als **Filterung** bezeichnet. Die Rekonstruktion im *Spektral*bereich ist also eine spezielle Filteroperation. Wir haben die Operation im Spektralbereich zwar bisher nie so genannt, aber de facto handelt es sich um eine Rekonstruktion von $U(f)$

aus $P\{U(f)\}$. Wie bei einem physikalischen Stoffgemisch durch ein Filter
Bestandteile voneinander getrennt werden können, wird hier aus einem Spek-
tralgemisch ein Frequenzintervall möglichst unverändert herausgelöst und der
Rest möglichst total unterdrückt.

Die Manipulation eines Spektrums durch Multiplikation mit einer unabhängigen Frequenzfunktion ist allgemein die Operation, die ein lineares
zeitinvariantes System, ein so genanntes LTI-System (LTI = Linear Time
Invariant), vollbringt. Damit greifen wir dem nächsten Kapitel vor, in dem
wir uns ausführlich mit solchen Systemen befassen werden. Da Sie dazu nei-
gen, vor abstrakten Begriffen zurückzuschrecken, erläutern wir in Kürze, dass
es sich bei den LTI-Systemen um Modelle von so wichtigen elektronischen
Übertragungsbaugruppen wie Leitungen, Funkkanälen, Verstärkern, Entzer-
rern, Reglern und eben auch Filtern (im engeren Sinne) handelt. Vor allem
aber können auch viele Baugruppen der digitalen Signalverarbeitung als LTI-
Systeme modelliert werden.

Man beschreibt LTI-Systeme im Spektralbereich durch eine so genannte
Übertragungsfunktion $G(f)$, die multiplikativ auf ein Eingangsspektrum
$U_1(f)$ einwirkt und so ein manipuliertes Ausgangsspektrum $U_2(f)$ erzeugt.
Die Systemoperation im Spektralbereich lautet also

$$U_2(f) = U_1(f)\, G(f)$$

Ihrem hoffentlich inzwischen ausgeprägten Bedürfnis, jeder spektralen Operation nach Möglichkeit sofort auch die zugehörige Operation im Zeitbereich
gegenüberzustellen, kommen wir entgegen und notieren gemäß unseren Ver-
einbarungen über Groß- und Kleinschreibung von Funktionen, die durch die
Fouriertranformation verbunden sind, ergänzend

$$u_2(t) = u_1(t) * g(t)$$

Indem wir Ihnen noch verraten, dass $g(t)$ als **Gewichtsfunktion** oder **Stoßantwort** bezeichnet wird (denn das System reagiert = „antwortet" auf einen
Einheitsstoß $u_1(t) = \delta(t)$ mit $u_2(t) = g(t)$), beenden wir den allgemeinen Teil
dieses Vorgriffs.

LTI-Systeme, die insbesondere in einem Frequenzintervall in der Umgebung
der Frequenz $f = 0$ gut übertragen und Spektralanteile für $|f| \geq f_{gTP}$
möglichst stark unterdrücken, heißen **Tiefpässe**. Der Parameter f_{gTP} sei
eine vorläufig nicht näher definierte **Grenzfrequenz**, der einen spektralen

Durchlassbereich von einem spektralen **Sperrbereich** trennt. Nun wird Ihnen auch klar, weshalb wir Signale mit der speziellen Eigenschaft $U(f) \equiv 0$ für $f \geq f_g$ oben als Tiefpass-Signale bezeichnet haben.

Ein Tiefpass (abgek. TP) mit der Eigenschaft

$$G(f) = \mathrm{rect}\left(\frac{f}{2f_{gTP}}\right)$$

wird als **Idealer Tiefpass** bezeichnet. Das Ausgangssignal eines solchen Idealen Tiefpasses ist also ein Tiefpass-Signal, das nach der Vorschrift des Abtasttheorems mit einer Abtastfrequenz $f_p > 2f_{gTP}$, d. h. aliasingfrei, abgetastet und folglich auch theoretisch ideal rekonstruiert werden kann. (Falls Sie es bemerkt haben sollten: $f_p \geq 2f_{gTP}$ wäre hier wegen $G(f_{gTP}) = \mathrm{rect}\left(\frac{1}{2}\right) = 1/2$ nicht richtig.) Wenn ein Signal von Natur aus nicht bandbegrenzt und damit für eine aliasingfreie Abtastung nicht geeignet ist, kann es also durch einen solchen Tiefpass so vorbereitet werden, dass es anschließend aliasingfrei abgetastet werden kann. Man bezeichnet ein Filter mit dieser Aufgabe als *Antialiasingfilter*. (Auf diesen Begriff kommen wir später noch einmal zurück, denn zum Aliasing-Effekt gibt es vom praktischen Gesichtspunkt grundsätzlich noch etwas zu sagen.)

Die uns bekannte ideale „Rekonstruktion im Spektralbereich" gemäß

$$U(f) = P\{U(f)\}\, G_I(f) = P\{U(f)\}\, \mathrm{rect}(f/f_p)$$

kann angesichts der allgemeinen Beziehung $U_2(f) = U_1(f)\, G(f)$ auch als eine spezielle Systemoperation interpretiert werden, bei der einem idealen Tiefpass, z. B. mit der Grenzfrequenz $f_g = f_p/2$ und der Übertragungsfunktion $G(f) = G_I(f) = \mathrm{rect}(f/f_p)$, ein Spektrum $U_1(f) = P\{U(f)\}$ zugeführt wird, und an dessen Ausgang das „rekonstruierte" Spektrum $U_2(f) = U(f)$ erscheint. Abbildung 1.29 liefert ein zugeordnetes Blockschaltbild.

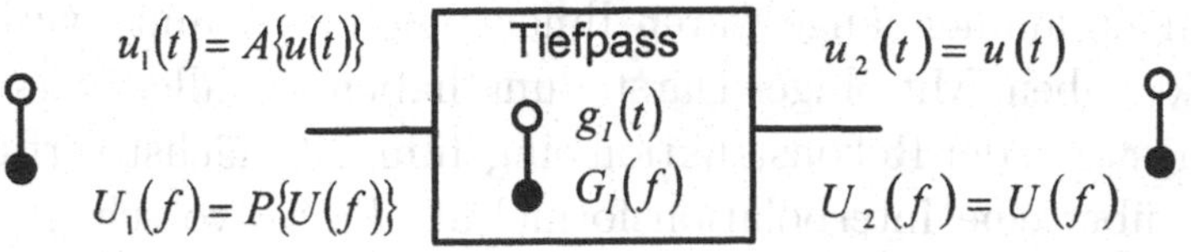

$u_1(t) = A\{u(t)\}$ Tiefpass $u_2(t) = u(t)$

$g_I(t)$

$U_1(f) = P\{U(f)\}$ $G_I(f)$ $U_2(f) = U(f)$

Abbildung 1.29: *Blockschaltbild der Interpolation durch einen idealen Tiefpass*

Wollen Sie bitte bemerken, dass der Interpolationstiefpass prinzipiell die gleichen Eigenschaften wie das Antialiasingfilter haben kann bzw. zumindest ähnliche Eigenschaften haben muss.

Die entsprechende Rekonstruktion im Zeitbereich

$$u(t) = A\{u(t)\} * g_I(t) = A\{u(t)\} * f_p \operatorname{sinc}(f_p t)$$

bedeutet als Systemoperation:

1. Ein idealer Tiefpass mit der Gewichtsfunktion

$$g(t) = g_I(t) = f_p \operatorname{sinc}(f_p t)$$

   wird mit dem Eingangssignal

$$u_1(t) = A\{u(t)\},$$

   also mit einer Stoßfolge, beaufschlagt.

2. Jeder Stoß $t_0 u(n t_0) \delta(t - n t_0)$ löst eine am Ausgang des Systems erscheinende gewichtete und zeitlich verschobene Stoßantwort aus

$$t_0 u(n t_0) g(t - n t_0) = t_0 u(n t_0) g_I(t - n t_0) = u(n t_0) \operatorname{sinc}[f_p (t - n t_0)]$$

3. Die Summe, d. h. Überlagerung all dieser Stoßantworten bildet (mit $f_p = 1/t_0$) das Ausgangssignal

$$u_2(t) = u(t) = \sum_{n=-\infty}^{+\infty} u(n t_0) \operatorname{sinc}(f_p(t - n t_0))$$

Aus mathematischer Sicht wurde damit nichts Neues geboten. Sämtliche formelmäßigen Zusammenhänge waren Ihnen bereits bekannt, wie Sie hoffentlich bemerkt haben. Mit obiger Darstellung haben wir allerdings eine andere Betrachtungsweise der Rekonstruktion eingeführt. Zunächst verfügten wir im Zeitbereich über eine Interpolationsformel als *Rechen*vorschrift, d. h. einen mathematischen Ausdruck zur Berechnung von Funktionswerten $u(t)$ zu beliebigen Zeitpunkten t aus Abtastwerten $u(n t_0)$. Dabei trat das Problem der unendlich vielen Summanden auf. Jetzt dagegen suggerieren wir die Existenz eines *Systems*, hier zunächst als idealer Tiefpass im Frequenzbereich beschrieben. Dieses System gibt infolge seiner speziellen Übertragungseigenschaften bei Eingabe einer die Abtastwerte repräsentierenden Stoßfolge das interpolierte Signal am Ausgang als Zeitfunktion aus. Es handelt sich also um ein System, das eine gewünschte *Signalverabeitung*, die Interpolation, realisiert.

Selbstverständlich sind damit die Probleme, die wir bei der rechentechnischen Lösung erkannten, nicht beseitigt. Bei näherer Betrachtung zeigt sich nämlich, dass ein solcher idealer Tiefpass technisch-physikalisch nicht realisierbar ist. Sie haben das hoffentlich auch nicht erwartet. Technisch realisierbare Filter können nur näherungsweise die Forderungen $G(f) = $ const für $|f| < f_g$ und $G(f) \equiv 0$ für $|f| > f_p - f_g$ erfüllen. (Außerdem hätte ein solcher idealer Tiefpass die merkwürdige Eigenschaft, dass er auf einen Stoß zum Zeitpunkt $t = 0$ mit einer geraden Spaltfunktion als $g_I(t)$ reagiert, d. h. dass die Reaktion am Ausgang schon beginnt abzulaufen, bevor die Ursache am Eingang erscheint.) Somit ist auch eine Signalrekonstruktion mit einem *realisierbaren* Tiefpassfilter nur *näherungsweise* möglich. (Zudem müssen wir eine gewisse Laufzeit in Kauf nehmen.) Allerdings war der geistige Aufwand zur Verarbeitung der oben vorgestellten Zusammenhänge in Verbindung mit dem idealen Tiefpass nicht vergeblich, denn in Verallgemeinerung des Filterprinzips verstehen Sie nun sofort die folgenden Behauptungen:

- Jeder Tiefpass, dessen Durchlassbereich dem Originalspektrum des abgetasteten (Tiefpass-)Signals entspricht und dessen Sperrbereich Spektralanteile außerhalb des vom Originalspektrum belegten Frequenzintervalles unterdrückt, ist grundsätzlich als Filter zur Signalrekonstruktion, d. h. als **Interpolationsfilter**, geeignet.

- Mit *realisierbaren* Filtern kann (abgesehen von Sonderfällen) nur eine *nichtideale* Rekonstruktion durchgeführt werden.

- Bei vorgegebener Grenzfrequenz f_g des Originalsignals erhöht sich potenziell die Güte der Rekonstruktion mit zunehmender Abtastfrequenz $f_p \geq 2f_g$.

Die Feststellung, dass in der Praxis, d. h. mit realisierbaren Filtern, keine ideale Rekonstruktion durchgeführt werden kann, korrespondiert zu unserer vorher gewonnenen Einsicht, dass eine rechnerische Interpolation nur näherungsweise möglich ist. Die Güte der Rekonstruktion hängt von der speziellen Filtercharakteristik $G(f) = G_I(f)$ bzw. der gewählten Interpolationsfunktion

$g(t) = g_I(t)$ ab und kann durch zunehmenden technischen Realisierungsaufwand gesteigert werden. Der Aufwand für die Interpolationsfilterung bzw. die Interpolationsfunktion wiederum kann bei vorgeschriebener Güte der Signal-Rekonstruktion allerdings durch die Erhöhung der Abtastfrequenz vermindert werden. Oversampling gestattet also die Verwendung einfacherer Interpolationsverfahren. Bitte verinnerlichen Sie:

- Der technische Aufwand für die Filterung bzw. rechnerische Interpolation und der technische Aufwand für die Abtastung, ausgedrückt durch die Abtastfrequenz, sind potenziell gegenläufig verknüpft.

Abschließend verweisen wir darauf, dass selbstverständlich auch die Rekonstruktion von Bandpass-Signalen als Signalverarbeitung durch ein Interpolationsfilter aufgefasst werden kann. Sie erkennen mühelos, dass im Falle der Verwendung von Abtastfrequenzen $f_p < 2f_g$ als Interpolationsfilter kein Tiefpass möglich ist, sondern dass ein so genannter Bandpass mit einem Durchlassbereich im Intervall $f_u < |f| < f_g$ verwendet werden muss.

Nachdem Sie es verwunden haben, dass die Rekonstruktion abgetasteter Signale technisch nur näherungsweise möglich ist, müssen wir Sie daran erinnern, dass auch ein Stoß schließlich nur ein Signalmodell darstellt, das ebenfalls nicht streng realisierbar ist. Die Modellierung der Abtastung als Multiplikation mit einer periodischen Stoßfolge ist somit zwar sehr tragfähig, um die grundsätzlichen Zusammenhänge übersichtlich darzustellen, aber als Techniker ist man vielleicht beunruhigt. Daher werden anschließend einige theoretische Ergänzungen geliefert.

Nichtideale Abtastung

Im Folgenden geht es uns hauptsächlich um die Vervollkommnung Ihrer signaltheoretischen Fertigkeiten. Falls Sie der Ansicht sind, dies nicht nötig zu haben, können Sie dieses Thema überspringen.

Bei der Einführung von so genannten Aufbausignalen haben wir das Signalmodell Stoß $c\,\delta(t)$ als Grenzfall eines aperiodischen Rechteckes $u(t) = U_0\mathrm{rect}(t/T)$ mit verschwindender Zeitdauer $T \to 0$ für konstantes Impulsmoment $c = U_0T$ betrachtet, d. h. formal

$$c\,\delta(t) = \lim_{T\to 0} \frac{c}{T}\mathrm{rect}(\frac{t}{T})$$

Umgekehrt lässt sich also ein hinreichend kurzzeitiges Rechteck-Signal als technisch-physikalische Näherung für einen Stoß ansehen.

Die Abgetastete $A\{u(t)\}$ einer Zeitfunktion $u(t)$ ist eine Stoßfolge und kann somit näherungsweise durch eine Rechteckfolge als technisches Signal dargestellt werden, sofern die Zeitdauer T der Einzelrechtecke hinreichend klein gewählt wird. Insbesondere muss gelten $T \ll t_0$. Formelmäßig ergibt sich:

$$A\{u(t)\} = \sum_{n=-\infty}^{+\infty} t_0 u(nt_0)\,\delta(t - nt_0) \approx \sum_{n=-\infty}^{+\infty} \frac{t_0}{T} u(nt_0)\,\mathrm{rect}(\frac{t - nt_0}{T}) \qquad T \ll t_0$$

Um die Auswirkung dieser Approximation im Spektralbereich zu beurteilen, ist es zweckmäßig, den näherungsweisen Ersatz der einzelnen Stöße durch Rechtecke als Faltungsoperation zu interpretieren gemäß

$$c\,\delta(t) \approx c\,\delta(t) * \frac{1}{T}\mathrm{rect}(\frac{t}{T})$$

d. h. hier

$$t_0 u(nt_0)\,\delta(t - nt_0) \approx t_0 u(nt_0)\,\delta(t - nt_0) * \frac{1}{T}\mathrm{rect}(\frac{t}{T}) \qquad T \ll t_0$$

Durch Ausklammern aus dem Summenausdruck gelangt man zu der übersichtlichen Darstellung

$$A\{u(t)\} \approx A\{u(t)\} * \frac{1}{T}\mathrm{rect}(\frac{t}{T}) \qquad T \ll t_0$$

und durch Fouriertransformation mit dem Faltungssatz zu der entsprechenden Spektraldarstellung

$$P\{U(f)\} \approx P\{U(f)\}\,\mathrm{sinc}(Tf) \qquad T \ll t_0$$

Eine schematische Darstellung dieser Zusammenhänge im Zeit- und Frequenzbereich zeigt Abbildung1.30. In dieser Abbildung sollte vor allem der „Bildungsmechanismus" deutlich gemacht werden, weshalb das $\ll$-Zeichen in der Vorschrift $T \ll t_0$ nicht ganz ernst genommen wurde und folglich auch nur unzureichende Näherungen vorliegen.

Fällt Ihnen die Ähnlichkeit dieser mathematischen Ausdrücke zu den Formeln in Verbindung mit der nichtidealen Interpolation durch eine rechteckförmige Interpolationsfunktion auf? Tatsächlich handelt es sich formal um

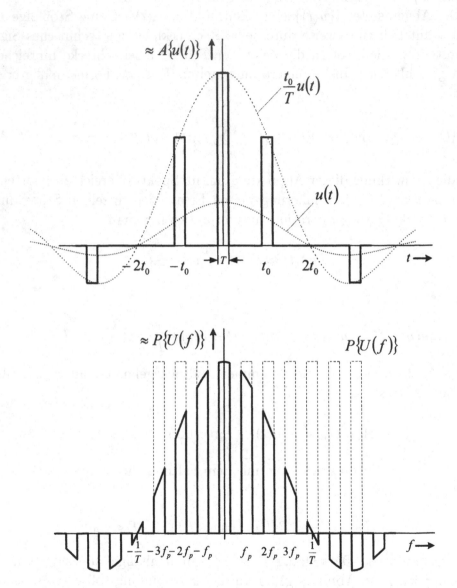

Abbildung 1.30: *Näherung einer Abgetasteten durch Rechteckfolge und Aus-wirkung im Spektralbereich*

die gleichen Zusammenhänge. Der Unterschied besteht in Folgendem: Bei der oben besprochenen nichtidealen Rekonstruktion durch treppenförmige Approximation der Originalfunktion $u(t)$ mittels rechteckförmiger Interpolationsfunktionen $g_I(t) = (1/t_0)\text{rect}(t/t_0)$ werden Rechtecke der Zeitdauer $T = t_0$ verwendet. Hingegen dienen bei der hier behandelten näherungsweisen Darstellung der Abgetasteten $A\{u(t)\}$ Rechtecke der Zeitdauer $T \ll t_0$ als „praktischer Ersatz" der Stöße.

In mathematischer Gegenüberstellung ergibt sich also:

Näherung für Abtastung:

$$P\{U(f)\} \approx P\{U(f)\} \,\text{sinc}(Tf) \qquad T \ll t_0$$

$$A\{u(t)\} \approx A\{u(t)\} * \frac{1}{T}\text{rect}(\frac{t}{T}) \qquad T \ll t_0$$

Näherung für Rekonstruktion:

$$U(f) \approx P\{U(f)\} \,\text{sinc}(Tf) \qquad T = t_0$$

$$u(t) \approx A\{u(t)\} * \frac{1}{T}\text{rect}(\frac{t}{T}) \qquad T = t_0$$

Bitte betrachten Sie obige Gegenüberstellung als Test dafür, wie weit Sie in die Gedankenwelt der Fouriertransformation bzw. der Signaltheorie eingedrungen sind. Wenn Sie die Beziehungen als hübsche anschauliche Wiederholung und kleinen Beitrag zur Festigung des bisher Gelernten sehen, und die entsprechenden Bilder vor Ihren Augen auftauchen, können Sie zufrieden sein. Sollten Ihnen die beiden Formeln aber „nichts sagen" oder sogar Verwirrung stiften, ist es an der Zeit, die Themen Abtastung und Rekonstruktion noch einmal in Ruhe durchzugehen.

Lassen Sie uns nun die Problematik des Ersatzes der Stöße bei unserem Modell der Abtastung noch etwas vertiefen. Mit dem uns zur Verfügung stehenden mathematischen Handwerkszeug sind wir nämlich in der Lage, die Abtastung noch praxisnäher zu beschreiben.

Die Abtastung als periodische Entnahme von Proben aus dem kontinuierlichen Signal kann man als jeweils kurzzeitiges periodisches Schließen eines ansonsten geöffneten Schalters realisieren. Das Ergebnis dieser Operation ist in Abbildung 1.31 dargestellt.

Aus der Originalzeitfunktion $u(t)$ entsteht dabei ein Signal, das in der Umgebung der Abtastzeitpunkte für kurze Zeit dem Originalsignal folgt, aber

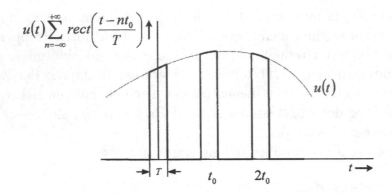

Abbildung 1.31: *Realisierung der Abtastung durch Schalterfunktion*

sonst identisch Null ist. Die Schalterfunktion können wir durch Multiplikation von $u(t)$ durch eine periodische Rechteckfolge $m(t) = \sum_{n=-\infty}^{+\infty} \text{rect}(\frac{t-nt_0}{T})$ mit kleinem Tastverhältnis, d. h. $T \ll t_0$ (Primitivperiode t_0), ersetzen. Es ergibt sich:

$$u(t)\, m(t) = u(t) \sum_{n=-\infty}^{+\infty} \text{rect}\left(\frac{t - nt_0}{T}\right)$$

Dieser Ausdruck kommt uns bekannt vor. Wir erinnern uns, dass die Abgetastete $A\{u(t)\}$ als Ergebnis der Multiplikation mit einer Stoßfolge erklärt ist:

$$A\{u(t)\} = u(t)\, t_0 \sum_{n=-\infty}^{+\infty} \delta(t - nt_0)$$

Wiederum haben wir also eine Stoßfolge durch eine Rechteckfolge ersetzt. Ist Ihnen klar, dass dies ein Unterschied zu der zuletzt besprochenen Näherung der theoretischen Abtastung ist, bei der wir die mit $u(nt_0)$ bewerteten Stöße in $A\{u(t)\}$ durch flächengleiche Rechtecke ersetzt hatten? Diesmal haben wir die Stöße in der periodischen Stoßfolge durch Rechtecke ersetzt. Eine Näherung für die Abgetastete liegt offenbar vor, wenn wir dafür sorgen, dass die Rechtecke in der periodischen Rechteckfolge flächengleich zu den Stößen in der ursprünglichen Stoßfolge sind, d. h. wenn wir einen „Verstärkungsfaktor" t_0/T einführen. Es entsteht:

$$A\{u(t)\} \approx u(t)\, \frac{t_0}{T} \sum_{n=-\infty}^{+\infty} \text{rect}(\frac{t - nt_0}{T}) \qquad T \ll t_0$$

Die zugehörige spektrale Darstellung unter Berücksichtigung von

$$\frac{t_0}{T} \sum_{n=-\infty}^{+\infty} \mathrm{rect}(\frac{t-nt_0}{T}) \circ\!\!-\!\!\bullet \sum_{\nu=-\infty}^{+\infty} \mathrm{sinc}(Tf)\delta(f-\nu f_p) = \sum_{\nu=-\infty}^{+\infty} \mathrm{sinc}(\nu T/t_0)\delta(f-\nu f_p)$$

ergibt für $T \ll t_0$ die Näherungsbeziehung:

$$P\{U(f)\} \approx U(f) * \sum_{\nu=-\infty}^{+\infty} \mathrm{sinc}(\nu T/t_0)\delta(f-\nu f_p) = \sum_{\nu=-\infty}^{+\infty} \mathrm{sinc}(\nu T/t_0)U(f-\nu f_p)$$

Im Spektralbereich wird das Wesen dieser Näherung klar, das auch Abbildung 1.32 verdeutlicht. Anstelle der Periodifizierung $P\{U(f)\}$ entsteht eine Folge frequenzmäßig um Vielfache der Abtastfrequenz f_p verschobener Spektralfunktionen. Jede um νf_p verschobene Spektralfunktion ist durch den Faktor $\mathrm{sinc}(\nu T/t_0)$ bewertet. Im mathematischen Sinne gilt die Näherung im Spektralbereich also nur für hinreichend kleine $|f|$ in Verbindung mit $T \ll t_0$ (entsprechend $f_p \ll 1/T$), genauer für $|f| \ll 1/T$ (mit $f_p \ll 1/T$).

Man bemerke, dass die einzelnen verschobenen Spektren in sich nicht verzerrt, sondern nur als Ganzes mit einem Faktor multipliziert sind. Insbesondere ist die Komponente $U(f)$ unverändert enthalten, so dass die Rekonstruktion nach den gleichen Kriterien wie bei idealer Abtastung erfolgen kann. Mit einem idealen Tiefpass wäre also eine ideale Rekonstruktion möglich. Bitte machen Sie sich die Rekonstruktion im Spektralbereich noch einmal deutlich, und denken Sie auch an den Fehlermechanismus bei nichtidealer Rekonstruktion, bei dem die nichtideale Unterdrückung der Spektralkomponenten in der Umgebung von νf_p für $\nu \neq 0$ eine Rolle spielte.

Eine praktische Überlegung möchten wir noch anstellen: Der für die mathematisch korrekte Näherung erforderliche Verstärkungsfaktor t_0/T ist um so größer, je höher die geforderte Güte der Näherung ist. Umgekehrt bedeutet also eine unverstärkte Abtastung, d. h. die ursprünglich angenommene kurzzeitige Durchschaltung des unverstärkten Originalsignals, gegenüber dem Originalmodell von Abtastung und Rekonstruktion um den Faktor T/t_0 kleinere Amplitudendichten, was zu praktischen Nachteilen infolge parasitärer Effekte (z. B. bei Rauschstörungen) führen könnte. Zum Glück kann dieses Problem bei der heute vorzugsweise angewandten digitalen Signalverarbeitung umgangen werden, wie wir später noch zeigen werden.

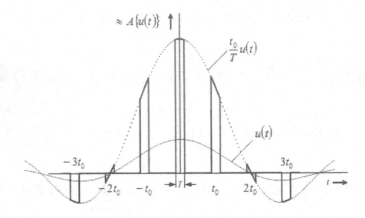

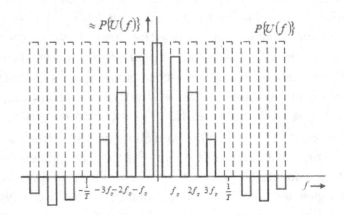

Abbildung 1.32: *Beispiel der nichtidealen Abtastung durch Schalterfunktion und zugehörige spektrale Darstellung*

Abtastung und Modulation

Auch diese Thematik dient vor allem Ihrer signaltheoretischen Bildung. Minimalisten können sie überschlagen, obwohl wir das nicht empfehlen.

Als Abtastoperation (Normalabtastung) hatten wir die Multiplikation einer Zeitfunktion $u(t)$ mit einer periodischen Stoßfolge $t_0 \sum_{n=-\infty}^{+\infty} \delta(t - nt_0)$ erklärt. Dabei stand uns primär das Signal $u(t)$ vor Augen, das durch die Multiplikation verändert wird. Die selbe mathematische Operation kann aber auch anders aufgefasst werden, nämlich als Veränderung einer primär vorgegebenen periodischen Stoßfolge durch Multiplikation mit einem Signal $u(t)$.

Eine solche multiplikative Beeinflussung einer (vorzugsweise periodischen) Zeitfunktion bezeichnet man als Modulation, genauer als **Amplitudenmodulation**. Bei der Modulation heißt das durch $u(t)$ zu modulierende Signal **Trägersignal**, wobei man von der Vorstellung ausgeht, dass dem Trägersignal eine Information aufgeprägt wird, in unserem Falle durch Multiplikation. Wir wollen das Trägersignal allgemein mit $m(t)$ bezeichnen und es auch mit der „vornehmeren" Bezeichnung **Modulationsfunktion** belegen.

Ein spezielles Trägersignal hatten wir in Verbindung mit dem Verschiebungssatz für die Verschiebung einer Spektralfunktion $U(f)$ bei der so genannten symmetrischen Aufspaltung bereits kennengelernt. Zu der geraden symmetrischen Aufspaltung $U(f) \rightarrow \frac{1}{2}[U(f + f_T) + U(f - f_T)]$ korrespondiert im Zeitbereich die Multiplikation von $u(t)$ mit einer Kosinusfunktion $m(t) = \cos(2\pi f_T t)$ gemäß

$$\frac{1}{2}[U(f + f_T) + U(f - f_T)] \bullet\!\!-\!\!\circ u(t)\cos(2\pi f_T t)$$

In diesem Falle wird also ein kosinusförmiges Trägersignal, gekennzeichnet durch die so genannte **Trägerfrequenz** f_T, mit dem Signal $u(t)$ amplitudenmoduliert. Im Spektralbereich ergibt sich die bei der Modulation erwünschte Verschiebung des Spektrums $U(f)$ in die Umgebung der Trägerfrequenz $\pm f_T$. Da das Trägersignal im Spektrum des modulierten Signals selbst nicht als additive Komponente erscheint (denn es treten keine Stöße bei $f = \pm f_T$ auf), spricht man von einer Amplitudenmodulation mit unterdrücktem Träger.

So wie in diesem Beispiel die Amplitude eines periodischen kosinusförmigen Trägersignals durch $u(t)$ moduliert wird, erscheint also bei der Abtastoperation die Amplidude einer periodischen Stoßfolge als Trägersignal durch $u(t)$ moduliert. Anders ausgedrückt:

- Die (Normal-)Abtastung kann als Amplitudenmodulation mit einer Stoßfolge als Trägersignal bzw. der Modulationsfunktion

$$m(t) = t_0 \sum_{n=-\infty}^{+\infty} \delta(t - nt_0)$$

  interpretiert werden.

Wenn man den Stoß als einen speziellen (entarteten) Impuls betrachtet, lässt sich dies als eine spezielle **Pulsamplitudenmodulation** (abgek. PAM) auffassen.

Durch Gegenüberstellung von (Normal-)Abtastung und Amplitudenmodulation eines Kosinusträgers im Spektralbereich ergeben sich folgende Erkenntnisse, wie auch in Abbildung 1.33 verdeutlicht:

1. Die Abtastfrequenz f_p ist mit einer Trägerfrequenz f_T vergleichbar.

2. Durch Abtastung wird das Originalspektrum nicht nur um $\pm f_T$, verschoben, sondern mehrfach, nämlich um $\pm \nu f_p$ (mit $\nu \in \mathbf{N}$).

3. Im Spektrum des abgetasteten Signals $P\{U(f)\}$ ist auch das unverschobene Originalspektrum $U(f)$ enthalten.

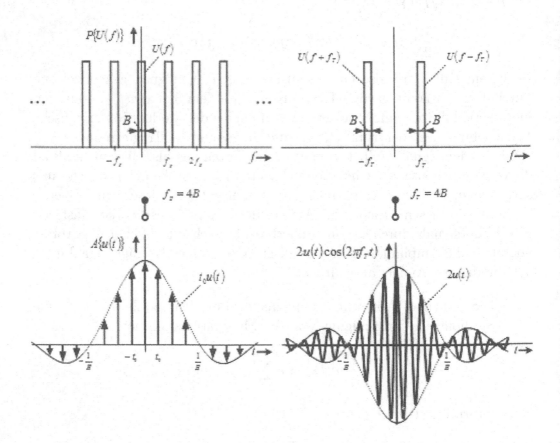

Abbildung 1.33: *Gegenüberstellung von Abtastung und Amplitudenmodulation mit Kosinusträger*

Zur Festigung Ihrer Grundkenntnisse und Übung Ihrer Fertigkeiten im Umgang mit der Signaltheorie wollen wir die Interpretation der Abtastung als Modulation noch einmal eleganter darstellen. Dazu betrachten wir komplexe Drehzeiger $e^{j2\pi f_T t}$ als periodische Trägersignale. Die *Amplitudenmodulation* eines Drehzeigers, also die Multiplikation $u(t)e^{j2\pi f_T t}$, korrespondiert gemäß Verschiebungssatz zu einer spektralen Verschiebung von $U(f)$ um f_T

$$U(f - f_T) \bullet\!\!-\!\!\circ\, u(t)e^{j2\pi f_T t}$$

Die bei der *Abtastung* als Trägersignal zu betrachtende periodische Stoßfolge $t_0 \sum_{n=-\infty}^{+\infty} \delta(t - nt_0)$ lässt sich als Fourierreihe darstellen

$$t_0 \sum_{n=-\infty}^{+\infty} \delta(t - nt_0) = \sum_{\nu=-\infty}^{+\infty} e^{j2\pi \nu f_p t}$$

Damit kann man die Abgetastete $A\{u(t)\}$ wie folgt umformen:

$$A\{u(t)\} = u(t)\, t_0 \sum_{n=-\infty}^{+\infty} \delta(t - nt_0) = u(t) \sum_{\nu=-\infty}^{+\infty} e^{j2\pi \nu f_p t} = \sum_{\nu=-\infty}^{+\infty} u(t)e^{j2\pi \nu f_p t}$$

Aus dem rechten Ausdruck erkennt man, dass bei der Abtastung also de facto unendlich viele komplexe Drehzeiger als Trägersignale mit unterschiedlichen äquidistanten Trägerfrequenzen νf_p auftreten und mit derselben Zeitfunktion $u(t)$ moduliert werden. Wegen der Linearität der Fouriertransformation erscheinen somit in der Fouriertransformierten von $A\{u(t)\}$ die mehrfach durch Modulation, nämlich um νf_p (mit $\nu \in \mathbf{Z}$), verschobenen Originalspektren. In mathematischer Form erhalten wir: Mit

$$u(t)e^{j2\pi \nu f_p t} \circ\!\!-\!\!\bullet\, U(f - \nu f_p)$$

ergibt sich

$$A\{u(t)\} = \sum_{\nu=-\infty}^{+\infty} u(t)e^{j2\pi \nu f_p t} \circ\!\!-\!\!\bullet\, \sum_{\nu=-\infty}^{+\infty} U(f - \nu f_p) = P\{U(f)\}$$

Hier schließt sich ein Kreis. Mit diesen Zusammenhängen haben wir nämlich in dem Unterabschnitt „Abtastung und Periodifizierung" unsere Betrachtungen zur Abtastung eingeleitet. Neu ist hier lediglich der Begriff der Modulation eingeführt.

An diesem Punkt drängt sich eine Verallgemeinerung auf, die einen Zusammenhang zwischen allgemeiner Pulsamplitudenmodulation (PAM) und nichtidealer Abtastung bietet.

Ein periodisches Trägersignal $u_T(t)$ als periodische Impulsfolge mit Elementarimpulsen $u_0(t)$ lässt sich generell darstellen als

$$u_T(t) = \sum_{n=-\infty}^{+\infty} u_0(t - nt_0)$$

Das Ergebnis der Amplitudenmodulation dieser Impulsfolge durch eine Originalfunktion $u(t)$ werde mit $u_{PAM}(t)$ bezeichnet, d. h. es gilt

$$
\begin{aligned}
u_{PAM}(t) &= u(t)\, u_T(t) \\
&= u(t) \sum_{n=-\infty}^{+\infty} u_0(t - nt_0) \\
&= u(t) \sum_{\nu=-\infty}^{+\infty} C(\nu) e^{j2\pi\nu f_p t} \\
&= \sum_{\nu=-\infty}^{+\infty} u(t) C(\nu) e^{j2\pi\nu f_p t} \\
&= \sum_{\nu=-\infty}^{+\infty} u(t) f_p U_0(\nu f_p) e^{j2\pi\nu f_p t}
\end{aligned}
$$

Die Fourierkoeffizienten $C(\nu) = f_p U_0(\nu f_p)$ sind hier wieder mit ν indiziert.

Aus der letzten Zeile obiger Gleichungen erkennen wir wiederum: Die PAM kann als Summe von separat mit jeweils der gleichen Originalfunktion modulierten Drehzeigerschwingungen mit den Amplituden $C(\nu)$ gedeutet werden.

Damit wir nicht aus der Übung kommen, wollen wir hier zur Gewinnung der zugehörigen Spektralfunktion $U_{PAM}(f)$ mit dem Faltungssatz der Fouriertransformation arbeiten. Er lautet bekanntlich für den Fall der Faltung im Frequenzbereich: $u_1(t)u_2(t) \circ\!\!-\!\!\bullet U_1(f) * U_2(f)$

Die spektrale Amplitudendichte der periodischen Impulsfolge ergibt sich zu

$$\sum_{n=-\infty}^{+\infty} u_0(t - nt_0) \circ\!\!-\!\!\bullet \sum_{\nu=-\infty}^{+\infty} C(\nu)\delta(f - \nu f_p)$$

Damit erhält man für die Spektralfunktion $U_{PAM}(f)$ des PAM-Signals:

$$U_{PAM}(f) = U(f) * \sum_{\nu=-\infty}^{+\infty} C(\nu)\delta(f - \nu f_p)$$

$$= \sum_{\nu=-\infty}^{+\infty} C(\nu)U(f - \nu f_p)$$

$$= \sum_{\nu=-\infty}^{+\infty} f_p U_0(\nu f_p)U(f - \nu f_p)$$

Die letzte Zeile hätten wir auch unmittelbar aus der letzten Zeile der Zeitdarstellung für $u_{PAM}(t)$ gewinnen können, entsprechend also der Modulation jeder einzelnen Spektralkomponente des periodischen Trägersignals mit $u(t)$ und damit mehrfache spektrale Verschiebung des Originalspektrums $U(f)$ um νf_p, jedoch jeweils mit $C(\nu) = f_p U_0(\nu f_p)$ bewertet.

Den Sonderfall eines rechteckförmigen Elementarsignals $u_0(t)$ der Trägerschwingung haben wir bereits behandelt, nämlich bei der näherungsweisen Realisierung der Abtastung durch Schalterfunktion (vgl. Abbildung1.32). Die Multiplikation konnte in diesem Sonderfall durch eine einfache Torfunktion (Sperren und Durchschalten) ersetzt werden.

Wir wollen nun die allgemeinen PAM-Beziehungen denen für Normalabtastung gegenüberstellen. Man erhält:

$$u_{PAM}(t) = u(t) \sum_{n=-\infty}^{+\infty} u_0(t - nt_0) \circ\!\!-\!\!\bullet \sum_{\nu=-\infty}^{+\infty} f_p U_0(\nu f_p)U(f - \nu f_p) = U_{PAM}(f)$$

$$A\{u(t)\} = u(t) \sum_{n=-\infty}^{+\infty} t_0\delta(t - nt_0) \circ\!\!-\!\!\bullet \sum_{\nu=-\infty}^{+\infty} U(f - \nu f_p) = P\{U(f)\}$$

Zur Vereinfachung setzen wir voraus, dass die Elementarimpulse $u_0(t)$ einhöckerig sind und beidseitig vom Maximum monoton gegen Null streben, so dass die Näherung für die Halbwertsbreiten $T_H B_H \approx 1$ gilt.

Der Vergleich ergibt für hinreichend kurzzeitige Elementarimpulse der Halbwertsbreite $T_H \ll t_0$:

- Die PAM ist mit einem spektralen „Verschiebungs-Mechanismus" verbunden, der der bei Abtastung auftretenden ähnelt.

- Bei reellen Spektralfunktionen $U_0(f)$ entsprechend geraden Zeitfunktionen $u_0(t)$ für die Elementarimpulse erhält man im Frequenzbereich $|f| \ll 1/T_H$ eine Näherung für die Normalabtastung.

Insbesondere ist festzuhalten:

- Normalabtastung kann als PAM mit Stößen als Elementarsignalen aufgefasst werden, wobei

$$u_0(t) = t_0\delta(t) \circ\!\!-\!\!\bullet\, U_0(f) = 1/f_p$$

- Die oben separat behandelte nichtideale Abtastung durch kurzzeitig periodisch geschlossenen Schalter ist als Sonderfall einer PAM zu interpretieren, wobei

$$u_0(t) = \frac{t_0}{T}\text{rect}(\frac{t}{T}) \circ\!\!-\!\!\bullet\, U_0(f) = \frac{1}{f_p}\text{sinc}(Tf) \qquad \text{mit} \qquad T \ll t_0$$

Bisher haben wir uns mit der Frage befasst, in wie weit eine PAM näherungsweise der Normalabtastung entspricht, wozu sich der Vergleich der Spektren gut eignete. Nun soll uns die Frage beschäftigen, ob aus den gemäß dem PAM-Modell *nichtideal* abgetasteten Signalen trotzdem die Originalfunktion $u(t)$ zurückgewonnen werden kann. In Verbindung mit Modulation bezeichnet man das Wiedergewinnen des Originalsignals $u(t)$ als *Demodulation*, so dass die Frage also identisch ist mit der Frage nach einer idealen Demodulation. Wiederum verschafft uns ein Blick auf den Spektralbereich sofort die Antwort: Sofern $u(t)$ spektral begrenzt ist, so dass $U(f) \equiv 0$ für $|f| \geq f_g$, tritt auch bei den PAM-Spektren keine Überlagerung der verschobenen Originalspektren auf, also kein Aliasing, sofern $f_p \geq 2f_g$. Das ist also die gleiche Bedingung wie bei Abtastung. Weiterhin stellen wir fest, dass das Originalspektrum $U(f)$ unter dieser Bedingung und der zusätzlichen Bedingung $U_0(0) \neq 0$ als Spektralkomponente $f_p U_0(0) U(f)$ in $U_{PAM}(f)$ enthalten ist. Die Rückgewinnung von $U(f)$ als Herauslösen aus $U_{PAM}(f)$ gelingt also mit den gleichen Methoden, wie wir sie bei der Rekonstruktion von ideal abgetasteten Signalen kennengelernt haben, z. B. durch Filterung mit einem idealen Tiefpass. Da ein konstanter Faktor $f_p U_0(0)$ keine gravierende Veränderung des Spektrums $U(f)$ bedeutet und problemlos kompensiert werden kann, können wir also von einer idealen Rekonstruktion sprechen. Dies ist ein im ersten Augenblick überraschendes Ergebnis. Es besagt: Unter den Bedingungen des Abtasttheorems, also mit einer Impulsfolgefrequenz $f_p \geq 2f_g$ kann aus einem PAM-Signal das Originalsignal (theoretisch) genau so zurückgewonnen werden, wie aus einem ideal abgetasteten Signal, sofern die Elementarimpulse des Trägersignals *kein* verschwindendes Impulsmoment $\int_{-\infty}^{+\infty} u_0(t)\, dt = U(0)$ besitzen. Die Impulsform von $u_0(t)$ spielt dabei theoretisch keine Rolle, wenn nur $U(0) \neq 0$ erfüllt ist. Die oben diskutierte Frage, unter welchen Bedingungen das PAM-Spektrum $U_{PAM}(f)$ näherungsweise der Periodifizierten $P\{U(f)\}$ entspricht, ist also für die Rekonstruktion bzw. Demodulation ohne Bedeutung, d. h. die Forderung $T_H \ll t_0$ kann fallen gelassen werden. Bei näherer Betrachtung stellen wir fest, dass die Demodulation eines PAM-Signals hinsichtlich der Filteroperation sogar geringere Ansprüche an das Tiefpassfilter stellen kann als bei idealer Abtastung. Das ist dann der Fall, wenn die zu unterdrückenden Komponenten des Spektrums von $U_{PAM}(f)$ kleinere Amplituden haben als das Originalspektrum, also unter der Bedingung $|U_0(\nu f_p)| < |U_0(0)|$ für $\nu \neq 0$.

Zusammengefasst hat sich beim Vergleich von Abtastung und PAM ergeben:

1. Die Normalabtastung entspricht der PAM einer periodischen Stoßfolge als Trägersignal.

2. Nichtideale Abtastung im Sinne einer Näherung der Zeitfunktionen und der Spektren kann als PAM modelliert werden.

3. Falls nur die Rekonstruktion des Originalsignals $u(t)$ interessiert, ist keine Näherung im Sinne einer nichtidealen Abtastung erforderlich. Vielmehr müssen lediglich die Bedingungen des Abtasttheorems erfüllt sein und die Impulse des PAM-Trägersignals ein von Null verschiedenes Impulsmoment haben.

Anmerkung: Obige Betrachtungen dienten vor allem der Entwicklung Ihres Vorstellungsvermögens in Verbindung mit der Abtastung. Die Modulation hat in der Technik meist die Aufgabe, ein Signal in einen Frequenzbereich zu verschieben, in dem es zweckmäßig

übertragen werden kann. (Denken Sie an die durch Modulation bewerkstelligte Funküber-
tragung.) Die Demodulation auf der Empfangsseite muss dann also auf das *frequenzverschobene* Signal zurückgreifen. Demodulation durch eine Tiefpassfilterung, wie wir sie hier
betrachteten, macht in diesem Falle also keinen Sinn. Eine Abtastung allein führt somit
noch nicht zu einem effizienten Übertragungsverfahren. Vielmehr ist die Abtastung, wie
bereits erwähnt, der erste Schritt bei einer Analog-Digitalwandlung, nach der Digitalsignale übertragen werden können (wobei bei Funksystemen wiederum Modulationsverfahren
eine Rolle spielen). Auch die digitale Signalverarbeitung hat eine Abtastung zur Voraussetzung. Sogar Digitalsignale, die auf dem Übertragungsweg einer Verzerrung unterlagen,
können im Empfänger ihrerseits abgetastet werden, um sie möglichst ungestört erkennen
zu können. Erst danach folgt in diesem Falle, unabhängig davon, die Rekonstruktion des
ursprünglichen zu übertragenden Analogsignals.

Antialiasingfilterung

Bevor wir uns einer neuen Thematik zuwenden, möchten wir in Kürze auf
die bisherigen Betrachtungen zurückblicken. Zuerst hatten wir ein schönes
Modell der Normalabtastung eines Signals $u(t)$ im Zeitbereich, zu der die
Periodifizierung im Spektralbereich korrespondiert. In höchst eleganter Weise
ergab sich durch Betrachtung im Spektralbereich die Beantwortung von zwei
grundsätzlichen Fragen:

Unter welchen Bedingungen ist eine ideale (d. h. exakte) Rekonstruktion von
$u(t)$ aus Abtastwerten $u(nt_0)$ möglich ?

Wir fanden die Bedingungen des *Abtasttheorems*, entsprechend *aliasing-
freier* Abtastung:

  – Existenz einer Grenzfrequenz f_g

  – Abtastfrequenz $f_p \geq 2f_g$

Wie ist diese ideale Rekonstruktion zu bewerkstelligen?

Wir fanden eine *Rechenvorschrift*, die Interpolationsformel mit Spaltfunktionen

$$u(t) = \sum_{n=-\infty}^{+\infty} u(nt_0)\operatorname{sinc}[f_p(t - nt_0)]$$

Und dann begannen wir, diese einfachen Ergebnisse zu kritisieren, zu verallgemeinern und auseinander zu pflücken, so dass Ihnen jetzt möglicherweise
der Kopf raucht und Sie höchst unzufrieden sind.

Wir sortieren daher unsere Erkenntnisse und rekapitulieren:

Für abgetastete **Tiefpass-Signale** mit der Grenzfrequenz f_g gilt:

1. Die Interpolationsformel lässt, da sie in der Regel eine unendliche Summe ist, nur eine näherungsweise numerische Rekonstruktion zu. Die Approximationsgüte lässt sich aber mit günstigeren Interpolationsfunktionen in Verbindung mit zunehmenden Abtastfrequenzen $f_p > 2f_g$ (Oversampling) zunehmend erhöhen.

2. Eine andere Art von nichtidealer Rekonstruktion ergibt sich durch nichtideale Interpolationsfunktionen, die wir am Beispiel von treppenförmiger und linearer Interpolation kennenlernten.

3. Die Rekonstruktion kann als Filterung aufgefasst werden, wobei grundsätzlich die gleichen Zusammenhänge und Aussagen hinsichtlich der erreichbaren Güte gelten. Die Deutung als Echtzeit-Signalverarbeitung mit der Übertragungsfunktion $G(f)$ führt zu der Erkenntnis, dass jede Tiefpassfilterung mit einer Grenzfrequenz f_g eine Rekonstruktion ergibt (die nur im Falle idealer Filter ideal sein könnte).

4. Ideale Abtastung eines Signals $u(t)$ kann als Amplitudenmodulation einer periodischen Stoßfolge (Trägersignal) durch $u(t)$ (Multiplikation beider Signale) aufgefasst werden. Nichtideale Abtastung lässt sich durch Amplitudenmodulation einer (unipolaren) periodischen Impulsfolge modellieren, wobei dennoch eine ideale Rekonstruktion durch ideale Filterung möglich wäre.

Für abgetastete **Bandpass-Signale** (obere Grenzfrequenz f_g, untere Grenzfrequenz f_u bzw. Bandbreite $\Delta f = f_g - f_u$ und Bandmittenfrequenz $f_m = (f_g + f_u)/2$) mit dem Sonderfall von Signalen verschwindender relativer Bandbreite gilt:

1. Bei Bandpass-Signalen sind für hinreichend kleine relative Bandbreiten $\Delta f / f_m$, auch mit Abtastfrequenzen $f_p < 2f_g$ (in bestimmten Intervallen) ideale Rekonstruktionen möglich.

2. Sinusförmige periodische Signale der Frequenz f_m sind als Bandpass-Signale mit verschwindender Bandbreite aufzufassen und aus Abtastwerten, die mit (theoretisch) beliebig kleinen Abtastfrequenzen $f_p \neq 2f_m/k$ mit $k \in \mathbf{N}$ gewonnen wurden, zu rekonstruieren.

Bisher behandelten wir also sowohl nichtideale Rekonstruktion als auch nichtideale Abtastung, wobei wir allerdings *eine* Idealisierung nicht in Frage stellten, nämlich Originalsignale mit idealer Bandbegrenzung. Darunter verstehen wir Signale, deren Spektrum außerhalb bestimmter Intervalle (und an den Intervallgrenzen selbst) identisch verschwindet. Das ist eine entscheidende Voraussetzung für aliasingfreie Abtastung. Aber auch eine ideale Bandbegrenzung ist sowohl aus theoretischer wie aus praktischer Sicht problematisch.

Wir haben schon erwähnt, dass zeitbegrenzte Signale nicht zugleich bandbegrenzt sein können. Zeitbegrenzte Signale können also prinzipiell nicht streng aliasingfrei abgetastet und damit auch theoretisch nicht ideal rekonstruiert werden. Wir wollen diese Thematik nicht vertiefen, zumal die Bedeutung der Abtastung vor allem in der *Information*übertragung bzw. -verarbeitung liegt und dazu *statistische* Signale behandelt werden müssen. Das aber liegt vorläufig außerhalb unserer Reichweite, obwohl wir die Grundlagen dafür bereitstellen.

Zumindest aber wollen wir festhalten, dass Fehler infolge Aliasing grundsätzlich nicht beseitigt, sondern nur vermindert werden können. Das erkennen Sie sofort aus der Spektraldarstellung des Abtast- und Rekonstruktionsmechanismus. Da die Originalspektren $U(f)$, wenn sie schon nicht exakt bandbegrenzt sein können, so doch zumindest ab einer gewissen Grenze mit zunehmender Frequenz $|f|$ betragsmäßig gegen Null streben, kann man prizipiell die Aliasingfehler durch Erhöhung der Abtastfrequenz f_p verringern. Eine zweite Methode besteht darin, durch eine Tiefpassfilterung *vor* der Abtastung Frequenzkomponenten bei höheren Frequenzen zu dämpfen und somit die Auswirkung des Aliasingeffektes zu vermindern. Ein solches Filter bezeichnet man als **Antialiasingfilter**, wir wir schon wissen. Es führt zwangsläufig zu einer Verzerrung des Originalsignals, d. h. der Aliasingfehler wird durch Inkaufnahme einer (linearen) Verzerrung, also eines anderen Fehlers, vermindert. In der Praxis ist der technische Aufwand also durch die Abtastfrequenz und das Antialiasingfilter bestimmt. Eine Optimierung kann nach Maßgabe eines Gütekriteriums unter Berücksichtigung der unterschiedlichen Fehler durchgeführt werden. Abschließend möchten wir Sie bitten, Ihr gefestigtes Wissen über die Zusammenhänge bei der Abtastung durch die Bearbeitung folgender Übungsaufgabe zu überprüfen, die für die Praxis eine gewisse Bedeutung hat:

Übungsaufgabe: Es sei ein Originalsignal $u(t)$ mit unbekanntem Spektrum vorgegeben, das mit der Abtastfrequenz f_p abgetastet wird. Man habe die Möglichkeit, neben der Normalabtastung eine Abtastung mit phasenverschobener Stoßfolge (gleicher Abtastfrequenz) vorzunehmen. Wir behaupten, dass durch Vergleich der jeweiligen Betragsspektren des rekonstruierten Signals festgestellt werden kann, ob die Abtastfrequenz f_p groß genug für eine aliasingfreie Abtastung ist bzw. welches Ausmaß der Aliasingfehler hat. Überprüfen Sie diese Behauptung, und falls sie zutrifft, geben Sie an, in welcher Weise sich durch die Phasenverschiebung bei der Abtastung Aliasingfehler bemerkbar machen. Erläutern Sie Ihre Erkenntnisse am Demonstrationsbeispiel der Abtastung eines Rechtecksignals $u(t) = U_0 \text{rect}(t/T)$ mit einer Stoßfolge gemäß
a) (Normalabtastung):

$$u(t) \sum_{n=-\infty}^{+\infty} t_0 \, \delta(t - nt_0)$$

b) (Abtastung mit phasenverschobener Stoßfolge):

$$u(t) \sum_{n=-\infty}^{+\infty} t_0 \, \delta(t - \frac{t_0}{2} - nt_0)$$

In beiden Fällen betrage die Abtastfrequenz $f_p = 1/t_0 = 4/T$. (Lösungshinweis: Ermitteln Sie zunächst die Spektralfunktion der um $t_0/2$ verschobenen abtastenden Stoßfolge.)

Modell der digitalen Signalübertragung bzw. -verarbeitung

Wie bereits erwähnt, sind Abtastung und Rekonstruktion wesentliche Elemente der digitalen Signalübertragung bzw. -verarbeitung, die in entsprechenden Baugruppen realisiert sind. Zwischen Abtastung und Rekonstruktion liegen die Signale allerdings in völlig anderer Form vor, nämlich als Digitalsignale. In diese Form werden sie *nach* der Abtastung durch Codierung (in Verbindung mit Amplitudenquantisierung) gebracht, während die Rückwandlung aus der Digitalform *vor* der Rekonstruktion durch Decodierung erfolgt. In verkürzter Blockdarstellung ergibt sich ein Bild wie in Abbildung 1.34 dargestellt.

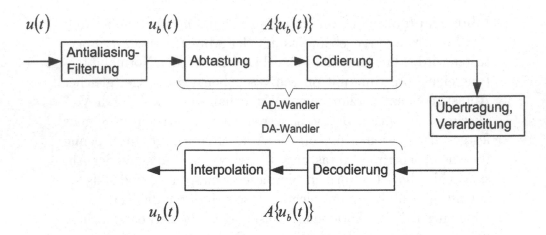

Abbildung 1.34: *Verkürzte Blockdarstellung der digitalen Signalübertragung bzw. -verarbeitung*

Modellmäßig kann man sich somit vorstellen, dass am Eingang des Codierers eine Abgetastete $A\{u_b(t)\}$, also eine Stoßfolge, vorliegt. Ein Antialiasingfilter soll in jedem Fall vorgesehen sein, das aus dem Originalsignal $u(t)$ ein im wesentlichen bandbegrenztes Signal $u_b(t)$ erzeugt. Bei der digitalen Signal*übertragung* besteht das Ziel darin, am Ausgang des sich in einem räumlich entfernten Empfänger befindlichen DA-Wandlers möglichst die gleiche Stoßfolge $A\{u_b(t)\}$ bereit zu stellen (die Veränderungen durch einen konstanten Faktor und eine konstante zeitliche Verzögerung sind allerdings im Allgemeinen hinnehmbar). Bei der digitalen Signal*verarbeitung* dagegen wird durch Rechneralgorithmen mittels Digitalrechnern eine Verarbeitungsvorschrift realisiert, die z. B. einer linearen zeitinvarianten Filterung unter Verwendung digitaler Signalprozessoren (DSP) entsprechen kann (digitale Filter). Aber auch ein nichtlinearer Algorithmus kann verwirklicht sein. Der große Vorteil gegenüber einer Verarbeitung durch Analogbaugruppen besteht darin, dass bei der digitalen Verarbeitung durch Programmierung die Parameter ohne großen Aufwand verändert werden können. Bei der digitalen Signalverarbeitung liegt im Allgemeinen also am Ausgang des Decodieres ein gegenüber $A\{u_b(t)\}$ mit Absicht wesentlich verändertes Signal $A\{u_v(t)\}$ vor, das anschließend durch Interpolation in ein kontinuierliches Analogsignal $u_v(t)$ verwandelt wird. Beachten Sie bitte, dass bei der digitalen Signalverarbeitung das Modell auch eine beliebig große Laufzeit und eine Transformation der Zeitkoordinate, entsprechend einer Offline-Verarbeitung beinhalten kann.

Bei diesem Modell sind Fehler, die durch Amplitudenquantisierung auftreten (weil im Digitalteil nur Binärworte mit einer endlichen Anzahl von Binärstellen möglich sind), nicht berücksichtigt. Das oben skizzierte Modell gestattet, die prinzipiellen Zusammenhänge zu überschauen. In der praktischen Ausführung sind die dort unterstellten Signale allerdings nur zum Teil aufzufinden, was jedoch keineswegs die Zweckmäßigkeit unseres Modells in Frage stellt. Für den praktisch interessierten Leser wollen wir daher einige technisch interessante Einzelheiten erläutern.

Bei der Analog-Digital-Wandlung (AD-Wandlung) ist das wesentliche die Überführung von Analog- in Digitalsignale, die Codeworte repräsentieren. Dazu müssen die zeit- und amplitudenkontinuierlichen Analogsignale zeitlich und amplitudenmäßig quantisiert werden. Die zeitliche Quantisierung ist die im Allgemeinen äquidistante, d. h. im einheitlichen Abstand t_0 erfolgende, Entnahme von Amplitudenwerten $u(nt_0)$ (von uns durch die systemtheoretische Abtastung modelliert). Diese Amplitudenwerte werden durch einen Codierer im einfachsten Falle in der Reihenfolge ihres Erscheinens nacheinander (serielle Verarbeitung) in Form digitaler Codeworte dargestellt, also gewissermassen (schnell) gemessen und das Messergebnis durch Binärzahlen verschlüsselt. Die Arbeitsweise des Codierers soll hier nicht beschrieben werden, aber zumindest ist einleuchtend, dass zur Codierung eines Abtastwertes eine gewisse Zeit benötigt wird, während der am Eingang des Codierers die Abtastamplitude als konstanter Wert zur Verfügung stehen muss. Abtastung und Halten des Abtastwertes verschmelzen daher oft zu einer so genannten Abtast-Halte-Operation (engl. sample and hold), und es entsteht als messbares Signal eine treppenförmige Approximation des abzutastenden Signals $u_b(t)$. Ein solches Bild haben wir schon einmal kennengelernt, und zwar bei der nichtidealen Rekonstruktion. Die Abgetastete $A\{u_b(t)\}$ tritt also als physikalisches Signal gar nicht in Erscheinung (könnte es als Stoßfolge auch gar nicht), wohl aber wird anschließend im Digitaltrakt das Signal $u_b(t)$ lediglich durch die verschlüsselten diskreten Abtastwerte $u_b(nt_0)$ repräsentiert. Dies durch Stoßintegrale einer Stoßfolge $A\{u_b(t)\}$ zu modellieren macht durchaus Sinn und wird nicht etwa durch die physikalische Realität in Frage gestellt. (Insbesondere bei der späteren Behandlung der digitalen Filter werden wir das Modell noch zu schätzen wissen. Es gestattet die Behandlung der digitalen Filter als „Analogmodell".) Das Problem der realen Abtast-Halte-Operation wiederum besteht darin, sehr schnell, im Idealfall in einem diskreten Zeitpunkt, einen Amplitudenwert zu messen, der anschließend eine Weile gehalten wird. Das am Codierer anliegende Signal können

wir uns im Idealfall entstanden denken durch eine ideale Abtastung (Multi-
plikation mit einer Stoßfolge), der eine Filteroperation folgt (Filter mit der
Gewichtsfunktion $\frac{1}{t_0}\text{rect}(\frac{t}{t_0})$). Aber dieses Signal wird nur aus technischen
Gründen in dieser Form benötigt, um die Abtastwerte $u(nt_0)$ in eine digitale
Darstellungsform zu überführen. Die Halteoperation bedeutet nicht etwa eine
Beeinträchtigung der ideal gedachten Entnahme der Abtastwerte, so dass das
Modell der idealen Abtastung weiterhin zugrundegelegt werden kann. Dass
aus praktischer Sicht tatsächlich die „schnelle" Messung nur in endlicher Zeit
realisiert werden kann, ist in Verbindung mit einem Modulationsmodell zu
erfassen, wobei allerdings die Praxis erheblich komplizierter ist als bei der von
uns zu Übungszwecken behandelten Pulsamplitudenmodulation (PAM). Die
dort diskutierten Ergebnisse können nicht unmittelbar übertragen können, da
auch nichtlineare Effekte eine Rolle spielen. Es würde zu weit führen, solche
Feinheiten der schaltungstechnischen Realisierung zu besprechen. Entsprechende Simulationswerkzeuge existieren selbstverständlich.

Auch an der Schnittstelle Decodierung - Rekonstruktion sehen die physikalischen Signale anders aus als in unserem Modell. Es macht technisch keinen Sinn, die vom Digitalteil seriell ausgegebenen Amplitudenwerte zunächst
physikalisch als Impulsfolge darzustellen, um damit möglichst gut eine Stoßfolge zu approximieren. Vielmehr werden die ausgegebenen Amplitudenwerte jeweils für eine Abtastperiode t_0 konstant gehalten, bis der neue Wert
erscheint. Wir wissen, dass das Halten der ausgegebenen Amplitudenwerte bereits einer nichtidealen Interpolation entspricht. Die spektralen Fehler der nichtidealen Interpolation durch Halten der Abtastwerte, also der
treppenförmigen Approximation, haben wir behandelt. Sie beruhen darauf,
dass erstens die Spektralanteile in der Umgebung von $\pm \nu f_p$ nicht ideal unterdrückt werden und zweitens das gewünschte Original-Tiefpass-Spektrum
durch Multiplikation mit einer Spaltfunktion verzerrt wird (wir setzen hier
die Verarbeitung von Tiefpass-Signalen voraus). Eine nachfolgende Filterung
kann bzw. muss beide Effekte korrigieren, insbesondere also auch eine Entzerrung realisieren.

1.3.5   Diskrete und periodische Signale

In diesem Unterkapitel verallgemeinern wir die bisher in Verbindung mit der
Abtastung von Zeitfunktionen gefundenen Zusammenhänge. Durch zusätzliche Betrachtung der Abtastung im Frequenzbereich können wir im Ergebnis
drei Signalklassen im Zeit- und Spektralbereich gegenüberstellen.

Abtastung im Frequenzbereich

Unser inzwischen ausgeprägter Sinn für Symmetrie veranlasst uns, in gleicher Weise wie bei Zeitfunktionen, nun die äquidistante Abtastung einer Spektralfunktion $U(f)$ zu betrachten. Als Abstand der Abtastwerte wählen wir anstelle von t_0 den Parameter f_0 mit dem Reziprokwert $t_p = 1/f_0$.

Zur Vorbereitung schreiben wir die bisher verwendete Beziehung

$$t_0 \sum_{n=-\infty}^{+\infty} \delta(t - nt_0) \circ\!\!-\!\!\bullet \sum_{\nu=-\infty}^{+\infty} \delta(f - \nu f_p) \qquad f_p = 1/t_0$$

mit den neuen Parametern in der Form

$$f_0 \sum_{\mu=-\infty}^{+\infty} \delta(f - \mu f_0) \bullet\!\!-\!\!\circ \sum_{m=-\infty}^{+\infty} \delta(t - mt_p) \qquad t_p = 1/f_0 \qquad (1.78)$$

Analog zur Normalabtastung einer *Zeit*funktion $u(t)$ gemäß der bekannten Beziehung

$$A\{u(t)\} = u(t)\, t_0 \sum_{n=-\infty}^{+\infty} \delta(t - nt_0) = \sum_{n=-\infty}^{+\infty} t_0 u(nt_0)\delta(t - nt_0)$$

erhalten wir nunmehr die Abgetastete $A\{U(f)\}$ einer *Spektral*funktion $U(f)$ durch Multiplikation mit der periodischen Stoßfolge $f_0 \sum_{\mu=-\infty}^{+\infty} \delta(f - \mu f_0)$, also:

$$A\{U(f)\} = U(f)\, f_0 \sum_{\mu=-\infty}^{+\infty} \delta(f - \mu f_0) = \sum_{\mu=-\infty}^{+\infty} f_0 U(\mu f_0)\delta(f - \mu f_0)\} \qquad (1.79)$$

Bekanntlich bewirkte die Normalabtastung der *Zeit*funktion Periodifizierung im Spektralbereich

$$u(t)\, t_0 \sum_{n=-\infty}^{+\infty} \delta(t - nt_0) \circ\!\!-\!\!\bullet \sum_{\nu=-\infty}^{+\infty} U(f - \nu f_p) = P\{U(f)\}$$

In analoger Weise korrespondiert nun die Normalabtastung der *Spektral*funktion $U(f)$ zur Periodifizierung der zugehörigen *Zeit*funktion $u(t)$ mit

$$U(f) f_0 \sum_{\mu=-\infty}^{+\infty} \delta(f - \mu f_0) \;\bullet\!\!-\!\!\circ\; \sum_{m=-\infty}^{+\infty} u(t - m t_p) = P\{u(t)\} \qquad (1.80)$$

Der Parameter $t_p = 1/f_0$ ist also die (Primitiv-)Periode der entstehenden periodischen Zeitfunktion.
In Kurzfassung erhalten wir die beiden Beziehungen

$$A\{u(t)\} \;\circ\!\!-\!\!\bullet\; P\{U(f)\} \qquad\qquad f_p = 1/t_0$$

$$A\{U(f)\} \;\bullet\!\!-\!\!\circ\; P\{u(t)\} \qquad\qquad t_p = 1/f_0 \qquad (1.81)$$

Obige Zusammenhänge lassen hoffentlich sofort die zugehörigen Bilder vor Ihrem geistigen Auge entstehen. Zur Sicherheit liefern wir als Beispiel in Abbildung 1.35 noch einmal schwarz auf weiß oben die Abgetastete eines „sincquadrat"-Spektrums mit der zugehörigen Periodifizierten eines Dreieck-Impulses und unten die Abgetastete eines „sincquadrat"-Impulses mit der zugehörigen Periodifizierten seines Dreieck-Spektrums.

Mit $P\{u(t)\}$ ist nun auch im Unterkapitel 1.3 unseres Buches die Klasse der periodischen Zeitfunktionen in unser Blickfeld gerückt, die wir im Unterkapitel 1.1 als Ausgangspunkt unserer Betrachtungen primär eingeführt und dort mit $u_p(t)$ bezeichnet hatten. Da wir Ihnen zugebilligt hatten, eventuell das Unterkapitel 1.1 zu überspringen, wiederholen wir in Kürze den dortigen Gedankengang.

Zunächst hatten wir die Fourier-Reihenentwicklung für periodische Funktionen $u_p(t)$ mit der Periode (genauer: Primitivperiode) t_p besprochen:

$$u_p(t) = \sum_{\mu=-\infty}^{+\infty} C(\mu) e^{j 2\pi \mu f_0 t} \qquad \text{Grundfrequenz: } f_0 = 1/t_p$$

mit den komplexen Fourierkoeffizienten $C(\mu)$ als äquivalente spektrale Darstellung

$$C(\mu) = \frac{1}{t_p} \int_{t_p} u_p(t) e^{-j 2\pi \mu f_0 t} \, dt$$

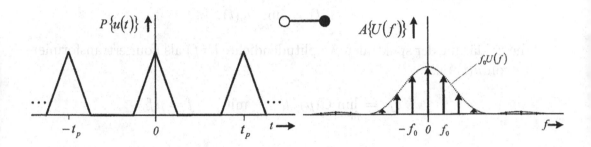

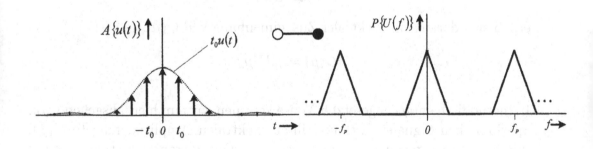

Abbildung 1.35: *Beispiel für Abtastung und Periodifizierung im Zeit- und Spektralbereich*

Anschließend stellten wir fest, dass periodische Funktionen $u_p(t)$ durch aperiodische Funktionen $u(t)$ ausgedrückt werden können, gemäß

$$u_p(t) = \sum_{m=-\infty}^{+\infty} u(t - mt_p)$$

und beide Signalklassen damit in Verbindung gebracht.

Dies ermöglichte über

$$u(t) = \lim_{t_p \to \infty} u_p(t)$$

die Erklärung der spektralen Amplitudendichte $U(f)$ als Fouriertransformierte von $u(t)$ aus

$$U(f) = \lim_{f_0 \to 0} C(\mu)/f_0 \quad \text{mit} \quad f = \mu f_0$$

Als Gegenstück zu dem zeitlichen Zusammenhang zwischen $u_p(t)$ und $u(t)$:

$$u_p(t) = \sum_{m=-\infty}^{+\infty} u(t - mt_p)$$

ergab sich daraus ein spektraler Zusammenhang von $C(\mu)$ und $U(f)$:

$$C(\mu) = f_0 U(\mu f_0)$$

In methodisch entgegengesetzter Weise kommen wir nun hier, ausgehend von aperiodischen Signalen $u(t)$ und ihrer spektralen Amplitudendichte $U(f)$, durch Abtastung von $U(f)$ und gliedweise Fouriertransformation zu einer Fourier-Reihe gemäß

$$A\{U(f)\} = \sum_{\mu=-\infty}^{+\infty} f_0 U(\mu f_0)\delta(f - \mu f_0)\}$$

$$\bullet\!\!-\!\circ \quad \sum_{\mu=-\infty}^{+\infty} f_0 U(\mu f_0)e^{j2\pi\mu f_0 t} = P\{u(t) = u_p(t) \qquad (1.82)$$

Sie erkennen, dass der Ausdruck $f_0 U(\mu f_0)$ den Charakter eines Fourierkoeffizienten hat.

Mit der Substitution $f_0 U(\mu f_0) = C(\mu)$ erhält man die zur obigen äquivalente Beziehung

$$A\{U(f)\} = \sum_{\mu=-\infty}^{+\infty} C(\mu)\delta(f - \mu f_0)\}$$

$$\bullet\!\!-\!\!\circ \sum_{\mu=-\infty}^{+\infty} C(\mu)e^{j2\pi\mu f_0 t} = P\{u(t) = u_p(t) \qquad (1.83)$$

Daraus ergibt sich zusammengefasst:

- Die Abgetastete $A\{U(f)\}$ einer Spektralfunktion $U(f)$ enthält in Form ihrer Stoßintegrale die Fourierkoeffizienten $C(\mu)$ der periodischen Zeit-funktion $u_p(t) = P\{u(t)\}$.

- Die Fouriertransformierte einer periodischen Zeitfunktion ist eine äqui-distante Stoßfolge, d. h. periodische Zeitfunktionen lassen sich ebenso wie aperiodische mit Hilfe der Fouriertransformation, also in Form ihrer Amplitudendichte, spektral darstellen.

Abtasttheorem für aperiodische Spektralfunktionen

In Analogie zum Abtasttheorem für aperiodische Zeitfunktionen erkennen wir: Sofern aus der Periodifizierten $P\{u(t)\}$ die Originalfunktion $u(t)$ un-verfälscht wieder zu gewinnen ist, lässt sich aus der Abgetasteten $A\{U(f)\}$ das Originalspektrum $U(f)$ unverfälscht rekonstruieren. Diese Wiedergewin-nung von $u(t)$ aus $P\{u(t)\}$ und damit die Rekonstruktion von $U(f)$ aus $A\{U(f)\}$ ist dann möglich, wenn bei der Periodifizierung von $u(t)$ keine Überlagerungen auftreten. Diese Voraussetzung ist z. B. erfüllt, wenn $u(t)$ zeitbegrenzt ist, etwa gemäß

- $u(t) \equiv 0$ für $|t| \geq T_F/2$

und zugleich die (Primitiv-)Periode t_p hinreichend groß ist, nämlich

- $t_p \geq T_F$.

Damit haben wir das bekannte Abtasttheorem für Zeitfunktionen in ein **Ab-tasttheorem für aperiodische kontinuierliche Spektralfunktionen** in seiner einfachsten Form überführt.

Der Parameter T_F werde in diesem Zusammenhang als Fußpunktbreite gekennzeichnet, um den Symmetrie-Zusammenhang zum Abtasttheorem für
aperiodische (kontinuierliche[9]) Zeitfunktionen in seiner einfachsten Form,
nämlich zugeschnitten auf Tiefpass-Signale, hervorzuheben. Es lautete: Eine
Zeitfunktion $u(t)$ mit der Fußpunktbreite B_F ihrer Fouriertransformierten
$U(f)$ gemäß

- $U(f) \equiv 0$ für$|f| \geq B_F/2$

lässt sich aus äquidistanten Abtastwerten im Abstand t_0 exakt rekonstruieren, sofern für die Abtastfrequenz $f_p = 1/t_0$ gilt:

- $f_p \geq B_F$

In Verbindung mit der Abtastung von Zeitfunktionen hatten wir die unerwünschte Überlagerung bei der Periodifizierung im Spektralbereich als Aliasing bezeichnet. Obwohl bei der Abtastung von Spektralfunktionen prinzipiell der gleiche Mechanismus nunmehr hinsichtlich der Periodifizierung im
Zeitbereich auftritt, ist es hier nicht üblich, den Begriff Aliasing zu verwenden.

Selbstverständlich gibt es im mathematischen Sinne nur *ein* Abtasttheorem.
Wir haben es zunächst angewandt auf Zeitfunktionen, die Tiefpass-Signale
darstellen, und kennen nun auch die entsprechende Formulierung für Spektralfunktionen. Auf eine Verallgemeinerung, wie wir sie bei Zeitfunktionen
als Bandpass-Signale besprochen hatten, verzichten wir.

Auch die Rekonstruktion von $U(f)$ aus $A\{U(f)\}$ bei exakt oder näherungsweise erfüllten Bedingungen des Abtasttheorems soll nicht weiter behandelt werden. (Bei Bedarf kann auf die Betrachtungen für abgetastete Zeitfunktionen zurückgegriffen werden.) Stattdessen wollen wir uns allgemein
dem Begriff der argumentdiskreten Funktionen zuwenden.

Argumentdiskrete und periodische Funktionen

Insbesondere in Verbindung mit der digitalen Signalverarbeitung interessieren Vorgänge, die nur an diskreten Zeitpunkten erklärt sind. In digitalen

---

[9]Bisher hatten wir stillschweigend kontinuierliche Zeitfunktionen vorausgesetzt.

Signalprozessoren etwa sind die diskreten Zeitpunkte durch den Rechner-takt gegeben oder sind davon abgeleitet. Mathematisch könnte man solche Vorgänge als (Zahlen-)Folgen $c(n)$ mit $n \in \mathbf{Z}$ in Verbindung bringen und entsprechend behandeln. *Zeit*abhängig ist eine solche Folge, wenn die Werte $c(n)$ im zeitlichen Abstand t_0 erscheinen. Eine spezielle Art von zeitdiskreten Vorgängen hatten Sie oben in der Form von Stoßfolgen kennengelernt, die als Ergebnis der Abtastung einer zeitkontinuierlichen Funktion auftreten. Es liegt nahe, zeitdiskrete Vorgänge generell durch Stoßfolgen zu modellieren. Damit steht nun nicht mehr der Vorgang der Abtastung im Vordergrund, sondern ein Ausdruck

$$u(t) = \sum_{n=-\infty}^{+\infty} c(n)\,\delta(t - nt_0) \tag{1.84}$$

Eine Folge $c(n)$ wird also mit den Stoßintegralen einer Stoßfolge identifiziert und dadurch einer Zeitfunktion $u(t)$ zugeordnet, die als Grenzfall einer kontinuierlichen Funktion behandelt und (als transformierbar vorausgesetzt) der Fouriertransformation unterworfen werden kann.

Eine solche Funktion wollen wir als **zeitdiskretes Signal** mit dem **Zeitraster** t_0 bezeichnen. Ob diese Funktion eventuell das Ergebnis der Abtastung einer kontinuierlichen Zeitfunktion $u_0(t)$ ist und mit

$$c(n) = t_0 u_0(nt_0)$$

in der Form

$$u(t) = A\{u_0(t)\}$$

notiert werden kann, ist offen. (Hoffentlich irritiert Sie nicht, dass wir hier zur Unterscheidung das Originalsignal der Abgetasteten mit einem Index versehen mussten. Das ergab sich aus dem Wunsch, die Stoßfolge mit $u(t)$, ohne Index, zu bezeichnen.)

Nicht jedes zeitdiskrete Signal ist durch Abtastung aus einem zeitkontinuierlichen hervorgegangen, aber wenn Ihnen daran liegt, können Sie immer ein solches (fiktives) Originalsignal $u_0(t)$ annehmen. Beachten Sie jedoch, dass dieses unterstellte Originalsignal der Stoßfolge und damit $c(n)$ nur dann *eindeutig* zugeordnet werden kann, wenn zugleich die Bedingungen des Abtasttheorems erfüllt sind, d. h. eine Grenzfrequenz $f_g \leq 1/(2t_0)$ angenommen wird.

Aus den vorangegangenen Betrachtungen zur Abtastung folgt, dass ein zeitdiskretes Signal zu einem periodischen Spektrum korrespondiert, genauer zu
einer periodischen spektralen Amplitudendichte

$$U(f) = \sum_{n=-\infty}^{+\infty} c(n)\, e^{-j2\pi n t_0 f} \tag{1.85}$$

mit der Periode $f_p = 1/t_0$. Diese Beziehung entsteht durch gliedweise Fouriertransformation des Ausdrucks Gl. (1.84), wobei die Transformierbarkeit
(Konvergenz der Summe) vorausgesetzt wird.

Haben Sie erkannt, dass Gl. (1.85) die Form einer Fouriersumme hat? Abgesehen von dem negativen Exponenten, handelt es sich tatsächlich um die
Fourier-Reihenentwicklung einer periodischen spektralen Amplitudendichte,
nämlich $P\{U_0(f)\}$, wie wir sie mit einem unterstellten Originalspektrum
$U_0(f)$ bezeichnen können. Die Zahlenfolge $c(n)$, genauer $c(-n)$, hat damit
den Charakter von Fourierkoeffizienten, diesmal nicht – wie gewohnt – *frequenz*abhängig, sondern *zeit*abhängig.

Anmerkung: Es ist keine Einschränkung, das zeitdiskrete Signal als *äquidistante* Stoßfolge anzusetzen, wenn man auch Signale mit Stößen in *unterschiedlichen* zeitlichen Abständen behandeln möchte. Werte $c(n)$ können
auch identisch Null sein, so dass (zumindest aus praktischer Sicht) immer
ein „passendes" äquidistantes Zeitraster t_0 zu finden ist. Die zugehörige Fre-
quenzperiode $f_p = 1/t_0$ kann dabei allerdings unter Umständen sehr groß
werden.

Im Ergebnis halten wir fest:

- Ein zeitdiskretes Signal $u(t)$ mit dem Raster t_0 korrespondiert zu einer
  periodischen Spektralfunktion $U(f)$ mit der Periode $f_p = 1/t_0$.

Das zeitdiskrete Signal könnte man also auch als „frequenzperiodisches Signal" bezeichnen – man tut es jedoch kaum.

Analog zu einem zeitdiskreten Signal erklären wir nun formal ein **frequenzdiskretes Signal** $U(f)$ mit dem **Frequenzraster** f_0 durch seine Fouriertransformierte $U(f)$ gemäß:

$$U(f) = \sum_{\mu=-\infty}^{+\infty} C(\mu)\, \delta(f - \mu f_0) \tag{1.86}$$

Wiederum haben wir offenbar – analog zum zeitdiskreten Signal – eine Zahlenfolge $C(\mu)$ als primär vorausgesetzt, nun jedoch frequenzabhängig. Aber diesen Ausdruck erkennen wir sofort (vgl. z. B. Gl. (1.79)) als Fouriertransformierte einer periodischen Zeitfunktion, bisher mit $u_p(t)$ bezeichnet. Aus Gründen der Übersichtlichkeit wollen wir die Zeitfunktionen jedoch nun einheitlich $u(t)$ nennen. Um es noch einmal deutlich zu sagen: Beim nunmehr erreichten Stand der Abstraktion können nicht nur aperiodische, sondern auch periodische und zeitdiskrete Signale mit $u(t)$ bezeichnet werden.

Für die zu dem frequenzdiskreten Spektrum $U(f)$ gehörige Zeitfunktion ergibt sich also aus der gliedweisen Fourier-(Rück-)Transformation von Gl. (1.86) die Fourier-Reihenentwicklung einer periodischen Funktion

$$u(t) = \sum_{\mu=-\infty}^{+\infty} C(\mu)\, e^{+j2\pi\mu f_0 t} \qquad (1.87)$$

In vollkommener Analogie zu den obigen Ausführungen über das zeitdiskrete Signal können wir nun willkürlich eine aperiodische kontinuierliche Spektralfunktion $U_0(f)$ unterstellen, deren Abtastung – das wurde soeben oben erst besprochen – mit $C(\mu) = f_0 U(\mu f_0)$ zu der Abgetasteten $A\{U_0(f)\}$ führt, hier $U(f)$ genannt. Zu dieser fiktiven Spektralfunktion $U_0(f)$ korrespondiert eine ebenso fiktive aperiodische kontinuierliche Zeitfunktion $u_0(t)$, die durch Periodifizierung mit $t_p = 1/f_0$ die nunmehr $u(t)$ genannte periodische Zeitfunktion $u(t) = P\{u_0(t)\}$ liefert.

Wie wir bereits erläuterten, hat der Zeitbereich bei der Klassifizierung eines Signals Priorität, so dass wir die Bezeichnung von $u(t)$ als (zeit-)periodisches Signal gegenüber der formal äquivalenten Bezeichnung „frequenzdiskretes Signal" vorziehen. Damit formulieren wir:

- Ein periodisches Signal $u(t)$ mit der Periode t_p korrespondiert zu einer diskreten Spektralfunktion $U(f)$ mit dem Frequenzraster $f_0 = 1/t_p$.

Zur Hervorhebung der Symmetrie stellen wir das Ergebnis des Unterabschnittes „Argumentdiskrete und periodische Funktionen" noch einmal gegenüber, wobei wir mit Absicht auch die nicht gebräuchlichen Bezeichnungen verwenden, sie jedoch in Anführungsstrichen notieren.

In Kurzform ergibt sich für ein diskretes Signal, genauer zeitdiskretes Signal oder „frequenzperiodisches Signal":

$$u(t) = \sum_{n=-\infty}^{+\infty} c(n)\,\delta(t-nt_0) \circ\!\!-\!\!\bullet \sum_{n=-\infty}^{+\infty} c(n)\,e^{-j2\pi nt_0 f} = \sum_{\nu=-\infty}^{+\infty} U_0(f-\nu f_p) = U(f)$$

Für ein periodisches Signal, genauer zeitperiodisches Signal oder „frequenzdiskretes Signal"erhält man:

$$u(t) = \sum_{m=-\infty}^{+\infty} u_0(t-mt_p) = \sum_{\mu=-\infty}^{+\infty} C(\mu)\,e^{+j2\pi\mu f_0 t} \circ\!\!-\!\!\bullet \sum_{\mu=-\infty}^{+\infty} C(\mu)\,\delta(f-\mu f_0) = U(f)$$

Anmerkung: In obiger Darstellung sind für die jeweiligen periodischen Funktionen sowohl im Zeit- als auch im Spektralbereich „zugehörige" fiktive Elementarfunktionen ($U_0(f)$ und $u_0(t)$) angegeben, die den Signalen nur dann eindeutig zuzuordnen sind, wenn die Elementarfunktionen die Bedingungen des Abtasttheorems erfüllen. Außerdem sind beim zeitdiskreten Signal in der Spektraldarstellung die Exponenten negativ, was formal der allgemeinen Schreibweise für komplexe Fourierreihen widerspricht, aber natürlich keinen prinzipiellen Unterschied bedeutet.

Nunmehr haben wir den erfreulichen Zustand, dass wir drei Signalklassen einheitlich mit der Fouriertransformation behandeln können, d. h. im Spektralbereich durch spektrale Amplitudendichten darstellen können, nämlich

- Aperiodische kontinuierliche Zeitfunktion mit aperiodischer kontinuierlicher Spektralfunktion

- Periodische kontinuierliche Zeitfunktion mit aperiodischer diskreter Spektralfunktion

- Aperiodische diskrete Zeitfunktion mit periodischer kontinuierlicher Spektralfunktion

Abbildung 1.36 zeigt diese Zusammenhänge noch einmal in einer anderen Darstellung. Dabei wird uns klar, dass die alternativen Eigenschaften „aperiodisch" oder „periodisch" einerseits und „argumentkontinuierlich" oder „argumentdiskret" andererseits unabhängig voneinander sind. Die Kombination

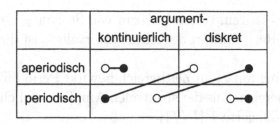

| | argument- | |
	kontinuierlich	diskret
aperiodisch		
periodisch		

Abbildung 1.36: *Zusammenhänge aperiodischer und periodischer, argument-kontinuierlicher und argumentdiskreter Zeit- und Spektralfunktionen*

„periodisch" und „argumentdiskret" muss also auch möglich sein. Dementsprechend ist in Abbildung 1.36 in der rechten Spalte unten eine Beziehung eingetragen, die wir noch nicht behandelt haben, die Ihnen aber aus Symmetriegründen einleuchten müsste. Bei einigem Nachdenken kommen Sie selbst auf diesen Zusammenhang, indem Sie nämlich die Abtastung periodischer Zeitfunktionen ins Auge fassen. Sie führt schließlich zur so genannten Diskreten Fouriertransformation (DFT), die wir im 3. Kapitel „Ergänzungen" in einem separaten Abschnitt behandeln.

Bei diesem Kenntnisstand fassen wir die Erkenntnisse des Abschnittes „Abtastung" noch einmal zusammen.

Zusammenfassung

Signale, die als Funktionen $u(t)$ einer kontinuierlich ablaufenden Zeit t existieren, müssen bei ihrer Bearbeitung mit Hilfe von Digitalrechnern in eine zeitdiskrete Form gebracht werden. Es interessiert daher im einfachsten Fall ihre Beschreibung durch äquidistante Stützwerte bzw. Abtastwerte im zeitlichen Abstand t_0, d. h. durch $u(nt_0)$ mit $n \in \mathbf{Z}$.

Die Entnahme der Abtastwerte $u(nt_0)$ aus $u(t)$ modellieren wir durch Multiplipation von $u(t)$ mit einer periodischen Stoßfolge $t_0 \sum_{n=-\infty}^{+\infty} \delta(t - nt_0)$. Diese Operation bezeichnen wir im signaltheoretischen Sinne als Normalabtastung. Das Ergebnis der Abtastung ist die Abgetastete $A\{u(t)\}$, es gilt

$$A\{u(t)\} = u(t)\, t_0 \sum_{n=-\infty}^{+\infty} \delta(t - nt_0) = \sum_{n=-\infty}^{+\infty} t_0 u(nt_0)\delta(t - nt_0)$$

Damit haben wir eine formale Beschreibung in der für zeitkontinuierliche Signale eingeführten Schreibweise gewonnen. Die Abtastwerte $u(nt_0)$ selbst, die eigentlich interessieren, treten in Form von Stoßintegralen $t_0 u(nt_0)$ einer Stoßfolge auf. Der Reziprokwert des Abtastintervalls t_0 ist die Abtastfrequenz $f_p = 1/t_0$.

Normalabtastung mit t_0 im Zeitbereich bewirkt Periodifizierung mit $f_p = 1/t_0$ im Frequenzbereich. Aus der spektralen Amplitudendichte $U(f)$ von $u(t)$ entsteht die Periodifizierte $P\{U(f)\}$ gemäß

$$P\{U(f)\} = \sum_{\nu=-\infty}^{+\infty} U(f - \nu f_p)$$

In Kurzfassung gilt somit

$$A\{u(t)\} \circ\!\!-\!\!\bullet P\{U(f)\}$$

Das Abtasttheorem beantwortet die Frage, unter welchen Bedingungen die Originalzeitfunktion $u(t)$ aus ihren Abtastwerten $u(nt_0)$ ideal rekonstruiert werden kann. Für die beiden Klassen der Tiefpass-Signale und der Bandpass-Signale erhielten wir die folgenden (hinreichenden und notwendigen) Bedingungen für die Rekonstruierbarkeit von Signalen aus ihren Abtastwerten (Abtasttheorem):

Für Tiefpass-Signale:

a) Existenz einer Grenzfrequenz f_g, wobei $U(f) \equiv 0$ für $|f| \geq f_g$

b) Abtastfrequenz $f_p \geq 2 f_g$

Für Bandpass-Signale:

a) Existenz einer oberen Grenzfrequenz f_g und einer unteren Grenzfrequenz f_u, wobei $U(f) \equiv 0$ für $|f| \geq f_g$ und $|f| \leq f_u$

b) Abtastfrequenz $\frac{2f_g}{k} \leq f_p \leq \frac{2f_u}{k-1}$ mit $k \in \mathbf{N}$

Anmerkung: Aus der für Bandpass-Signale formulierten Bedingung ergibt sich mit $f_u = 0$ die für Tiefpass-Signale genannte. Insofern ist es eigentlich nicht nötig, eine besondere Bedingung für Tiefpass-Signale anzugeben. Andererseits ist die für Tiefpass-Signale formulierte Bedingung auch *hinreichend* für Bandpass-Signale. Daher wird in Lehrbüchern das Abtasttheorem vereinfachend oft so formuliert, wie oben für Tiefpass-Signale angegeben.

Falls obige Bedingungen erfüllt sind, existiert eine *Interpolationsfunktion* $g_I(t)$, die eine ideale Interpolation nach folgender Vorschrift ermöglicht:

$$u(t) = A\{u(t)\} * g_I(t) = \sum_{n=-\infty}^{+\infty} t_0 u(nt_0) g_I(t - nt_0)$$

Für Tiefpass- und Bandpass-Signale gemeinsam kann man z. B. eine für alle $f_p \geq 2f_g$, also theoretisch auch für die minimale Abtastfrequenz $f_p = 2f_g$, geltende Interpolationsfunktion angeben:

$$g_I(t) = f_p \operatorname{sinc}(f_p t)$$

Mit dieser Spaltfunktion als Interpolationsfunktion gilt somit:

$$u(t) = \sum_{n=-\infty}^{+\infty} u(nt_0) \operatorname{sinc}[f_p(t - nt_0)] = \sum_{n=-\infty}^{+\infty} u(nt_0) \operatorname{sinc}\left(\frac{t}{t_0} - n\right)$$

Für größere Abtastfrequenzen, also $f_p > 2f_g$, sind auch andere (günstigere) Interpolationsfunktionen möglich. Zur Thematik Interpolation wurden insbesondere noch behandelt: *Ideale Interpolation für Bandpass-Signale* bei Abtastung mit $f_p < 2f_g$, *Nichtideale Interpolation für Tiefpass-Signale* mit rechteck- und dreieckförmigen Interpolationsfunktionen und *Interpolation als Filterung*.

Vor allem zu Übungszwecken befassten wir uns anschließend mit *nichtidealer Abtastung* und stellten einen Zusammenhang zwischen Abtastung und *Pulsamplitudenmodulation* her.

Das Thema *Antialiasingfilterung* leitete schließlich zur praktischen Anwendung über, die in Form eines *Modells der digitalen Signalübertragung bzw. digitalen Signalverarbeitung* betrachtet und diskutiert wurde.

Abschließend wendeten wir uns erneut signaltheoretischen Grundlagen zu. Mit der *Abtastung im Frequenzbereich* komplettierten wir die Betrachtungen zur Abtastung im Zeitbereich und konnten eine einheitliche und übersichtliche Gegenüberstellung von aperiodischen und periodischen Funktionen mit kontinuierlichem und diskretem Argument im Zeit- und Frequenzbereich angeben.

Da wir vereinbart hatten, die Signale nach ihrer Darstellung im Zeitbereich zu klassifizieren, ergab sich also mit anderen Worten nun eine einheitliche Basis zur *Beschreibung von diskreten und periodischen Signalen,* deren komplementäre Eigenschaften im Frequenzbereich zu übersichtlichen Merksätzen führt.

Signale, die diskret und periodisch zugleich sind, wurden allerdings aus pädagogischen Gründen ausgeklammert, weil sie in einem separaten Abschnitt im 3. Kapitel „Ergänzungen" als Ausgangspunkt zur diskreten Fouriertransformation betrachtet werden.

Spätestens bei der Beschreibung der Abtastproblematik sollte Ihnen klar geworden sein, dass Abstraktion zu größerer Übersichtlichkeit führt. Lassen Sie uns kurz auf den bisher beschrittenen Abstraktionsweg zurückblicken. Unsere Betrachtungen begannen mit der unmittelbar einleuchtenden spektralen Beschreibung reeller periodischer Signale durch die reelle Fourierreihe bzw. einseitige diskrete Amplituden- und Phasenspektren.

Die erste Abstraktionsstufe führte zur komplexen Fourierreihe und damit zu zweiseitigen diskreten Betrags- und Pasenspektren mit negativen Frequenzen.

Darauf fußend erweiterten wir die spektrale Beschreibung durch einen weiteren Abstraktionsschritt auf aperiodische Signale und kontinuierliche Spektren. Dabei zeigten sich vorteilhafte Symmetriebeziehungen zwischen Zeit- und Frequenzbereich, die schließlich eine unmittelbare Konsequenz der vorherigen Einführung negativer Frequenzen sind.

Die Einbeziehung der Diracstöße in die Menge der transformierbaren Signale, ein erneuter Abstraktionsschritt, verschaffte uns dann die Möglichkeit, auch periodische Signale der Fouriertransformation zu unterwerfen und periodische Signale durch diskrete Spektren in Form von Stoßfolgen im Spektralbereich zu beschreiben, wobei die komplexen Fourierkoeffizienten der komplexen Fourierreihe nun in Form der Stoßintegrale wiederkehren. Die Fouriertransformation stellt also ein einheitliches Werkzeug für die gemeinsame spektrale Beschreibung periodischer und aperiodischer Signale dar, d. h. die Fourierreihe als separates Werkzeug ist eigentlich überflüssig. Sie diente uns der schrittweisen Hinführung zum Fourierintegral, damit Sie mit diesem mehr als nur eine formale Funktionaltransformation verknüpfen.

Die erwähnte Symmetrie der Zusammenhänge von Zeit- und Frequenzbereich führte im anschließenden Unterkapitel auf eine neue Klasse von Signalen, nämlich auf (zeit-)diskrete Signale mit periodischen Spektralfunktionen. Deren Bedeutung als Modelle für die in der Praxis eminent wichtigen abgetasteten Signale und damit für die digitale Signalverarbeitung haben Sie hoffentlich erkannt.

Kapitel 2

Systeme

In diesem Kapitel wird kurzgefasst eine Theorie linearer Systeme behandelt, und zwar linearer *zeitinvarianter* Systeme. Sie werden in der Literatur oft LTI-Systeme genannt (LTI – Linear Time Invariant). Lineare *zeitvariante* Syteme werden ausgeklammert, obwohl deren Rolle, u. a. mit der wachsenden Bedeutung des Mobilfunks, stark zugenommen hat. Ebenso verzichten wir auf die Beschreibung *nichtlinearer* Systeme. Zwar ist in der Realität jedes System bei genauerer Betrachtung nichtlinear, aber es zeigt sich, dass lineare Modelle das Verhalten in vielen Fällen der technischen Praxis hinreichend genau widerspiegeln und damit einen geeigneten Ansatz darstellen. Wir wollen vereinbaren, dass hier mit dem Begriff Systemtheorie die Theorie linearer zeitinvarianter Systeme gemeint ist.

Wie in der Einleitung bereits verkündet, ist die Systemtheorie auch zugleich eine Anwendung und damit Wiederholung der Signaltheorie. Nach der Erklärung einiger Grundbegriffe wird auf ideale LTI-Systeme, beschrieben auf der Grundlage der Fourier-Transformation, und auf zeitdiskrete LTI-Systeme in Verbindung mit der z-Transformation eingegangen. Die üblicherweise im Rahmen der Signal- und Systemtheorie behandelte und für kausale Analogsysteme wichtige Laplacetransformation sparen wir hier aus. Sie und ihren Zusammenhang mit Fourier- und z-Transformation betrachten wir kurzgefasst im 3. Kapitel „Ergänzungen".

2.1   Grundlagen der Systemtheorie

Als **System** bezeichnen wir ein mathematisches Modell für eine technische oder natürliche Anordnung, die auf Signale an Eingangspunkten, wir bezeichnen sie als **Eingangssignale**, in definierter Weise mit Signalen an Ausgangspunkten, bezeichnet als **Ausgangssignale**, reagiert. (Solche Punkte, an denen Signale messbar sind, werden in der Technik auch Schnittstellen genannt.) Hier wollen wir uns auf Systeme mit nur einem einzigen Eingangspunkt und einem einzigen Ausgangspunkt beschränken. Die am Ausgang des Systems beobachtbare Reaktion auf ein vorgegebenes Eingangssignal bezeichnen wir auch als **Systemantwort**. Wir gehen von der Vorstellung aus, dass ein Eingangssignal durch einen bestimmten „Übertragungsmechanismus" auf den Ausgang *übertragen* wird. Der „Übertragungsmechanismus" kennzeichnet z. B. eine elektrische Leitung, eine Funkstrecke, eine Schaltung aus passiven und/oder aktiven elektrischen Bauelementen (Widerstände, Kondensatoren, Transistoren usw), aber auch Rechenoperationen bestimmter Computerbausteine, ebenso Regelstrecken und Regler oder sogar komplette Nachrichten- und Automatisierungssysteme, um bei technischen Anwendungen zu bleiben. Das Eingangssignal wird dabei im Allgemeinen verändert, was wir durch die **Übertragungseigenschaft** des Systems charakterisieren wollen. Die Übertragungseigenschaft kann man auch **Systemoperation** nennen und durch ein Operatorsymbol **Op** kennzeichnen. Wir setzen voraus, dass das Ausgangssignal in *determinierter* Weise *eindeutig* vom Eingangssignal und den Systemparametern bestimmt wird. Eine allgemeine Blockdarstellung der von uns betrachteten Systeme zeigt Abbildung 2.1.

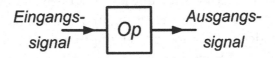

Abbildung 2.1: *System*

Was sich technisch im Inneren des „schwarzen Kastens" (black box) verbirgt, wird zunächst ignoriert. Generell kann ein System alle technischen oder natürlichen Gebilde repräsentieren, bei denen eine messbare Größe (Ausgangssignal) von einer anderen Größe (Eingangssignal) ursächlich bestimmt wird. In der Realität sind solche Systeme, wie bereits erwähnt, grundsätzlich nichtlinear, schon allein deshalb, weil sie z. B. keine beliebig großen Amplituden der Eingangssignale „vertragen". Allerdings ist in technischen Systemen bei betriebsmäßiger Aussteuerung eine lineare Näherung oft brauchbar und nützlich. Andererseits spielen meist mehrere Eingangs- und Ausgangssignale eine Rolle, so dass unsere Voraussetzung nur eines Eingangssignals und nur eines Ausgangssignals eine gewisse Einschränkung darstellt. Diese Einschränkung wird dadurch relativiert, dass wir selbstverständlich solche Systeme als Subsysteme betrachten und aus ihnen komplizierterere aufbauen können. Dazu benötigen wir vor allem die Möglichkeit der Addition von Signalen. Ein solcher Additionspunkt stellt genau genommen ein System dar, das mindestens zwei Eingangssignale zulässt, was wir ausdrücklich ausnahmsweise zulassen. Insbesondere ergibt sich dadurch die Behandlung rückgekoppelter Systeme, die in der Regelungstechnik eine große Rolle spielen.

2.1.1 Grundbegriffe

Zur Beschreibung des Übertragungsverhaltens möchten wir auch die Fouriertransformation benutzen, d. h. wir setzen stillschweigend voraus, dass Eingangssignal $u_1(t)$ und Ausgangssignal $u_2(t)$ Fouriertransformierte besitzen, nämlich die zugeordneten spektralen Amplitudendichten $U_1(f)$ und $U_2(f)$.

Das Übertragungsverhalten kann also wahlweise sowohl im Zeitbereich als auch im Frequenzbereich durch eine Systemoperation beschrieben werden. Zur Unterscheidung von Zeit- und Frequenzbereich wollen wir das Operatorsymbol **Op** durch Indizes t und f kennzeichnen. Es gelte also allgemein

$$u_2(t) = \mathbf{Op}_t\{u_1(t)\} \circ\!\!-\!\!\bullet\ U_2(f) = \mathbf{Op}_f\{U_1(f)\} \qquad (2.1)$$

Linearität

Die Fouriertransformation ist eine *lineare* Transformation. Die Fouriertransformierte $U_1(f)$ einer Linearkombination mit den Konstanten c_i (Summensignal)

$$u_1(t) = \sum_{i=1}^{k} c_i\, u_{1i}(t)$$

ist gleich der Summe der Fouriertransformierten der Summanden gemäß

$$c_i\, U_{1i}(f) \bullet\!\!-\!\!\circ\ c_i\, u_{1i}(t)$$

Es gilt

$$U_1(f) = \sum_{i=1}^{k} c_i\, U_{1i}(f)$$

Sie hatten bereits erkannt, weshalb diese Eigenschaft in der Signaltheorie
so wichtig ist. Sie können dadurch komplizierte Signale transformieren. Die
Methode besteht darin, zunächst das komplizierte Signal durch additive Zerlegung aus bequemer transformierbaren Signalkomponenten zusammenzuset-
zen. Die gesuchte Spektralfunktion ergibt sich als Summe der Spektralfunktionen dieser Signalkomponenten.

In analoger Weise kann man auch die Linearität von Systemen definieren,
nämlich:

- Ein System ist genau dann linear, wenn gilt

$$\mathbf{Op}_t\{\sum_{i=1}^{k} c_i\, u_{1i}(t)\} = \sum_{i=1}^{k} c_i\, \mathbf{Op}_t\{u_{1i}(t)\} \tag{2.2}$$

Mit anderen Worten: Für ein durch die Linearkombination

$$u_1(t) = \sum_{i=1}^{k} c_i\, u_{1i}(t)$$

ausgedrücktes Eingangssignal $u_1(t)$ ergibt sich in einfacher Weise das Ausgangssignal $u_2(t) = \mathbf{Op}_t\{u_1(t)\}$ zu

$$u_2(t) = \sum_{i=1}^{k} c_i \mathbf{Op}_t\{u_{1i}(t)\}$$

Auch bei Systemen ist Linearität nützlich, und zwar sowohl für die rechnerische als auch für die experimentelle Analyse. Man kann die Systemantwort auf ein kompliziertes Eingangssignal dadurch ermitteln, dass man es in
die Summe einfacherer Signale zerlegt, deren Systemantworten bekannt oder
leicht messbar sind. Das Ausgangssignal ist bei linearen Systemen also in
erfreulich einfacher Weise die Summe der Systemantworten der Summanden,
in die das Eingangssignal zerlegt wurde. (Denken Sie daran, dass bei periodischen Signalen die Fourierreihe ein Beispiel für eine solche additive Zerlegung
ist? Die Sytemantworten auf die Elementarsignale der Fourierreihenentwicklung sind also wichtig!)
Die Bedingung für Linearität beinhaltet nicht nur die Eigenschaft der additiven Zerlegbarkeit, kurz als *Additivität* bezeichnet. Vielmehr ist darin auch
die Aussage enthalten, dass konstante Koeffizienten c_i wahlweise vor oder
nach dem Operator $\mathbf{Op}_t$ angeordnet sein können. Diese Eigenschaft wird

in der Mathematik *Homogenität* genannt. Anders ausgedrückt: Bei linearen Systemen ist die Ausgangsamplitude proportional der Eingangsamplitude. Ein idealer Verstärker kann also bei linearen Systemen wahlweise vor oder hinter dem System angeordnet werden. Da reale Anordnungen stets amplitudenbegrenzt sind, ist eine Modellierung durch lineare Systeme nur innerhalb gewisser Aussteuerungsgrenzen möglich. Das ist in der Praxis gegebenenfalls zu überprüfen, insbesondere wenn aktive elektronische Bauelemente verwendet werden. Auch bei Systemen mit digitaler Signalverarbeitung, also z. B. bei digitalen Filtern, existiert dieses Problem in Verbindung mit der Zahlendarstellung (Stichworte: Wortlänge, Festkomma, Gleitkomma).

In etwas anderer (vereinfachter) Form fassen wir zusammen:

- Bei linearen Systemen mit dem Eingangssignal:

$$u_1(t) = u_{11}(t) + u_{12}(t)$$

gilt für das Ausgangssignal $u_2(t) = \mathbf{Op}_t\{u_1(t)\}$ infolge Additivität:

$$u_2(t) = u_{21}(t) + u_{22}(t)$$

mit $u_{21}(t) = \mathbf{Op}_t\{u_{11}(t)\}$ und $u_{22}(t) = \mathbf{Op}_t\{u_{12}(t)\}$.

- Bei linearen Systemen mit dem Eingangssignal:

$$u_1(t) = c\, u_{10}(t)$$

gilt für das Ausgangssignal $u_2(t) = \mathbf{Op}_t\{u_1(t)\}$ infolge Homogenität:

$$u_2(t) = c\, u_{20}(t)$$

mit $u_{20}(t) = \mathbf{Op}_t\{u_{10}(t)\}$ und $c = $ const.

Dieser Sachverhalt kann mit gleicher Aussagekraft ebenso durch die für den Ingenieur leicht lesbaren Blockschaltbilder in Abbildung 2.2 ausgedrückt werden.

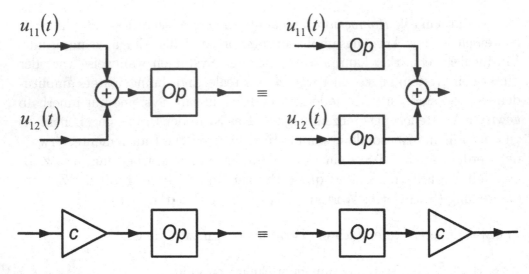

Abbildung 2.2: *Eigenschaften linearer Systeme: a) Additivität, b) Homogenität*

Infolge der Linearität der Fouriertransformation ist die Eigenschaft der Linearität von Systemen auch im Frequenzbereich zu formulieren. Es gilt also

$$\mathbf{Op}_f\{\sum_{i=1}^{k} c_i U_{1i}(f)\} = \sum_{i=1}^{k} c_i \mathbf{Op}_f\{U_{1i}(f)\} \tag{2.3}$$

In der Blockdarstellung konnte daher bei dem Operationssymbol **Op** auf den Index verzichtet werden.

Zeitinvarianz

Unter dem Begriff Zeitinvarianz versteht man, dass die Übertragungseigenschaft eines Systems *zeitlich unveränderlich* ist, d. h. eine zeitliche Verschiebung t_0 eines beliebig vorgegebenen Eingangssignals $u_1(t)$ wirkt sich lediglich als *gleiche* zeitliche Verschiebung der Systemantwort $u_2(t)$ aus. Mathematisch formuliert:

- Ein System ist genau dann zeitinvariant, wenn gilt:

$$\mathbf{Op}_t\{u_1(t - t_0)\} = u_2(t - t_0) \tag{2.4}$$

Reale Systeme ändern bereits infolge Alterung bzw. Verschleiß mehr oder weniger wesentlich ihre Übertragungsparameter im Laufe der Zeit, so dass auch die Eigenschaft der Zeitinvarianz eine Idealisierung darstellt. Sofern allerdings die zeitlichen Änderungen der Systemeigenschaften innerhalb der Zeitintervalle, in denen die Signale interessieren, vernachlässigbar sind, kann man mit guter Näherung von dem Modell eines zeitinvarianten Systems Gebrauch machen. Ein Funkkanal z. B. stellt dagegen ein System dar, in dem mit zeitabhängigen Änderungen des Übertragungsverhaltens zu rechnen ist. Man spricht dort von Fading (= Schwund). So hat man etwa beim Mobilfunk schnelle Änderungen (Fast Fading) von langsamen (Slow Fading) zu unterscheiden. Langsame Änderungen können kurzzeitig einem zeitinvarianten System zugeordnet werden, dessen Parameter eben nur für ein ausgewähltes Zeitintervall gelten. Im Gegensatz zu solchen parasitären Effekten stehen die technisch gewünschten Manipulationen von Übertragungsparametern. Abtastung und Amplitudenmodulation, sind Beispiele für zeit*variable* Systemoperationen, die Sie bereits kennengelernt haben und folglich nicht durch LTI-Systeme zu modellieren sind, obwohl sie linear sind bzw. sein können.

Im Frequenzbereich ergibt sich für zeitvariante Systeme aus Gl. (2.4) durch Fouriertransformation mit dem Verschiebungssatz

$$\mathbf{Op}_f\{U_1(f)e^{-j2\pi t_0 f}\} = U_2(f)e^{-j2\pi t_0 f} \tag{2.5}$$

Obwohl diese Beziehung für den Techniker vielleicht keinen unmittelbaren Beitrag zur Verinnerlichung des Begriffes der Zeitinvarianz leistet, möchten wir doch darauf hinweisen, dass damit für ein zeitinvariantes System die Operation **Op** *im Frequenzbereich*, also $\mathbf{Op}_f$, *assoziativ* hinsichtlich eines frequenzabhängigen Faktors $e^{-j2\pi t_0 f}$ sein muss.

Auch Gl. (2.4) lässt sich in der Form eines Blockschaltbildes präsentieren, wenn man die zeitliche Verschiebung t_0 einem System zuordnet. Man erhält gleichwertig mit Gl. (2.4) die Äquivalenz der in Abbildung 2.3 dargestellten Anordnungen.

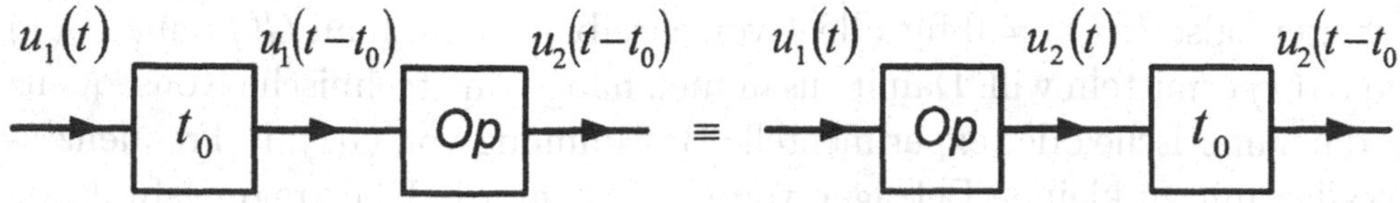

Abbildung 2.3: *Zeitinvarianz*

2.1.2   Lineare zeitinvariante Systeme (LTI-Systeme)

In diesem Unterabschnitt sollen Syteme behandelt werden, die *zugleich linear und zeitinvariant* sind. Sie werden als LTI-Systeme bezeichnet (LTI = Linear Time Invariant). Damit Sie die praktische Bedeutung dieser Klasse von Systemen erkennen, nennen wir noch einmal Beispiele für reale technische Baugruppen, die sich als LTI-Systeme modellieren lassen: Leitungen, stabile Funkstrecken (einschließlich zeitlich stabiler Reflexionspunkte), Verstärker, Filter (einschließlich digitaler Filter), Entzerrer usw.

Übertragungsfunktion

Eine Betrachtung der Systemoperation von LTI-Systemen im Frequenzbereich führt auf die mathematische Operation *Multiplikation mit einem frequenzabhängigen Faktor*. Das ist die allgemeinste lineare assoziative Operation, die die entsprechenden Bedingungen für Linearität und Zeitinvarianz im Spektralbereich, Gl. 2.3 und 2.5 zugleich erfüllt. Dieser frequenzabhängige, im Allgemeinen komplexe, frequenzabhängige Faktor heißt **Übertragungsfunktion** (oder in der Automatisierungstechnik **Frequenzgang**) und soll mit $G(f)$ bezeichnet werden. Es gilt also für LTI-Systeme:

$$U_2(f) = U_1(f)\,G(f) \tag{2.6}$$

Daraus lässt sich als Definition und Vorschrift für die rechnerische oder experimentelle Ermittlung der Übertragungsfunktion eines linearen Systems angeben:

$$G(f) = \frac{U_2(f)}{U_1(f)}$$

Falls Eingangs- und Ausgangssignal die selbe Dimension (z. B. Spannung) haben, ist $G(f)$ also dimensionslos.

Anmerkung: Aus mathematischer Sicht muss man die Division durch Null verbieten, also $U_1(f) \neq 0$ für alle f vorschreiben, wenn man $G(f)$ aus $U_2(f)$ und $U_1(f)$ ermitteln will. Damit zusammen hängt eine technische Konsequenz für die numerische oder experimentelle Bestimmung von G(f): In Frequenzintervallen mit zu kleinen Beträgen von $U_1(f)$ kann die Übertragungsfunktion nur ungenau bestimmt werden. Zwar werden wir auf die messtechnische Bestimmung des Übertragungsverhaltens noch eingehen, aber Sie könnten sich jetzt schon Gedanken darüber machen.

Da die Übertragungsfunktion $G(f)$, wie bereits erwähnt, im Allgemeinen komplex ist, lässt sie sich entweder durch Real- und Imaginärteil darstellen

$$G(f) = \text{Re}[G(f)] + j\text{Im}[G(f)]$$

oder in Polarkoordinaten

$$G(f) = |G(f)|e^{j\varphi_G(f)}$$

Die reellen Funktionen **Betragscharakterisik** $|G(f)|$ und **Phasencharakteristik** $\varphi_G(f)$ hängen zusammen mit den ebenfalls reellen Real- und Imaginärteil-Charakteristiken gemäß

$$|G(f)| = \sqrt{\text{Re}^2[G(f)] + \text{Im}^2[G(f)]} \qquad (2.7)$$

$$\varphi_G(f) = \arctan\left(\frac{\text{Im}[G(f)]}{\text{Re}[G(f)]}\right) \qquad (2.8)$$

Man beachte, dass die tan-Funktion nicht im Intervall 2π, sondern im Intervall π periodisch ist. Daher ist $\varphi_G(f)$ nach Plausibilität auszuwählen, also eventuell z. B. $\varphi_G(f) = \arctan\left(\frac{\text{Im}[G(f)]}{\text{Re}[G(f)]}\right) \pm \pi$ anzusetzen.

Gewichtsfunktion

Eine äquivalente Beschreibung des Übertragungsverhaltens von LTI-Systemen im Zeitbereich ergibt sich durch Fouriertransformation der Beziehung 2.6 unter Verwendung des Faltungssatzes gemäß

$$U_2(f) = U_1(f)\,G(f) \,\bullet\!\!-\!\!\circ\, u_2(t) = u_1(t) * g(t) \qquad (2.9)$$

Wie bisher, haben wir darin die durch Fouriertransformation verknüpften Funktionen durch entsprechende Groß- und Kleinbuchstaben bezeichnet. Es gilt also:

$$g(t) \,\circ\!\!-\!\!\bullet\, G(f) \qquad (2.10)$$

Hinter der Operation $\mathbf{Op}_t$ verbirgt sich bei LTI-Systemen also die Faltung mit einer Funktion $g(t)$ als Systemoperation. Die Funktion $g(t)$ wird als **Gewichtsfunktion** bezeichnet. Wir befürchten, dass Ihnen die Faltungsoperation immer noch ein bisschen unheimlich ist, aber eines sollte Ihnen als

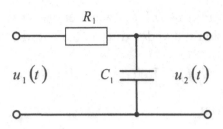

Abbildung 2.4: *RC-Tiefpass*

Lichtblick beim Stichwort Faltung einfallen: Die Faltung einer Funktion mit einem Einheitsstoß ergibt die Funktion selbst, d. h. es gilt $\delta(t) * g(t) = g(t)$. Ein Einheitsstoß als Eingangssignal, $u_1(t) = \delta(t)$ ruft also am Ausgang eines LTI-Systems die Gewichtsfunktion $g(t)$ hervor gemäß

$$u_2(t) = u_1(t) * g(t) = \delta(t) * g(t) = g(t)$$

Die Gewichtsfunktion $g(t)$ wird deshalb auch **Stoßantwort** genannt (engl. **impulse response**). Im Deutschen ist allerdings auch der Begriff **Impulsantwort** weit verbreitet. Aus mnemotechnischen Gründen wollen wir bei „Stoßantwort" bleiben. Es handelt sich genauer um die Antwort auf einen *Einheitsstoß* (Stoß mit Stoßintegral 1 und zum Zeitpunkt $t = 0$ auftretend). Damit sollte Ihnen auch die *experimentelle* Bestimmung der Gewichtsfunktion eines Systems klar sein: Anstelle des nicht realisierbaren Stoßes wird ein hinreichend kurzzeitiger unipolarer Impuls (z. B. rechteckförmig oder dreieckförmig) als Eingangssignal verwendet, das ein (hoffentlich) messbares Ausgangssignal mit der näherungsweisen Form der Gewichtsfunktion erzeugt.

Systembeispiel RC-Tiefpass

In Abbildung2.4 ist als Beispiel für ein LTI-System eine einfache Schaltung angegeben, deren Übertragungsverhalten hinsichtlich der elektrischen Spannungen an Eingang und Ausgang interessieren soll. Man kann sich vorstellen, dass eine Spannungsquelle mit dem Innenwiderstand Null das Eingangssignal $u_1(t)$ erzwingt, während als Ausgangssignal $u_2(t)$ die an dem Kondensator auftretende Spannung beobachtet wird (Leerlaufspannung, d. h. ohne Belastung mit einem Abschlusswiderstand).

Sie beherrschen die komplexe Wechselstromrechnung. Die komplexe Wechselstromrechnung wird auch Symbolische Methode genannt, weil sie mit den komplexen Amplituden $\hat{U}$ von komplexen Drehzeigerschwingungen $\hat{U}e^{j\omega t}$ (mit $\omega = 2\pi f$) arbeitet. Damit sind Sie in der Lage, mit Hilfe der komplexen Wechselstromwiderstände (R_1 und $1/j\omega C_1$) für diese einfache Spannungsteilerschaltung bei gegebener komplexer Eingangsamplitude $\hat{U}_1$ die komplexe Ausgangsamplitude $\hat{U}_2$ zu berechnen. Für den Quotienten $\hat{U}_2/\hat{U}_1$ ergibt sich

$$\frac{\hat{U}_2}{\hat{U}_1} = \frac{\frac{1}{j\omega C_1}}{R_1 + \frac{1}{j\omega C_1}} = \frac{1}{1 + j(\omega/\omega_1)} \quad \text{mit} \quad \omega_1 = \frac{1}{R_1 C_1}$$

Der Quotient ist ein komplexer Übertragungsfaktor für die komplexe Amplitude eines speziellen Signals, nämlich einer Drehzeigerschwingung mit der ausgewählten Kreisfrequenz $\omega = 2\pi f$. Bitte machen Sie sich einen wesentlichen Fakt klar: Die Zeitfunktion dieses speziellen Eingangssignals „Drehzeigerschwingung" bleibt in der *Form* unverändert, es ändert sich lediglich die komplexe Amplitude, die Betrag und Phasenlage beinhaltet (nur deshalb macht der Quotient $\hat{U}_2/\hat{U}_1$ in Verbindung mit der komplexen Wechselstromrechnung überhaupt Sinn). Insbesondere ist die Kreisfrequenz des Ausgangssignals gleich der des Eingangssignals. Es gilt also auch

$$\frac{\hat{U}_2}{\hat{U}_1} = \frac{\hat{U}_2 e^{j\omega t}}{\hat{U}_1 e^{j\omega t}}$$

oder

$$\hat{U}_2 e^{j\omega t} = \left[\frac{\hat{U}_2}{\hat{U}_1}\right] \hat{U}_1 e^{j\omega t}$$

Der oben als Übertragungsfaktor bezeichnete Quotient – hier in eckigen Klammern – gibt also an, wie die spezielle periodische Eingangszeitfunktion (also eine „Drehzeigerschwingung") auf die Ausgangszeitfunktion (auch eine „Drehzeigerschwingung" mit der gleichen Frequenz) *übertragen* wird. Er ist abhängig von der Kreisfrequenz ω, anders ausgedrückt, er ist eine *Funktion* von ω und somit eine *Übertragungsfunktion*. Sie soll mit $G_\omega(\omega)$ bezeichnet werden. Für den RC-Tiefpass ergibt sich somit

$$G_\omega(\omega) = \frac{\hat{U}_2}{\hat{U}_1} = \frac{1}{1 + j(\omega/\omega_1)}$$

Die Übertragungsfunktion $G(f)$ eines LTI-Systems gibt ebenfalls an, mit welchem Faktor Spektralkomponenten der Frequenz f eines Spektrums vom

Eingang auf den Ausgang übertragen werden. Bei einem kontinuierlichen Spektrum handelt es sich zwar um Frequenzkomponenten mit infinitesimal kleinen Amplituden, aber das ist kein prinzipieller Unterschied. Folglich liefert $G_\omega(\omega)$ die gleiche Aussage wie die Übertragungsfunktion $G(f)$ und ist unter Berücksichtigung von $\omega = 2\pi f$ in $G(f)$ zu überführen gemäß

$$G(f) = G_\omega(2\pi f) = \frac{1}{1 + j(f/f_1)} \quad \text{mit} \quad f_1 = \frac{\omega_1}{2\pi} = \frac{1}{2\pi R_1 C_1} \quad (2.11)$$

Die Übertragungsfunktion ist komplex. Mit der bereits angegebenen Darstellung in Polarkoordinaten

$$G(f) = |G(f)|e^{j\varphi_G(f)}$$

erhält man eine Betragscharakteristik

$$|G(f)| = \sqrt{\frac{1}{1 + (f/f_1)^2}}$$

und eine Phasencharakteristik

$$\varphi_G(f) = -\arctan(f/f_1)$$

Die Betragscharakteristik sagt aus, dass Spektralanteile in der Umgebung von $f = 0$ gut übertragen werden ($G(0) = 1$), während $|G(f)|$ für $|f| \to \infty$ monoton gegen Null strebt. Deshalb wird dieses System als *Tiefpass* bezeichnet (*tiefe* Frequenzen können gut *passieren*).

Aus obiger Übertragungsfunktion $G(f)$ erhält man die Gewichtsfunktion des RC-Tiefpasses durch Fouriertransformation gemäß

$$G(f) = \frac{1}{1 + j(f/f_1)} \quad \bullet\!\!-\!\!\circ \quad g(t) = 2\pi f_1 \, e^{-2\pi f_1 t} \, s(t) \quad (2.12)$$

Mit der Zeitkonstanten $T_1 = R_1 C_1 = 1/(2\pi f_1)$ ergibt sich für die Gewichtsfunktion auch die Schreibweise

$$g(t) = \frac{1}{T_1} e^{-t/T_1} \, s(t) \quad (2.13)$$

Abbildung 2.5 zeigt die Gewichtsfunktion.

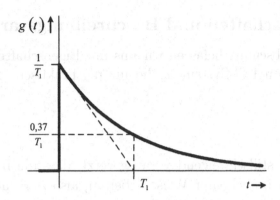

Abbildung 2.5: *Gewichtsfunktion des RC-Tiefpasses*

Abgesehen davon, dass man sich über dieses mathematisch erhaltene einfache Ergebnis freuen sollte, können Sie aber wohl vorstellungsmäßig zunächst nicht viel damit anfangen. Dem ist abzuhelfen.

Man stelle sich vor, dass der entladene Kondensator C_1 durch eine fiktive ideale „Spannungsquelle" mit dem Innenwiderstand Null zum Zeitpunkt $t = 0$ kurzzeitig mit sehr großer Amplitude (Stoß mit dem Stoßintegral 1, die Amplitude hat hier ausnahmsweise die „Dimension" 1/Zeit) über den Widerstand R_1 auf einen Wert $1/T_1$ aufgeladen wird. Anschließend geht das Eingangssignal sofort wieder auf den Wert Null zurück (identisch mit Kurzschluss am Eingang) und der Kondensator entlädt sich (d. h. abnehmende Kondensator-„Spannung") über den Widerstand R_1 nach einer e-Funktion mit der Zeitkonstanten T_1.

Übungsaufgabe: Ein RC-Tiefpass habe die Zeitkonstante $T_1 = 1$ ms und werde mit dem Eingangssignal

$$u_1(t) = c\left[\delta(t) - \delta(t - t_0)\right]$$

mit dem Parameter $c = 2$ mVs beaufschlagt. Bestimmen und skizzieren Sie die Antwort $u_2(t)$ des Sytems für die Fälle a) $t_0 = 5$ ms und b) $t_0 = 0,5$ ms. Lösungshinweis: Die angegebene Gewichtsfunktion in Verbindung mit den Eigenschaften der Linearität und Zeitinvarianz des Systems führt unmittelbar zum Ergebnis.

2.1.3 Eigenschaften und Beschreibungsvarianten

In diesem Unterabschnitt befassen wir uns mit Eigenschaften und Beschreibungsvarianten von LTI-Systemen, die für die praktische Anwendung von Bedeutung sind.

Stabilität

Bisher haben wir stillschweigend vorausgesetzt, dass die betrachteten Systeme in technisch brauchbarer Weise arbeiten, also z. B. auf „vernünftige" Eingangssignale mit „vernünftigen" Ausgangssignalen reagieren, die z. B. an keiner Stelle unendlich große Amplitudenwerte annehmen. Die vorausgesetzte Fouriertransformierbarkeit von Eingangs- und Ausgangssignalen suggerierte dies schon, wenngleich die Bezeichnung „vernünftig" keine mathematisch erklärte Bezeichnung ist. Ohne mathematischen Beweis wollen wir nun eine für die praktische Anwendung wichtige Eigenschaft von Systemen ergänzen, nämlich die Stabilität, die wie folgt definiert ist.

Ein LTI-System heißt genau dann stabil, wenn bei amplitudenbegrenztem Eingangssignal $u_1(t)$ auch das Ausgangssignal $u_2(t)$ amplitudenbegrenzt ist, d. h.

$$\text{falls } |u_1(t)| < \infty \qquad \text{gilt} \qquad |u_2(t)| < \infty$$

Man bezeichnet dies auch als BIBO-Stabilität (BIBO = Bounded Input Bounded Output)

- Für BIBO-Stabilität ist hinreichend und notwendig

$$\int\limits_{-\infty}^{+\infty} |g(t)|\, dt < \infty \tag{2.14}$$

Das Stabilitätsproblem spielt bei aktiven Systemen eine Rolle, bei denen Rückkopplungsschleifen mit einer Schleifenverstärkung größer als Eins existieren. Es existieren ausführliche Theorien zur Untersuchung der Stabilität an Hand der Struktur von Systemen, die (zumindest vorläufig) nicht Gegenstand unserer Betrachtungen ist. Zu unserer Beruhigung können wir feststellen, dass reale physikalische Systeme, die ausschließlich *passive* Bauelemente enthalten, stets stabil sind. Idealisierte Systeme, wie sie in der Systemtheorie verwendet werden, können andererseits durchaus die Stabilitätsbedingung

verletzen und trotzdem als Modelle für grundsätzliche Betrachtungen nützlich sein. Ein Beispiel ist der so genannte „Ideale Tiefpass" mit rechteckförmiger Übertragungsfunktion und einer Spaltfunktion als Gewichtsfunktion

$$G(f) = \text{rect}(f/B) \bullet\!\!-\!\!\circ g(t) = B\,\text{sinc}(Bt)$$

Das Integral über den Betrag der sinc-Funktion konvergiert nicht, so dass
der Ideale Tiefpass definitionsgemäß nicht stabil ist. Es muss also Eingangssignale geben, die amplitudenbegrenzt sind und Ausgangssignale mit unendlich großen Funktionswerten erzeugen. Falls Sie theoretisch interessiert sind,
könnten Sie versuchen, ein solches Eingangssignal zu konstruieren. (Lösungshinweis: Drücken Sie den Funktionswert $u_2(0)$ mit Hilfe des Faltungsintegrales aus und konstruieren Sie ein Eingangssignal $u_1(t)$, das in Verbindung
mit der sinc-Funktion als Integranden die zugehörige Betragsfunktion $|\text{sinc}|$
entstehen lässt.)

Kausalität

Bei realen Systemen kann die Wirkung nie vor der Ursache eintreten. Diese
Eigenschaft wird als Kausalität bezeichnet. Ein LTI-System heißt genau dann
kausal, wenn unter der Bedingung

$$u_1(t) \equiv 0 \text{ für } t < 0 \qquad \text{gilt} \qquad u_2(t) \equiv 0 \text{ für } t < 0$$

- Für Kausalität ist hinreichend und notwendig

$$g(t) \equiv 0 \text{ für } t < 0 \tag{2.15}$$

Der oben als nicht stabil erkannte Ideale Tiefpass ist also auch nicht kausal.
Trotzdem werden derartige ideale Systeme als Modelle verwendet, um mit ihnen grundlegende Systemeigenschaften zu studieren. Akausale Gewichtsfunktionen $g(t)$ lassen sich zumindest näherungsweise kausal machen, indem man
sie zunächst um ein hinreichend großes Zeitintervall t_0 nach rechts verschiebt.
Durch anschließendes Abschneiden des eventuell verbleibenden linken Teils
von $g(t - t_0)$ für $t < 0$ entsteht eine kausale Gewichtsfunktion $g_{kaus}(t)$, die
$g(t - t_0)$ approximiert. Der mathematische Ausdruck für eine kausale Gewichtsfunktion $g_{kaus}(t)$ die nach dieser Vorschrift aus einer akausalen $g(t)$
gebildet wurde, lautet somit

$$g_{kaus}(t) = g(t - t_0)\,\text{s}(t) \approx g(t - t_0)$$

LTI-Systeme mit dimensionsgleichen Ein- und Ausgangssignalen

Für den häufig interessierenden Sonderfall, dass Eingangs- und Ausgangssignal von LTI-Systemen die gleiche physikalische Dimension haben, also z. B. beide Spannungssignale darstellen, sind auch Eingangsspektrum $U_1(f)$ und Ausgangsspektrum $U_2(f)$ von gleicher Dimension. Bei dem oben betrachteten RC-Tiefpass mit elektrischen Spannungen an Ein- und Ausgang liegt dieser Fall vor. Mit $G(f) = U_2(f)/U_1(f)$ und $g(t) \circ\!\!-\!\!\bullet\, G(f)$ gilt damit:

- LTI-Systeme mit dimensionsgleichen Ein- und Ausgangssignalen haben dimensionslose Übertragungsfunktionen und Gewichtsfunktionen mit der Dimension [1/Zeit].

Bitte erinnern Sie sich, dass auch der Einheitsstoß $\delta(t)$ die Dimension [1/Zeit] hat. Ein Spannungsstoß $u_1(t) = c\,\delta(t)$, dessen Stoßintegral also die Dimension [Spannung · Zeit] hat, bewirkt bei einem System mit dimensionsloser Übertragungsfunktion somit das Ausgangssignal $u_2(t) = c\,g(t)$ mit der Dimension [Spannung].

LTI-Systeme mit reeller Gewichtsfunktion

Als physikalisch realisierbar sollen Systeme bezeichnet werden, wenn Ein- und Ausgangssignale physikalische Größen darstellen, deren Zusammenwirken durch physikalische (gegebenenfalls auch chemische) Effekte zustande kommt. Es handelt sich um Modelle physikalisch realisierbarer Anordnungen, die auch als Analogsysteme bezeichnet werden, wenn die Signale kontinuierlich sein können. Schaltungen aus idealisierten Bauelementen, die reale Bauelemente modellieren, sind also eingeschlossen. Ein Beispiel ist der behandelte RC-Tiefpass. Aber auch Systeme auf der Basis von Laufzeiteffekten, die als diskrete Filter modelliert werden können, im einfachsten Falle z. B. eine Verzögerungsleitung, gehören dazu. Digitale Filter dagegen, die Rechnerschaltkreise enthalten und programmgesteuert sind, bilden zwar auch physikalisch reale Gebilde, aber ihre Wirkung beruht letztlich auf Zahlenrechnungen, oft sogar mit komplexen Zahlen. Sie können unter gewissen Voraussetzungen allerdings ebenfalls sehr wirkungsvoll als LTI-Systeme mit reeller Gewichtsfunktion modelliert werden. Wir wollen uns hier gedanklich auf Systeme mit kontinuierlicher reeller Gewichtsfunktion beschränken, die Analogsysteme beschreiben. Es ergeben sich folgende Eigenschaften.

Übertragungsfunktion. Aus der Signaltheorie ist uns bekannt, dass reelle Zeitfunktionen Spektralfunktionen mit geradem Realteil und ungeradem Imaginärteil haben. Daraus folgt wegen $|G(f)| = \sqrt{\text{Re}^2[G(f)] + \text{Im}^2[G(f)]}$ und $\varphi_G(f) = \arctan(\text{Im}[G(f)]/\text{Re}[G(f)])$:

- LTI-Systeme mit *reeller* Gewichtsfunktion haben

    gerade Betragscharakteristiken $|G(f)|$

  und

    ungerade Phasencharakteristiken $\varphi_G(f)$.

Als Beispiel sind in Abbildung 2.6 Betrags- und Phasencharakteristik des oben angegebenen RC-Tiefpasses dargestellt.

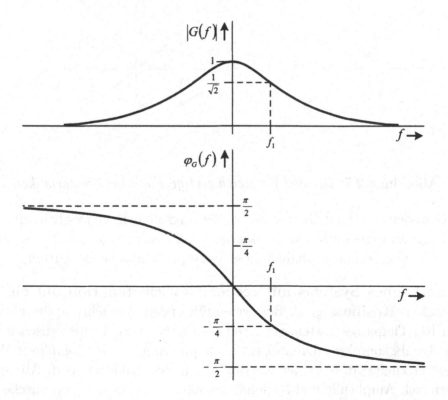

Abbildung 2.6: *Betrags- und Phasencharakteristik des RC-Tiefpasses gemäß Abbildung 2.4*

Anmerkung: Die Phasencharakteristiken sind prinzipiell vieldeutig ($\varphi_G = \varphi_G \pm k2\pi$ mit $k \in \mathbf{N}$), weshalb man grundsätzlich den Hauptwert im Intervall $-\pi \leq \varphi_G \leq \pi$ angeben könnte. Diese Vieldeutigkeit korrespondiert zu der Tatsache, dass eine Einzelmessung der Phasenverschiebung eines periodischen sinusförmigen Signals mit einer beliebig ausgewählten Frequenz kein eindeutiges, sondern ein um ganzzahlige Vielfache von 2π unsicheres Ergebnis liefert. Plausibel dagegen ergibt sich bei der Bestimmung einer Phasencharakteristik mit hinreichend vielen Messpunkten durchaus in der Regel eine kontinuierliche Charakteristik, wenn man von Sprüngen um π bei einem Polaritätswechsel des sinusförmigen Ausgangssignals absieht. Es ist also sinnvoll, eine Phasencharakteristik nicht auf das Hauptintervall zu beschränken, was im Diagramm willkürliche bedeutungslose und sogar irreführende Sprünge um 2π zur Folge hätte. Abbildung 2.7 zeigt ein Beispiel.

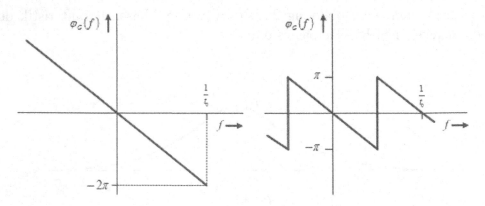

Abbildung 2.7: *Beispiel für gleichwertige Phasencharakteristiken*

Aus Gründen der Darstellung kann es allerdings manchmal möglich sein, dass im Diagramm einer Phasencharakteristik Phasensprünge um 2π zu finden sind. Wie oben erläutert, haben diese keine physikalische Bedeutung.

Antwort eines Systems mit reeller Gewichtsfunktion auf ein periodisches Kosinussignal. Bei der einführenden Betrachtung des elementaren RC-Tiefpasses hatten wir bereits bemerkt, dass ein periodisches Eingangssignal „komplexer Drehzeiger" auch am Ausgang als „komplexer Drehzeiger" erscheint, d. h. in der Kurven*form* nicht verändert wird. Allerdings ändern sich Amplitude und Nullphasenwinkel. Da man sich periodische Kosinussignale aus solchen periodischen Drehzeigern zusammengesetzt denken kann, ist vorstellbar, dass dies auch für ein kosinusförmiges Eingangssignal gilt, eine für LTI-Systeme bedeutsame Eigenschaft. Obwohl Sie es wahrscheinlich für selbstverständlich halten, soll also für LTI-Systeme mit reeller Geichtsfunktion noch einmal explizit festgestellt werden werden:

- Periodische Kosinusfunktionen werden hinsichtlich ihrer Kurvenform durch LTI-Systeme mit reeller Gewichtsfunktion nicht verzerrt, d. h. am Ausgang erscheint wieder ein kosinusförmiges Signal der selben Frequenz, lediglich in Amplitude und Nullphasenwinkel verändert.

Diese Behauptung können Sie selbst beweisen.

Übungsaufgabe: Beweisen Sie, dass jede periodische Kosinusfunktion $u_1(t) = U_{01}\cos(2\pi f_0 t)$ am Eingang eines LTI-Systems mit reeller Gewichtsfunktion $g(t)$ als Ausgangssignal eine periodische Kosinusfunktion der selben Frequenz hervorruft ($G(\pm f_0) \neq 0$ vorausgesetzt). Berechnen Sie Amplitude und Nullphasenwinkel des Ausgangssignals. Lösungshinweis: Ermitteln Sie zunächst die Antwort eines LTI-Systems auf einen Drehzeiger $u_1(t) = e^{j2\pi f_0 t}$ und berücksichtigen Sie die Symmetrie-Eigenschaften der Fouriertransformierten reeller Signale.

Als Lösung erhalten Sie: Die Antwort $u_2(t)$ des LTI-Systems auf ein Eingangssignal

$$u_1(t) = U_{01}\cos(2\pi f_0 t)$$

ergibt sich zu

$$u_2(t) = U_{01}|G(f_0)|\cos(2\pi f_0 t + \varphi_G(f_0))$$

Unter Berücksichtigung der Eigenschaft der Zeitinvarianz können Sie nun auch die Antwort auf ein Kosinussignal mit dem Nullphasenwinkel φ_{01} angeben: Das Antwortsignal ist um den gleichen Nullphasenwinkel verschoben, hat also den Nullphasenwinkel $\varphi_{02} = \varphi_G(f_0) + \varphi_{01}$.

Als verallgemeinerte Lösung obiger Aufgabe findet man also: Die Antwort $u_2(t)$ eines LTI-Systems auf ein Eingangssignal

$$u_1(t) = U_{01}\cos(2\pi f_0 t + \varphi_{01})$$

lautet

$$u_2(t) = U_{02}\cos(2\pi f_0 t + \varphi_{02}) = U_{01}|G(f_0)|\cos(2\pi f_0 t + \varphi_{01} + \varphi_G(f_0)) \quad (2.16)$$

Zusammenfassend halten wir für den Fall, dass ein LTI-System eine reelle Gewichtsfunktion hat und mit einem phasenverschobenen periodischen Kosinussignal beaufschlagt wird, Folgendes fest:

- Ein periodisches kosinusförmiges Eingangssignal mit der Frequenz f_0, der Amplitude U_{01} und dem Nullphasenwinkel φ_{01} erzeugt ein periodisches kosinusförmiges Ausgangssignal mit der selben Frequenz f_0, wobei jedoch im Allgemeinen Amplitude U_{02} und Nullphasenwinkel φ_{02} gegenüber den Werten des Eingangssignals verändert sind.

- Der Betrag der Übertragungsfunktion $|G(f)|$ ist für $f = f_0$ der im Allgemeinen von f_0 abhängige Quotient von Ausgangs- und Eingangsamplitude

$$|G(f_0)| = \frac{U_{02}}{U_{01}} \qquad (2.17)$$

  Mit anderen Worten: Die Ausgangsamplitude lässt sich aus der Eingangsamplitude durch Multiplikation mit $|G(f_0)|$ berechnen

$$U_{02} = U_{01}|G(f_0)$$

- Der Wert der Phasencharakteristik des Systems $\varphi_G(f)$ ist für $f = f_0$ die im Allgemeinen von f_0 abhängige Differenz der Nullphasenwinkel von Ausgangs- und Eingangssignal

$$\varphi_G(f_0) = \varphi_{02} - \varphi_{01} \qquad (2.18)$$

  Mit anderen Worten: Der Ausgangs-Nullpasenwinkel lässt sich aus der Summe von Eingangs-Nullphasenwinkel und $\varphi_G(f_0)$ berechnen

$$\varphi_{02} = \varphi_{01} + \varphi_G(f_0)$$

Damit ist die komplexe Übertragungsfunktion $G(f) = |G(f)|e^{j\varphi_G(f)}$, die zunächst als Quotient von Amplitudendichten an Aus- und Eingang, $U_2(f)$ und $U_1(f)$, also mit unterstellten *aperiodischen* Ein- und Ausgangssignalen, erklärt war, hoffentlich für Sie etwas leichter fassbar geworden.

Dämpfungs- und Phasencharakteristik mit logarithmischer Abszisse

Anstelle der Betragscharakteristik wird in der Praxis häufig die Dämpfungscharakteristik verwendet.

Die **Dämpfungscharakteristik** $a_{dB}(f)$ ist der Betragscharakteristik gleichwertig und erklärt durch

$$a_{dB}(f) = -20 \lg|G(f)| = 20 \lg \frac{|U_1(f)|}{|U_2(f)|}, \tag{2.19}$$

wobei lg (x) den dekadischen Logarithmus von x bedeutet. Der Index dB soll darauf hinweisen, dass die Dämpfung mit der Pseudo-Einheit *Dezibel* (dB) angegeben wird. (Früher gab es noch ein Dämpfungsmaß unter Verwendung des natürlichen Logarithmus $a = -ln|G(f)|$ mit der Pseudo-Einheit *Neper*)

Die logarithmische Darstellung hat den Vorteil, dass in einem Diagramm sehr große und sehr kleine Werte von $|G(f)|$ sichtbar gemacht werden können, wie sie in der Praxis insbesondere in Verbindung mit einer ebenfalls logarithmisch geteilten Frequenzachse interessant sind. Beim Vergleich spektraler Amplitudendichten von Rechteck-, Dreieck- und Kosinusquadrat-Signal haben wir schon einmal unter dem Begriff Pegeldiagramm von dieser Art der Darstellung von Amplitudenverhältnissen Gebrauch gemacht. Hier werden also die Amplitudenverhältnisse von Ein- und Ausgangsspektren in einem logarithmischen Maß angegeben.

Als Beispiel zeigen wir in Abbildung 2.8 die Dämpfungscharakterisik des RC-Tiefpasses nach Abbildung 2.4, die sich aus der Betragscharakteristik $|G(f)| = 1/\sqrt{1 + (f/f_1)^2}$ ergibt zu

$$a_{dB}(f) = -20 \lg|G(f)| = 10 \lg \left[1 + \left(\frac{f}{f_1} \right)^2 \right]$$

Da die Dämpfungscharakteristik entsprechend der Betragscharakteristik eine gerade Funktion ist, genügt für die praktische Anwendung eine Darstellung für $f > 0$. (Auf einer logarithmischen Frequenzskala ist natürlich $f = 0$ nicht exakt darstellbar, aber das ist aus praktischer Sicht auch nicht nötig, weil beliebig kleine Zahlenwerte problemlos sichtbar gemacht werden können.) Durch eine logarithmisch geteilte Abszisse erhält man, hier am Beispiel des RC-Tiefpasses demonstriert, interessante asymptotische Dämpfungsverläufe

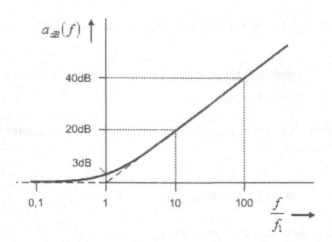

Abbildung 2.8: *Dämpfungscharakteristik des RC-Tiefpasses nach Abbildung 2.4*

für sehr große und sehr kleine Frequenzwerte, genauer für $0 < f \ll f/f_1$ einerseits und $f \gg f/f_1$ andererseits. Durch Besichtigung der Formel ergibt sich unmittelbar:

$$a_{dB}(f) \approx 20\lg\left(\frac{|f|}{f_1}\right) \qquad \text{für} \qquad \frac{|f|}{f_1} \gg 1$$

$$a_{dB}(f) \approx 0 \qquad\qquad \text{für} \qquad \frac{|f|}{f_1} \ll 1$$

Im logarithmischen Abszissenmaßstab beschreiben beide rechtsseitigen Ausdrücke Geraden. Dementsprechend wurde in Abbildung 2.8 gestrichelt ein geknickter Geradenzug eingezeichnet, der zwei Asymptoten enthält:

$$\tilde{a}_{dB}(f) = 20\lg\left(\frac{|f|}{f_1}\right) \qquad \text{für} \qquad \frac{|f|}{f_1} \geq 1$$

$$\tilde{a}_{dB}(f) = 0 \qquad\qquad \text{für} \qquad \frac{|f|}{f_1} \leq 1$$

Der Geradenzug $\tilde{a}_{dB}(f)$ stellt eine grobe Näherung für die gesamte Charakteristik $a_{dB}(f)$ dar, wobei die größte Abweichung von 3 dB an der Stelle $f/f_1 = 1$, also im Knickpunkt des Geradenzuges, auftritt. Die Dämpfungszunahme für $f/f_1 \gg 1$ kann auf ein Frequenzverhältnis 2 : 1, entsprechend einer

Oktave, oder auf ein Frequenzverhältnis 10 : 1, entsprechend einer Dekade, bezogen werden und ergibt sich somit wegen $\lg(2) = 0{,}3010...$ und $\lg(10) = 1$ zu ca. 6 dB / Oktave, entsprechend 20 dB / Dekade.

Das Dämpfungsmaß Dezibel (dB) wird in der Elektronik häufig verwendet. Daher sollten Sie einige Zahlenwerte für ausgewählte Amplitudenverhältnisse $|G(f)|$ parat haben. Wie bereits erwähnt, werden in der Signaltheorie die Quadrate von Amplituden als Leistungen bezeichnet, so dass also $|G(f)|^2$ ein Leistungsverhältnis darstellt. Die Dämpfung ist daher wahlweise als Maß für ein Leistungsverhältnis $|G(f)|^2$ oder ein Amplitudenverhältnis $|G(f)|$ erklärt:

$$a_{db}(f) = -10\lg|G(f)|^2 = -20\lg|G(f)|$$

In nachfolgender Tabelle sind einige Zahlenwerte zusammengestellt.

Dämpfung	$|G(f)|$	$|G(f)|^2$
20 dB	$1/10$	$1/100$
10 dB	$1/\sqrt{10}$	$1/10$
6 dB	$1/2$	$1/4$
3 dB	$1/\sqrt{2}$	$1/2$
0 dB	1	1

Anmerkung: Der Definition der Dämpfung liegt die Vorstellung passiver Analogsysteme zu Grunde, bei denen die Ausgangsamplitude in der Regel kleiner als die Eingangsamplitude ist. Auch bei Verstärkern mit dem Quotienten $|V|$ = Ausgangsamplitude / Eingangsamplitude und $|V| > 1$ im Arbeitsbereich wird mit einem logarithmischen Maß $v_{dB} = 20\lg|V|$, also der Verstärkung in dB, gearbeitet. Eine Verstärkung in dB v_{dB} entspricht also einer negativen Dämpfung in dB a_{dB}, d. h. $v_{dB} = -a_{dB}$.

Bei der **Phasencharakteristik** als ungerader Frequenzcharakterisik reicht es in der Praxis ebenfalls aus, sie in einem Diagramm nur für Frequenzwerte $f > 0$ darzustellen. Auch für eine aperiodische Phasencharakteristik ist ein Diagramm mit logarithmisch geteilter Abszisse sinnvoll. Für das Beispiel des RC-Tiefpasses nach Abbildung 2.4 ergibt sich für die Phasencharakteristik $\varphi_G(f) = -\arctan(f/f_1)$ mit logarithmischer Frequenzachse das Diagramm in Abbildung 2.9.

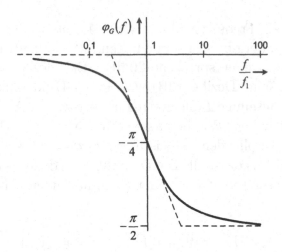

Abbildung 2.9: *Phasencharakteristik des RC-Tiefpasses nach Abbildung 2.4*

Der Funktion $\varphi_G(f)$ kann ebenfalls ein Geradenzug (gestrichelt) als grobe Approximation zugeordnet werden. Die Knickpunkte befinden sich bei

$$\frac{f}{f_1} = 10^{-\pi/(2\ln 2)} \approx 0,208 \approx 0,2$$

und

$$\frac{f}{f_1} = 10^{+\pi/(2\ln 2)} \approx 4,81 \approx 5$$

Logarithmische Amplituden- und Phasencharakteristik mit logarithmisch geteilter Frequenzachse sind auch in der Regelungstechnik gebräuchlich (meist mit $+20\lg|G(f)|$ anstelle a_{dB}) und werden dort als *Bode-Diagramm* (nach H. W. Bode) bezeichnet, wobei sich die Approximation durch Geradenzüge als sehr brauchbar erweist.

Phasenlaufzeitcharakteristik

Anstelle der Phasencharakteristik $\varphi_G(f)$ wird oft auch, mit gleicher Aussage-kraft, die *Phasenlaufzeit* eines LTI-Systems in Abhängigkeit von der Frequenz angegeben. Wie wir herausgefunden hatten, erzeugt ein LTI-System, das mit einem Drehzeiger $u_1(t) = e^{j2\pi f_0 t}$ beaufschlagt wird, als Ausgangssignal wiederum einen Drehzeiger, nämlich $u_2(t) = G(f_0)\, e^{j2\pi f_0 t} = |G(f_0)|\, e^{j[2\pi f_0 t + \varphi_G(f_0)]}$.

Mit der Umformung

$$e^{j[2\pi f_0 t + \varphi_G(f_0)]} = e^{j2\pi f_0 [t - T_{ph}(f_0)]}$$

wird anstelle des Nullphasenwinkels $\varphi_G(f_0)$ eine zeitliche Verschiebung $T_{ph}(f_0)$ des Drehzeigers eingeführt, die als **Phasenlaufzeit** bezeichnet wird. Aus obiger Beziehung ergibt sich der Zusammenhang zwischen Phasencharakteristik und Phasenlaufzeitcharakteristik oder kurz *Laufzeitcharakteristik*

$$T_{ph}(f) = \frac{-\varphi_G(f)}{2\pi f} \qquad \text{bzw.} \qquad \varphi_G(f) = -2\pi f T_{ph}(f) \qquad (2.20)$$

Überflüssigerweise wiederholen wir, dass auch eine reelle periodische Kosinusfunktion $u_1(t) = U_{01} \cos(2\pi f_0 t)$ durch ein LTI-System zwar nicht in der Kurvenform verzerrt, aber in Amplitude und Phasenlage verändert wird gemäß $u_2(t) = U_{01}|G(f_0)| \cos[2\pi f_0 t + \varphi_G(f_0)] = U_{01}|G(f_0)| \cos[2\pi f_0 (t - T_{ph}(f_0))]$ Die Phasenlaufzeit kann also auch als Laufzeit eines periodischen kosinusförmigen Signals interpretiert werden.

Da die Phasencharakteristik eine ungerade Funktion von f ist, ergibt sich (wegen der Division durch die ungerade Funktion $2\pi f$) die Laufzeitcharakteristik als *gerade* Funktion.

Bitte beachten Sie, dass die Laufzeitcharakteristik eine Aussage im Frequenzbereich darstellt. Obwohl es sich um einen Parameter mit der Dimension [Zeit] handelt, liegt eine Charakteristik vor, die das Phasenverhalten des Systems im Spektralbereich beschreibt und die (wahlweise anstelle der Phasencharakteristik) gemeinsam mit $|G(f)|$ oder $a_{dB}(f)$ das Übertragungsverhalten im Frequenzbereich komplett beschreibt.

Bei physikalisch realisierbaren Systemen ist nur eine positive Laufzeit plausibel. Wenn man dies voraussetzt, müssen die Werte der Phasencharakteristik also für positive Frequenzen negativ sein.

Wiederum weisen wir darauf hin, dass sowohl bei periodischen Drehzeigern als auch bei periodischen Kosinusfunktionen (wie überhaupt bei allen periodischen Funktionen) die Angabe einer zeitlichen Verschiebung eben so wenig eindeutig ist wie die Angabe einer Veränderung des Nullphasenwinkels. Eine nicht erkennbare Phasenverschiebung um 2π entspricht einer nicht erkennbaren Zeitverschiebung um $t_p = 1/f_0$. Wir wiederholen: Aus einer Einzelmessung mit Hilfe einer Kosinusfunktion einer bestimmten Frequenz kann also prinzipiell nicht auf die physikalisch wirksame Signalverzögerung einer bestimmten Zeitfunktion geschlossen werden.

In Verbindung mit der Unterstellung einer physikalisch verursachten Laufzeit $T_{ph}(f)$, bei der in Abhängigkeit von der Frequenz keine Sprünge um $t_p = 1/f_0$ vorstellbar sind, wird nun auch deutlich, warum bei der Phasencharakteristik Sprünge um 2π keine physikalische Relevanz haben.

Lineare Verzerrungen

Verzerrungsfreies System. Als Beispiel möge zunächst ein System mit der Eigenschaft betrachtet werden, dass beliebige Eingangssignale $u_1(t)$ unter exakter Beibehaltung ihrer Form, lediglich um eine konstante Zeit t_0 verzögert, am Ausgang erscheinen. Das Signal wird somit in seiner Form nicht verzerrt, das System ist verzerrungsfrei. Mathematisch formuliert, gelte also

$$u_2(t) = u_1(t - t_0) \tag{2.21}$$

Da diese zeitliche Verschiebung auch für periodische kosinusförmige Signale und Drehzeiger beliebiger Frequenz f_0 gilt, ist die Phasenlaufzeit $T_{ph}(f)$ konstant, d. h. frequenzunabhängig und mit t_0 identisch:

$$T_{ph}(f) = t_0 = \text{const} \tag{2.22}$$

Ergebnis: Die Laufzeitcharakteristik des vorausgesetzten verzerrungsfreien Systems ist eine Konstante und somit die Phasencharakteristik frequenzproportional

$$\varphi_G(f) = -2\pi f T_{ph}(f) = -2\pi t_0 f$$

Das ist eine notwendige aber noch keine hinreichende Bedingung für das angenommene verzerrungsfreie System, denn zur kompletten Charakterisierung fehlt noch die Betragscharakteristik. Anschaulich können wir aus der Forderung der Verzerrungsfreiheit erkennen, dass die spektralen Amplituden für alle Frequenzen unverändert ihre Größe behalten müssen, also $|G(f)|$ frequenzunabhängig sein und den Wert 1 haben muss. Eleganter lesen wir diese Bedingung aus der angegebenen Systemoperation ab, die wir mit dem Verschiebungssatz in den Frequenzbereich transformieren können gemäß

$$u_2(t) = u_1(t - t_0) \circ\!\!\!-\!\!\bullet\; U_2(f) = U_1(f)e^{-j2\pi t_0 f}$$

Mit der allgemeinen Beziehung $U_2(f) = U_1(f)G(f)$ erhalten wir also für die komplette Übertragungsfunktion des betrachteten verzerrungsfreien Systems

$$G(f) = |G(f)|e^{j\varphi_G(f)} = e^{-j2\pi t_0 f} \tag{2.23}$$

und damit die gesuchte Betragscharakteristik

$$|G(f)| = 1 \tag{2.24}$$

sowie die bereits gefundene Phasencharakteristik

$$\varphi_G(f) = -2\pi t_0 f \tag{2.25}$$

Als **Verzerrungsfreies System** wird allerdings entgegen obiger strengen Forderung allgemein ein System bezeichnet auch wenn es bei frequenzproportionaler Phasencharakteristik bzw. konstanter Laufzeitcharakteristik eine „nur" *konstante*, von dem Wert 1 abweichende, Betragscharakteristik $|G(f)| = G_0$ hat. Die Systemoperation lautet dann:

$$u_2(t) = G_0 u_1(t - t_0) \circ\!\!-\!\!\bullet U_2(f) = U_1(f)G_0 e^{-j2\pi t_0 f}$$

mit der Systembeschreibung durch Gewichtsfunktion und Übertragungsfunktion

$$g(t) = G_0 \delta(t - t_0) \circ\!\!-\!\!\bullet G(f) = G_0 e^{-j2\pi t_0 f}$$

Eine Amplitudenänderung und eine zeitliche Verschiebung eines Signals bei unveränderter Signalform wird in diesem Sinne nicht als Verzerrung angesehen. In Abbildung 2.10 sind die Frequenzcharakteristiken eines verzerrungsfreien Systems dargestellt.

Wir bemerken hier, dass die Bedingung konstanter Betrags- und Laufzeitcharakteristik nur für die von einem konkreten Eingangssignal tatsächlich *belegten* Frequenzintervalle gelten müssen, wenn keine Verzerrungen auftreten sollen.

Dämpfungs- und Phasenverzerrung. Jedes System, dessen Betrags- oder Laufzeitcharakteristik im interessierenden Frequenzbereich *nicht frequenzunabhängig* sind, bewirkt eine Signalverzerrung. Die beschriebene Art von Verzerrungen bezeichnet man als **lineare Verzerrungen**, weil sie von einem linearen (zeitinvarianten) System verursacht werden. Wenn die Dämpfung zwar konstant, aber die Phasenlaufzeit frequenzabhängig ist (d. h. auch

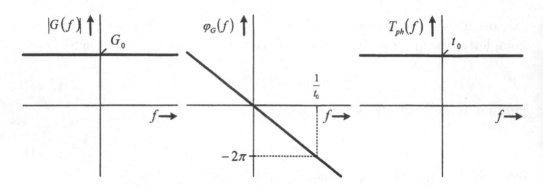

Abbildung 2.10: *Verzerrungsfreies System*

zugleich: Phasencharakteristk nicht frequenzproportional) spricht man von **Laufzeitverzerrung** oder **Phasenverzerrung**. Bei konstanter Phasenlaufzeit aber frequenzabhängiger Dämpfung (gleichbedeutend mit nicht konstanter Betragscharakteristik) spricht man von **Dämpfungsverzerrung**. In den meisten Fällen wird eine lineare Verzerrung durch Dämpfungs- und Phasenverzerrung gemeinsam bewirkt.

Gruppenlaufzeit

In der Nachrichtentechnik spielen Schmalbandsignale eine Rolle, deren Spektralfunktion nur innerhalb eines relativ schmalen Frequenzintervalles in der Umgebung einer Bandmittenfrequenz f_m existiert. Für solche Schmalbandsignale ist die Übertragungsfunktion $G(f)$ eines LTI-Systems auch nur in der Umgebung der Bandmittenfrequenz f_m interessant. Als einfaches Modell eines solchen Schmalbandsignals soll ein komplexes Signal

$$u_1(t) = e^{j2\pi f_1 t} + e^{j2\pi f_2 t} \circ\!\!-\!\!\bullet\ U_1(f) = \delta(f - f_1) + \delta(f - f_2)$$

betrachtet werden. Mit den Parametern Bandmittenfrequenz

$$f_m = \frac{f_1 + f_2}{2}$$

und Frequenzdifferenz

$$\Delta f = f_2 - f_1$$

handelt es sich für den Fall $|\Delta f| \ll f_m$ also um ein Beispiel für ein Schmalbandsignal.

Mit geschultem Blick und dem Drang, unbekannte Signale möglichst auf bekannte zurückzuführen, erkennen wir, dass das Spektrum als Ergebnis der frequenzmäßigen Verschiebung einer Spektralfunktion $U_0(f) = \delta(f + \frac{\Delta f}{2}) + \delta(f - \frac{\Delta f}{2})$ um f_m betrachtet werden kann. Die Verschiebungsoperation im Spektralbereich ist mathematisch als Faltung mit $\delta(f - f_m)$ zu notieren, so dass gilt:

$$
\begin{aligned}
U_1(f) &= \delta(f - f_1) + \delta(f - f_2) \\
&= \left[\delta\left(f + \frac{\Delta f}{2}\right) + \delta\left(f - \frac{\Delta f}{2}\right) \right] * \delta(f - f_m) \\
&= U_0(f) * \delta(f - f_m)
\end{aligned}
$$

Mit

$$
U_0(f) * \delta(f - f_m) \bullet\!\!-\!\!\circ u_0(t) e^{j2\pi f_m t}
$$

und

$$
U_0(f) = \left[\delta\left(f + \frac{\Delta f}{2}\right) + \delta\left(f - \frac{\Delta f}{2}\right) \right] \bullet\!\!-\!\!\circ 2\cos(2\pi \frac{\Delta f}{2} t) = u_0(t)
$$

ergibt sich als zugehörige Zeitfunktion

$$
u_1(t) = 2\cos(2\pi \frac{\Delta f}{2} t)\, e^{j2\pi f_m t}
$$

In Verbindung mit der Einführung der Faltungsoperation im Spektralbereich erklärten wir bereits, dass es sich bei der spektralen Verschiebung um einen speziellen Modulationsvorgang handelt, und zwar um die *Amplitudenmodulation mit unterdrücktem Träger*. Das Trägersignal ist hier eine Drehzeigerschwingung $e^{j2\pi f_m t}$, die im Spektrum des Modulationsproduktes nicht mehr erscheint, also *unterdrückt* ist. Vielmehr besteht das Spektrum nur aus den Stoßkomponenten bei den beiden Seitenfrequenzen f_1 und f_2. Gegenüber der Trägerfrequenz f_m ist das eingeführte Signal $u_0(t)$ mit der Bandbreite $\frac{\Delta f}{2}$ *niederfrequent*. Es stellt die komplexe Amplitude eines Drehzeigers mit der Frequenz f_m dar. In diesem Sonderfall ist die komplexe Amplitude reell. Der *Betrag* dieses derart modulierten Drehzeigers stellt eine Hüllkurve dar, die somit durch die Zeitfunktion $|u_0(t)| = |2\cos(2\pi \frac{\Delta f}{2} t)|$ gebildet wird. Die Drehzeigersumme mit den Frequenzen f_1 und f_2 kann also als Drehzeiger mit der Frequenz f_m interpretiert werden, dessen Betrag mit der Frequenz Δf pulsiert.

Anmerkung: Nimmt man für das Schmalbandsignal an Stelle der Drehzeigersumme eine Summe zweier reeller Kosinusfunktionen mit den Frequenzen $\pm f_1$ und $\pm f_2$ an, entsteht analog zu obiger Rechnung eine reelle modulierte Kosinusschwingung $u_0(t)\cos(2\pi f_m(t)$. Es handelt sich um Amplitudenmodulation einer reellen kosinusförmigen Trägerschwingung $\cos(2\pi f_m t)$ durch ein ebenfalls reelles Modulationssignal $u_0(t)$, das hier kosinusförmig ist, nämlich $u_0(t) = 2\cos(2\pi\frac{\Delta f}{2}t)$. Die Hüllkurve des modulierten Trägersignals ist $|u_0(t)| = |2\cos(2\pi\frac{\Delta f}{2}t)|$. Die Pulsfrequenz $\Delta f = |f_2 - f_1|$ der Hüllkurve, die also aus einer Folge von Kosinushalbwellen besteht, wird auch als Schwebungsfrequenz bezeichnet. Bei Frequenzen im Hörbereich wird in Verbindung mit Nichtlinearitäten des menschlichen Ohres ein Ton mit der Schwebungsfrequenz Δf hörbar.

Obiges Ergebnis hätte selbstverständlich (mit etwas größerem Aufwand) ebenso im Zeitbereich ermittelt werden können. Wir geben uns der Hoffnung hin, dass Sie inzwischen den Vorteil der spektralen Betrachtung erkannt haben.

Das beschriebene Schmalbandsignal $u_1(t)$ soll nun ein LTI-System beaufschlagen. Zur Vereinfachung werde für die Betragscharakteristik $|G(f)|$ des Systems $|G(f_1)| = |G(f_2)| = 1$ angenommen, so dass das Ausgangssignal $u_2(t)$ nur durch die Phasencharakteristik $\varphi_G(f)$ beeinflusst wird:

$$u_2(t) \quad = \quad e^{j[2\pi f_1 t + \varphi_G(f_1)]} + e^{j[2\pi f_2 t + \varphi_G(f_2)]} \circ\!\!-\!\!\bullet$$

$$U_2(f) \quad = \quad e^{j\varphi_G(f_1)}\delta(f - f_1) + e^{j\varphi_G(f_2)}\delta(f - f_2)$$

Wiederum kann man die nunmehr mit unterschiedlichen komplexen Stoßintegralen behafteten Stöße im Frequenzbereich unter Verwendung der Parameter $f_m = (f_2 + f_1)/2$ und $\Delta f = f_2 - f_1$ wie oben als Ergebnis einer Faltungsoperation deuten gemäß

$$U_2(f) = \left[e^{j\varphi_G(f_1)}\delta\left(f + \frac{\Delta f}{2}\right) + e^{j\varphi_G(f_2)}\delta\left(f - \frac{\Delta f}{2}\right) \right] * \delta(f - f_m)$$

Faktoren beim Faltungsprodukt wirken wie bei einem gewöhnlichen Produkt. Insbesondere gilt z. B. mit den Konstanten C_1 und C_2

$$C_1 C_2\,\delta\left(f + \frac{\Delta f}{2}\right) * \delta(f - f_m) = C_1\,\delta\left(f + \frac{\Delta f}{2}\right) * C_2\,\delta(f - f_m)$$

Daher lässt sich mit den Abkürzungen

$$\varphi_G(f_1) = \varphi_1$$
$$\varphi_G(f_2) = \varphi_2$$
$$\varphi_m = (\varphi_1 + \varphi_2)/2$$
$$\Delta\varphi = \varphi_2 - \varphi_1$$

und der additiven Zerlegung

$$\varphi_1 = \varphi_m - (\Delta\varphi)/2$$
$$\varphi_2 = \varphi_m + (\Delta\varphi)/2$$

das Spektrum $U_2(f)$ umformen gemäß

$$U_2(f) = \left[e^{j\varphi_1}\delta\left(f + \frac{\Delta f}{2}\right) + e^{j\varphi_2}\delta\left(f - \frac{\Delta f}{2}\right)\right] * \delta(f - f_m)$$
$$= \left[e^{-j(\Delta\varphi)/2}\delta\left(f + \frac{\Delta f}{2}\right) + e^{j(\Delta\varphi)/2}\delta\left(f - \frac{\Delta f}{2}\right)\right] * e^{j\varphi_m}\delta(f - f_m)$$

Daraus entsteht in Analogie zu dem Rechengang beim Eingangssignal $u_1(t)$ das Ausgangssignal

$$u_2(t) = 2\cos\left(2\pi\frac{\Delta f}{2}t + \frac{\Delta\varphi}{2}\right) e^{j(2\pi f_m t + \varphi_m)}$$

Wenn man nun noch die Phasenverschiebung in Form einer zeitlichen Verschiebung ausdrückt, erhält man schließlich

$$u_2(t) = 2\cos\left[2\pi\frac{\Delta f}{2}\left(t + \frac{\Delta\varphi}{2\pi\Delta f}\right)\right] e^{j\left[\left(2\pi f_m\left(t + \frac{\varphi_m}{2\pi f_m}\right)\right)\right]}$$

Die zeitlichen Verschiebungsgrößen $\frac{\Delta\varphi}{2\pi\Delta f}$ und $\frac{\varphi_m}{2\pi f_m}$ stellen Verzögerungszeiten dar, die aus Plausibilitätsgründen negativ anzusetzen sind.

Die Verzögerungszeit $\frac{-\varphi_m}{2\pi f_m}$ des Drehzeigers hat den Charakter einer Phasenlaufzeit des Trägers und soll uns nicht weiter interessieren. Für theoretisch Interessierte merken wir an, dass die mittlere Phase φ_m im Allgemeinen nicht identisch mit $\varphi_G(f_m)$ ist. Allerdings gilt für den Fall, dass die Phasencharakteristik $\varphi_G(f)$ im Frequenzintervall $f_1 < f_m < f_2$ kontinuierlich ist, $\varphi_m \approx \varphi_G(f_m)$. Bei ungerader Symmetrie der Phasencharakteristik $\varphi_G(f)$ gegenüber dem Frequenzpunkt $f = f_m$ ist auch $\varphi_m = \varphi_G(f_m)$ möglich.

Lassen Sie uns dagegen ausführlich die komplexe Amplitude des Drehzeigers betrachten. Für das Eingangssignal $u_1(t)$ hatte sich die komplexe Amplitude ergeben zu

$$u_0(t) = 2 \cos \left[2\pi \frac{\Delta f}{2} t \right]$$

Die komplexe Amplitude des Ausgangssignals $u_2(t)$ ist mit dem Ansatz einer positiven Verzögerung t_v folglich

$$u_0(t - t_v) = 2 \cos \left[2\pi \frac{\Delta f}{2} \left(t + \frac{\Delta \varphi}{2\pi \Delta f} \right) \right]$$

Für die komplexe Amplitude ergibt sich somit eine Verzögerungszeit

$$t_v = \frac{-\Delta \varphi}{2\pi \Delta f}$$

Da bei einem Schmalbandsignal voraussetzungsgemäß $\Delta f \ll f_m$ gilt, kann man unter der weiteren Voraussetzung, dass die Phasencharakteristik $\varphi_G(f)$ an der Stelle $f = f_m$ differenzierbar ist, den Differenzenquotienten $\frac{-\Delta \varphi}{2\pi \Delta f}$ durch den Differentialquotienten $\frac{-d\varphi_G(f)}{2\pi df}$ an der Stelle $f = f_m$ approximieren. Der Differentialquotient wird in der Systemtheorie als **Gruppenlaufzeit** $T_{gr}(f)$ bezeichnet:

$$T_{gr}(f) = \frac{-d\varphi_G(f)}{2\pi df} \tag{2.26}$$

Somit gilt

$$t_v = \frac{-\Delta \varphi}{2\pi \Delta f} = \frac{-[\varphi_G(f_2) - \varphi_G(f_1)]}{2\pi (f_2 - f_1)} \approx \lim_{\Delta f \to 0} \frac{-\Delta \varphi}{2\pi \Delta f} = T_{gr}(f_m)$$

Da die Verzögerungszeit bei kosinusförmigen Signalen den Charakter einer Phasenlaufzeit hat, ist die Gruppenlaufzeit also näherungsweise als Phasenlaufzeit einer kosinusförmigen komplexen Amplitude eines komplexen Drehzeigers anzusehen. Was wir hinsichtlich der Phasenlaufzeit in Verbindung mit einem kosinusförmigen Signal allgemein feststellten, gilt also nun auch hinsichtlich der Gruppenlaufzeit in Verbindung mit der kosinusförmigen komplexen Amplitude eines Drehzeigers und somit auch der periodischen Hüllkurve. (Die Hüllkurve stellt hier eine periodische Folge von Kosinusimpulsen dar.)

Die komplexe Amplitude $u_0(t) = 2\cos[2\pi\frac{\Delta f}{2}t]$ hatten wir oben als Modulationssignal im Falle der Amplitudenmodulation eines reellen kosinusförmigen Trägersignals identifiziert. Das vorausgesetzte LTI-System verzögert also das Modulationssignal näherungsweise mit der Gruppenlaufzeit $T_{gr}(f)$ bei der Bandmittenfrequenz $f = f_m$ des Schmalbandsignals.

Natürlich gelten diese Zusammenhänge für beliebige Frequenzen $\frac{\Delta f}{2}$ eines kosinusförmigen Modulationssignals, so lange $\Delta f \ll f_m$ vorausgesetzt werden kann, es sich also bei $u_1(t)$ um ein Schmalbandsignal handelt.

Die Gruppenlaufzeit hat somit hinsichtlich des fiktiven Modulationssignals eines Schmalbandsignales, also auch seiner Hüllkurve, die gleiche Bedeutung wie die Phasenlaufzeit bei einem Tiefpass-Signal. Für die Verzerrungsfreiheit der Hüllkurve allein gelten also die analogen Betrachtungen wie beim vorher behandelten so genannten verzerrungsfreien System. An die Stelle der Vorschrift für die Phasenlaufzeit tritt nun die gleiche Vorschrift für die Gruppenlaufzeit. Ein LTI-System ist somit hinsichtlich der Hüllkurve eines Schmalbandsignals verzerrungsfrei, wenn in dem belegten Frequenzintervall in der Umgebung der Bandmittenfrequenz $\pm f_m$ die Gruppenlaufzeit-Charakteristik $T_{gr}(f)$ und die Betragscharakteristik $|G(f)|$ konstant sind. In diesem Falle ist die Gruppenlaufzeit identisch mit der Laufzeit der Hüllkurve, die damit auch als Signal-Laufzeit interpretiert werden kann.

Beachten Sie bitte, dass bei einem *verzerrungsfreien System* mit der Phasencharakteristik $\varphi_G(f) = -2\pi t_0 f$ (ideales Verzögerungsglied) also Phasenlaufzeit und Gruppenlaufzeit identisch und gleich t_0 sind:

$$T_{ph}(f) = \frac{-\varphi_G(f)}{2\pi f} = \frac{2\pi t_0 f}{2\pi f} = t_0$$

und

$$T_{gr}(f) = \frac{-d\varphi_G(f)}{2\pi\,df} = \frac{-d(-2\pi t_0 f)}{2\pi\,df} = t_0$$

Anmerkung: Für die Gruppenlaufzeit gilt hinsichtlich der Mehrdeutigkeit bei periodischen Hüllkurvensignalen die gleiche Problematik wie bei der Phasenlaufzeit.

Wir fassen zusammen:

- Die Gruppenlaufzeit $T_{gr}(f)$ eines LTI-Systems ist definiert zu

$$T_{gr}(f) = \frac{-d\varphi_G(f)}{2\pi \, df}$$

- Bei Schmalbandsignalen mit der Bandmittenfrequenz $\pm f_m$ ist die Laufzeit einer periodischen kosinusförmigen Hüllkurve näherungsweise gleich der Gruppenlaufzeit bei der Bandmittenfrequenz $T_{gr}(f_m)$.

- Ein Schmalbandsignal wird hinsichtlich der Hüllkurve unverzerrt übertragen, wenn Gruppenlaufzeit und Betragscharakteristik in dem belegten Frequenzintervall konstant sind. Die Laufzeit der Hüllkurve ist in diesem Fall identisch mit der Gruppenlaufzeit $T_{gr}(f_m)$.

Kaskadierung von LTI-Systemen

Zwei LTI-Systeme A und B sind in Kaskade geschaltet, wenn sie so angeordnet sind, dass das Ausgangssignal $u_{2A}(t)$ von System A als Eingangssignal $u_{1B}(t)$ von System B wirkt, wie in Abbildung 2.11 dargestellt.

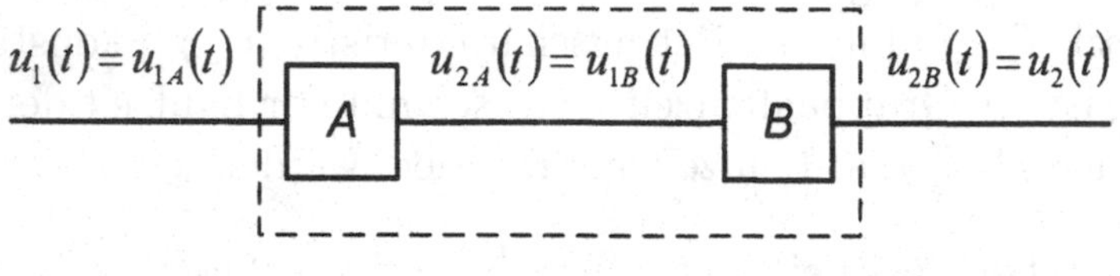

Abbildung 2.11: *Kaskadenschaltung zweier LTI-Systeme*

Die beiden Systeme bilden ein neues LTI-System, dessen Übertragungsfunktion $G(f) = U_2(f)/U_1(f)$ unter Berücksichtigung von $U_2(f) = U_{2B}(f)$ und $U_1(f) = U_{1A}(f)$. gesucht wird. Mit den Beziehungen

$$U_2(f) = U_{2B}(f) = U_{1B}(f)G_B(f) \quad \text{und} \quad U_{1B}(f) = U_{2A}(f) = U_{1A}(f)G_A(f)$$

erhält man

$$U_2(f) = \underbrace{[U_{1A}(f)G_A(f)]}_{U_{1B}(f)=U_{2A}(f)} G_B(f) = U_{1A}(f) \underbrace{[G_A(f)G_B(f)]}_{G(f)} = U_1(f)G(f)$$

Als wenig überraschendes Ergebnis konstatieren wir:

- Die Übertragungsfunktion $G(f)$ des Gesamtsystems ist gleich dem Produkt der Einzelübertragungsfunktionen $G_A(f)$ und $G_B(f)$

$$G(f) = G_A(f)G_B(f)$$

Aus $G(f) = |G(f)|e^{j\varphi_G(f)} = |G_A(f)||G_B(f)|e^{j[\varphi_{GA}(f)+\varphi_{GB}(f)]}$ erhält man auch für die Gesamt-Betragscharakteristik $|G(f)|$ ein Produkt

$$|G(f)| = |G_A(f)||G_B(f)|,$$

dagegen für die Gesamt-Winkelcharakteristik $\varphi_G(f)$ eine Summe

$$\varphi_G(f) = \varphi_{GA}(f) + \varphi_{GB}(f).$$

Diese Ergebnisse lassen sich für die Kaskadenschaltung von N Einzelsystemen $G_\nu(f)$ verallgemeinern. Man erhält für die Gesamtübertragungsfunktion

$$G(f) = \prod_{\nu=1}^{N} G_\nu(f) \tag{2.27}$$

Damit ergibt sich für die Gesamt-Betragscharakteristik ebenfalls das Produkt aus den Einzel-Betragscharakteristiken

$$|G(f)| = \prod_{\nu=1}^{N} |G_\nu(f)| \tag{2.28}$$

Für die Gesamt-Charakteristiken von Dämpfung, Phase, Phasenlaufzeit und Gruppenlaufzeit dagegen erhält man jeweils die *Summe* der Einzel-Charakteristiken

$$a_{dB}(f) = \sum_{\nu=1}^{N} a_{dB\nu}(f) \tag{2.29}$$

$$\varphi_G(f) = \sum_{\nu=1}^{N} \varphi_{G\nu}(f) \tag{2.30}$$

$$T_{ph}(f) = \sum_{\nu=1}^{N} T_{ph\,\nu}(f) \tag{2.31}$$

$$T_{gr}(f) = \sum_{\nu=1}^{N} T_{gr\,\nu}(f) \tag{2.32}$$

Anmerkung: Bei Realisierung in Analogtechnik spielt insbesondere für passive Systeme in der Regel der Abschlusswiderstand eines Systems am Ausgang eine Rolle. So unterscheidet sich z. B. die Wellenübertragungsfunktion bei Abschluss mit dem Wellenwiderstand von der Leerlaufübertragungsfunktion. Bei passiven Netzwerken ist somit bei der dort so genannten Kettenschaltung die Gesamtübertragungsfunktion nicht immer gleich dem Produkt der Einzelübertragungsfunktionen. Die oben betrachtete Kaskadenschaltung von Systemen setzt voraus, dass die Übertragungsfunktionen der separaten Systeme bei der Kaskadierung unverändert bleiben. Bei passiven Systemen setzt das eine entsprechende Widerstandsanpassung voraus, bzw. die Entkopplung durch Trennverstärker. Bei modernen digitalen oder analogen Realisierungen (die auch in Analogtechnik meist aktiv sind, d. h. Verstärker enthalten) spielen diese Probleme oft keine Rolle, aber es ist doch zu überprüfen, ob bei Kaskadierung die Übertragungsfunktionen der Einzelsysteme erhalten bleiben.

Vertauschbarkeit der Einzelsysteme. Im Folgenden soll die Frage geklärt werden, ob die Reihenfolge der Einzelsysteme bei der Kaskadierung von Bedeutung ist. Dies lässt sich sehr leicht wiederum an Hand von zwei kaskadierten Systemen A und B beantworten. Da die Gesamtübertragungsfunktion gleich dem Produkt der Einzelübertragungsfunktionen und bei einem Produkt die Reihenfolge der Faktoren vertauschbar ist, sind auch die beiden Systeme A und B in der Reihenfolge vertauschbar. In Formeln und Bildern: Aus

$$G(f) = G_A(f)G_B(f) = G_B(f)G_A(f)$$

folgt die Aussage von Abbildung 2.12

Abbildung 2.12: *Identität der Kaskadenschaltung vertauschter LTI-Systeme*

Signalverarbeitung und Systemoperation

In der Signaltheorie haben wir mathematische Operationen im Zeitbereich kennengelernt, die sich im Spektralbereich als multiplikativer Eingriff in die

Spektren abbildeten. Ein Beispiel ist die Operation „zeitliche Verschiebung" gemäß Verschiebungssatz

$$u(t - t_0) \circ\!\!-\!\!\bullet\, U(f)e^{-j2\pi t_0 f}$$

Wenn wir die Originalfunktion mit $u_1(t)$ und das Ergebnis der Operation mit $u_2(t)$ bezeichnen, ergibt sich für obige Beziehungen die Notierung

$$u_2(t) = u_1(t - t_0) \circ\!\!-\!\!\bullet\, U_2(f) = U_1(f)\, e^{-j2\pi t_0 f}$$

Sie erkennen unmittelbar, dass der Faktor $e^{-j2\pi t_0 f}$ als Übertragungsfaktor eines LTI-Systems mit der Übertragungsfunktion

$$G(f) = e^{-j2\pi t_0 f}$$

interpretiert werden kann. Dieses System bezeichnen wir als *ideales Verzögerungsglied*. Bitte vergleichen Sie die vorhergehenden Betrachtungen zur Phasenlaufzeit und zum verzerrungsfreien System, das genau diese Operation durchführt. Sie wird in einem begrenzten Frequenzintervall z. B. näherungsweise durch eine verlustlose Hochfrequenzleitung oder durch eine Funkstrecke in Verbindung mit der Ausbreitungsgeschwindigkeit einer elektromagnetischen Welle realisiert.

Aus der Vertauschbarkeit kaskadierter LTI-Systeme folgt unmittelbar ein Ergebnis, das Sie nicht überrascht: Bei der Kaskadierung eines idealen Verzögerungsgliedes mit einem beliebigen LTI-System ist die Reihenfolge vertauschbar, d. h. es ist gleichgültig, ob eine zeitliche Verzögerung am Eingang oder am Ausgang eines LTI-Systems erfolgt. Dies ist die Aussage der Zeitinvarianz von Systemen, die wir allerdings hier zur Voraussetzung gemacht hatten. Das Blockschaltbild in Abbildung 2.3 bezeichnet diesen speziellen Fall.

In analoger Weise lässt sich der Differentiationssatz interpretieren. Mit der Schreibweise

$$u_2(t) = \frac{du_1(t)}{dt} \circ\!\!-\!\!\bullet\, U_2(f) = U_1(f) \underbrace{j2\pi f}_{G(f)}$$

erkennen wir die zugeordnete Übertragungsfunktion eines LTI-Systems, des so genannten *idealen Differentiators* zu

$$G(f) = j2\pi f \tag{2.33}$$

Noch einmal die gleiche Betrachtung lässt sich auch auf der Basis des Integrationssatzes durchführen, indem nunmehr die Integrierte $\int_{-\infty}^{t} u(\tau)\,d\tau$ als Ergebnis einer Systemoperation gedeutet wird. Mit

$$u_2(t) = \int_{-\infty}^{t} u_1(\tau)\,d\tau \;\circ\!\!-\!\!\bullet\; U_1(f) \underbrace{\left[\frac{1}{j2\pi f} + \frac{1}{2}\delta(f)\right]}_{G(f)}$$

ergibt sich die Übertragungsfunktion eines als *idealer Integrator* bezeichneten LTI-Systems zu

$$G(f) = \frac{1}{j2\pi f} + \frac{1}{2}\delta(f) \tag{2.34}$$

Auch für die beiden letztgenannten speziellen idealen Systeme gilt die Vertauschbarkeit der Reihenfolge, wenn man sie mit einem beliebigen LTI-System kaskadiert. Für die beiden Operationen der Signalverarbeitung – nunmehr als linear und zeitinvariant erkannt – gelten somit die Aussagen

- Die Differentiation des Eingangssignals eines LTI-System kann durch die Differentiation des Ausgangssignals ersetzt werden.

- Die Bildung der Integrierten des Eingangssignals eines LTI-Systems kann durch die Bildung der Integrierten des Ausgangssignals ersetzt werden

Beide Aussagen sind in Abbildung 2.13 in Form von Blockschaltbildern wiederholt.

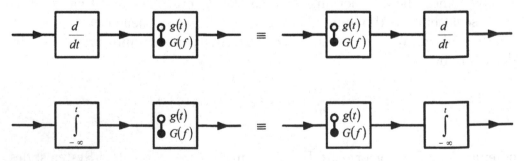

Abbildung 2.13: *Differentiation bzw. Integration von Ein- und Ausgangssignalen eines LTI-Systems*

Zeitdiskrete LTI-Systeme

In der Signaltheorie haben wir *zeitdiskrete Signale* als Modelle in der Form von Stoßfolgen kennengelernt. Auch Gewichtsfunktionen $g(t)$ von LTI-Systemen können Stoßfolgen sein und reale physikalische Systeme modellieren. Als Beispiel werde ein System mit idealem Verzögerungsglied mit der Verzögerungszeit t_0 (etwa ein als verlustfrei angenommenes Koaxialkabel) betrachtet, wie in Abbildung 2.14 in Form eines Blockschaltbildes dargestellt.

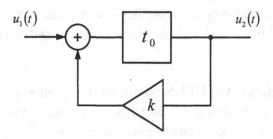

Abbildung 2.14: *Beispiel für ein idealisiertes System mit zeitdiskreter Gewichtsfunktion*

Das Ausgangssignal wird nach Multiplikation mit einem konstanten (frequenzunabhängigen) Faktor k additiv auf den Eingang zurückgekoppelt. Die Gewichtsfunktion (Stoßantwort) lässt sich unmittelbar ablesen zu

$$g(t) = \sum_{n=1}^{\infty} k^{n-1}\, \delta(t - nt_0)$$

Es liegt also eine zeitdiskrete Gewichtsfunktion vor, eine Stoßfolge aus äquidistanten Stößen, die für $t \to \infty$ asymptotisch (exponentiell) abklingt, sofern $|k| < 1$. Es handelt sich um ein kausales und für $|k| < 1$ stabiles System, das offenbar mit dem in Abbildung 2.4 gezeigten Analogsystem RC-Tiefpass vergleichbar ist.

Allgemein lässt sich für Systeme mit zeitdiskreter Gewichtsfunktion ansetzen

$$g(t) = \sum_{n=-\infty}^{\infty} c_g(n)\, \delta(t - nt_0), \tag{2.35}$$

wobei die mathematische Beschreibung offenbar bereits durch die Stoßintegrale $c_g(n)$ gegeben ist. Die Zahlenfolge $c_g(n)$ wollen wir *Gewichtsfolge* nennen.

Eingangs- und damit auch die Ausgangssignale eines LTI-Systems mit zeitdiskreter Gewichtsfunktion können sowohl zeitkontinuierlich als auch zeitdiskret sein. Von besonderem Interesse sind die Systeme mit zeitdiskreter
Gewichtsfunktion als Modelle für digitale Filter, von denen allerdings nur
zeitdiskrete Signale verarbeitet werden können. Diesen Fall wollen wir voraussetzen und von einem diskreten System dann sprechen, wenn nicht nur die
Gewichtsfunktion zeitdiskret ist, sondern außerdem auch das Eingangssignal
$u_1(t)$. Zugleich soll vorausgesetzt werden, dass das zeitdiskrete Eingangssignal das gleiche Zeitraster t_0 hat wie die Gewichtsfunktion. Dadurch entsteht
ein zeitdiskretes Ausgangssignal mit dem gleichen Zeitraster t_0.
Es gilt also:

- Ein **(zeit-)diskretes LTI-System** ist durch eine zeitdiskrete Gewichtsfunktion in Verbindung mit zeitdiskreten Eingangs- und Ausgangssignalen bei gleichen Zeitrastern gekennzeichnet.

In mathematischer Formulierung ergibt sich somit allgemein für ein Eingangssignal

$$u_1(t) = \sum_{n=-\infty}^{\infty} c_1(n)\, \delta(t - nt_0)$$

ein Ausgangssignal

$$u_2(t) = \sum_{n=-\infty}^{\infty} c_2(n)\, \delta(t - nt_0)$$

Entweder durch formale Behandlung mit dem Faltungsintegral

$$u_2(t) = u_1(t) * g(t) = \int_{-\infty}^{+\infty} u_1(\tau)g(t - \tau)\, d\tau$$

oder durch unmittelbare mathematische Formulierung des Sachverhaltes, dass
jeder einzelne Stoß des Eingangssignals die entsprechend zeitverzögerte Gewichtsfunktion auslöst, ergibt sich der Zusammenhang

$$c_2(n) = \sum_{l=-\infty}^{+\infty} c_1(l)\, c_g(n - l) \tag{2.36}$$

Dieser Ausdruck wird als **diskrete Faltung** bezeichnet.

Diskrete LTI-Systeme sind somit durch Ein- und Ausgangsfolgen in Verbindung mit einer Gewichtsfolge mathematisch durch Zahlenfolgen beschreibbar. Digitale Filter verarbeiten Zahlenfolgen in digitaler Form, wobei in der Regel die Eingangssignale durch Abtastung von kontinuierlichen Signalen entstehen. Nicht nur aus diesem Grund ist es zweckmäßig, diskrete Signale und Systeme durch die zugeordneten Stoßfolgen zu modellieren. Dadurch wird eine vorteilhafte Einheitlichkeit der Beschreibung von zeitkontinuierlichen und zeitdiskreten Signalen und Systemen ermöglicht, die auch schlechthin als kontinuierlich und diskret bezeichnet werden.

> **Übungsaufgabe**: Gegeben sind die Gewichtsfunktionen $g(t)$ zweier diskreter Systeme zu
>
> a) $\quad g(t) = \delta(t) + \delta(t - t_0)$
>
> b) $\quad g(t) = \delta(t) - \delta(t - t_0)$
>
> Beide Systeme werden mit dem gleichen Eingangssignal
>
> $$u_1(t) = \delta(t) + \delta(t - t_0)$$
>
> beaufschlagt.
>
> Bestimmen Sie für beide Systeme die jeweiligen Ausgangssignale $u_2(t)$!
>
> Lösungshinweis: Wir empfehlen eine zeichnerische Konstruktion der Ausgangssignale und die anschließende Überprüfung der Ergebnisse mit Hilfe der diskreten Faltung.

Die spektrale Beschreibung diskreter Systeme folgt unmittelbar aus den bekannten Zusammenhängen, die wir in der Signaltheorie kennengelernt haben. Äquidistante Stoßfolgen im Zeitbereich korrespondieren zu periodischen Fouriertransformierten. Die Übertragungsfunktion $G(f)$ eines diskreten Systems ist somit periodisch. Die (gemeinsame) Periode f_p der Spektralfunktionen ist durch das (gemeinsame) Zeitraster t_0 gegeben zu $f_p = 1/t_0$. Daher genügt zur spektralen Beschreibung das Frequenzintervall einer einzigen Periode, z. B. das Intervall $-f_p/2 \le f \le f_p/2$ bzw. bei reellen Signalen und Systemen mit reeller Gewichtsfunkion sogar $0 \le f \le f_p/2$. Wir machen Sie allerdings darauf aufmerksam, dass es bei digitaler Signalverarbeitung durchaus möglich ist und sinnvoll sein kann, mit komplexen Signalen und Systemen mit komplexer Gewichtsfunktion zu arbeiten.

Wir bleiben allerdings bei reellen Signalen und Gewichtsfunktionen und empfehlen, Ihre Kenntnisse durch das Bearbeiten folgender Aufgabe zu festigen.

> **Übungsaufgabe**: Bestimmen Sie für die in obiger Übungsaufgabe gegebenen Systeme die Beträge der Übertragungsfunktionen und die Betragsspektren von Eingangssignal und Ausgangssignalen!
>
> Lösungshinweis: Die Betragsspektren sind invariant gegenüber zeitlichen Verschiebungen der zugehörigen Zeitfunktionen. Daher empfiehlt sich jeweils eine zeitliche Verschiebung der Gewichtsfunktionen derart, dass gerade bzw. ungerade Zeitfunktionen mit bekannten Fouriertransformierten (s. Signaltheorie) entstehen.

Die Theorie diskreter Systeme wird später noch vertieft. Vorläufig registrieren wir zusammenfassend

- Bei (zeit-)diskreten LTI-Systemen ist die Gewichtsfunktion eine äquidistante Stoßfolge mit dem Zeitraster t_0.

- Die Übertragungsfunktion (zeit-)diskreter Systeme ist periodisch mit der Periode $f_p = 1/t_0$

- Die Eingangssignale (zeit-)diskreter LTI-Systeme werden als zeitdiskret mit dem gleichen Zeitraster t_0 und folglich periodischem Spektrum mit der Periode f_p vorausgesetzt, so dass auch die Ausgangssignale die gleiche Eigenschaft haben.

Da wir bisher LTI-Systeme vorzugsweise analytisch beschrieben haben, erscheint es ratsam, ein Unterkapitel über Grundlagen der messtechnische Bestimmung von Gewichtsfunktion und Übertragungsfunktion einzufügen. Damit spielen zwar praktische Gesichtspunkte eine größere Rolle, aber es wird sich zeigen, dass die erworbenen theoretischen Kenntnisse sehr nützlich sind und durch Anwendung gefestigt werden.

2.2 Messung von Systemcharakteristiken

2.2.1 Gewichtsfunktion

Vom theoretischen Gesichtspunkt ist die messtechnische Bestimmung der Gewichtsfunktion $g(t)$ einfach, da es sich um die Stoßantwort handelt. Wegen

$$u_2(t) = u_1(t) * g(t)$$

reagiert das System auf einen Stoß $c\,\delta(t)$ mit der Antwort $c\,g(t)$, d. h. es gilt

$$u_2(t) = c\,g(t) \qquad \text{falls} \qquad u_1(t) = c\,\delta(t),$$

und die gesuchte Gewichtsfunktion ergibt sich daraus theoretisch zu

$$g(t) = \frac{1}{c}\,u_2(t)$$

Durch eine einmalige Erregung des Systems mit einem Stoß und Registrierung des entstehenden Ausgangssignals wird also das Systemverhalten komplett beschrieben.

Aus technischer Sicht gibt es dazu einiges zu bemerken. Zunächst ist zur messtechnischen Erfassung der Gewichtsfunktion ein Impulsgenerator erforderlich, der in der Lage ist, zu einem bestimmten als $t = 0$ erklärten definierten Zeitpunkt einen „hinreichend" kurzen Impuls $u_1(t)$ mit einem bestimmten Impulsmoment $c = \int_{-\infty}^{+\infty} u_1(t)\,dt$ auszulösen. Dieser Impuls soll in diesem Zusammenhang als Testsignal bezeichnet werden. (Damit Sie ein konkretes Signal vor Augen haben, könnten Sie sich einen Rechteckimpuls vorstellen. Selbstverständlich ist jeder Impuls geeignet, der im interessierenden Frequenzbereich ein nahezu konstantes Spektrum hat.) Am Systemausgang ist mit Hilfe eines Messgerätes die Systemreaktion $u_2(t)$ aufzuzeichnen. Aus der Aufzeichnung ergibt sich, grundsätzlich nur näherungsweise (weil auch das Eingangssignal nur näherungsweise einem Stoß entsprechen kann), die Gewichtsfunktion gemäß

$$g(t) \approx \frac{1}{c}\,u_2(t) \qquad \text{falls} \qquad u_1(t) \approx c\,\delta(t)$$

Die Güte der Näherung hängt davon ab, inwiefern das Eingangssignal (Testsignal) nahezu wie ein Stoß auf das System wirkt. In welchem Maße „kurzzeitig" das Testsignal $u_1(t)$ sein muss, kann nur in Verbindung mit Systemkenngrößen bestimmt werden.

Zur Abschätzung der zulässigen Zeitdauer des Testsignals $u_1(t)$ eignet sich der Spektralbereich. Aus der Systemoperation im Spektralbereich

$$U_2(f) = U_1(f)G(f)$$

ergibt sich, dass das Spektrum $U_1(f)$ des Testsignals $u_1(t)$ im interessierenden Spektralbereich nahezu konstant, genauer

$$U_1(f) \approx c$$

sein muss, damit am Ausgang resultiert

$$U_2(f) \approx c\,G(f) \bullet\!\!-\!\!\circ u_2(t) \approx c\,g(t)$$

Die weiteren Betrachtungen sollen sich auf Systeme vom Tiefpass-Typ beschränken, also auf Gewichtsfunktionen, die Tiefpass-Signale sind und deren Halbwerts-Zeitdauer T_H mit der (zweiseitigen) Halbwertsbreite B_H der Übertragungsfunktion $G(f)$ durch $T_H \approx 1/B_H$ abgeschätzt werden kann.

Das „interessierende" Frequenzintervall, in dem das System beschrieben werden soll, ist nun etwas näher zu charakterisieren. Je nach gewünschter Präzision der Messung kann das interessierende Frequenzintervall z. B. um den Faktor $k = 10 \ldots 100$ größer als die Halbwertsbandbreite B_H des zu analysierenden Systems sein. Beschreibt man die Testsignalbandbreite von $u_1(t)$ durch die Halbwertsbandbreite B_{H1} und analog die Halbwertszeitdauer mit T_{H1}, ergibt sich mit der nunmehr für das Testsignal geltenden Abschätzung

$$T_{H1}B_{H1} \approx 1$$

die maximal zulässige Halbwertszeitdauer T_{H1} des Testsignals $u_1(t)$ zu

$$T_{H1} \approx \frac{1}{k\,B_H}$$

Unter Verwendung des in der Technik bevorzugten Bandbreite-Parameters *Halbwerts-Grenzfrequenz (6-dB-Grenzfrequenz)* $f_H = B_H/2$ entsteht an Stelle der letzten Näherung auch

$$T_{H1} \approx \frac{1}{2k\,f_H}$$

Selbstverständlich führen diese Überlegungen nur zu groben Abschätzungen. Es kommt uns dabei vor allem auf die Einsicht in prinzipielle Zusammenhänge an.

Beispiel: Um die Gewichtsfunktion eines Verstärkers mit der 6-dB-Grenzfrequenz $f_H \approx 5$ MHz mit nicht übertrieben großer Genauigkeit zu bestimmen, wird $k \approx 10$ gewählt mit dem Ergebnis, dass die Impulsdauer des Mess-Impulses nicht größer als $T_H \approx 10$ ns sein soll.

Falls an Stelle der Bandbreite des zu messenden Systems die Zeitdauer der Gewichtsfunktion T_H bekannt ist, kann man die Abschätzung für die Impulsdauer des Mess-Impulses $u_1(t)$ auch einfacher angeben zu

$$T_{H1} \approx \frac{1}{k} T_H$$

Damit sind Sie in der Lage, sich zu folgendem Problem zu äußern:

Übungsaufgabe: Von einem Tiefpasssystem mit monotoner Übertragungsfunktion soll die Gewichtsfunktion $g(t)$ messtechnisch bestimmt werden. Die 6-dB-Grenzfrequenz des Tiefpasses beträgt $f_H = 10$ KHz. Als Signalquelle für das Testsignal steht ein Impulsgenerator für Dreieckimpulse mit einstellbarer Fußpunktbreite T_F zur Verfügung. Die Gewichtsfunktion soll repetierend auf einem Oszilloskop dargestellt werden, so dass der Impulsgenerator die Dreieckimpulse periodisch mit einer Wiederholfrequenz f_0 aussenden muss.

a) Welche Werte kommen für die Fußpunktbreite T_F in Frage?

b) Welche Werte für die Wiederholfrequenz f_0 sind sinnvoll?

Leider sind wir mit der Problematik noch nicht am Ende. In der Praxis ist die Amplitude für das Eingangssignal, mit dem das System ausgesteuert werden kann, meist begrenzt, d. h. für $u_1(t)$ muss gelten

$$|u_1(t)| \leq u_{max}$$

Das Testsignal $u_1(t)$ hat damit bei maximaler Aussteuerung ein Impulsmoment

$$c = \int_{-\infty}^{+\infty} u_1(t)\, dt \approx u_{max}\, T_{H1}$$

Dieses Testsignal verursacht ein Ausgangssignal

$$u_2(t) \approx c\, g(t) \approx u_{max}\, T_{H1}\, g(t) \approx \frac{u_{max}}{2k\, f_H}\, g(t)$$

Die Amplitude des Ausgangssignals $u_2(t)$, die Messgröße, wird also bestimmt erstens von der maximal zulässigen Amplitude u_{max} des Eingangssignals, zweitens von der Grenzfrequenz (beides Eigenschaften des Messobjektes) und drittens von dem Faktor k, der die gewünschte Güte des Messergebnisses festlegt. Je größer die gewünschte Güte, d. h. je größer k und damit je kürzer und damit „stoßähnlicher" das Testsignal gewählt wird, desto kleiner ist die Amplitude des zu registrierenden Ausgangssignals.

Selbstverständlich benötigt das Messgerät zur Aufzeichnung des Ausgangssignals eine gewisse Mindestamplitude, gleichgültig, ob es sich um ein analog arbeitendes Oszilloskop handelt oder um eine digitale Registriereinrichtung. Messsignale mit zu kleiner Amplitude erfordern also einen Verstärker, und zwar einen Breitbandverstärker für den kompletten interessierenden Frequenzbereich. Damit stoßen wir auf ein Problem. Jeder Verstärker liefert neben dem Nutzsignal ein unerwünschtes Rauschsignal, ein Störsignal also, das sich dem Nutzsignal (im einfachsten Falle additiv) überlagert und es damit verfälscht. Da dieses Rauschsignal Zufallscharakter hat, kann es zwar bekämpft, jedoch nicht vollständig eliminiert werden. Aber selbst wenn der Verstärker ideal rauschfrei wäre, ist immer noch mit Störsignalen zu rechnen, die im Messobjekt selbst eindringen und das Nutzsignal (Messsignal) verfälschen. Je kleiner die Amplitude des Nutzsignals ist, desto mehr wirken sich somit diese Störsignale aus, d. h. je kleiner die Impulsbreite des Testsignals ist, desto störanfälliger ist $u_2(t)$ und desto unpräziser wird die Gewichtsfunktion gemessen.

Zur Charakterisierung der Gesamtproblematik soll abschliessend ein Gedankenexperiment mit einer Messanordnung für die Bestimmung der Gewichtsfunktion eines LTI-Systems durchgeführt werden, das durchaus auch praktisch nachzuprüfen ist. Es werde der Fall betrachtet, dass ein amplitudenbegrenztes Testsignal (Amplidude u_{max}) mit der anfänglichen Impulsbreite $T_{H1} \approx T_H$ (Impulsdauer der Gewichtsfunktion) zunehmend verkürzt wird. Zunächst ist das Ausgangssignal $u_2(t)$ gegenüber der Gewichtsfunktion $g(t)$ stark verändert, denn das Eingangssignal ist infolge zu großer Impulsbreite als Testsignal unbrauchbar. Mit abnehmender Impulsbreite T_{H1} nähert sich das Ausgangssignal immer mehr der Form der Gewichtsfunktion, wobei die Amplitude wegen $c \sim T_{H1}$ allmählich nahezu proportional T_{H1} abnimmt.

Wenn man bei immer weiter abnehmender Impulsbreite T_{H1} schließlich, abgesehen von der Amplitude, keine Änderung der Form des Ausgangssignals mehr feststellen kann, ist das ein Indiz dafür, dass das Eingangssignal hinreichend „stoßähnlich" und damit als Testsignal brauchbar ist, wohlgemerkt nur für das angeschaltete zu messende System. Tut man nun des Guten zu viel und verkürzt den Impuls weiter, tritt bei weiter abnehmender Ausgangsamplitude infolge der unvermeidlichen Störsignale zunehmend eine Unschärfe bzw. Verwaschung des Ausgangssignals auf. Im Labordeutsch würde man sagen: „Das Signal geht im Rauschen unter".

Fazit: Es gibt eine optimale Impulsbreite für das Testsignal zur Bestimmung der Gewichtsfunktion eines LTI-Systems. Leider können wir über die zufälligen Störungen und deren Auswirkung keine genaueren Aussagen machen. Dazu benötigt man eine Theorie der Zufallssignale, die uns hier nicht zur Verfügung steht. (Sie wird erst im letzten Kapitel kurz dargestellt.)

2.2.2 Übergangsfunktion

In der Praxis ist es zuweilen problematisch, ein System durch einen kurzzeitigen Impuls großer Amplitude zu erregen, um näherungsweise die Stoßantwort (= Gewichtsfunktion) zu ermitteln. Dagegen ist oft das Einschalten einer konstanten Größe am Systemeingang betriebsmäßig ein normaler Vorgang. Wenn man den Einschaltzeitpunkt einer Konstanten U_0 als Zeitpunkt $t = 0$ erklärt, handelt es sich signaltheoretisch um einen Sprung $u_1(t) = U_0\,\mathrm{s}(t)$. Da der Einheitssprung die Integrierte des Einheitsstoßes ist und bei einem LTI-System die Integrierte eines Eingangssignals die Integrierte des Ausgangssignals erzeugt, erscheint als Systemreaktion auf den Einheitssprung die Integrierte der Stoßantwort $g(t)$. Die Integrierte der Stoßantwort soll mit $h(t)$ bezeichnet werden. Die Funktion $h(t)$ – eine weitere Charakteristik zur Kennzeichnung eines LTI-Sytems im Zeitbereich – wird **Übergangsfunktion** oder **Sprungantwort** genannt.

In Formeln ausgedrückt, ergibt sich für ein Eingangssignal

$$u_1(t) = U_0\,\mathrm{s}(t) = U_0 \int_{-\infty}^{t} \delta(t)\,dt$$

das Ausgangssignal

$$u_2(t) = U_0\,h(t) = U_0 \int_{-\infty}^{t} g(t)\,dt$$

Daraus erhält man die folgenden wichtigen Erkenntnisse:

- Die Übergangsfunktion $h(t)$ ist die *Integrierte* der Gewichtsfunktion $g(t)$

$$h(t) = \int_{-\infty}^{t} g(t)\, dt \qquad (2.37)$$

- Die Gewichtsfunktion $g(t)$ ist die *Differenzierte* der Übergangsfunktion $h(t)$

$$g(t) = \frac{d\,h(t)}{dt} \qquad (2.38)$$

Somit kann die Gewichtsfunktion $g(t)$ aus der Übergangsfunktion $h(t)$ durch Differentiation bestimmt werden, d. h. theoretisch ist die Übergangsfunktion zur Beschreibung eines LTI-Systems im Zeitbereich der Gewichtsfunktion gleichwertig.

Aus praktischer messtechnischer Sicht allerdings ist obige Aussage untersuchungsbedürftig. Zunächst ist wiederum eine maximal zulässige Amplitude $U_0 \leq u_{max}$ zu berücksichtigen. Zusätzlich ergibt sich aus einer spektralen Betrachtung: Das Eingangssignal „Sprung" hat gegenüber dem Stoß ein Spektrum, das mit zunehmender Frequenz $|f|$ proportional $1/|f|$ (d. h. mit 20 dB / Dekade) abfällt. Spektral betrachtet wird also das System in höheren Frequenzbereichen bei zunehmender Frequenz $|f|$ mit abnehmender Intensität angeregt. In Anbetracht stets vorhandener Störungen wird daher das Ausgangsspektrum mit zunehmender Frequenz immer weniger durch das Messsignal und immer mehr durch Störungen bestimmt. Das Spektrum der Übergangsfunktion wird also mit zunehmender Frequenz $|f|$ immer unpräziser erscheinen. Da sich Fehler des Spektrums auch im Zeitbereich auswirken, wird auch die Übergangsfunktion selbst unpräzise gemessen. (Es gilt somit die qualitative Aussage: Die Messung ist störanfällig gegen hochfrequente Störkomponenten.) Eine anschließende Differentiation der experimentell bestimmten Übergangsfunktion $h(t)$ zur Gewinnung der Gewichtsfunktion $g(t)$ bedeutet im Spektralbereich Multiplikation mit einem Faktor proportional $|f|$ (vgl. Differentiationssatz). Dabei bleibt eine abnehmende Präzision der Messgröße bei zunehmenden Frequenzen $|f|$ erhalten, und somit ist auch die Präzision der rechnerisch aus $h(t)$ ermittelten Gewichtsfunktion $g(t)$ in diesem Sinne beeinträchtigt. Stellt man diesen qualitativen Befund der vorher betrachteten näherungsweisen experimentellen Ermittlung der Gewichtsfunktion durch ein hinreichend kurzzeitiges „stoßähnliches" Testsignal gegenüber, so ergab sich grundsätzlich ein ähnliches Verhalten: Je größer das interessierende Frequenzintervall bzw. der Faktor k gewählt wurde, desto kleiner war infolge der begrenzten Eingangsamplitude u_{max} die spektrale Intensität des Testsignals, in diesem Fall allerdings gleichmäßig im gesamten (interessierenden) Frequenzintervall. Es muss also die spezielle Messsituation einschliesslich der spektralen Verteilung der Störung berücksichtigt werden, um zu entscheiden, welches Testsignal zur Bestimmung des Übertragungsverhaltens vorzuziehen ist. Dabei ist zu berücksichtigen, dass im Falle der experimentellen Bestimmung der Übergangsfunktion ebensowenig ein idealer Sprung als Testsignal zur Verfügung steht wie das beim Stoß der Fall ist. Falls Sie diese Thematik interessiert, empfehlen wir die Bearbeitung des folgenden Problems:

Übungsaufgabe: Von einem Tiefpasssystem mit monotoner Übertragungsfunktion soll die Gewichtsfunktion $g(t)$ messtechnisch bestimmt werden, und zwar
a) über die näherungsweise Bestimmung der Sprungantwort, also mit einem sprungähnlichen Testsignal

b) über die näherungsweise Bestimmung der Stoßantwort mit einem stoßähnlichen Testsignal.

Die realen Testsignale seien vergleichbar modelliert
a) durch eine Rampenfunktion mit der Anstiegszeit T und der Amplitude u_{max} (Empfehlung: Darstellung als Integrierte eines Rechtecksignals mit Impulsbreite T und Amplitude u_{max}/T)
b) durch ein Dreiecksignal mit der Halbwertsbreite $T_H = T$ und der Amplitude u_{max}.

Skizzieren Sie für beide Testsignale die Beträge der zugehörigen spektralen Amplitudendichten (mit denen also das Messsystem angeregt wird), und vergleichen Sie insbesondere deren Werte im Frequenzintervall $|f| \leq f_{max}$, wenn $T = 1/(10 f_{max})$ gewählt wurde. Diskutieren Sie für beide Fälle die Anfälligkeit gegenüber frequenzunabhängigen additiven spektralen Störamplituden am Eingang des zu messenden LTI-Systems.

Anmerkung: Studenten verwechseln häufig wegen des ähnlichen Wortklanges die Begriffe Über*gangs*funktion und Über*tragungs*funktion. Bitte machen Sie sich klar, dass dies eine verhängnisvolle Verwechslung ist. Die Übergangsfunktion (oder Sprungantwort) ist eine Beschreibung des Übertragungsverhaltens im Zeitbereich, während die Übertragungsfunktion eine Beschreibung im Spektralbereich darstellt, was wir sogleich noch einmal herausarbeiten.

2.2.3 Übertragungsfunktion

Prinzipiell ist durch die unmittelbare Messung einer Zeitcharakteristik das Übertragungsverhalten auch im Frequenzbereich bestimmt, denn die Übertragungsfunkion $G(f)$ ist bekanntlich die Fouriertransformierte der Gewichtsfunktion $g(t) \circ\!\!-\!\!\bullet\, G(f)$. Da allerdings die Zeitcharakteristiken als störanfälliges Messergebnis fehlerbehaftet sind, ist auch eine daraus rechnerisch ermittelte Übertragungsfunktion (insbesondere für hohe Frequenzen) unpräzise. Die numerische Durchführung der Fouriertransformation, z. B. mit Hilfe der so genannten „Schnellen Fouriertransformation" oder FFT (= Fast Fourier Transform), erzeugt zudem zusätzliche Fehler. Daher ist es oft sinnvoll, die Übertragungsfunktion

$$G(f) = |G(f)|\, e^{j\varphi_G(f)} = \frac{U_2(f)}{U_1(f)} = \frac{|U_2(f)|\, e^{j\varphi_2(f)}}{|U_1(f)|\, e^{j\varphi_1(f)}} = \frac{|U_2(f)|}{|U_1(f)|}\, e^{j[\varphi_2(f)-\varphi_1(f)]}$$

unmittelbar im Frequenzbereich messtechnisch zu bestimmen.

Ein geeignetes Testsignal für diese Aufgabe ist die periodische Kosinusfunktion $u_1(t) = U_{01} \cos(2\pi f_0 t)$. Wir haben bereits herausgefunden, dass ein mit der Zeitfunktion

$$u_1(t) = U_{01} \cos(2\pi f_0 t + \varphi_{01})$$

beaufschlagtes LTI-System mit dem Ausgangssignal

$$u_2(t) = U_{02} \cos(2\pi f_0 t + \varphi_{02})$$

antwortet. Das frequenzabhängige Amplitudenverhältnis U_{02}/U_{01} bestimmt die Betragscharakteristik $|G(f)|$ der Übertragungsfunktion an der Stelle $f = f_0$ und die frequenzabhängige Differenz $\varphi_{02} - \varphi_{01}$ der Nullphasenwinkel die Phasencharakteristik $\varphi_G(f)$ an der Stelle $f = f_0$ gemäß

$$|G(f_0)| = \frac{U_{02}}{U_{01}} \qquad \text{und} \qquad \varphi_G(f_0) = \varphi_{02} - \varphi_{01}$$

Mit einem periodischen kosinusförmigen Testsignal der Frequenz f_0 kann die Übertragungsfunktion also für einen Frequenzpunkt $f = f_0$ ermittelt werden. Diese Messgröße für einen einzigen Frequenzpunkt f_0 wollen wir auch *Übertragungsfaktor* nennen. Eine komplette kontinuierliche *Übertragungsfunktion* müsste sich im schlimmsten Falle somit theoretisch aus Messwerten an *überabzählbar* unendlich vielen Frequenzpunkten zusammensetzen. Das beunruhigt einen Techniker, aber diese Problematik entschärft sich sofort, wenn Sie zunächst an die Möglichkeit zeitbegrenzter Gewichtsfunktionen und das Abtasttheorem (Abtastung im Spektralbereich) denken. Dann wären wenigstens nur *abzählbar* unendlich viele äquidistante Frequenzpunkte erforderlich. Auch dies ist eine theoretische Überlegung, denn in der Realität gibt es sowohl für die Gewichtsfunktion als auch für die Übertragungsfunktion praktische Zeit- und Frequenzgrenzen.

Anmerkung: Aus theoretischer Sicht ist auch bei der Messung im Frequenzbereich ein Stoß als Testfunktion geeignet, nämlich der *Frequenzstoß* $U_1(f) = C\,\delta(f - f_0)$. Dieses nunmehr *komplexe* periodische Testsignal $u_1(t) = C\,e^{j2\pi f_0 t}$ liefert das Ausgangsspektrum

$$U_2(f) = U_1(f)G(f) = C\,\delta(f - f_0)\,G(f) = CG(f_0)\,\delta(f - f_0)$$

In Form der komplexen Amplitude $CG(f_0)$ des komplexen Ausgangssignals

$$u_2(t) = C\,G(f_0)\,e^{j2\pi f_0 t}$$

erhält man somit einen einzelnen Funktionswert von $G(f)$ an der Stelle $f = f_0$. Auch hier wäre eine (theoretisch unendlich große) Anzahl von Einzelmessungen mit unterschiedlichen Frequenzen f_0 erforderlich, um die komplette Funktion G(f) zu erfassen. Mit dieser Betrachtungsweise ist das bisher vorausgesetzte *reelle* (und damit physikalisch realisierbare) kosinusförmige Testsignal als *Doppelstoß* im Frequenzbereich eine prinzipiell in gleicher Weise wirkende spektrale Testfunktion, die allerdings Messergebnisse mit Hilfe der beiden Frequenzen $+f_0$ und $-f_0$ liefert. Sowohl bei der Faltungsoperation als auch bei der Multiplikation sind somit Stöße als Testfunktionen geeignet. Diese Überlegung sollte der Komplettierung Ihres systemtheoretischen „Weltbildes" dienen.

Wiederum wollen wir uns anschließend einige Gedanken zur praktischen Anwendung machen. Für einen ausgewählten Messpunkt der Betrags- und Phasencharakteristik benötigt man zwei Messanordnungen, eine zur Amplitudenmessung, genauer zur Bestimmung eines Amplituden*verhältnisses*, und eine zur Phasenmessung, genauer zur Bestimmung der Phasen*differenz* zwischen Eingangs- und Ausgangssignal. Die komplette Übertragungsfunktion kann damit punktweise durch Variation der Frequenz f_0 bestimmt werden. Dazu ist ein Sinusgenerator mit einstellbarer Messfrequenz nötig. Ein periodisches Messsignal im mathematischen Sinne liegt allerdings in der Realität nur näherungsweise vor, denn jeder Generator wurde erst zu einem gewissen Zeitpunkt ein- bzw. angeschaltet, und man kann schlechterdings nicht unendlich lange warten, um das Messergebnis abzulesen. In diesem Sinne handelt es sich auch bei dem kosinusförmigen Testsignal zur Messung der Frequenzcharakteristiken prinzipiell um eine Näherung, die allerdings in der Praxis durch hinreichend lange Messzeit (in Verbindung mit einem zeitlich frequenzkonstanten Generator) meist unproblematisch ist, so dass das Messergebnis mit großer Präzision erhalten werden kann.

Um für ein interessierendes Frequenzintervall mit Messpunkten in vorgegebenen kleinen Abständen die Übertragungsfunktion zu ermitteln, sind also die einzelnen Messfrequenzen z. B. sukzessive für jeweils hinreichend lange Zeit konstant zu halten. Insgesamt ergibt sich dadurch ein relativ großer Zeitbedarf für die präzise Messung der kompletten, aus vielen Messpunkten bestehenden Übertragungsfunktion.

Es gibt einen weiteren Grund für den im Prinzip großen Zeitbedarf bei der Messung im Frequenzbereich. Er hängt mit den auch bei dieser Messanordnung auftretenden Störungen zusammen. Additiv in den Messpfad eindringende Störsignale können prinzipiell durch ein schmalbandiges Filter bekämpft werden, das am Ausgang des Messobjektes angeordnet, also vor die Messgeräte zur Amplituden- und Phasenmessung geschaltet ist und dessen Bandmittenfrequenz mit der jeweiligen Messfrequenz übereinstimmt, somit einstellbar sein muss. Unter der Bedingung exakter Übereinstimmung von Bandmitten- und Messfrequenz kann das Filter extrem schmalbandig sein und damit sowohl breitbandige als auch schmalbandige Störsignale unterdrücken, sofern letztere unabhängig vom Messsignal sind. (Bei einem sinusförmigen Störsignal, das *unabhängig* vom Messignal, also insbesondere auch nicht mit dem Messsignal synchronisiert ist, geht die Wahrscheinlichkeit, dass die Störfrequenz mit der Messfrequenz exakt übereinstimmt, gegen Null. Wenn die Filterbandbreite extrem klein wird, geht also die Wahrscheinlichkeit, dass das Störsignal gesperrt ist, gegen Eins.) Diese selektive Messung, die für Präzisionsmessungen stets in Frage kommt, ist ein weiterer Grund für eine lange Messzeit. Je kleiner die Bandbreite des Filters zur

Störunterdrückung ist, desto länger ist die Einschwingzeit für ein angelegtes Messsignal. Daher wird in diesem Fall die Messzeit nicht von dem Messobjekt, sondern von der Selektivität der Messeinrichtung bestimmt.

In der Praxis macht man vom Überlagerungsempfang (Heterodyn- oder sogar Homodynempfang) Gebrauch und umgeht damit elegant die Notwendigkeit, bei jeder neuen Messfrequenz die Bandmittenfrequenz des Schmalbandfilters neu (und präzise) abstimmen zu müssen. Bei diesem Empfangsprinzip wird ein Filter mit fester Bandmittenfrequenz verwendet (im Falle des Homodynempfängers beträgt die Bandmittenfrequenz Null, d. h. es liegt ein Tiefpassfilter vor). Das Messsignal, also das zu messende Ausgangssignal des Messobjektes, wird mittels Amplitudenmodulation und variabler Trägerfrequenz in den Durchlassbereich des Filters verschoben. (Anstelle des technischen Aufwandes für ein Filter mit variabler Bandmittenfrequenz, die möglichst exakt mit der Messfrequenz übereinstimmen muss, nimmt man den Aufwand für ein Trägersignal, dessen Frequenz in einem konstanten Abstand von der jeweiligen Messfrequenz gehalten werden muss, in Kauf. Beim Homodynprinzip muss die „Trägerfrequenz" mit der Messfrequenz exakt übereinstimmen, was zusätzlich eine Phasenregelung verlangt.)

Das Blockschaltbild einer selektiven Messeinrichtung zur Bestimmung von Betrags- und Phasenchrakteristik eines LTI-Systems ist in Abbildung 2.15 dargestellt. Ein Messgerät dieser Art ist das so genannte *Vektorvoltmeter*.

Anmerkung: Die Aufnahme einer Frequenzcharakteristik in einem Frequenzintervall kann automatisiert werden, indem man die Messfrequenzen z. B. sukzessive automatisch einstellt. Die Darstellung einer Frequenzcharakteristik auf einem Display ist somit entweder durch periodisches Durchlaufen des Messfrequenzintervalles oder durch einmaliges Durchlaufen des Messfrequenzintervalles in Verbindung mit Abspeichern der Messwerte möglich. Selbstverständlich ist dabei in jedem Falle auch auf eine hinreichend lange Verweilzeit bei einem Frequenzpunkt zu achten. Eine insbesondere in der herkömmlichen Analogtechnik angewandte Methode sieht anstelle der diskontinuierlichen Messfrequenzeinstellung ein kontinuierliches (und wiederholtes) „Durchfahren" des interessierenden Frequenzintervalles vor, was als Wobbelverfahren bezeichnet wird. Die „Wobbelgeschwindigkeit", also die Änderungsgeschwindigkeit der Messfrequenzen, ist natürlich so klein zu wählen, dass de facto wiederum für jeden Frequenzpunkt näherungsweise der eingeschwungene Zustand entweder des Messobjektes oder der Messeinrichtung vorausgesetzt werden kann.

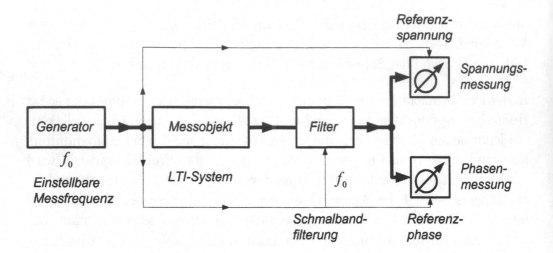

Abbildung 2.15: *Blockschaltbild einer selektiven Messanordnung zur Messung von Betrags- und Phasencharakteristik (Prinzip)*

Anschließend wollen wir noch eine grundsätzliche Betrachtung anstellen. Die lange Messzeit T_{ges} zur kompletten Bestimmung der Systemeigenschaft in Form der Übertragungsfunktion wird durch die Messzeit T_0 zur Bestimmung des Übertragungsfaktors für jeden Frequenzpunkt und die Anzahl N der Frequenzpunkte zu $T_{ges} = NT_0$ bestimmt. Mit zunehmender Größe von T_0 und N nimmt prinzipiell die Präzision zu, allerdings auf Kosten der Gesamtmesszeit.

Im Gegensatz zur punktweisen Bestimmung der Übertragungsfunktion bestand der Messvorgang bei der vorher behandelten Bestimmung der Zeitcharakteristiken in einer *einmaligen* Aufnahme des Antwortsignals. Dieser technisch-ökonomische Vorteil einer möglichen kleinen Messzeit bei der Messung im Zeitbereich wird allerdings mit einer relativ geringen Präzision erkauft. Das ist ein Indiz für die Gültigkeit einer allgemeinen Behauptung, die wir ohne ausführlichere theoretische Begründung formulieren wollen:

- Die Vorteile großer Präzision einerseits und kleiner Messzeit andrerseits sind *gegenläufig* verknüpft.

Selbstverständlich gilt dies nur der Möglichkeit nach: Man kann bei beliebig langer Messzeit beliebig ungenau messen. (Das haben Studenten im Labor oft demonstriert.)

2.2.4   Technische Varianten

Periodisches Testsignal für Zeitcharakteristik

Bei der bisherigen Betrachtung der Messung der Gewichtsfunktion $g(t)$ eines LTI-Systems haben wir einen einmaligen Messvorgang unterstellt, also die einmalige Erregung des Messobjektes durch einen stoßähnlichen Impuls. Mittels eines Speicheroszilloskops etwa ist damit die Gewichtsfunktion grafisch darstellbar. Mit einem gewöhnlichen Oszilloskop dagegen ist ein stehendes Bild nur zu gewinnen, wenn das darzustellende Signal periodisch wiederkehrt. In diesem Falle ist also das Testsignal $u_1(t)$ periodisch zu wiederholen, es entsteht ein periodisches Testsignal. In der Signaltheorie hatten wir den Begriff der Periodifizierung eingeführt, so dass wir das periodische Testsignal durch $P\{u_1(t)\} = \sum_{m=-\infty}^{+\infty} u_1(t - mt_p)$ bezeichnen können. Die Primitivperiode t_p ist so zu wählen, dass in dem damit ebenfalls periodifizierten Ausgangssignal $P\{u_2(t)\} = \sum_{m=-\infty}^{+\infty} u_2(t - mt_p)$ die Originalfunktion $u_2(t) \approx cg(t)$ sichtbar bleibt, also nicht durch Überlagerung verfälscht wird. Das ist mit der praktisch immer endlichen Zeitdauer T der Gewichtsfunktion gewährleistet für $t_p \geq T$. Diesen Mechanismus hatten wir bei der Behandlung des Abtasttheorems ausführlich diskutiert, dort allerdings zunächst am Beispiel von periodifizierten Frequenzfunktionen.

Im Interesse der Übersichtlichkeit wollen wir zuerst den Idealfall einer periodischen Stoßfolge $\sum_{m=-\infty}^{+\infty} \delta(t - mt_p)$ als Testsignal betrachten. Dann hat das periodische Ausgangssignal (die periodifizierte Gewichtsfunktion) gemäß $P\{g(t)\} \circ\!\!-\!\!\bullet A\{G(f)\}$ also ein diskretes Spektrum, die Abgetastete von $G(f)$. Zur Erinnerung: Es gilt $A\{G(f)\} = \sum_{\mu=-\infty}^{+\infty} f_0 G(\mu f_0)\, \delta(f - \mu f_0)$, wobei die Stoßintegrale $f_0 G(\mu f_0)$ identisch mit den Fourierkoeffizienten $C(\mu)$ der periodifizierten Gewichtsfunktion sind, d. h. $C(\mu) = f_0 G(\mu f_0)$. Damit ist die Übertragungsfunktion $G(f)$ an den Stellen $f = \mu f_0$, also durch Stützwerte im Abstand $f_0 = 1/t_0 = 1/T$ bestimmt. Hoffentlich erinnern Sie sich, dass wir bei der Diskussion der Frage der notwendigen Abstände von Messfrequenzen bei der Übertragungsfunktion im Frequenzbereich schon einmal zu diesem Ergebnis gekommen waren. Wenn die Primitivperiode t_p zu klein gewählt wurde und damit wegen des Überlagerungseffektes aus $P\{u_2(t)\}$ die Gewichtsfunktion nicht mehr unverfälscht entnommen werden kann, enthält interessanterweise dennoch das zugehörige Linienspektrum unverfälschte Stützwerte von $G(f)$ in der Form $G(\mu f_0)$. Allerdings kann aus diesen Stützwerten dann die *komplette* Übertragungsfunktion nicht mehr rekonstruiert werden, der

Frequenzabstand f_0 ist zu groß, die Bedingungen des Abtasttheorems für die Abtastung von Spektralfunktionen sind verletzt.

Aus der obigen Betrachtung im Spektralbereich und der prinzipiellen Ähnlichkeit mit der Messung der Übertragungsfunktion unter Verwendung eines periodischen kosinusförmigen Testsignals wird klar, dass man auch bei einer periodischen Stoßfolge als Testsignal durch eine spektrale Selektion, also durch Selektivmessung, additive Störungen unterdrücken kann. Da das Nutzsignal ein Linienspektrum hat, kann man eine so genannte Filterbank von Schmalbandfiltern mit Bandmittenfrequenzen μf_0 vorsehen, deren Bandbreiten wiederum theoretisch beliebig klein gemacht werden können. Damit ist die Wirksamkeit der Störunterdrückung genau so groß wie bei kosinusförmigem Testsignal. Selbstverständlich geht dies auf Kosten der Messzeit, denn das angenommene periodische Testsignal (Stoßfolge) muss hinreichend lange anliegen, damit die schmalbandige Messeinrichtung praktisch im eingeschwungenen Zustand arbeitet. So kann auch bei der Messung von Systemcharakeristiken im Zeitbereich die Präzision durch Erhöhung der Messzeit erhöht werden.

Damit ist die von uns diskutierte Problematik der in der Praxis notwendigen Verwendung stoßähnlicher Testsignale natürlich nicht beseitigt. Ebenso wie die Antwort auf einen einmaligen kurzen Testimpuls nur näherungsweise proportional der Gewichtsfunktion ist, weicht auch die Antwort auf eine periodische Testimpulsfolge von der Form der periodifizierten Gewichtsfunktion ab, so dass auch die daraus durch Fourierreihenentwicklung zu gewinnenden Fourier-Koeffizienten $C_2(\mu)$ bestenfalls nur näherungsweise proportional den Abtastwerten $G(\mu f_0)$ der Übertragungsfunktion sind. Eine Korrektur dieser systematischen Fehler (die zunächst nichts mit eventuellen unabhängigen Störsignalen zu tun haben) ist allerdings theoretisch möglich, wenn man das Spektrum z. B. in Form der Fourierkoefizienten $C_1(\mu)$ der periodischen Testimpulsfolge bestimmt und zusammen mit den Fourierkoeffizienten $C_2(\mu)$ des Ausgangssignals die Stützwerte $G(\mu f_0)$ nach der Beziehung

$$G(\mu f_0) = \frac{C_2(\mu)}{C_1(\mu)}$$

berechnet.

Aus dieser Beziehung ist übrigens unmittelbar zu entnehmen, dass die Stützwerte der gesuchten Übertragungsfunktion $G(\mu f_0)$ nur dann näherungsweise proportional den Fourierkoeffizienten $C_2(\mu)$ des Ausgangssignals sind, wenn im interessierenden Frequenzbereich die Fourierkoeffizienten $C_1(\mu)$ näherungsweise konstant (d. h. frequenzunabhängig) sind. Exakt konstante Fourierkoeffizienten $C_1(\mu)$ korrespondieren zu einer Stoßfolge, entsprechend dem nicht realisierbaren Idealfall. Außerdem wird aus der „Korrekturbeziehung" $G(\mu f_0) = C_2(\mu)/C_1(\mu)$ deutlich, dass in Frequenzintervallen mit sehr kleinen Beträgen von $C_1(\mu)$ und damit auch von $C_2(\mu)$ das Auftreten unabhängiger Störamplituden dieses Verfahren unbrauchbar macht. (Das ist Ihnen intuitiv klar: In Frequenzintervallen, in denen nur eine schwache Erregung des Systems durch das Testsignal erfolgt, ist keine präzise Messung möglich.)

Mehrfrequenz-Testsignal für Frequenzcharakteristik

Bei der Messmethode zur unmittelbaren Bestimmung der Frequenzcharakteristik hatten wir suggeriert, dass durch sukzessive Einstellung unterschiedlicher Frequenzen des kosinusförmigen Testsignals *punktweise* die Messwerte nacheinander ermittelt werden. Als wirksame Methode der Unterdrückung von Störsignalen hatten wir außerdem eine *selektive* Messung erkannt. Unter dieser Voraussetzung aber ist es möglich, das Messobjekt durch mehrere additiv überlagerte kosinusförmige Testsignale mit unterschiedlichen Messfrequenzen *zugleich* zu erregen und mit Hilfe der entsprechenden Anzahl parallel geschalteter selektiver Messkanäle am Ausgang die Frequenzcharakteristk an mehreren Frequenzpunkten zugleich zu bestimmen. Diese Mehrkanalmessung ist möglich, so lange das Messobjekt als LTI-System zu behandeln ist, also insbesondere durch die Testsignale keine amplitudenmäßige Übersteuerung bewirkt wird. (Wir hatten darauf hingewiesen, dass in der Praxis insbesondere bei Systemen mit aktiven Bauelementen durch zu große Signalamplituden nichtlineare Effekte auftreten.)

Bei Verwendung von M Messfrequenzen zahlt sich der Aufwand einer Mehrkanalmessung in einer Verminderung der Messzeit um den Faktor $1/M$ aus. Die Messfrequenzen lassen sich in gewünschter Weise anordnen, z. B. um eine Frequenzcharakteristik mit äquidistanten Messpunkten über einer logarithmisch geteilten Frequenzskala zu erzeugen.

Mit dieser Methode einer Mehrkanalmessung entstehen de facto neue Testsignale, so genannte *Mehrfrequenzsignale*, deren Kurvenform nicht mehr kosinusförmig ist.

Eine Summe $u_1(t)$ von im Allgemeinen phasenverschobenen kosinusförmigen Einzel-Testsignalen $u_{1|\mu_i|}(t) = U_{0|\mu_i|}\cos(2\pi f_{|\mu_i|}t+\varphi_{0|\mu_i|})$ mit $U_{0|\mu_i|} > 0$ gemäß

$$u_1(t) = \sum_{i=1}^{M} u_{1i}(t) = \sum_{i=1}^{M} U_{0|\mu_i|}\cos(2\pi f_{|\mu_i|}t + \varphi_{0|\mu_i|})$$

lässt sich als Fouriersumme auffassen, wenn die verwendeten Frequenzen $f_{|\mu_i|}$ in einem rationalen Zahlenverhältnis stehen. Dies bedeutet, dass jede Frequenz $f_{|\mu_i|}$ durch $f_{|\mu_i|} = |\mu_i| f_0$ (mit $\mu_i \in \mathbf{Z}$; $i \in \mathbf{N}$) ausgedrückt werden kann, d. h. aus einem äquidistanten Frequenzraster auszuwählen ist. Das aber lässt sich in der Praxis immer voraussetzen. Dann kann man $u_1(t)$ in der bekannten, von uns vorzugsweise verwendeten, komplexen Schreibweise für eine Fouriersumme notieren, d. h.

$$\begin{aligned} u_1(t) &= \sum_{i=1}^{M} U_{0|\mu_i|}\cos(2\pi f_{|\mu_i|}t + \varphi_{0|\mu_i|}) \\ &= \sum_{\mu=-\infty}^{+\infty} C(\mu)\, e^{j2\pi\mu f_0 t} \end{aligned}$$

Da die Einzel-Testsignale $u_i(t)$ reell vorausgesetzt wurden, ergeben sich die komplexen Fourierkoeffizienten zu

$$C(\mu) = \begin{cases} \frac{U_{0|\mu_i|}}{2}\, e^{j2\pi\varphi_{0|\mu_i|}} & \text{für} \quad \mu = |\mu_i| \\ \frac{U_{0|\mu_i|}}{2}\, e^{-j2\pi\varphi_{0|\mu_i|}} & \text{für} \quad \mu = -|\mu_i| \\ 0 & \text{sonst} \end{cases}$$

Es entsteht als Summen-Testsignal wieder ein periodisches Signal, dessen Periode $t_p = 1/f_0$ allerdings unter Umständen sehr groß sein kann und das jetzt nicht mehr sinusförmig ist.

Da auch bei der vorher betrachteten (näherungsweisen) Messung der *Gewichtsfunktion* mit einer *periodischen Impulsfolge* das Messobjekt mit einem Linienspektrum erregt wird, erkennen Sie nun die innere Verwandtschaft beider Methoden. Selbstverständlich könnten die „Testfrequenzen" hinsichtlich Frequenz-, Amplituden- und Phasenlagen so gewählt werden, dass sie einer Test-Impulsfolge entsprechen. Dann wäre das Mehrfrequenzsignal für die Messung im Frequenzbereich identisch mit der Testimpulsfolge für die Messung im Zeitbereich und beide Messergebnisse wären prinzipiell von gleicher

Aussagekraft. Der Unterschied bestünde dann nur in der unterschiedlichen apparativen Auswertung, die natürlich mit unterschiedlicher Präzision verbunden ist (im Allgemeinen größere Präzision im Frequenzbereich).

Für die Praxis der Mehrfrequenzmessung führt die Betrachtung der zugehörigen Zeitfunktion $u_1(t)$ allerdings zu einer interessanten Überlegung, wenn man sowohl den Einfluss unabhängiger Störungen als auch eine Amplitudenbegrenzung zu berücksichtigen hat. Dann gilt einerseits: Je größer die Amplituden der kosinusförmigen Einzelsignale (also auch der additiven Komponenten des entstehenden Messsignals) sind, desto geringer ist der Einfluss von unabhängigen Störungen auf die Präzision der Messwerte für die einzelnen Messfrequenzen. Andererseits ist zu beachten: Zur Vermeidung nichtlinearer Effekte darf $|u_1(t)|$ eine Maximalamplitude u_{max} nicht überschreiten, was wir bereits bei der Impulsmessung im Zeitbereich diskutierten. Das sind offenbar widersprüchliche Forderungen. Dieses Dilemma kann man bei näherer Betrachtung entschärfen, wie wir anschließend zeigen wollen.

Aus der Fourierreihe $u_1(t) = \sum_{\mu=-\infty}^{+\infty} C(\mu)\, e^{j2\pi\mu f_0 t}$ ergibt sich zunächst

$$|u_1(t)| \leq \sum_{\mu=-\infty}^{+\infty} |C(\mu)| = \sum_{i=1}^{M} U_{0|\mu_i|}$$

Ob die obere Grenze $\sum_{i=1}^{M} U_{0|\mu_i|}$ tatsächlich erreicht wird, hängt allerdings von den Nullphasenwinkeln $\varphi_{0|\mu_i|}$ der beteiligten Einzel-Testsignale $u_{1i}(t)$ ab, mit anderen Worten, es muss eine optimale Verteilung der Nullphasenwinkel geben, für die der Maximalwert von $|u_1(t)|$ minimal ist. Diese optimale Phasenverteilung gestattet also, bei vorgegebener Aussteuerungsgrenze u_{max} des Messobjektes maximale Amplituden $U_{0|\mu_i|}$ der Einzel-Testsignale und somit störunempfindliche Messungen. Leider gibt es nach Kenntnis der Autoren keine allgemeine analytische Lösung für diese Optimierungsaufgabe. (Numerische Lösungen bilden natürlich kein Problem.)

Im Gegensatz dazu findet man leicht den für diese Anwendung *ungünstigsten* Fall. Für den Zeitpunkt $t = 0$ ergibt sich die größte maximale Amplitude von $u_1(t)$, also die obere Grenze $\sum_{i=1}^{M} |U_{0|\mu_i|}|$ aus $u_1(0) = \sum_{i=1}^{M} U_{0|\mu_i|}$ für $\varphi_{0|\mu_i|} \equiv 0$. Dieser ungünstigste Fall für die Messung mit Mehrfrequenzsignalen ergibt ausgeprägte Maxima der periodischen Funktion $u_1(t)$ und korrespondiert daher zu periodischen Impulsfolgen, wie sie grundsätzlich für die Messung der Gewichtsfunktion im Zeitbereich geeignet sind, sofern die Periode t_p hinreichend groß ist (d. h. die Frequenzen $f_{|\mu_i|}$ und die zugehörigen Amplituden $U_{0|\mu_i|}$ geeignet verteilt sind).

Obige Überlegungen sind nicht nur praktisch von Bedeutung, sondern auch ein Test für Sie, wie weit Sie in die Welt der Signaltheorie eingedrungen sind. Auch wenn Sie fest entschlossen sein sollten, nie in Ihrem Berufsleben Messgeräte entwickeln oder auch nur anwenden zu wollen, so hoffen wir doch, Ihnen gezeigt zu haben, welche wertvollen Einsichten man auf der Grundlage unseres Lehrgegenstandes gewinnen kann.

Zusammenfassung

Zur messtechnischen Ermittlung der Übertragungseigenschaften eines LTI-Systems sind entsprechend der alternativen Beschreibungsmöglichkeiten im Zeit- und Spektralbereich durch Gewichtsfunktion $g(t)$ und Übertragungsfunktion $G(f)$ prinzipiell äquivalente Messmethoden unter Verwendung von *aperiodischen* oder *periodischen* Testsignalen möglich.

Im Zeitbereich dienen im Idealfall die *aperiodischen* Signale Stoß oder Sprung als Testsignale zur unmittelbaren kompletten Darstellung von Gewichtsfunktion (Stoßantwort) oder Übergangsfunktion (Sprungantwort) in der Form von Ausgangssignalen. In der Praxis müssen stoß*ähnliche* oder sprung*ähnliche* Testsignale verwendet werden, die somit die gewünschten Systemcharakteristiken nur näherungsweise aufzuzeichnen gestatten. Die Testsignale sind *Breitbandsignale.*

Im Frequenzbereich dienen im Idealfall *periodische* Kosinusfunktionen als Testsignale zur unmittelbaren Bestimmung der Übertragungsfunktion bei diskreten Messfrequenzen durch Messung von Amplituden-Quotienten und Phasen-Differenzen. In der Praxis müssen die Signale ein- und abgeschaltet, d. h. streng genommen nichtperiodische Signale verwendet werden, die somit prinzipiell ebenfalls nur Näherungsmessungen zulassen. Die Testsignale sind *Schmalbandsignale.*

Aus praktischer Sicht sind als parasitäre Effekte insbesondere zu berücksichtigen:

1. Unabhängige Störsignale, die (im einfachsten Falle additiv) in den Messpfad eindringen.

2. Nichtlinearitäten des Systems, die eine Amplitudenbegrenzung der Testsignale erzwingen und damit das Verhältnis von Nutz- und Störamplituden mitbestimmen.

Die Präzision bei sinusförmigen Testsignalen kann durch *frequenzselektive Messung* (Bandpass kleiner Bandbreite im Messpfad des Messempfängers) deutlich erhöht werden.

Bei der Messung von Zeitcharakteristiken ist aus praktischen Gründen oft die Verwendung von *periodischen Testimpulsfolgen* hinreichend großer Periode anstelle aperiodischer Testimpulse nützlich, die somit ein Linienspektrum haben und dadurch prinzipiell eine selektive Messung (mit Kammfiltern) zur Störungsunterdrückung gestatten.

Bei der Messung von Frequenzcharakteristiken ist die Verwendung von *Mehrfrequenzsignalen* eine technisch interessante Variante, wobei de facto das Messobjekt mit *nichtsinusförmigen* periodischen Testsignalen (u. U. großer Periode) ausgesteuert wird.

Die beiden letztgenannten technischen Varianten haben gemeinsam, dass sie periodische nichtsinusförmige Testsignale verwenden und damit prinzipiell durch selektive Messung unabhängige Störungen bekämpft werden können. Dagegen sind wegen der unterschiedlichen Auswertetechnik bei Zeit- und Frequenzcharakteristiken deutlich unterschiedliche Signalformen zweckmäßig (Phasenoptimierung zur Vermeidung großer Spitzenamplituden bei Mehrfrequenzsignalen).

Generell gilt für alle Varianten: Präzision und Messzeit sind potenziell gegenläufig verknüpft.

Anmerkung: Ergänzend wollen wir auf ein Messprinzip zur Bestimmung der Gewichtsfunktion hinweisen, das hier nicht berücksichtigt werden konnte, weil die signaltheoretischen Voraussetzungen fehlen. (Sie werden erst am Ende des Buches unter „Ergänzungen" in Kürze geboten.) Es handelt sich um die Messung der Gewichtsfunktion mit Hilfe eines Zufallssignals als Testsignal, des so genannten „weissen Rauschens". Dieses Testsignal hat im Idealfall zeitlich unveränderliche statistische Parameter (genauer, es wird als stationär vorausgesetzt). Unter Einsatz der Korrelationsmesstechnik ist die Gewichtsfunktion als Kreuzkorrelationsfunktion zwischen stochastischem Eingangs- und demzufolge auch stochastischem Ausgangssignal messbar. Die Kreuzkorrelationsfunktion wird vom Prinzip her punktweise zu diskreten (Verzögerungs-)Zeitpunkten aufgenommen, vergleichbar der punktweisen Aufnahme einer Frequenzcharakteristik. Da bei dieser Korrelationsmesstechnik

ebenfalls unabhängige (additive) Störungen unterdrückt werden, ist sie das
eigentliche Gegenstück zu der hier beschriebenen Messtechnik für Spektralfunktionen mit sinusförmigen periodischen Testsignalen. Beide Verfahren sind
vom theoretischen Ansatz her vergleichbar präzise und zeitaufwendig, obwohl es sich bei der Korrelationsmesstechnik um Breitbandsignale und bei
der Sinusmesstechnik um Schmalbandsignale als Testsignale handelt. Beide
Testsignale sind allerdings theoretisch zeitlich unendlich ausgedehnt mit zeitlich unveränderlichen Parametern, im Gegensatz zu den aperiodischen, also
kurzzeitigen einmaligen (determinierten) und breitbandigen Testsignalen bei
der Impulsmesstechnik zur Bestimmung der Zeitcharakteristiken.

2.3   Idealisierte und elementare LTI-Systeme

Wie bereits erwähnt, bedeutet jede mathematische Beschreibung eines physikalisch-technischen Vorganges eine Modellierung und damit eine mehr oder
weniger einschneidende Idealisierung. Im folgenden Abschnitt werden Systeme betrachtet, die vor allem hinsichtlich einer Realisierung in Analogtechnik
relativ stark idealisiert sind. Teilweise werden sogar vereinfachend die Stabi-
litäts- und die Kausalitätsbedingung verletzt. Trotzdem sind diese Systeme
geeignet, grundsätzliche Einsichten in das Verhalten typischer Klassen von
Systemen zu gewähren. Zum Hervorheben von Gemeinsamkeiten vergleichen
wir sie mit einigen elementaren realisierbaren (im Sinne von weniger idealisierten) Systemen.

Filter im engeren Sinne sind LTI-Systeme, die das Spektrum des Eingangssignals in gewissen Frequenzintervallen gut und in anderen weniger gut
übertragen. Sie sind also zur Trennung (Selektion) von Spektralbereichen geeignet. So unterscheidet man zunächst grob *Tiefpässe, Hochpässe, Bandpässe*
und *Bandsperren.* Systeme mit periodisch aufeinanderfolgenden Durchlassbe-
reichen werden *Kammfilter* genannt. Auch LTI-Systeme, bei denen nicht das
Verhalten im Frequenzbereich im Vordergrund steht, sondern primär eine
Signalverarbeitung im Zeitbereich spezifiziert ist, haben Filtereigenschaften
im Sinne einer Frequenzselektion, also Tiefpassverhalten, Hochpassverhalten
usw. Im Folgenden ordnen wir die ausgewählten Systeme nach ihren *spektralen* Eigenschaften.

2.3.1 Tiefpässe

Idealer Tiefpass

Der Name beruht auf der Vorstellung idealen selektiven Verhaltens in dem Sinne, dass einerseits Spektralkomponenten des Eingangssignals bei tiefen Frequenzen $|f|$ in der Umgebung der Frequenz Null bis zu einer scharfen Frequenzgrenze $|f| = f_g$ unverändert, also mit dem Übertragungsfaktor 1, übertragen werden und andererseits Spektralanteile außerhalb dieses Durchlassbereiches vollkommen unterdrückt werden. Da wir in der Signaltheorie die Rechteckfunktion $\mathrm{rect}(x)$ eingeführt haben, können wir diese zur mathematischen Notierung der Übertragungsfunktion nutzen. Als Bandbreiteparameter verwenden wir vorzugsweise nicht die Grenzfrequenz f_g, sondern die signaltheoretische (zweiseitige) Bandbreite $B = 2f_g$. Damit erklären wir den Idealen Tiefpass als LTI-System mit der reellen Übertragungsfunktion

$$G(f) = \mathrm{rect}(f/B) \tag{2.39}$$

ausführlich

$$G(f) = \begin{cases} 1 & \text{für} & |f| < B/2 \\ 1/2 & \text{für} & |f| = B/2 \\ 0 & \text{sonst} \end{cases}$$

Durch ein System mit dieser Übertragungseigenschaft kann man also ein Nutzsignal mit der Bandbreite B in idealer Weise, d. h. unverzerrt, übertragen. Ist einem solchen Nutzsignal ein Störsignal additiv überlagert, so sind dessen spektrale Komponenten für $|f| > B/2$ vollkommen beseitigt. (Eine totale Unterdrückung des Störsignals würde der ideale Tiefpass bewirken, wenn das Störsignal ein Hochpass-Signal wäre und keine Spektralanteile für $|f| \leq B/2$ besäße.)

Die zugehörige Gewichtsfunktion $g(t)$ ist die Fouriertransformierte der rechteckförmigen Übertragungsfunktion $G(f)$, also eine sinc-Funktion (Spaltfunktion)

$$g(t) = B\,\mathrm{sinc}(Bt) \tag{2.40}$$

Aus der Gewichtsfunktion ist erkennbar: Dieses System ist weder stabil noch kausal, wie wir bereits in Verbindung mit der Definition von Stabilität und Kausalität festgestellt hatten, und schon aus diesem Grunde technisch nicht streng realisierbar.

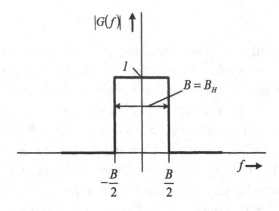

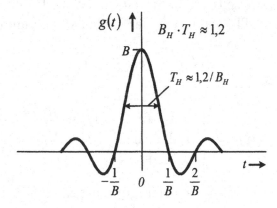

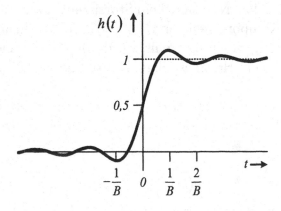

Abbildung 2.16: *Charakteristiken des Idealen Tiefpasses*

Die Unterdrückung von Spektralkomponenten für $|f| > f_g$ eines sehr kurzen „stoßähnlichen" Eingangsimpulses durch den Idealen Tiefpass bewirkt somit als *lineare Verzerrung* der Impulsform eine Verbreiterung des Eingangssignals in Verbindung mit einem Ein- und Ausschwingvorgang. Je kleiner die Bandbreite, desto größer ist die Impulsverbreiterung und desto kleiner die Amplitude des Ausgangssignals. Das ist ein typisches Verhalten für alle Tiefpässe und im Sinne der Signal*übertragung* ein unerwünschter Effekt.

Eine Impulsverbreiterung kann allerdings auch eine erwünschte Signal*verarbeitung* sein. Ein Beispiel haben wir in Verbindung mit der Abtastung kennengelernt: Die ideale Rekonstruktion eines abgetasteten Signals aus seinen Abtastwerten durch interpolierende Spaltfunktionen, also mit Hilfe eines Idealen Tiefpasses geeigneter Bandbreite. Der Ideale Tiefpass kann somit ein ideales Interpolationsfilter sein.

Ergänzend geben wir noch die Übergangsfunktion (Sprungantwort) als Integrierte der Gewichtsfunktion an. Sie ergibt sich unter Verwendung der nichtelementaren Integralsinus-Funktion

$$\mathrm{Si}(x) = \int_0^x \frac{\sin(\xi)}{\xi} \, d\xi \qquad (2.41)$$

zu

$$h(t) = \frac{1}{\pi} \mathrm{Si}(\pi B t) + \frac{1}{2} \qquad (2.42)$$

Diese Zeitcharakteristik ist zusammen mit Gewichtsfunktion und Übertragungsfunktion in Abbildung 2.16 skizziert.

Die lineare Verzerrung einer zum Zeitpunkt $t = 0$ „abrupt" eingeschalteten Gleichgröße zeigt sich also in zwei Effekten. Entgegen der unendlich großen Flankensteilheit des Eingangssignals erscheint das Ausgangssignal mit endlicher Flankensteilheit. Außerdem wird die Flanke begleitet von Ein- und Ausschwingvorgängen, ähnlich denen der Gewichtsfunktion.

Kurzzeitintegrator (Spalt-Tiefpass)

Eine wichtige Operation der Signalverarbeitung ist die Bildung von Mittelwerten einer Zeitfunktion, notgedrungen oder in gewünschter Weise über ein *endliches* Zeitintervall. Dies leistet der anschließend zu besprechende so genannte Kurzzeitintegrator. (Der Begriff ist leider etwas irreführend, wie wir noch zeigen werden.)

Der *lineare Mittelwert* einer Zeitfunktion $u_1(t)$ in einem vorgegebenen Intervall $|t| < T/2$ ist

$$\frac{1}{T} \int_{-T/2}^{+T/2} u_1(t)\, dt$$

Das Intervall, in dem die Funktion $u_1(t)$ ausgewertet wird, soll als *Beobachtungsintervall* oder *Beobachtungsfenster* bezeichnet werden. Wegen des zeitlich begrenzten Beobachtungsintervalles spricht man von einem *Kurzzeitmittelwert*.

Das Ergebnis ist zunächst eine feste Größe, die sich allerdings im Allgemeinen verändert, wenn das Beobachtungsfenster bei konstanter Zeitdauer T eine andere Zeitlage bekommt. Wenn wir annehmen, dass die Intervallgrenzen in Abhängigkeit von der laufenden Zeit t kontinuierlich verschoben werden, entsteht ein *zeitabhängiger Kurzzeitmittelwert*

$$\frac{1}{T} \int_{t-T/2}^{t+T/2} u_1(x)\, dx$$

(Wegen der nunmehr zeitabhängigen Integrationsgrenzen musste die Integrationsvariable umbenannt werden.)

Das Ergebnis dieser Operation heißt **gleitendes Mittel** oder engl. *moving average* (abgek. MA). So entsteht eine neue Zeitfunktion $u_2(t)$. Der obige Ausdruck lässt sich mit der Substitution $x = t - \tau$ (neue Integrationsvariable τ) umformen gemäß

$$u_2(t) = \frac{1}{T} \int_{t-T/2}^{t+T/2} u_1(x)\, dx = \frac{1}{T} \int_{-T/2}^{T/2} u_1(t-\tau)\, d\tau$$

Bitte machen Sie sich die Mühe, sich in diese Formeln „hineinzudenken". Der linke Ausdruck entspricht dem Bild, dass an einer fest stehenden Funktion das Integrationsfenster vorbeigezogen wird (vgl. Beobachtung einer im Stau stehenden Autoschlange durch ein Fenster eines Eisenbahnzuges, der parallel der Straße entgegen der Fahrtrichtung der Autos fährt). Beim rechten Ausdruck dagegen bedient man sich eines zeitlich festen Integrationsfensters, an dem die Funktion vorbeigezogen wird (Beobachtung der obigen in Bewegung gekommenen Autoschlange durch das Fenster eines stehenden Zuges). Das Ergebnis ist die selbe Zeitfunktion $u_2(t)$.

Der Öffnungs- und Schließpunkt des Beobachtungsfensters zu den Zeitpunkten $\tau = -T/2$ und $\tau = +T/2$ kann durch eine multiplikative rechteckförmige „Gewichtsfunktion"

$$g(\tau) = \frac{1}{T}\,\text{rect}(\tau/T)$$

beschrieben werden, wodurch ein Faltungsintegral herkömmlicher Form entsteht:

$$
\begin{aligned}
u_2(t) &= \int_{-T/2}^{T/2} \frac{1}{T} u_1(t-\tau)\,d\tau \\
&= \int_{-\infty}^{+\infty} g(\tau) u_1(t-\tau)\,d\tau \\
&= \int_{-\infty}^{+\infty} u_1(\tau) g(t-\tau)\,d\tau
\end{aligned}
$$

Damit haben wir herausgefunden, dass die Bildung des gleitenden Mittelwertes als Operation eines LTI-Systems Kurzzeitintegrator mit der Gewichtsfunktion

$$g(t) = \frac{1}{T}\,\text{rect}(t/T) \tag{2.43}$$

interpretiert werden kann, d. h. es gilt in Kurzform:

$$u_2(t) = u_1(t) * g(t) = u_1(t) * \frac{1}{T}\,\text{rect}(t/T) \tag{2.44}$$

Durch Besichtigen der Gewichtsfunktion stellen wir fest, dass der Kurzzeitintegrator zwar nicht kausal, aber wenigstens stabil ist. (Durch Kaskadieren mit einem idealen Verzögerungsglied der Verzögerungszeit $t_0 = T/2$ entsteht sogar ein kausales System.)

Die Übergangsfunktion $h(t)$ als Integrierte der Gewichtsfunktion zu skizzieren, ist eine so elementare Aufgabe, dass wir sie Ihnen überlassen können. Sie bestätigen hoffentlich ohne Probleme diese Charakteristik in ihrer mathematischen Form

$$h(t) = \begin{cases} 0 & \text{für} & t < -\frac{T}{2} \\ \frac{1}{T}(t + \frac{T}{2}) & \text{für} & |t| \le \frac{T}{2} \\ 1 & \text{sonst} \end{cases} \tag{2.45}$$

Damit können wir uns dem Spektralbereich zuwenden. Aus der Gewichts-funktion ergibt sich die Übertragungsfunktion $G(f) \bullet\!\!-\!\!\circ g(t)$ zu

$$G(f) = \text{sinc}(Tf) \tag{2.46}$$

und die Systemoperation im Spektralbereich

$$U_2(f) = U_1(f)G(f) = U_1(f)\,\text{sinc}(Tf)$$

Nun ist auch der Name Spalt-Tiefpass erklärt, denn es handelt sich um eine Übertragungsfunktion mit Tiefpassverhalten, bei der Spektralanteile in der näheren Umgebung von $f = 0$, also bei „tiefen" Frequenzen, mit dem Über-tragungsfaktor nahezu Eins ($G(0) = 1$) und für $|f| \to \infty$ gemäß dem Verlauf der sinc-Funktion zunehmend schlechter übertragen werden.

Die Betragscharakteristik der Übertragungsfunktion, die Gewichtsfunkti-on und die Übergangsfunktion zeigt Abbildung 2.17.

Sie haben längst bemerkt, dass bei Spalt-Tiefpass und Idealem Tiefpass Zeit- und Frequenzcharakteristiken gegenseitig vertauscht sind. Es ist interessant, diese beiden Systeme ein wenig zu vergleichen.

Im Frequenzbereich gilt zunächst für beide Systeme gemeinsam $G(0) = 1$ (definitionsgemäß gewollt). Der *Ideale Tiefpass* hat als besonderes Gütemerk-mal der Selektivität einerseits den abrupten Übergang zwischen Durchlass- und Sperrbereich, und andererseits werden im Sperrbereich alle Signalkom-ponenten total unterdrückt. Dagegen existieren beim *Spalt-Tiefpass* keine „natürlichen" Grenzen ausgezeichneter Spektralbereiche. Es findet ein flie-ßender Übergang vom Durchlass- zum Sperrverhalten statt. Mit der De-finition einer Grenzfrequenz f_H durch den Abfall der Übertragungsfunkti-on auf $G(0)/2$, entsprechend 6 dB, entsteht aus der Beziehung $G(f_H) = \text{sinc}(Tf_H) = G(0)/2$ als möglicher Bandbreiteparameter die Halbwerts- oder 6-dB-Grenzfrequenz

$$f_H \approx 0,6/T$$

bzw. die zweiseitige Halbwertsbandbreite

$$B_H \approx 1,2/T$$

wie prinzipiell aus der Signaltheorie bekannt.

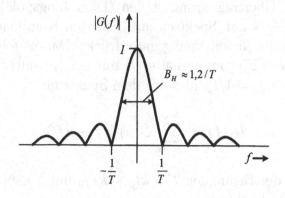

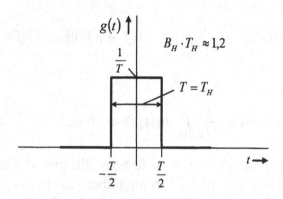

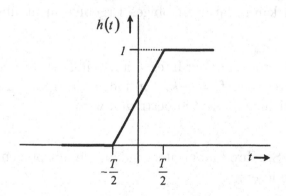

Abbildung 2.17: *Charakteristiken des Kurzzeitintegrators*

Die Hüllkurve der Übertragungsfunktion fällt für $|f| \to \infty$ proportional $1/|f|$, entsprechend einem schwachen Dämpfungsanstieg mit nur 20 dB/Dekade. Allerdings treten Übertragungsnullstellen (Dämpfungspole) an den Stellen $|f| = \mu/T$ mit $\mu \in \mathbf{N}$ auf. Spektren mit diskreten Komponenten bei diesen Frequenzen werden also vollständig unterdrückt. Daraus folgt insbesondere: Für ein *periodisches* Eingangssignal $u_1(t)$ mit der (Primitiv-)Periode t_p und der Grundfrequenz $f_0 = 1/t_p$, also mit dem Spektrum

$$U_1(f) = \sum_{\mu=-\infty}^{+\infty} C(\mu)\, \delta(f - \mu f_0)$$

ergibt sich unter der Bedingung $T = kt_p = k/f_0$ mit $k \in \mathbf{N}$ ein Ausgangssignal $u_2(t)$ mit dem Spektrum

$$U_2(f) = U_1(f)G(f) = [\sum_{\mu=-\infty}^{+\infty} C(\mu)\, \delta(f - \mu f_0)][\mathrm{sinc}(Tf)] = C(0)\, \delta(f)$$

d. h.

$$u_2(t) = C(0) = \frac{1}{kt_p} \int_{kt_p} u_1(t)\, dt = \mathrm{const} \qquad k \in \mathbf{N}$$

In der Signaltheorie hatten wir bereits festgestellt, dass der lineare Mittelwert eines periodischen Signals durch Mittelung über eine Periode (die Primitivperiode t_p oder ein ganzzahliges Vielfaches kt_p), also durch Kurzzeitmittelung, gefunden werden kann, daher ist obiges Ergebnis nicht überraschend. Wir merken uns also:

- Der Spalt-Tiefpass mit der Integrationszeit T ist für periodische Signale der Grundfrequenz $f_0 = 1/kT$ ein idealer Tiefpass in dem Sinne, dass nur die Gleichkomponente übertragen wird.

Bitte überprüfen Sie Ihre Fähigkeiten, indem Sie mit obigen Ergebnissen die folgende Aufgabe lösen:

Übungsaufgabe: Gegeben sei ein reelles periodisches Signal $u_1(t)$ mit der Grundfrequenz $f_0 = 5$ MHz. Das Signal enthalte keine Gleichkomponente und außer einer Spektralkomponente bei 5 MHz (Grundfrequenz) nur Spektralkomponenten (Oberwellen)

bei 10 MHz, 20 MHz und 40 MHz. Untersuchen Sie, ob durch
einen Spalt-Tiefpass die Oberwellen vollständig unterdrückt werden können, so dass das Ausgangssignal nur die Grundfrequenz
enthält, das Ausgangssignal $u_2(t)$ also sinusförmig ist. Gegebenenfalls ist die Integrationszeit T anzugeben, für die der Spalt-
Tiefpass dies leistet.

Bevor wir uns mit dem speziellen Vergleich von Idealem Tiefpass und Spalt-
Tiefpass im Zeitbereich beschäftigen, soll noch einmal die Bedeutung der
Gewichtsfunktion (= Stoßantwort) aus mehr praktischer Sicht beleuchtet
werden. Wir hatten im Abschnitt über Messung der Systemcharakteristiken festgestellt, dass ein kurzzeitiger (einhöckeriger monotoner) Impuls einem
Stoß vergleichbar (stoßähnlich) wirkt, d. h. als Testsignal brauchbar ist, wenn
sein Spektrum „im interessierenden Frequenzbereich" möglichst konstant ist.
Hier geht es nicht um eine Messung, sondern wir setzen die Kenntnis der Gewichtsfunktion voraus, d. h. das System ist bekannt. Die Systemreaktion auf
ein beliebiges Eingangssignal ist damit berechenbar. Wenn der Signal*übertragungs*aspekt im Vordergrund steht, ist die Verzerrung des Eingangsignals
wichtig und kann nach einer solchen Berechnung in allen Einzelheiten beschrieben werden. Von großer Bedeutung ist aber auch nur das *Abschätzen*
einer Verzerrung. Ein Signal ist also stoßähnlich, wenn es ähnlich einem
Stoß verzerrt wird, was man eben an der Gewichtsfunktion ablesen kann.
Wesentliche Parameter der Gewichtsfunktion zur Beurteilung des Übertragungsverhaltens sind dabei die Amplitude und die Zeitdauer (Impulsbreite,
z. B. durch die Halbwertsbreite ausgedrückt), gegebenenfalls auch, ob Im-
pulsausläufer monoton sind oder in Form einer abklingenden Schwingung
auftreten. Stoßähnlich wirkt ein impulsförmiges Eingangssignal, wenn seine Impulsdauer wesentlich kleiner als die Impulsdauer der Gewichtsfunktion
ist (beide z. B. wiederum durch die Halbwertsbreite ausgedrückt). Bei einem stoßähnlichen Eingangssignal spielt die konkrete Impulsform keine Rolle
(Rechteck, Dreieck, Exponentialimpuls usw.), sondern entscheidend ist nur
das Impulsmoment (Fläche) $\int_{-\infty}^{+\infty} u_1(t)\, dt$ und der (schwerpunktmäßige) Zeitpunkt seines Auftretens. In einem Eingangssignal mit Impulsspitzen werden
nur diejenigen ähnlich wie eine Stoßkomponente verzerrt, deren Zeitdauer
wesentlich kleiner als die Stoßantwort ist. Nur für diese Signalanteile kann
also aus der Gewichtsfunktion unmittelbar geschlossen werden, wie sie im
Ausgangssignal verzerrt sind (etwa „Einebnung" der Spitze). Ähnlich verhält
es sich mit der Bedeutung der Übergangsfunktion (= Sprungantwort). Nur

diejenigen Wechsel der Signalmomentanwerte sind sprungähnlich, deren Anstiegszeit wesentlich kleiner als die Anstiegszeit der Sprungantwort ist. (Die
Anstiegszeit der Sprungantwort ist näherungsweise gleich der Impulsdauer
der Stoßantwort.)

Damit können wir uns dem speziellen Vergleich von idealem und Spalt-
Tiefpass im Zeitbereich zuwenden. Als *gemeinsame* Eigenschaft von idealem
und Spalt-Tiefpass hinsichtlich des Übertragungsverhaltens tritt die typische
lineare Verzerrung von Tiefpässen hervor, die sich in einer *Impulsverbreite-*
rung kurzer (stoßähnlicher) impulsförmiger Eingangssignale und einer *Flan-*
kenverschleifung bei sprungähnlichen Signalübergängen äußert. Wie an der
Stoßantwort ablesbar, korrespondiert die in beiden Fällen in gleicher Weise bandbreitenabhängige Impulsverbreiterung ($\sim 1/B$ bzw. $\sim 1/B_H$) zu der
Ausgangsamplitude ($g(0) \sim B$ bzw. $g(0) \sim B_H$). Auch die Übergangsfunktio-
nen, die die erreichbare Flankensteilheit verdeutlichen, zeigen grundsätzlich
das gleiche Verhalten hinsichtlich der erreichbaren Flankensteilheit (Anstiegszeit $\sim 1/B$ bzw. $\sim 1/B_H$). Außerdem gilt wegen $G(0) = 1$ für beide Systeme
auch: $h(t) \rightarrow 1$ für $t \rightarrow \infty$. Unterschiede bestehen dagegen hinsichtlich der
speziellen Form der Charakteristiken. Im Gegensatz zum idealen Tiefpass, bei
dem ein ausgeprägtes, theoretisch unendlich lange andauerndes Einschwin-
gen zu verzeichnen ist, sind die Zeitcharakteristiken beim Kurzzeitintegrator
zeitlich begrenzt mit sprung- bzw. knickförmigen Diskontinuitäten.

Unter dem Signal*verarbeitungs*aspekt ist durch beide Systeme mit einer
gewünschten Signalverbreiterung kurzer Impulse auch eine Glättung des Si-
gnalverlaufes im Sinne der „Einebnung" kurzzeitiger Spitzen und der „Ab-
rundung" abrupter sprungförmiger Übergänge erreichbar. Die bereits als Beispiel behandelte Interpolationsaufgabe bei der Rekonstruktion abgetasteter
Signale wird zwar von beiden Systemen prinzipiell geleistet, allerdings nur
vom idealen Tiefpass in idealer Weise. Mit dem Spalt-Tiefpass ist nur eine treppenförmige Approximation der Originalfunktion möglich. Dass dies
in der Praxis von Bedeutung ist, wurde in Verbindung mit der Abtastung
ausführlich diskutiert.

Die obigen Betrachtungen sollten Ihr Gefühl für die Zusammenhänge von
Spektral- und Zeitbereich vertiefen, die im Grunde genommen die gleichen
sind wie in der Signaltheorie. Die beiden idealisierten Systeme sind gewissermaßen Grenzfälle für diskontinuierliche Charakteristiken in *einem* Bereich,
die zu kontinuierlichen Charakteristiken im *anderen* Bereich korrespondieren, wobei der Ähnlichkeitssatz wirksam wird: Spektrale Kompression, d. h.

in diesem Falle Verkleinerung der Bandbreite, bewirkt zeitliche Dehnung der Gewichtsfunktion und umgekehrt.

Als Ergänzung und weiteres Tiefpass-Beispiel soll nun der elementare RC-Tiefpass betrachtet werden, den wir schon kennengelernt haben.

Elementarer RC-Tiefpass

Dieses System steht zwischen den beiden oben betrachteten Sonderfällen von Tiefpass-Systemen. Es ist auch deshalb interessant, weil es relativ präzise in Analogtechnik realisierbar ist. (Beim genaueren Hinsehen ist allerdings auch der RC-Tiefpass ein idealisiertes Gebilde. In der technischen Ausführung sind nämlich insbesondere bei hohen Frequenzen verteilte parasitäre Induktivitäten und Kapazitäten beim Widerstand, sowie Induktivitäten und Widerstände bzw. Leitwerte beim Kondensator sowie Laufzeiteffekte zu berücksichtigen.) Da wir uns auf ein physikalisches Modell beziehen, ist es wichtig festzustellen, dass wir hier die Signale an Eingang und Ausgang als Spannungen voraussetzen wollen. Dieses System wurde bereits als Beispiel im Unterabschnitt „Lineare zeitinvariante Systeme" vorgestellt, so dass wir uns zunächst kurz fassen können.

Wir beziehen uns auf das Schaltbild in Abbildung 2.4. Das Eingangssignal $u_1(t)$ sei eine von einer idealen Spannungsquelle eingeprägte Spannung, das Ausgangssignal $u_2(t)$ die Leerlaufspannung, also die Spannung am Kondensator ohne einen zusätzlichen Lastwiderstand. Übertragungsfunktion $G(f)$ und Gewichtsfunktion $g(t)$ ergeben sich mit der 3-dB-Grenzfrequenz $f_1 = 1/(2\pi R_1 C_1)$ bzw. der Zeitkonstanten $T_1 = R_1 C_1$ zu

$$G(f) = \frac{1}{1 + j(f/f_1)} \quad \bullet\!\!-\!\!\circ \quad g(t) = 2\pi f_1\, e^{-2\pi f_1 t} \mathrm{s}(t) = \frac{1}{T_1}\, e^{-\frac{t}{T_1}} \mathrm{s}(t) \qquad (2.47)$$

Das System ist stabil und kausal.

Als Zeitcharakteristik ergänzen wir die Übergangsfunktion $h(t)$ (Sprungantwort), die bekanntlich die Integrierte der Gewichtsfunktion $g(t)$ (Stoßantwort) ist:

$$h(t) = (1 - e^{-2\pi f_1 t})\, \mathrm{s}(t) = (1 - e^{-\frac{t}{T_1}})\, \mathrm{s}(t) \qquad (2.48)$$

Es handelt sich um den aus den Grundlagen der Elektrotechnik bekannten Spannungsverlauf an einem Kondensator, der nach Anlegen einer Gleichspannung (Sprung) über einen Widerstand aufgeladen wird.

Mit etwas Phantasie ist eine Ähnlichkeit der Zeitcharakteristiken von Kurzzeitintegrator und RC-Tiefpass auszumachen, insbesondere wenn man die
kausale Variante des Kurzzeitintegrators zum Vergleich heranzieht, wie in
Abbildung 2.18 dargestellt.

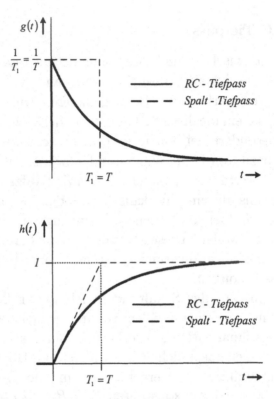

Abbildung 2.18: *Zeitcharakteristiken des RC-Tiefpasses und des kausalen
Spalt-Tiefpasses (gestrichelt) für $T_1 = T$*

Während die Verzerrungseffekte unter dem Signal*übertragungs*aspekt (Impulsverbreiterung, Flankensteilheit) generell ähnlich denen bei idealem und
Spalt-Tiefpass sind, finden sich unmittelbare Gemeinsamkeiten bei RC- und
(kausalem) Spalt-Tiefpass hinsichtlich der Diskontinuität der Charakteristiken bei $t = 0$ (sprungförmige bzw. knickförmige Diskontinuität). Diese Diskontinuitäten korrespondieren zum Verhalten der Übertragungsfunktionen,
die für $|f| \to \infty$ beide betragsmäßig mit $1/|f|$ verschwinden. Die Gemein-
samkeiten im Spektralbereich treten aus den in Abbildung 2.19 gezeigten
Dämpfungsverläufen deutlich hervor (Asymptoten mit 20 dB/Dekade).

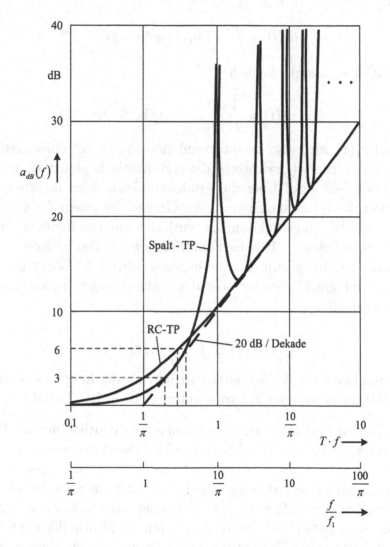

Abbildung 2.19: *Dämpfungscharakteristiken des RC- und des Spalt-Tiefpasses für $f_1 = 1/(\pi T)$ bzw. $T_1 = T/2$*

Unter dem Signal*verarbeitungs*aspekt finden sich ebenfalls interessante Gemeinsamkeiten zwischen RC- und Spalt-Tiefpass. Für kausale Gewichtsfunktionen $g(t) \equiv 0$ für $t < 0$ lautet die Systemoperation (Faltungsintegral) allgemein

$$u_2(t) = \int_{\tau=-\infty}^{t} u_1(\tau)\, g(t - \tau)\, d\tau$$

Für den RC-Tiefpass gilt folglich

$$u_2(t) = \frac{1}{T_1} \int_{\tau=-\infty}^{t} u_1(\tau)\, e^{\frac{\tau-t}{T_1}}\, d\tau \qquad (2.49)$$

Das Signal $u_1(\tau)$ wird also im Integranden zunächst mit einer Exponentialfunktion multipliziert (gewichtet!), die rechtsseitig begrenzt ist und zeitabhängig verschoben wird. Über die Produktfunktion wird integriert. In Verbindung mit der zeitabhängigen oberen Grenze des Integrales entsteht eine zeitabhängige Ausgangsfunktion. Es wird also ein *exponentielles* Integrationsfenster zeitabhängig über die Funktion bewegt. Das gleiche Bild hatten wir beim Kurzzeitintegrator (Spalt-Tiefpass) entwickelt. Dort wird ein *rechteckförmiges* Integrationsfenster über das Signal bewegt, in der kausalen Variante also gemäß

$$u_2(t) = \frac{1}{T} \int_{\tau=t-T}^{t} u_1(\tau)\, d\tau \qquad (2.50)$$

Man erkennt nun auch die gleichartige Bedeutung der Integrationszeit T beim Kurzzeitintegrator und der Zeitkonstanten T_1 beim RC-Tiefpass.

Der Unterschied in den beiden Operationen tritt deutlich hervor. Der Kurzzeitintegrator bildet einen zeitabhängigen Mittelwert in einem scharf begrenzten Zeitintervall, das bei $t - T$ beginnt und bei t endet. Dagegen bildet der RC-Tiefpass auch eine Art zeitabhängigen Mittelwertes, wobei das Integrationsintervall zwar ebenfalls abrupt bei t endet, aber linksseitig keine scharfe Intervallgrenze existiert. Vielmehr wird durch die Multiplikation mit der Exponentialfunktion eine Gewichtung derart vorgenommen, dass Signalanteile mit zunehmendem Abstand links von dem aktuellen Zeitpunkt t zunehmend weniger bewertet werden. Beim RC-Tiefpass findet somit ein kontinuierlich zunehmendes „Vergessen" der Vergangenheit statt. Der Kurzzeitintegrator dagegen löscht die Vergangenheit für $\tau < t - T$ abrupt, indem er das Signal erst von dem Zeitpunkt $t - T$ an berücksichtigt, ab dieser unteren Intervallgrenze bis zum Zeitpunkt t aber alle Signalwerte „gleichberechtigt" behandelt. Man spricht daher auch von „Systemen mit Gedächtnis", wobei allgemein die Art und das zeitliche Verhalten des Gedächtnisses durch die Gewichtsfunktion beschrieben wird. Bitte beachten Sie: Auch ein RC-Tiefpass, obwohl dessen untere Integrationsgrenze $\tau = -\infty$ beträgt, hat also mit abnehmender Zeitkonstante T_1 ein zunehmend „kürzeres" Gedächtnis. Hinsichtlich der gewünschten Operation der Mittelwertbildung liefert so auch der RC-Tiefpass ähnlich dem Kurzzeitintegrator zeitabhängige Kurzzeitmittelwerte, allerdings mit exponentieller Wichtung. Wir haben diese Mechanismen auch deshalb so ausführlich behandelt, um Ihnen die Faltungsoperation noch etwas näher zu bringen.

Die spezielle Signalverarbeitung, die bei der Interpolation von Abtastwerten zur Rekonstruktion abgetasteter Signale verlangt wird, leistet auch der RC-Tiefpass, natürlich ebensowenig in idealer Weise wie das der Spalt-Tiefpass tut. Am deutlichsten ist im Spektralbereich zu erkennen, welche Fehler gegenüber der idealen Rekonstruktion auftreten. Wie bereits im Unterabschnitt Abtastung am Beispiel der Interpolation mit der Abtast-Halteoperation, also der Filterung mit einem Spalt-Tiefpass erklärt wurde, treten zwei Fehlerarten auf, die lineare Verzerrung des Originalspektrums und die nichtideale Unterdrückung der durch Periodifizierung entstandenen Komponenten. Im Gegensatz zum Spalt-Tiefpass, bei dem wegen der Übertragungsnullstellen bei $|f| = n/T$ (mit $n \in \mathbf{N}$) die Wahl der Integrationszeit zu $T = t_0$ günstig ist, kann beim RC-Tiefpass als Interpolationsfilter in gewissen Grenzen über die Zeitkonstant T_1 gegenüber dem Abtastintervall t_0 verfügt und dabei ein Austausch der Auswirkungen beider Fehlerarten erreicht werden. Dass ein RC-Tiefpass ein leistungsschwaches Interpolationsfilter ist, können Sie nun verstehen. Es wäre nur bei Oversampling mit sehr großen Abtastfrequenzen gegenüber der Grenzfrequenz des Originalsignals einigermaßen brauchbar.

Der RC-Tiefpass wird, reichlich unpräzise, auch schlechthin als **Integrationsglied** bezeichnet. Den Begriff des idealen Integrators hatten wir bereits eingeführt, nämlich als ein fiktives System, das die Bildung der Integrierten eines Signals einem System zuschreibt. Das ergab sich aus dem Integrationssatz gemäß

$$u_2(t) = \int_{-\infty}^{t} u_1(\tau)\,d\tau \; \circ\!\!-\!\!\bullet \; U_2(f) = U_1(f)\left[\frac{1}{j2\pi f} + \frac{1}{2}\delta(f)\right]$$

Im Vergleich mit der Systemoperation des RC-Tiefpasses im Spektralbereich

$$U_2(f) = U_1(f)G(f) = U_1(f)\frac{1}{1+jf/f_1}$$

zeigt sich, dass für $|f| \gg f_1$ die Näherung

$$U_2(f) \approx U_1(f)\frac{1}{jf/f_1}$$

zulässig ist. Für Eingangssignale mit der Eigenschaft $U_1(f) \equiv 0$ für $|f| < f_{gs} \gg f_1$ (Hochpass-Signale mit einer Signalgrenzfrequenz f_{gs}) gilt somit für den RC-Tiefpass eine Systemoperation im Zeitbereich

$$u_2(t) \approx 2\pi f_1 \int_{-\infty}^{t} u_1(\tau)\,d\tau$$

Man kann also formulieren :

- Der RC-Tiefpass bildet für Hochpass-Signale hinreichend großer Grenzfrequenz näherungsweise (abgesehen von einem Faktor $2\pi f_1$) die Integrierte des Eingangssignals.

Zusammenfassung

Die betrachteten System-Modelle machen die grundsätzliche Wirkungsweise des Tiefpassverhaltens klar, die generell auch für andere Tiefpässe zutrifft. Der wesentliche Parameter im Frequenzbereich ist die Bandbreite bzw. Grenzfrequenz. Im einzelnen unterscheiden sich die Tiefpässe durch ihre Selektivität, die sich im Übergangsverhalten zwischen Durchlass- und Sperrbereich ausdrückt, sowie durch die Art ihres asymptotischen Verhaltens für $|f| \to \infty$. Im Zeitbereich ist mit einer Tiefpassfilterung ein integrierendes Verhalten verbunden, das Verschleifungseffekte verursacht (Verbreiterung und Amplitudenverminderung schmaler Impulse sowie Verflachung steiler Flanken). Im Sinne der Signal*übertragung* sind dies parasitäre und im Sinne der Signal*verarbeitung* gewünschte Effekte. Auch die Unterdrückung unerwünschter Spektralanteile gehört dazu, obwohl sie üblicherweise nicht als Signalverarbeitung im engeren Sinne bezeichnet wird.

Bitte beachten Sie, dass eine Systemoperation nicht notwendig eine *Echtzeit*verarbeitung ist, wie etwa beim RC-Tiefpass. Bedeutsam ist auch eine

Off-line-Signalverarbeitung, bei der ein Signal zunächst aufgezeichnet, anschließend in der Regel numerisch verarbeitet und in beliebiger Form ausgegeben wird. Typisch dafür wäre etwa die Auswertung aufgezeichneter Seismogramme. Generell spielt in der Praxis die digitale Realisierung von LTI-Systemen (vgl. digitale Filter) eine Rolle. Die wahlweise zeitliche oder spektrale Darstellung von Signalen ist dabei relativ problemlos möglich. Als digitale Variante ist sogar der aus Sicht der Analogtechnik ziemlich „weltfremde" ideale Tiefpass realisierbar, denn eine abrupte Bandbegrenzung des Eingangssignals kann einfach durch Nullsetzen der Spektralwerte des Eingangssignals im Sperrbereich erreicht werden (wobei natürlich das Kausalitätsprinzip nicht umgehbar ist). Auch die durch den Spalt-Tiefpass beschriebene Systemoperation ist keine akademische Spitzfindigkeit, sondern als numerische Mittelwertbildung in der Praxis von großer Bedeutung. Mit der zunehmenden Leistungsfähigkeit (insbesondere Rechengeschwindigkeit) von Signalprozessoren ist eine Quasi-Echtzeitverarbeitung möglich, indem Signale z. B. blockweise eingelesen und verarbeitet und im gleichen Zeitraster wieder ausgegeben werden. Die Rechenzeit in Verbindung mit der Blocklänge tritt als Verzögerungszeit in Erscheinung, die in vielen Fällen hingenommen werden kann. Dass die digitale Verarbeitung von Analogsignalen notwendigerweise mit einer Abtastung verbunden ist, hat allerdings die Konsequenz, dass die Übertragungsfunktionen grundsätzlich periodisch sind. Auf solche Systeme wird später eingegangen.

Anmerkung: Zwar verzichten wir hier auf die Vorstellung der zwei- bzw. mehrdimensionalen Fouriertransformation, aber es sei darauf hingewiesen, dass sie z. B. in der Bildverarbeitung eingesetzt wird und auch dort an zweidimensionalen Signalverläufen eine Tiefpassfilterung eine Rolle spielt (Verschleifung von scharfen Kanten, Unterdrückung von lokalen Störungen geringer Ausdehnung).

2.3.2 Hochpässe

Von Hochpässen wird das spektrale Intervall in der Umgebung der Frequenz $f = 0$ mehr oder weniger deutlich unterdrückt und eine Grenzfrequenz f_g definiert, ab der für $|f| > f_g$ theoretisch bis zu $|f| \to \infty$ die Spektralanteile eines Eingangssignals gut übertragen werden. Ein Hochpass wirkt insofern komplementär zum Tiefpass. Mit einer Tiefpassübertragungsfunktion $G_T(f)$ lässt sich eine Hochpassübertragungsfunktion $G_H(f)$ formal ausdrücken durch

$$G_H(f) = G_T(0) - G_T(f) \tag{2.51}$$

Da die Betragscharakteristik von Tiefpässen für Frequenzen $|f| \to \infty$ prinzipiell als asymptotisch gegen Null gehend unterstellt wurde, strebt die Betragscharakteristik eines Hochpasses nach obigem Ansatz für $|f| \to \infty$ gegen eine Konstante $G_T(0)$. Eine konstante (von Null veschiedene) Übertragungsfunktion für $|f| = \infty$ ist aus praktischer Sicht aber von vornherein nicht realisierbar. Diese theoretische Eigenschaft ist daher so zu verstehen, dass sie für hohe Frequenzen *im praktisch interessierenden Frequenzbereich* zutrifft.

Idealer Hochpass

Gegenüber dem Idealen Tiefpass sind beim Idealen Hochpass Durchlass- und Sperrbereich vertauscht. Es existiert eine ideal scharfe Frequenzgrenze f_g mit idealer Übertragung (Übertragungsfaktor Eins) im Durchlassbereich und idealem Sperrverhalten (Übertragungsfaktor Null) im Sperrbereich. Mit dem Sperrbreite-Parameter $B = 2f_g$ soll für die Übertragungsfunktion $G_H(f)$ gelten:

$$G_H(f) = \begin{cases} 0 & \text{für} & |f| < B/2 \\ 1/2 & \text{für} & |f| = B/2 \\ 1 & \text{sonst} \end{cases}$$

Eleganter ist es, den Idealen Hochpass auf den Idealen Tiefpass zurückzuführen, wodurch mit $G_T(0) = 1$ entsteht

$$G_H(f) = 1 - G_T(f) = 1 - \text{rect}(f/B) \tag{2.52}$$

Daraus folgen unmittelbar auch die zugehörigen Zeitcharakteristiken Gewichtsfunktion $g_H(t)$ und Übergangsfunktion $h_H(t)$

$$g_H(t) = \delta(t) - g_T(t) = \delta(t) - B\,\text{sinc}(Bt) \tag{2.53}$$

$$h_H(t) = \text{s}(t) - h_T(t) = \text{s}(t) - \frac{1}{\pi}\text{Si}(\pi B t) \tag{2.54}$$

Das System ist weder stabil noch kausal.

Infolge des spektral bis ins Unendliche ausgedehnten Durchlassbereiches wird ein Stoß zwar als Stoß übertragen, aber von einem Fehlsignal, entsprechend den fehlenden tiefen Frequenzen umgeben. Auch die Flanke eines Sprunges bleibt unendlich steil, sie erscheint am Ausgang nur zentriert (da keine Gleichkomponente übertragen wird) und ist ebenfalls von einem Ein- und einem Ausschwingvorgang umgeben.

Spalt-Hochpass

Aus dem Spalt-Tiefpass abgeleitet, kann ein Spalt-Hochpass angegeben werden mit

$$G_H(f) = 1 - \text{sinc}(Tf) \tag{2.55}$$
$$g_H(t) = \delta(t) - (1/T)\,\text{rect}(t/T) \tag{2.56}$$
$$h_H(t) = s(t) - h_T(t) \tag{2.57}$$

Das System ist zwar stabil, aber nicht kausal. (Kausalität ist durch Kaskadierung mit einem Laufzeitglied einfach zu erreichen.) Prinzipiell gelten die gleichen Bemerkungen wie oben. Die praktischen Bezüge sind unbedeutend.

Für beide Hochpassmodelle wurde darauf verzichtet, die Systemcharakteristiken zeichnerisch darzustellen. Diese zu skizzieren wäre eine gute Übung für Sie.

RC-Hochpass

Dem obigen Formalismus folgend, ergibt sich

$$G_H(f) = 1 - \frac{1}{1 + jf/f_1} = \frac{jf/f_1}{1 + jf/f_1} \tag{2.58}$$
$$g_H(t) = \delta(t) - 2\pi f_1\, e^{-2\pi f_1 t}\, s(t) \tag{2.59}$$
$$h_H(t) = e^{-2\pi f_1 t}\, s(t) \tag{2.60}$$

Das System ist stabil und kausal.

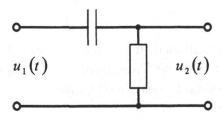

Abbildung 2.20: *RC-Hochpass*

Trotz der formalen Behandlung lässt sich für die als Spannungsübertragungsfunktion aufgefasste Übertragungsfunktion eine physikalisch realisierbare Schaltung angeben (s. Abbildung 2.20).

Auch die Systemcharakteristiken des elementaren RC-Hochpasses sollten Sie zu Übungszwecken skizzieren. Bitte beachten Sie, dass die *Übergangs*funktion des RC-*Hoch*passes, abgesehen von der Dimension und einem Faktor, die gleiche Form wie die *Gewichts*funktion des RC-*Tief*passes hat. Das kann Sie eigentlich nicht irritieren, da die Zusammenhänge physikalisch durchschaubar sind. Eine Verwechslung wäre ein schwerer Fehler, und Sie würden sich dem Verdacht aussetzen, formal zu lernen.

Der RC-Hochpass wird gelegentlich auch als **Differenzierglied** bezeichnet. Tatsächlich hat er eine näherungsweise differenzierende Wirkung auf Signale, deren Spektrum sich auf ein Frequenzintervall $|f| \ll f_1$ beschränkt, wie nachfolgend gezeigt werden soll.

Aus dem Differentiationssatz

$$u_2(t) = \frac{d\,u_1(t)}{dt} \circ\!\!-\!\!\bullet\ U_2(f) = U_1(f)j2\pi f$$

und der Systemoperation des RC-Hochpasses im Frequenzbereich

$$U_2(f) = U_1(f)G_H(f) = U_1(f)\frac{jf/f_1}{1 + jf/f_1}$$

folgt für $|f| \ll f_1$

$$U_2(f) \approx U_1(f)jf/f_1$$

Das heißt für frequenzbegrenzte Tiefpass-Signale $u_1(t)$ mit der Signalgrenzfrequenz $f_{gs} \ll f_g$, genauer mit der Eigenschaft $U_1(f) \equiv 0$ für $|f| > f_{gs} \ll f_1$ ergibt sich für das Ausgangssignal $u_2(t)$ die Näherung

$$u_2(t) \approx \frac{1}{2\pi f_1}\frac{d\,u_1(t)}{dt}$$

Es sollte Ihnen sofort auffallen, dass diese Näherung somit nur für Signalfrequenzen gilt, bei denen die Dämpfung des Hochpasses relativ groß ist, d. h. mit zunehmender Güte des RC-Hochpasses als Differenzierglied sinkt die Ausgangsamplitude.

In ähnlicher Weise wie beim RC-Tiefpass kann man also formulieren:

- Der RC-Hochpass bildet für Tiefpass-Signale hinreichend kleiner Grenzfrequenz näherungsweise (abgesehen von einem Faktor $1/(2\pi f_1)$) die Differenzierte des Eingangssignals.

Zusammenfassung

Hochpass-Systeme sind durch die gemeinsame Eigenschaft gekennzeichnet, kurzzeitige Signaländerungen von der Tendenz her zu bewahren, wodurch wegen der Unterdrückung tieffrequenter Spektralanteile Impulsspitzen und sprungförmige Signalübergänge hervorgehoben werden. Die Gleichkomponente der Eingangssignale dagegen geht verloren.

Gemeinsam ist den Hochpass-Systemen aber auch eine Problematik, auf die bereits hingewiesen wurde: Technisch können keine Systeme mit einem Übertragungsfaktor $G(f) \neq 0$ bis zur Frequenz Unendlich realisiert werden. Beim RC-Hochpass z. B. machen sich die bereits beim RC-Tiefpass erwähnten parasitären Induktivitäten und Kapazitäten bemerkbar, die in der Praxis einen Abfall der Betragscharakeristik bei hohen Frequenzen verursachen. De facto ist also ein idealisierter Hochpass immer mit einem Tiefpass in Kaskade geschaltet zu denken, d. h. es entstehen Bandpässe, die anschließend betrachtet werden.

2.3.3 Bandpässe

Bandpässe übertragen gut in einem Frequenzintervall $f_u < |f| < f_g$ (Durchlassbereich) und sperren Spektralkomponenten mehr oder weniger ausgeprägt außerhalb des Durchlassbereiches. Obere und untere Grenzfrequenz f_g und f_u sollen bei den allgemeinen Betrachtungen zunächst nicht näher definiert werden, es könnte sich z. B. um 6-dB-Grenzfrequenzen handeln. Wir schlagen aber vor, dass Sie sich bei den folgenden Überlegungen ideale Bandpässe mit scharfen Frequenzgrenzen wie beim Idealen Tiefpass und beim Idealen Hochpass vorstellen. Dann sind die Frequenzgrenzen eindeutig. Als neuer Parameter Bandmittenfrequenz f_m soll erklärt werden:

$$f_m = \frac{f_u + f_g}{2} \tag{2.61}$$

Auch Bandpass-Charakteristiken lassen sich formal auf Tiefpass-Charakteristiken zurückführen. Für diese Herangehensweise sind aus mathematischer Sicht zunächst zwei Möglichkeiten interessant. Angepasst an die relative Bandbreite (relativ in Bezug auf die Bandmittenfrequenz) gewinnt man so Einsicht in das prinzipielle Verhalten. Nach der relativen Bandbreite werden grob Schmalbandsysteme und Breitbandsysteme unterschieden.

Schmalbandsysteme

Als Schmalbandsysteme werden Bandpässe bezeichnet, wenn die Bandbreite $(f_g - f_u)$ wesentlich kleiner als die Bandmittenfrequenz f_m ist, d. h.

$$f_m \gg (f_g - f_u) \tag{2.62}$$

Die Übertragungsfunktion $G_{SB}(f)$ eines Bandpasses lässt sich in diesem Falle einfach durch zwei frequenzverschobene Tiefpass-Übertragungsfunktionen $G_T(f)$ ausdrücken gemäß

$$G_{SB}(f) = G_T(f - f_m) + G_T(f + f_m) \tag{2.63}$$

Abbildung 2.21 demonstriert diese Operation. Die *systemtheoretische* Bandbreite B_T der Tiefpass-Charakteristik erscheint dabei als *physikalische* Bandbreite des Schmalbandsystems.

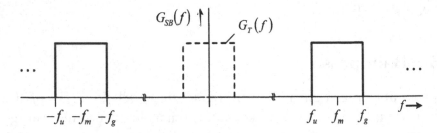

Abbildung 2.21: *Bandpass (Schmalbandsystem) und erzeugender Tiefpass*

Mit dem Verschiebungssatz aus der Signaltheorie ergibt sich unmittelbar die Gewichtsfunktion des Bandpasses

$$g_{SB}(t) = 2g_T(t) \cos(2\pi f_m t) \tag{2.64}$$

Ein Stoß am Eingang regt also eine Schwingung mit der Bandmittenfrequenz f_m des Systems an. Als Hüllkurve tritt die Gewichtsfunktion $g_T(t)$ des erzeugenden Tiefpasses auf.

Für die Systemoperation im Spektralbereich $U_2(f) = U_1(f)G(f)$ lässt sich eine interessante Näherung finden, sofern das Eingangssignal im Durchlassbereich durch nahezu konstante Amplitudendichten $U_1(f_m)$ und $U_1(-f_m)$ beschrieben werden kann, nämlich

$$U_2(f) \approx U_1(f_m)G_T(f - f_m) + U_1(-f_m)G_T(f + f_m)$$

Bei reellen Eingangssignalen gilt $U_1(\pm f_m) = |U_1(f_m)|e^{\pm j\varphi_1(f_m)}$, somit

$$U_2(f) \approx |U_1(f_m)| \left[e^{j\varphi_1(f_m)} G_T(f - f_m) + e^{-j\varphi_1(f_m)} G_T(f + f_m) \right]$$

und durch Rücktransformation, wiederum unter Verwendung des Verschiebungssatzes

$$
\begin{aligned}
u_2(t) &\approx |U_1(f_m)| \left[e^{j\varphi_1(f_m)} g_T(t) e^{j2\pi f_m t} + e^{-j\varphi_1(f_m)} g_T(t) e^{-j2\pi f_m t} \right] \\
&\approx |U_1(f_m)| \, 2g_T(t) \, \cos\left(2\pi f_m t + \varphi_1(f_m)\right)
\end{aligned}
$$

Unabhängig von der Form des Eingangssignals, sofern nur die Bedingung nahezu konstanter Amplitudendichte in der Umgebung von $\pm f_m$ erfüllt ist, tritt also am Ausgang näherungsweise die Gewichtsfunktion $g_T(t)$ des erzeugenden Tiefpasses als Hüllkurve des Ausgangssignals auf. Das erscheint zunächst bemerkenswert. Abgesehen von einem Amplitudenfaktor und einer Phasenverschiebung der cos-Schwingung stellt die unterste Zeile obiger Beziehung aber auch zugleich die Gewichtsfunktion Gl. 2.64 des Schmalbandsystems dar. Bei einigem Nachdenken wundert es uns allerdings nicht mehr, denn wir hatten bereits festgestellt, dass jedes Eingangssignal mit konstantem Spektrum im interessierenden Frequenzintervall wie ein Stoß wirkt. Das näherungsweise konstante Eingangsspektrum im Durchlassbereich aber hatten wir hier vorausgesetzt. Insbesondere bei den so genannten Tiefpass-Signalen ist diese Bedingung im Allgemeinen erfüllt, sofern die Bandmittenfrequenz f_m des Bandpasses nicht gerade mit einer Nullstelle des Eingangsspektrums zusammenfällt.

Aus der obigen Beziehung geht hervor, dass ein Schmalbandsystem mit veränderlicher Bandmittenfrequenz f_m sich zur Messung der spektralen Amplitudendichte eines (Breitband-)Signales $u_1(t)$ eignet. Durch Bestimmung von Amplitude und Phasenlage der Kosinusschwingung mit der Hüllkurve $g(t)$ sind Betrag und Phasenwinkel von $U_1(f)$ bei der Bandmittenfrequenz f_m (näherungsweise) experimentell zu ermitteln. Damit haben wir auch die *experimentelle* Möglichkeit der Fouriertransformation eines aperiodischen Signals kennengelernt, nachdem wir bisher nur das Fourierintegral und seine analytische Berechnung vor Augen hatten oder vielleicht die in Aussicht gestellte numerische Auswertung des Fourierintegrales.

Die Näherungsbeziehung für die Systemreaktion eines Schmalbandsystems lässt sich auf der gleichen Basis auch zur näherungsweisen Bestimmung der

Übergangsfunktion $h_{SB}(t)$ verwenden. Die Bedingung näherungsweise konstanter Spektralfunktion im Durchlassbereich ist erfüllt, denn mit dem Einheitssprung $s(t)$ als Eingangssignal $u_1(t)$ ist die spektrale Amplitudendichte

$$U_1(f) = \frac{1}{j2\pi f} + \frac{1}{2}\delta(f)$$

Für Schmalbandsysteme interessiert das Spektrum an der Stelle $f = f_m$, also $U_1(f_m) = |U_1(f_m)|\, e^{j\varphi_1(f_m)}$ mit

$$|U_1(f_m)| = \frac{1}{2\pi f_m} \quad \text{und} \quad \varphi_1(f_m) = -\frac{\pi}{2}$$

Damit ergibt sich eine Näherung für die Übergangsfunktion

$$h_{SB}(t) \approx \frac{1}{\pi f_m}\, g_T(t)\sin(2\pi f_m t)$$

Abgesehen von einem konstanten Faktor unterscheiden sich die Näherungen von Übergangsfunktion und Gewichtsfunktion nur dadurch, dass als eingeschriebene Schwingung anstelle der cos-Funktion die sin-Funktion erscheint. Die Gewichtsfunktion des erzeugenden Tiefpasses tritt also auch in diesem Fall als Hüllkurve auf, was uns nach unserer obigen Überlegung nun nicht mehr verwundert.

Breitbandsysteme

Bei Breitbandsystemen liegt die Bandbreite in der Größenordnung der Bandmittenfrequenz. In diesem Fall ist es zweckmäßig, die Übertragungsfunktion $G_B(f)$ auf die Summe von zwei Tiefpass-Charakteristiken zurückzuführen. Aus zwei Tiefpässen mit den Übertragungsfunktionen $G_{T1}(f)$ und $G_{T2}(f)$ und den Grenzfrequenzen f_{g1} und f_{g2}, wobei $f_{g1} > f_{g2}$ sowie $G_{T1}(0) = G_{T2}(0) = 1$ gelte, erhält man eine Bandpass-Übertragungsfunktion

$$G_B(f) = G_{T1}(f) - G_{T2}(f) \tag{2.65}$$

Die Gewichtsfunktion $g_B(t)$ lässt sich sofort durch Fouriertransformation angeben:

$$g_B(t) = g_{T1}(t) - g_{T2}(t) \tag{2.66}$$

Die Übergangsfunktion $h_B(t)$ gewinnt man bekanntlich als Integrierte der Gewichtsfunktion, d. h. $h_B(t) = \int_{-\infty}^{t} g_B(\tau)\, d\tau$, zu

$$h_B(t) = h_{T1}(t) - h_{T2}(t) \tag{2.67}$$

Bei Breitbandsystemen mit $f_{g1} \gg f_{g2}$ sind die Einflüsse der beiden erzeugenden Tiefpass-Systeme separierbar. Dann gelten für die Grenzfrequenzen f_g und f_u des Bandpass-Systems die Näherungen

$$f_g \approx f_{g1} \quad \text{und} \quad f_u \approx f_{g2}$$

Abbildung 2.22 demonstriert dies am Beispiel der Synthese eines breitbandigen Bandpasses aus zwei RC-Tiefpässen.

Bei der Gewichtsfunktion des Bandpasses erscheint der Einfluss der *oberen Grenzfrequenz* in Form des Summanden $g_{T1}(t)$ durch eine relativ kurzzeitige Impulsspitze mit relativ großer Amplitude gegenüber einem durch die *untere Grenzfrequenz* verursachten begleitenden langzeitigen Ausschwingvorgang mit kleiner Amplitude (Summand $g_{T2}(t)$).

Auch bei der Übergangsfunktion ist deutlich zu erkennen, welche Zeitabschnitte von unterer und oberer Grenzfrequenz bestimmt sind.

Vergleich beider Darstellungsmethoden. Die beiden oben besprochenen theoretischen „Synthese"-Methoden wurden vor allem wegen der Anschaulichkeit Schmalband- und Breitbandsystemen zugeordnet. Prinzipiell sind beide sowohl für Schmalband- als auch für Breitbandsysteme möglich. Vielleicht probieren Sie es an einfachen Beispielen aus. Sie werden feststellen, dass bei vertauschten Ansätzen die Zusammenhänge mit den erzeugenden Tiefpässen hervortreten. Da wir hier auf eine komplette Vorstellung der konkreten Anwendung obiger Ergebnisse hinsichtlich der vorher betrachteten drei Tiefpass-Charakteristiken verzichtet haben, empfehlen Ihnen dies als Übung selbstständig zu ergänzen.

> **Übungsaufgabe**: Skizzieren Sie die Betragscharakteristiken der Übertragungsfunktion und die Zeitcharakteristiken von Schmalband- und Breitband-Bandpässen, zurückgeführt auf Ideale und Spalt-Tiefpässe.

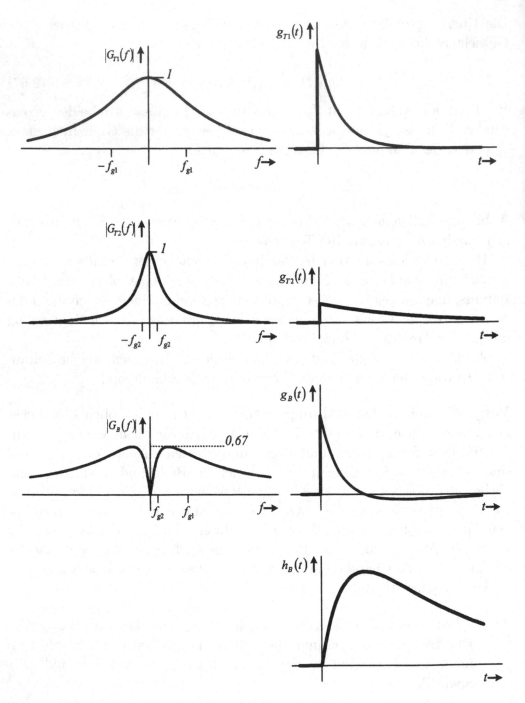

Abbildung 2.22: *Bandpass-Charakteristiken (Breitbandsystem) aus zwei RC-Tiefpass-Charakteristiken synthetisiert*

Realisierungsgesichtspunkte. Die besprochenen beiden Ansätze zur Darstellung von Bandpässen scheinen zunächst nur theoretische Bedeutung zu haben. Mit der „Übersetzung" formelmäßig gegebener Zusammenhänge in Blockschaltbilder befindet man sich allerdings oft schon auf dem Wege zur Realisierung.

Die Darstellung der Übertragungsfunktion eines *Breitband*systems aus der Differenz zweier Tiefpass-Übertragungsfunktionen kann als Vorschrift für eine technische Realisierung gedeutet werden. Sie ergibt sich unmittelbar durch Niederschrift der Systemoperation in der Form

$$U_2(f) = U_1(f)[G_{T1}(f) - G_{T2}(f)] = U_1(f)G_{T1}(f) - U_1(f)G_{T2}(f)$$

und führt zu dem in Abbildung 2.23 links angegebenen Blockschaltbild.

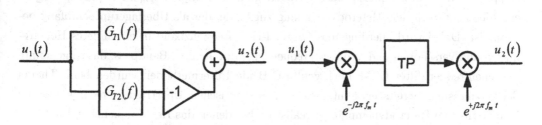

Abbildung 2.23: *Bandpass-Realisierung nach a) Differenzprinzip und b) Homodyn-Prinzip*

Dazu ist anzumerken, dass die Summation von Signalen, zumindest in Analogtechnik, aber prinzipiell auch in Digitaltechnik, problematisch ist, weil bei der Summation betragsmäßig nahezu gleich großer positiver und negativer Zahlenwerte trotz tragbarer Toleranzen der Summanden das Ergebnis mit einem großen relativen Fehler behaftet sein kann. Diese Realisierungsmethode hat also nur begrenzte Bedeutung.

Die in Verbindung mit *Schmalband*filtern gewählte Zurückführung eines Bandpasses auf einen Tiefpass lässt sich unmittelbar in ein Blockschaltbild gemäß Abbildung 2.23 (rechts) übersetzen.

Dieses Blockschaltbild hat allerdings den „Schönheitsfehler", dass dort komplexe Signale auftreten, die nicht unmittelbar physikalisch realisierbar sind. Tatsächlich spielen aber in der Praxis komplexe Signale in der Form so genannter „analytischer Signale" eine Rolle, die z. B. durch einen äquivalenten (komplexen) Tiefpass gefiltert werden können. Der äquivalente Tiefpass ist wiederum mittels digitaler Signalverarbeitung meist mit Hilfe von digitalen Signalprozessoren darstellbar. Leider müssen wir auf die Behandlung dieses modernen Konzeptes verzichten. Näheres findet man z. B. in [Kam08].

Eine anschauliche praktische physikalische Anwendung des Prinzips der Realisierung von Schmalbandfiltern auf der Basis der Frequenzumsetzung liegt beim so genannten Homodynempfang vor. Dabei werden die z. B. durch Amplitudenmodulation entstandenen Hochfrequenzsignale in das Niederfrequenzband (Basisband) umgesetzt, also „demoduliert", und in dieser Frequenzlage durch einen Tiefpass gefiltert. Beim Homodynempfang ist das Ziel die Gewinnung des demodulierten Signals. Wenn man dieses aber wieder in das ursprüngliche Hochfrequenzband zurück verschiebt, hat man de facto eine Bandpassfilterung des Hochfrequenzsignals durchgeführt. Wegen der einfachen Realisierbarkeit von Tiefpässen kann man so hochselektive Bandpässe schaffen, wenn die Frequenzumsetzung entsprechend stabil ist (phasenstarres Trägersignal der Frequenz f_m). Die prinzipiell gleiche Idee liegt auch dem Heterodynempfang zugrunde, der als Überlagerungsempfang bekannt ist. Dabei wird allerdings das Original-Hochfrequenzband in ein anderes Hochfrequenzband verschoben und in dieser Frequenzlage durch einen Bandpass, das so genannte Zwischenfrequenzfilter (ZF-Filter), gefiltert. Beide Filtermethoden wurden beim Thema Selektivmessung bereits erwähnt. Sogar in der optischen Übertragungstechnik wurden Homodyn- und Heterodynempfänger realisiert, bei denen das Hochfrequenzband z. B. im Bereich von 200 THz (Wellenlänge um 1.500 nm) liegt.

Unter dem Gesichtspunkt von Toleranzen ist eine dritte Methode der Darstellung und Realisierung von Bandpässen technisch zweckmäßig, die Kaskadierung von Tief- und Hochpass gemäß

$$G_B(f) = G_T(f)G_H(f) \tag{2.68}$$

Das zugehörige Blockschaltbild ist in Abbildung 2.24 angegeben.

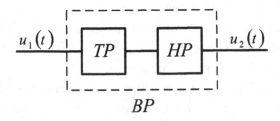

Abbildung 2.24: *Bandpass-Realisierung durch Kaskadierung von Tief- und Hochpass*

Dieser Weg, obwohl technisch interessant, soll nicht weiter verfolgt werden, weil er uns zu stark in den Systementwurf mit seinen technischen Varianten von Analog- und Digitalfiltern verwickeln würde. Immerhin möchten wir Sie bitten, die Übertragungsfunktionen nach den beiden zuletzt betrachteten Varianten für den Fall der RC-Realisierung gegenüberzustellen.

> **Übungsaufgabe**: Berechnen Sie die Übertragungsfunktionen a) $G_B(f) = G_{T1}(f) - G_{T2}(f)$ und b) $G_B(f) = G_T(f)G_H(f)$. Für den Fall a) mögen elementare RC-Tiefpässe mit den Grenzfrequenzen f_1 und f_2 verwendet werden, für b) ein elementarer RC-Tiefpass mit der Grenzfrequenz f_1 und ein elementarer RC-Hochpass mit der Grenzfrequenz f_2. Stellen Sie die Ergebnisse gegenüber und vergleichen Sie die Eigenschaften für unterschiedliche Verhältnisse f_1/f_2. Skizzieren Sie für den durch Kaskadierung entstehenden Bandpass nach b) die Dämpfungs-Charakteristik mit logarithmisch geteilter Frequenzachse unter Verwendung der asymptotischen Geradenverläufe für den Fall $f_1 = 10$ KHz, $f_2 = 100$ Hz.

Zusammenfassend stellen wir fest: Bandpässe und ihre Charakteristiken im Frequenz- und Zeitbereich lassen sich in verschiedener Weise auf Tiefpässe bzw. Tiefpässe und Hochpässe zurückführen. Die besprochenen Darstellungsmethoden sind Schmalband- und Breitbandsystemen zuzuordnen. Alle systemtheoretischen Ansätze korrespondieren zu technischen Realisierungen.

2.3.4 Kammfilter

Filter mit periodisch abwechselnden Durchlass- und Sperrbereichen werden als Kammfilter bezeichnet. Auch sie lassen sich mit einem einfachen systemtheoretischen Ansatz auf erzeugende Tiefpässe zurückführen. Für die Übertragungsfunktion $G_K(f)$ eines Kammfilters mit der spektralen Primitivperiode f_p lässt sich ansetzen:

$$G_K(f) = \sum_{\nu=-\infty}^{+\infty} G_T(f - \nu f_p), \qquad (2.69)$$

wobei $G_T(f)$ eine Tiefpass-Übertragungsfunktion sei. In unserer signaltheoretischen Ausdrucksweise können wir die so erklärte Übertragungsfunktion als Periodizierte der Tiefpass-Charakteristik bezeichnen. Aus dem Abschnitt über Abtastung in der Signaltheorie wissen wir, dass die Periodifizierte einer Spektralfunktion zur (Normal-)Abgetasteten der zugehörigen Zeitfunktion, also der Gewichtsfunktion des Tiefpasses $g_T(t)$, korrespondiert, d. h. es gilt

$$g_K(t) = A\{g_T(t)\} \circ\!\!-\!\!\bullet\, G_K(f) = P\{G_T(f)\}$$

bzw. ausführlich

$$g_K(t) = \sum_{n=-\infty}^{+\infty} t_0 g_T(nt_0)\, \delta(t - nt_0) \tag{2.70}$$

Die Integrierte dieses Ausdrucks, d. h. die Übergangsfunktion $h_K(t)$, entsteht damit als Summe von verschobenen und mit $t_0 g_T(nt_0)$ bewerteten Sprung-funktionen

$$h_K(t) = \sum_{n=-\infty}^{+\infty} t_0 g_T(nt_0)\, \mathrm{s}(t - nt_0) \tag{2.71}$$

Es gibt also zwei gleichwertige Betrachtungsweisen, die Kammfiltercharakte-ristiken auf Filter mit aperiodischen Übertragungsfunktionen zurückzuführen, entweder die Periodifizierung einer gegebenen Übertragungsfunktion oder die Abtastung einer gegebenen Gewichtsfunktion. Je nachdem, ob dabei die Be-dingungen des Abtasttheorems eingehalten werden, bleibt die Frequenzcha-rakteristik im Intervall $|f| < f_p/2$ unverändert oder wird durch den Aliasing-effekt verfälscht.

Abbildung 2.25 zeigt Kammfiltercharakteristiken, die aus einem Idealen Tief-pass abgeleitet sind.

Kammfilter sind, wie wir bereits wissen, Modelle für diskrete Filter. Bei dis-kreten Filtern bestand lediglich die Einschränkung, dass auch für die Ein-gangssignale zeitdiskrete Signale mit dem gleichen Zeitraster t_0 vorauszuset-zen waren, also das Testsignal $\mathrm{s}(t)$ dann nicht zulässig ist und folglich die Übergangsfunktion $h_K(t)$ in dieser Form nicht existiert.

  Der oben in Gl. (2.70) gefundene Ausdruck für die Gewichtsfunktion ei-nes Kammfilters entspricht der folgenden allgemeinen Beziehung für die Ge-wichtsfunktion eines diskreten Systems

$$g(t) = \sum_{n=-\infty}^{\infty} c_g(n)\, \delta(t - nt_0)$$

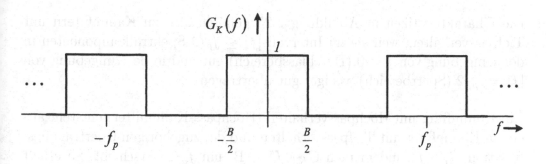

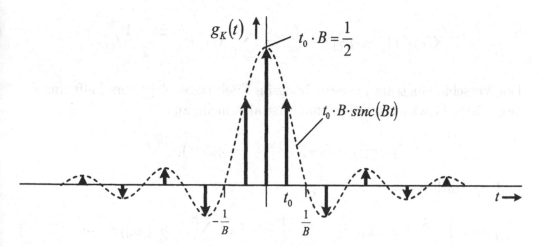

Abbildung 2.25: *Kammfiltercharakteristiken, abgeleitet aus einem idealen Tiefpass*

Durch Koeffizientenvergleich ergibt sich für die Gewichtsfolge $c_g(n)$ des aus dem kontinuierlichen Tiefpass hergeleiteten Kammfilter-Tiefpasses

$$c_g(n) = t_0 g_T(n t_0) \qquad (2.72)$$

Kammfilter können diskrete Filter sein, die in Digitaltechnik realisiert werden, müssen es aber nicht sein, da auch eine Realisierung in Analogtechnik möglich ist (z. B. aus angezapften Verzögerungsleitungen).

Da Kammfilter grundsätzlich periodische Übertragungsfunktionen haben, klassifizieren wir sie nach ihrem Verhalten im Frequenzintervall $|f| \leq f_p/2$ und unterscheiden danach Kammfilter mit Tiefpass-, Hochpass- und Bandpassverhalten. Entsprechend unterscheiden wir auch diskrete Tiefpässe, Hochpässe und Bandpässe.

Die Charakteristiken in Abbildung 2.25 gehören also zu Kammfiltern mit Tiefpassverhalten, weil sie im Intervall $|f| \leq f_p/2$ Spektralkomponenten in der Umgebung von $f = 0$ (Durchlassbereich) gut und in der Umgebung von $|f| = f_p/2$ (Sperrbereich) weniger gut übertragen.

Ein Kammfilter mit Hochpassverhalten (Hochpass-Kammfilter) entsteht aus einem Kammfilter mit Tiefpassverhalten und der zugehörigen Übertragungsfunktion $G_{KT}(f)$, indem man $G_{KT}(f)$ z. B. um $f_p/2$ verschiebt. So erhält man eine Hochpass-Übertragungsfunktion $G_{KH}(f)$ in der Form

$$G_{KH}(f) = G_{KT}(f - \frac{f_p}{2}) = \sum_{\nu=-\infty}^{+\infty} G_T(f - \frac{2\nu + 1}{2}f_p)$$

Der Verschiebungssatz (Verschiebung im Spektralbereich) verschafft uns die zugehörige Gewichtsfunktion, zunächst allgemein, zu

$$g_{KH}(t) = g_{KT}(t)e^{j2\pi \frac{f_p}{2} t} = g_{KT}(t)e^{j\pi f_p t}$$

und ausführlich

$$g_{KH}(t) = \left[\sum_{n=-\infty}^{+\infty} t_0 g_T(nt_0)\,\delta(t - nt_0) \right] e^{j\pi f_p t} = \sum_{n=-\infty}^{+\infty} [t_0 g_T(nt_0)\,\delta(t - nt_0)\,e^{j\pi f_p t}]$$

Dieser Ausdruck lässt sich wie folgt vereinfachen: Wegen der allgemeinen Beziehung $x(t)\,\delta(t - nt_0) = x(t_0)\,\delta(t - nt_0)$ gilt

$$e^{j\pi f_p t}\,\delta(t - nt_0) = e^{j\pi f_p nt_0}\,\delta(t - nt_0)$$

und mit $f_p = 1/t_0$ sowie $e^{j\pi n} = (-1)^n$ ergibt sich schließlich

$$e^{j\pi f_p t}\,\delta(t - nt_0) = (-1)^n\,\delta(t - nt_0)$$

d. h. für die Gewichtsfunktion des Hochpass-Kammfilters entsteht

$$g_{KH}(t) = \sum_{n=-\infty}^{+\infty} (-1)^n\, t_0\, g_T(nt_0)\,\delta(t - nt_0) \tag{2.73}$$

Die Multiplikation mit dem Drehzeiger $e^{j\pi f_p t}$ wirkt sich also nur als Faktor $(-1)^n$ bei den Stoßintegralen aus, d. h. gegenüber der Gewichtsfunktion des Tiefpass-Kammfilters erscheint bei der Gewichtsfunktion des Hochpass-Kammfilters jeder Summand mit ungeradem Index in entgegengesetzter Polarität. Das ist eine ausgesprochen einfache Vorschrift der Transformation eines Tiefpass-Kammfilters in ein Hochpass-Kammfilter. Da wir die Kammfilter vor allem auch als Modelle für diskrete Systeme und damit auch digitale Filter verstehen, ist dies ein hochinteressantes Ergebnis. Digitale Filter können durch programmierte Signalprozesoren realisiert werden, und die Änderung von Polaritäten gewisser Koeffizienten ist eine höchst einfach zu programmierende Operation. Wir merken uns also:

- Polaritätsumkehr der Koeffizienten mit ungeraden Indizes in den Gewichtsfunktionen diskreter Systeme bewirkt eine Verschiebung der periodischen Übertragungsfunktion um eine halbe Periode und damit eine Tiefpass-Hochpass-Transformation (TP-HP-Transformation).

In Abbildung 2.26 sind die Hochpass-Kammfilter-Charakteristiken dargestellt, die entsprechend der angegebenen Tiefpass-Hochpass-Transformation zu den Charakteritiken von Abbildung 2.25 korrespondieren.

Realisierungsmodell. Aus der Gewichtsfunktion eines Kammfilters lässt sich eine einfache Realisierungsvorschrift unter Verwendung von idealen Verzögerungsgliedern mit der Verzögerungszeit t_0 ableiten. Wir wollen zunächst das Beispiel des aus einem nichtkausalen Spalt-Tiefpass hergeleiteten Kammfilters betrachten. Bitte konstruieren Sie eine Gewichtsfunktion $g_K(t)$ in Analogie zu der von Abbildung 2.25, nunmehr somit als (Normal-)Abgetastete der Gewichtsfunktion $g_T(t) = (1/T)\mathrm{rect}(t/T)$. Die Abtastperiode sei $t_0 = T/4$. Beachten Sie die korrekten Funktionswerte von $g_T(t)$ für $t = \pm T/2$ (sprungförmige Unstetigkeit!). In der angegebenen Form ist das System also nicht kausal. Zur Realisierung benötigen wir aber eine kausale Version, die sich einfach durch Verschiebung der Gewichtsfunktion $g_K(t)$ nach rechts ergibt, entsprechend der gedachten Kaskadierung des nichtkausalen Systems mit einem idealen Verzögerungsglied der Laufzeit t_v. Die kausale Version der Kammfiltergewichtsfunktion soll mit $g_{Kk}(t)$ bezeichnet werden. Eine kausale Variante entsteht z. B. durch Wahl einer Laufzeit $t_v = T/2$. Bitte skizzieren Sie auch diese.

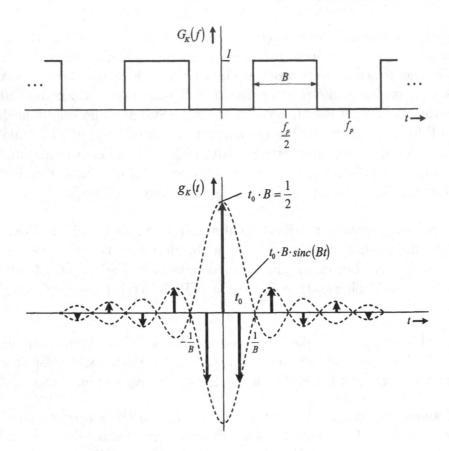

Abbildung 2.26: *Hochpass-Kammfiltercharakteristiken, korrespondierend zu den Tiefpass-Charakteristiken von Abbildung 2.25*

Wenn Sie alles richtig verstanden haben, entsteht für $g_{Kk}(t)$ der Ausdruck

$$g_{Kk}(t) = g_K(t - t_v) = \sum_{-\infty}^{+\infty} \frac{t_0}{T} \text{rect}\left(\frac{t - nt_0 - t_v}{T}\right) \delta(t - nt_0)$$

$$= \frac{1}{8}\delta(t) + \frac{1}{4}\delta(t - t_0) + \frac{1}{4}\delta(t - 2t_0) + \frac{1}{4}\delta(t - 3t_0) + \frac{1}{8}\delta(t - 4t_0)$$

Diese Stoßfolge als Gewichtsfunktion realisieren die in Abbildung 2.27 gezeigten Blockdarstellungen eines Systems in drei theoretisch äquivalenten Varianten, als gedachte Analogsysteme zusammengesetzt aus idealen Verzögerungselementen mit der Verzögerungszeit t_0, idealen Verstärkern bzw. Dämpfungsgliedern mit den Verstärkungen 1/8 und 1/4 sowie einem idealen Summierer.

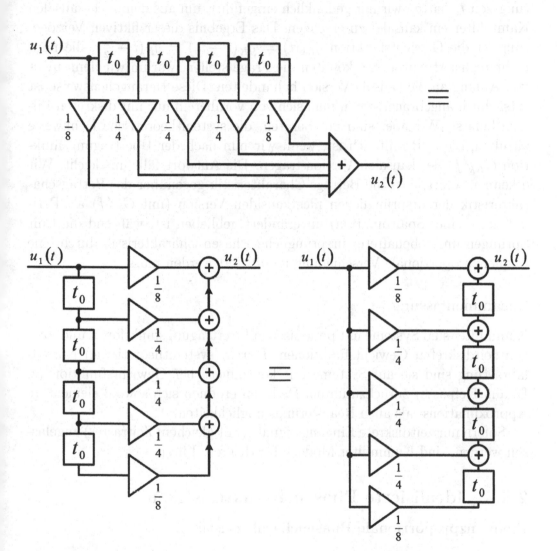

Abbildung 2.27: *Drei theoretisch gleichwertige Realisierungsmodelle der kausalen Version eines aus einem Spalt-Tiefpass abgeleiteten diskreten Kammfilters*

Falls Sie in der Realisierung nach der Verzögerungszeit t_v Ausschau halten, haben Sie etwas nicht verstanden. Ein Verzögerungsglied mit der Verzögerungszeit t_v hatten wir nur gedanklich eingeführt, um aus dem nichtkausalen Kammfilter ein kausales zu erzeugen. Das Ergebnis dieser fiktiven Verzögerung ist die Gewichtsfunktion $g_{Kk}(t) = g_K(t - t_v) = g_K(t - \frac{T}{2})$, die nunmehr realisiert wurde. Sie könnten die Frage stellen, warum wir denn nicht von Anfang an die kausale Version behandelten. Diese Herangehensweise ist tatsächlich angebracht, wenn man sich von vornherein nur mit diskreten Filtern befasst. Wir aber sind gut beraten, die systemtheoretische Denkweise zu üben, die z. B. hilfreich ist, wenn wir nun nach der Übertragungsfunktion $G_{Kk}(f)$ der kausalen Version fragen. Die Antwort fällt uns leicht. Wir erkennen sofort, dass die Betrags-Charakteristik gegenüber der Betragscharakteristik der ursprünglichen nichtkausalen Version (mit $G_K(f)$ als Peridofizierte einer Spaltfunktion) unverändert geblieben ist, während die (mit Sprüngen um π behaftete) ursprüngliche Phasen-Charakteristik durch eine frequenzproportionale Verschiebung modifiziert werden muss.

Zusammenfassung

Kammfilter sind Systeme mit periodischen Übertragungsfunktionen und folglich zeitdiskreten Gewichtsfunktionen. Durch (systemtheoretische) Normalabtastung sind sie auf Systeme mit kontinuierlicher Gewichtsfunktion (z. B. auf Tiefpässe) zurückzuführen. Dadurch eröffnen sich sowohl elementare Approximations- als auch Realisierungsmöglichkeiten.

Sofern nur zeitdiskrete Eingangssignale (mit gleichem Zeitraster) zugelassen werden, sind Kammfilter Modelle für diskrete Filter.

2.3.5 Idealisierte Phasencharakteristiken

Frequenzproportionale Phasencharakteristik

Wie bereits behandelt, unterscheidet man bei den linearen Signalverzerrungen Dämpfungs- und Phasenverzerrungen. Eine Dämpfungsverzerrung liegt vor, wenn das Signal ein LTI-System durchläuft, bei dem die Betragscharakteristik $|G(f)|$ im interessierenden Frequenzbereich nicht konstant ist. Eine Phasenverzerrung dagegen wird durch eine Phasencharakteristik bewirkt, die im interessierenden Frequenzbereich nicht frequenzproportional ist.

Als *verzerrungsfrei* hatten wir ein Übertragungssystem mit konstanter Betragscharakteristik $|G(f)| = G_0 = $ const und zugleich frequenzproportionaler Phasencharakteristik $\varphi_G(f) = -2\pi t_0 f$ bezeichnet. Es ist ein ideales Verzögerungsglied, das auch Totzeitglied genannt wird. Die Gewichtsfunktion $g(t) = G_0\delta(t - t_0)$ macht dies deutlich. Bitte erinnern Sie sich auch daran, dass die Forderung frequenzproportionaler Phasencharakteristik identisch ist mit der Forderung konstanter Phasenlaufzeit $T_{ph}(f) = \varphi_G(f)/(2\pi f) = t_0 = $ const. In Analogie zu den Begriffen Tiefpass, Hochpass usw. wird ein LTI-System mit *konstanter* Betragscharakteristik als **Allpass** bezeichnet. (Allpässe bewirken also zwar keine Dämpfungsverzerrungen, können aber Phasenverzerrungen erzeugen, wenn die Phasencharakteristik *nicht* frequenzproportional ist. Ein Allpass *mit* frequenzproportionaler Phasencharakteristik ist somit ein verzerrungsfreies System.) Eine frequenzproportionale Phasencharakteristik

$$\varphi_G(f) = -2\pi t_0 f \tag{2.74}$$

ist aber auch bei einem System mit frequenz*abhängiger* Betragscharakteristik interessant. In diesem Falle ist zeitverschobene Gewichtsfunktion $g(t+t_0)$ eine gerade Funktion, d. h. es gilt

$$g(t + t_0) = g(t_0 - t) \tag{2.75}$$

Die Symmetrie-Eigenschaften von Eingangssignalen (gerade oder ungerade Symmetrie bezüglich eines Zeitpunktes t_1) bleiben somit trotz veränderter Kurvenform (infolge Dämpfungsverzerrung) im Ausgangssignal erhalten (gerade oder ungerade Symmetrie bezüglich des Zeitpunktes $t_2 = t_1 + t_0$). Das kann technisch von Bedeutung sein.

Frequenzunabhängige Phasencharakteristik

Da wir uns auf Systeme mit reeller Gewichtsfunktion beschränken wollen, muss die Phasencharakteristik eine ungerade Frequenzfunktion sein. Folglich ist unter einer frequenz*un*abhängigen Phasencharakteristik grundsätzlich eine Funktion

$$\varphi_G(f) = \text{const}\,\text{sgn}(f)$$

zu verstehen. Wir beschränken uns auf einen Allpass mit der Phasencharakteristik $\varphi_G(f) = -\frac{\pi}{2}\,\text{sgn}(f)$, entsprechend einer Phasenverschiebung aller Spektralkomponenten für $f > 0$ um -90 Grad, unabhängig von der Frequenz.

Man bezeichnet das System daher auch als **90°-Breitbandphasenschieber**.
Die Übertragungsfunktion ist somit

$$G(f) = G_0 \, e^{-j\frac{\pi}{2}\,\mathrm{sgn}(f)} = -jG_0 \, \mathrm{sgn}(f), \qquad (2.76)$$

wobei der Zusammenhang $e^{j\pi/2} = j$ berücksichtigt wurde.

Die Gewichtsfunktion dieses LTI-Systems ergibt sich durch Fouriertransformation mit der bekannten Beziehung $-j\,\mathrm{sgn}(f) \multimap \frac{1}{\pi t}$ zu

$$g(t) = \frac{G_0}{\pi t} \qquad (2.77)$$

Die Systemoperation lautet demnach im Spektralbereich

$$U_2(f) = U_1(f) \, G_0 \, (-j\,\mathrm{sgn}(f)) \qquad (2.78)$$

und im Zeitbereich

$$u_2(t) = u_1(t) * \frac{G_0}{\pi t} \qquad (2.79)$$

bzw. ausführlich mit dem Faltungsintegral

$$u_2(t) = \frac{G_0}{\pi} \int_{-\infty}^{+\infty} \frac{u_1(\tau)}{t - \tau} \, d\tau$$

Diese Operation entspricht für $G_0 = 1$ der in der Mathematik wohlbekannten **Hilbert-Transformation**. Die Hilbert-Transformierte $\mathcal{H}\{u(t)\}$ einer Zeitfunktion $u(t)$ ist erklärt gemäß

$$\mathcal{H}\{u(t)\} = \frac{1}{\pi} \int_{-\infty}^{+\infty} \frac{u(\tau)}{t - \tau} \, d\tau \qquad (2.80)$$

Wiederum korrespondiert eine im Zeitbereich komplizierte Integraloperation zu einer relativ einfachen multiplikativen Operation im Freqenzbereich, der frequenzunabhängigen Phasenverschiebung. Die Hilbert-Transformation spielt in der Technik z. B. bei Modulationsverfahren eine Rolle.

Der 90°-Breitbandphasenschieber ist für $G_0 = 1$ also ein „Hilbert-Transformator", dem die Systemcharakteristiken

$$G(f) = -j\mathrm{sgn}(f) \multimap g(t) = \frac{1}{\pi t} \qquad (2.81)$$

zugeschrieben werden können. Das (ideale) System „Hilbert-Transformator" liefert als Ausgangssignal $u_2(t)$ die Hilbert-Transformierte des Eingangssignals $u_1(t)$, d. h. es gilt

$$u_2(t) = \mathcal{H}\{u_1(t)\} \tag{2.82}$$

Im Gegensatz zum Allpass mit frequenzproportionaler Phasencharakteristik erzeugt der Allpass mit konstanter 90°-Phasenverschiebung im Allgemeinen also eine spezielle Signalverzerrung, wenn man die Veränderung durch die Hilbert-Transformation im Sinne der Übertragungstechnik als Verzerrung bezeichnet. (Im Sinne der Signalverarbeitung dagegen kann die Hiberttransformation erwünscht sein.) Sinusförmige periodische Signale bilden wie bei allen LTI-Systemen eine Ausnahme. Deren Kurvenform wird nicht verzerrt, wie man am Beispiel des Signals $u_1(t) = U_0 \cos(2\pi f_0 t)$ unmittelbar erkennt. Eine Phasenverschiebung der Kosinusfunktion um -90° ergibt die Sinusfunktion $u_2(t) = \mathcal{H}\{u_1(t)\} = U_0 \cos(2\pi f_0 t - \frac{\pi}{2}) = U_0 \sin(2\pi f_0 t)$, also „nur" eine Verzögerung, keine Verzerrung der Kurvenform. Dies ist leicht erklärt: Für den Frequenzpunkt $f = f_0$ im Spektralbereich ist eine Phasenverschiebung $\varphi_G(f_0) = -\pi/2$ identisch mit einer zeitlichen Verzögerung entsprechend der Phasenlaufzeit $T_{ph}(f_0) = -\varphi_G(f_0)/(2\pi f_0) = (\pi/2)/(2\pi f_0) = t_p/4$. Eine Kosinusfunktion wird also zeitlich um eine Viertelperiode $t_p/4$ verzögert. Aber dies gilt im Falle des idealen Hilbert-Transformators nicht nur für eine bestimmte Frequenz f_0, sondern für beliebige Frequenzen. Enthält ein Eingangssignal also mehrere Frequenzen bzw. Spektralkomponenten in einem nicht verschwindenden Frequenzintervall, führt dies zu unterschiedlichen Phasenlaufzeiten für jeden Frequenzpunkt, nämlich gemäß der frequenzabhängigen Phasenlaufzeit-Charakteristik $T_{ph}(f) = -\varphi_G(f)/(2\pi f)$, und demnach zu einer Verzerrung der Kurvenform von $u_2(t)$ gegenüber $u_1(t)$ (Phasenverzerrung, Laufzeitverzerrung).

Als Beispiel betrachten wir das aperiodische Rechtecksignal als Eingangssignal

$$u_1(t) = U_0 \text{rect}(t/T)$$

Man erhält als Ausgangssignal $u_2(t)$ die Hilbert-Transformierte

$$u_2(t) = \frac{U_0}{\pi} \ln \left| \frac{t + (T/2)}{t - (T/2)} \right|$$

In Abbildung 2.28 sind Ein- und Ausgangssignal für dieses Beispiel dargestellt.

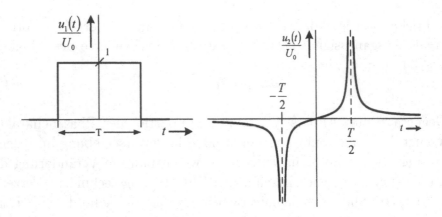

Abbildung 2.28: *Hilbert-Transformierte des aperiodischen Rechtecksignals*

Spätestens bei Besichtigung der Systemantwort auf ein Rechtecksignal wird Ihnen klar, dass dieses System sicher nicht physikalisch streng realisierbar ist. Schon die nichtkausale Gewichtsfunktion verrät dies. Aus der Rechteck-antwort erkennen Sie, das der ideale Hilbert-Transformator auch nicht stabil ist (Ausgangssignal trotz amplitudenbegrenzten Eingangssignales nicht amp-litudenbegrenzt). Allerdings war auch der ideale Tiefpass weder kausal noch stabil und trotzdem interessant.

Inzwischen haben wir bei den Kammfiltern nähere Bekanntschaft mit zeit-diskreten Gewichtsfunktionen gemacht und von diesen hoffentlich in Erinne-rung, dass die Abtastung einer kontinuierlichen Gewichtsfunktion eine einfa-che Methode zur *näherungsweisen* Realisierung des gewünschten Systemver-haltens ist. Die (Normal-)Abtastung der Gewichtsfunktion $g(t)$ des Hilbert-Transformators

$$g_K(t) = A\{g(t)\} = t_0 \sum_{-\infty}^{+\infty} g(nt_0)\, \delta(t - nt_0)$$

erfordert zunächst eine Grenzwertbetrachtung für den Funktionswert von $g(nt_0)$ mit dem Index $n = 0$, d. h. für $g(0)$, die zu dem plausiblen Ergeb-nis $g(0) = 0$ führt. Damit entsteht als Abgetastete die akausale diskrete Gewichtsfunktion

$$g_K(t) = A\left\{\frac{1}{\pi t}\right\} = \begin{cases} \frac{1}{\pi} \sum_{-\infty}^{+\infty} \frac{1}{n} \delta(t - nt_0) & \text{für} \quad t \neq 0 \\ \\ 0 & \text{für} \quad t = 0 \end{cases}$$

In zwei Schritten erhält man nun eine *kausale* und einfach *realisierbare* Gewichtsfunktion, nämlich erstens durch zeitliche Begrenzung der diskreten Gewichtsfunktion auf ein Intervall $|t| \leq Nt_0$ (mit $N \in \mathbf{N}$) und zweitens durch eine anschließende zeitliche Verschiebung um Nt_0, was zu folgender realisierbaren kausalen Gewichtsfunktion $g_{Kk}(t)$ der Zeitdauer $2Nt_0$ führt:

$$g_{Kk}(t) \begin{cases} \frac{1}{\pi} \sum_{-N}^{+N} \frac{1}{n} \delta(t - (n+N)t_0) & \text{für} \quad t \neq Nt_0 \\ \\ 0 & \text{für} \quad t = Nt_0 \end{cases}$$

Abbildung 2.29 zeigt diese kausale Gewichtsfunktion. Eine Realisierung ist mit der gleichen Struktur möglich, wie sie in Abbildung 2.27 gezeigt wurde.

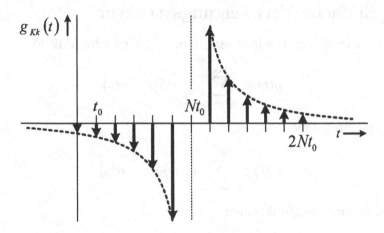

Abbildung 2.29: *Gewichtsfunktion eines zeitdiskreten Systems zur näherungsweisen Realisierung der Hilbert-Transformation*

Außer dieser elementaren Lösung, bei der allerdings infolge Aliasing bei der Abtastung das Allpassverhalten verloren geht, existieren weitere Approximationsverfahren zur näherungsweisen Realisierung eines Hilbert-Transformators. Als nächste Verfeinerung kann man z. B. von einer *bandbegrenzten* Übertragungsfunktion des 90°-Phasenschiebers ausgehen (konstanter Betrag der Übertragungsfunktion nur im interessierenden Frequenzbereich), wodurch bei hinreichend kleinen Abtastintervallen die Forderung des Abtasttheorems einzuhalten ist und damit Aliasing vermieden werden kann, so lange die Gewichtsfunktion nicht zeitbegrenzt wird (vgl. z. B. [Kam08]).

2.4 Diskrete LTI-Systeme und z-Transformation

Als diskret hatten wir LTI-Systeme mit folgenden Eigenschaften erklärt:

- Gewichtsfunktion (äquidistante) Stoßfolge und folglich periodische Übertragungsfunktion

- Eingangssignale (und folglich auch Ausgangssignale) ebenfalls Stoßfolgen im gleichen Zeitraster wie bei der Gewichtsfunktion

Wesentliche Eigenschaften wurden unter dem Gegenstand „Kammfilter" behandelt.

2.4.1 Einfache Verzweigungsstruktur

Zur Wiederholung fassen wir zusammen: Für Gewichtsfunktionen der Form

$$g(t) = \sum_{n=-\infty}^{+\infty} c_g(n)\delta(t - nt_0)$$

und Eingangsfunktionen

$$u_1(t) = \sum_{n=-\infty}^{+\infty} c_1(n)\delta(t - nt_0)$$

ergeben sich Ausgangsfunktionen

$$u_2(t) = \sum_{n=-\infty}^{+\infty} c_2(n)\delta(t - nt_0)$$

Die Gewichtsfunktion und die Signale werden also durch die Stoßintegrale $c_g(n), c_1(n)$ und $c_2(n)$ bestimmt.

Aus der Faltungsoperation

$$u_2(t) = u_1(t) * g(t) = \int_{-\infty}^{+\infty} u_1(\tau)g(t - \tau)\,d\tau$$

lässt sich für diese Stoßintegrale folgender Zusammenhang herleiten:

$$c_2(n) = c_1(n) *_d c_g(n) = \sum_{l=-\infty}^{+\infty} c_1(l)c_g(n - l) \tag{2.83}$$

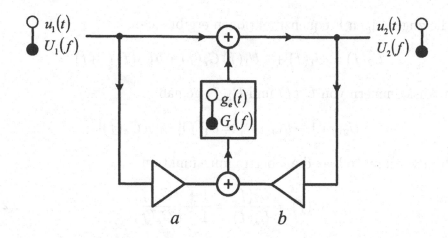

Abbildung 2.30: *Blockschaltbild eines einfachen Verzweigungssystems*

Diese Beziehung, die auf augenfällige Weise zum Faltungsintegral korrespondiert, wird wie Sie wissen, als **diskrete Faltung** bezeichnet. Für die Kurzdarstellung wurde oben aus Verlegenheit das Symbol $*_d$ verwendet.

Wie mehrfach erwähnt, spielen in der praktischen Anwendung die diskreten Systeme vor allem als Modelle für digitale Filter eine Rolle, in denen die Zahlenfolgen in Form von Binärzahlen vorliegen und und oft mit Signalprozessoren und Software verarbeitet werden. Obwohl die diskrete Faltung anstelle des Faltungsintegrales im Falle diskreter Syteme eine völlig adäquate Beschreibung darstellt und für die numerische Behandlung wichtig ist, empfehlen wir zur vorstellungsmäßigen Verinnerlichung des Systemverhaltens das *Analog*modell mit Stoßfolgen als Signale und Gewichtsfunktionen.

Als einfaches erweiterbares Beispiel für ein System betrachten wir das in Abbildung 2.30 dargestellte Blockschaltbild. Es handelt sich um eine so genannte Verzweigungsstruktur mit den beiden als ideale Verstärker vorstellbaren *reellen Koeffizienten* a und b und einem LTI-Elementarsystem mit der Gewichtsfunktion $g_e(t)$.

Zur Ermittlung der Systemeigenschaften kann unmittelbar aus dem Blockschaltbild folgender Zusammenhang für die Zeitfunktionen abgelesen werden:

$$u_2(t) = u_1(t) + a\,u_1(t) * g_e(t) + b\,u_2(t) * g_e(t)$$

Da wir im Augenblick keine Möglichkeit sehen, diese Beziehung nutzbringend umzuformen, unterziehen wir sie der Fouriertransformation, d. h. wir begeben uns in den Frequenzbereich.

Für die zugehörigen Frequenzfunktionen ergibt sich:

$$U_2(f) = U_1(f) + a\,U_1(f)\,G_e(f) + b\,U_2(f)\,G_e(f)$$

Nach Ausklammern von $U_1(f)$ und $U_2(f)$ gemäß

$$U_2(f)[1 - b\,G_e(f)] = U_1(f)[1 + a\,G_e(f)]$$

erhalten wir unmittelbar die Übertragungsfunktion

$$G(f) = \frac{U_2(f)}{U_1(f)} = \frac{1 + a\,G_e(f)}{1 - b\,G_e(f)} \tag{2.84}$$

Ein diskretes System stellt einen Sonderfall dar, bei dem das Elementarsystem mit der Gewichtsfunktion $g_e(t)$ ein ideales Verzögerungsglied ist, d. h. es gilt

$$g_e(t) = \delta(t - t_0) \circ\!\!-\!\!\bullet\; G_e(f) = e^{-j2\pi t_0 f}$$

Die Übertragungsfunktion dieses diskreten Systems lautet somit

$$G(f) = \frac{U_2(f)}{U_1(f)} = \frac{1 + a\,e^{-j2\pi t_0 f}}{1 - b\,e^{-j2\pi t_0 f}} \tag{2.85}$$

Das ist kein sehr übersichtlicher Ausdruck, wenn wir den Einfluss der Koeffizienten a und b auf das Systemverhalten deutlich machen wollen. Es zeigt sich, dass eine Substitution, wie anschließend behandelt, in dieser Hinsicht außerordentlich erfolgreich ist.

2.4.2   Beschreibung mit z-Transformation

Da die Frequenzvariable f in der obigen Übertragungsfunktion $G(f)$ nur in der einheitlichen Form $e^{-j2\pi t_0 f}$ vorkommt, liegt es nahe, eine Substitution

$$z = e^{j2\pi t_0 f} \tag{2.86}$$

vorzunehmen und den Einfluss der Parameter a und b in Abhängigkeit von der neuen Variablen z zu untersuchen. Aus Gl. (2.85) entsteht so eine neue Übertragungsfunktion

$$G_z(z) = \frac{1 + a\,z^{-1}}{1 - b\,z^{-1}} = \frac{z + a}{z - b} \tag{2.87}$$

Dass es nötig ist, die Übertragungsfunktion in Abhängigkeit von z durch einen Index von der Übertragungsfunktion $G(f)$ mit der unabhängigen Variablen f unterscheidbar zu machen, erkennen Sie sofort bei Betrachtung der Funktionswerte für das Argument Null. Es gilt

$$G(0) = G(f)|_{f=0} = \frac{1+a}{1-b}$$

Aber $GT_z(0)$ bedeutet etwas anderes, nämlich

$$G_z(0) = G_z(z)|_{z=0} = \frac{-a}{b}$$

In der Literatur wird die Unterscheidung von $G(f)$ und $G_z(z)$ nicht immer in dieser Weise gehandhabt, so dass es zu Missverständnissen kommen kann.

Mit unserer Indizierung ergibt sich der eindeutige Zusammenhang:

$$G(f) = G_z\left(e^{j2\pi t_0 f}\right) \tag{2.88}$$

Aus dieser Darstellung wird deutlich, dass die Übertragungsfunktion $G(f)$ des diskreten Systems periodisch in f ist (Primitivperiode $f_p = 1/t_0$). Dies ist uns nicht neu (vgl. Kammfilter). Verinnerlichen Sie insbesondere

$$G(0) = G_z(1) \tag{2.89}$$
$$G(f_p/2) = G_z(-1) \tag{2.90}$$

Signalbeschreibung mit z-Transformation

Selbstverständlich macht der Übergang von $G(f)$ zu $G_z(z)$ nur Sinn, wenn wir auch in den Spektren der Ein- und Ausgangssignale $U_1(f)$ und $U_2(f)$ die Substitution $z = e^{j2\pi t_0 f}$ durchführen. Wir erhalten für Stoßfolgen der Form

$$u(t) = \sum_{n=-\infty}^{+\infty} c(n)\delta(t - nt_0)$$

durch gliedweise Fouriertransformation

$$U(f) = \sum_{n=-\infty}^{+\infty} c(n)e^{-j2\pi nt_0 f}$$

Mit der Variablen $z = e^{j2\pi t_0 f}$ entsteht daraus die Schreibweise

$$U_z(z) = \sum_{n=-\infty}^{+\infty} c(n)z^{-n} \tag{2.91}$$

Obwohl es Ihnen zunächst als formaler Akt erscheinen muss, wollen wir die Korrespondenz der beiden obigen Ausdrücke $u(t)$ und $U_z(z)$ im Rahmen dieser Publikation schlechthin als **z-Transformation** bezeichnen und in Kurzform mit Hilfe des Symbols $\circ\!\!-_z\!\!-\!\!\bullet$ analog zur Fouriertransformation notieren:

$$u(t) \circ\!\!-_z\!\!-\!\!\bullet U_z(z) \tag{2.92}$$

Insbesondere gilt damit auch die Korrespondenz

$$\delta(t - t_0) \circ\!\!-_z\!\!-\!\!\bullet z^{-1} \tag{2.93}$$

Dazu ist anzumerken, dass als z-Transformation ursprünglich die Korrespondenz einer kausalen Zahlenfolge

$$\{c(n)\} \qquad\qquad n \in \mathbf{Z}, \ c(n) \equiv 0 \ \text{für} \ n < 0$$

zu einer Funktion

$$\sum_{n=0}^{\infty} c(n)\, z^{-n}$$

bezeichnet wurde (vgl. z. B. [Vic64], [Sch08]).

Wir dagegen wollen, wie in der Literatur nicht unüblich, die z-Transformation als Signaltransformation für Stoßfolgen $\sum c(n)\delta(t - t_0)$ auffassen und insbesondere auch nichtkausale Signale einbeziehen, d. h. $c(n) \neq 0$ für $n < 0$ zulassen. Wenn man nichtkausale Folgen bzw. Signale zulässt, spricht man auch von der *zweiseitigen z-Transformation*. Das hat Konsequenzen für die Konvergenzbedingungen der Transformierten. Allerdings wollen wir die Konvergenzproblematik hier vollkommen übergehen, indem wir behaupten, dass für fouriertransformierbare Stoßfolgen, also z. B. die Abgetasteten fouriertransformierbarer zeitkontinuierlicher Signale, stets auch die z-Transformierten existieren.

Nach diesen ziemlich dürftigen Erläuterungen kommen wir wieder zur praktischen Anwendung der z-Transformation für diskrete LTI-Systeme.

Aus der allgemein für LTI-Systeme gültigen Systemoperation

$$U_2(f) = U_1(f)\,G(f)$$

folgt nämlich speziell für diskrete Systeme mit obigen Beziehungen unmittelbar:

$$U_{z2}(z) = U_{z1}(z)\,G_z(z) \tag{2.94}$$

Die Substitution $z = e^{j2\pi f_0 t}$, die wir ursprünglich wegen der besonderen Struktur der Übertragungsfunktion unseres Systembeispiels vorgenommen hatten, ist also von weitreichender Bedeutung. Die folgenden Betrachtungen in Verbindung mit dem so genannten PN-Diagramm in der z-Ebene hängen unmittelbar mit der z-Transformation zusammen. (Übrigens wird nunmehr auch endgültig klar, dass es nicht nur zulässig, sondern auch sinnvoll ist, die zu $G_z(z)$ gehörigen Übertragungsfunktionen $G(f)$ nur im Intervall $0 \leq f \leq f_p/2$ darzustellen.)

2.4.3 Pol-Nullstellen-Darstellung

Die Übertragungsfunktion $G_z(z)$ ist eine Funktion der komplexen Variablen z, wie Sie sie im Fach Mathematik in der Funktionentheorie kennengelernt haben. Für unser Beispiel liegt eine rational gebrochene Funktion ersten Grades vor. Kompliziertere diskrete Systeme werden durch Übertragungsfunktionen mit Zähler- und Nennerpolynomen höheren Grades beschrieben, d. h.

$$G_z(z) = \frac{\sum_{m=0}^{M} \alpha_m z^m}{\sum_{n=0}^{N} \beta_n z^n} \tag{2.95}$$

Bei diesen ist es interessant, die Polynome in Linearfaktoren zu zerlegen,

$$G_z(z) = \frac{\sum_{m=0}^{M} \alpha_m z^m}{\sum_{n=0}^{N} \beta_n z^n} = \frac{\alpha_M \prod_{\mu=1}^{M}(z - z_{0\mu})}{\beta_N \prod_{\nu=1}^{N}(z - z_\nu)} \tag{2.96}$$

Sofern die Koeffizienten α_μ und β_ν reell sind (hier voraussetzbar), ergeben sich bekanntlich die Nullstellen $z_{0\mu}$ des Zählerpolynoms und z_ν des Nennerpolynoms als reell oder paarweise konjugiert komplex. Die Nullstellen des Zählerpolynoms sind zugleich Nullstellen der Übertragungsfunktion und sollen daher als *Nullstellen* schlechthin bezeichnet werden, wohingegen die Nullstellen des Nennerpolynoms Unendlichkeitsstellen der Übertragungsfunktion darstellen und *Pole* genannt werden.

Obwohl es im Falle von Polynomen ersten Grades trivial ist, wollen wir dennoch auch in unserem Beispiel die Notierung der Übertragungsfunktion in der Pol-Nullstellen-Schreibweise vornehmen. Wir erhalten

$$G_z(z) = \frac{z+a}{z-b} = \frac{z - z_{01}}{z - z_1} \tag{2.97}$$

mit der Nullstelle $z_{01} = -a$ und dem Pol $z_1 = b$.

Da aus der Lage der Pole und Nullstellen in der z-Ebene sehr übersichtlich qualitativ und sogar quantitativ auf das Verhalten der uns interessierenden Übertragungsfunktion $G(f)$ geschlossen werden kann, ist es nützlich, die Pole und Nullstellen graphisch in der komplexen z-Ebene zu markieren. Pole werden durch × und Nullstellen durch ○ gekennzeichnet. Wir erhalten damit ein so genanntes **PN-Diagramm** (Pol-Nullstellen-Diagramm), wie es in Abbildung 2.31 beispielhaft für $a, b > 0$ dargestellt ist.

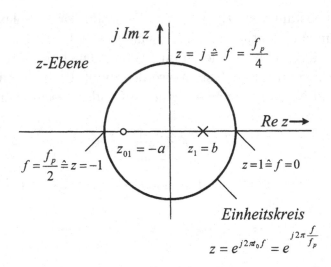

Abbildung 2.31: *PN-Diagramm für obiges Blockschaltbild mit $a, b > 0$*

Anschließend möchten wir demonstrieren, wie elegant aus dem PN-Diagramm Betragscharakteristik $|G(f)|$ und Phasencharakteristik $\varphi_G(f)$ des diskreten Systems zu ermitteln sind.

Elementare fiktive Systeme

Zunächst zerlegen wir die Übertragungsfunktion in das Produkt der Übertragungsfunktionen zweier fiktiver Teilsysteme $G_{z01}(z)$ und $G_{z1}(z)$ gemäß

$$G_z(z) = \underbrace{(z - z_{01})}_{G_{z01}(z)} \underbrace{\left(\frac{1}{z - z_1}\right)}_{G_{z1}(z)}$$

Für die Übertragungsfunktion $G_{z01}(z) = z - z_{01}$ des ersten Teilsysterms betrachten wir als Beispiel den Fall $0 < a < 1$ d. h. $-1 < z_{01} < 0$. Es ergibt sich das PN-Diagramm von Abbildung 2.32.

Wir interessieren uns für die Übertragungsfunktion $G_{01}(f) = G_{z01}(e^{j2\pi t_0 f})$ dieses Teilsystems, d. h. für Funktionswerte von $G_{z01}(z)$ auf dem Einheitskreis $z = e^{j2\pi t_0 f}$. In Abbildung 2.32 wurde ein bestimmter Frequenzpunkt f auf dem Einheitskreis ausgewählt. Der Abstand dieses Frequenzpunktes von der Nullstelle ist gleich dem Betrag der Übertragungsfunktion

$$|G_{01}(f)| = |e^{j2\pi t_0 f} - z_{01}|$$

Der Phasenwinkel

$$\begin{aligned}
\varphi_{G_{01}}(f) &= \arg(e^{j2\pi t_0 f} - z_{01}) \\
&= \arctan\left[\frac{\sin(2\pi t_0 f)}{\cos(2\pi t_0 f) - z_{01}}\right]
\end{aligned}$$

entspricht dem Winkel des Zahlenvektors $(e^{j2\pi t_0 f} - z_{01})$ und kann ebenfalls unmittelbar abgelesen werden. Bei Variation von f ergeben sich anschaulich die Frequenzcharakteristiken, wie in Abbildung 2.32 skizziert. Beachten Sie, dass ein und derselbe Punkt $z = 1$ in der z-Ebene den Frequenzpunkten $f = 0, \pm f_p, \pm 2f_p, \pm 3f_p \cdots$ entspricht. Wegen der Periodizität der Übertragungsfunktion und der Eigenschaft von Systemen mit reellen Koeffizienten, dass $|G(f)|$ eine gerade und $\varphi_G(f)$ eine ungerade Funktion ist, genügt es, die Charakteristiken im Intervall $0 \leq f \leq f_p/2$ darzustellen. (Der Frequenzpunkt $f_p/2$ wird auch als *Nyquistpunkt* bezeichnet.) Die Charakterisierung des Frequenzverhaltens erfolgt in diesem Intervall, so dass das betrachtete Teilystem mit der gewählten Nullstellenlage trotz der periodischen Übertragungsfunktion als diskreter Tiefpass einzuordnen ist.

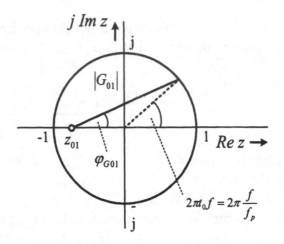

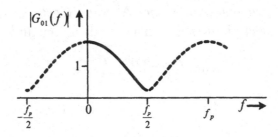

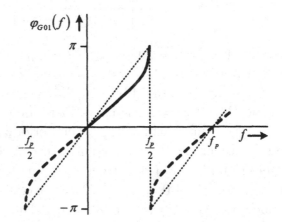

Abbildung 2.32: *PN-Diagramm und Frequenzcharakterisiken für* G_{z01} *mit* $-1 < z_{01} < 0$

Das „Ablesen" der Frequenzcharakteristiken aus dem PN-Diagramm sollte unbedingt ein wenig geübt werden.

> **Übungsaufgabe**: Betrachten Sie Betrags- und Phasencharakteristiken einer Übertragungsfunktion $G_{z01}(z) = k(z - z_{01})$ für verschiedene Lagen der reellen Nullstelle z_{01}. Bestimmen Sie die Konstante k so, dass die Übertragungsfunktion $G_{01}(f)$ für Tiefpässe den Wert $G_{01}(0) = 1$ und für Hochpässe den Wert $G_{01}(f_p/2) = 1$ annimmt. Skizzieren Sie die Betrags- und Phasencharakteristiken für Nullstellen $z_{01} = \pm 5; \pm 1,1; \pm 1; \pm 0,9; \pm 0,1; 0$ und ordnen Sie die entstehenden Charakteristiken als Tiefpass, Hochpass oder Allpass ein.

Lassen Sie uns nun das zweite Teilsystem mit der Übertragungsfunktion $G_{z1}(z)$ in gleicher Weise unter die Lupe nehmen. Als Beispiel für die Lage des Poles wählen wir $0 < z_1 < 1$, wie in Abbildung 2.33 dargestellt.

Der Frequenzpunkt, für den uns die Übertragungsfunktion $G_1(f)$ interessiert, ist in Abbildung 2.33 der gleiche wie in Abbildung 2.32 für die Nullstelle gewählt. Wiederum bestimmt der Abstand des Frequenzpunktes auf dem Einheitskreis von der Polstelle den Betrag der Übertragungsfunktion, nun aber als Reziprokwert gemäß

$$|G_1(f)| = \frac{1}{|e^{j2\pi t_0 f} - z_1|}$$

Der Phasenwinkel $\varphi_{G_1}(f)$ ergibt sich als *negativer* Winkel des Zahlenvektors $(e^{j2\pi t_0 f} - z_1)$ zu

$$\begin{aligned}
\varphi_{G_1}(f) &= \arg\left(\frac{1}{e^{j2\pi t_0 f} - z_1}\right) \\
&= -\arg\left(e^{j2\pi t_0 f} - z_1\right) \\
&= -\arctan\left[\frac{\sin(2\pi t_0 f)}{\cos(2\pi t_0 f) - z_1}\right]
\end{aligned}$$

Auch hier können wir Betrag und Phase in Abhängigkeit von f durch Variation des Frequenzpunktes auf dem Einheitskreis qualitativ verfolgen und stellen fest, dass dieses Teilsystem ebenfalls eine Tiefpass-Charakteristik liefert.

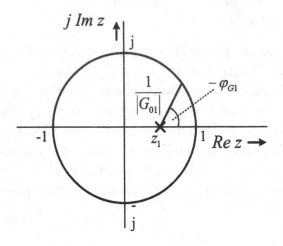

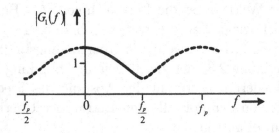

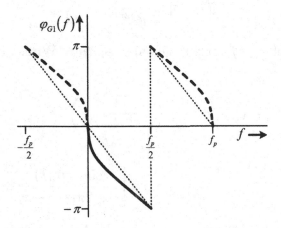

Abbildung 2.33: *PN-Diagramm und Frequenzcharakteristiken für* G_{z1} *mit postivem Pol* $(0 < z_1 < 1)$

Der Sonderfall $z_1 = 0$, also Pol im Ursprung, d. h. $G_{z1} = 1/z$, ist im PN-Diagramm sofort als Teilsystem mit der Betragscharakteristik

$$|G_1(f)| = 1$$

und der Phasencharakteristik

$$\varphi_{G_1}(f) = -2\pi t_0 f$$

zu erkennen. Das hätte sich auch unmittelbar aus $G_{z1} = 1/z$ mit

$$G_1(f) = G_{z1}\left(e^{j2\pi t_0 f}\right) = \frac{1}{e^{j2\pi t_0 f}}$$

ergeben.

> **Übungsaufgabe**: Studieren Sie die Auswirkung verschiedener Pollagen im Inneren des Einheitskreises hinsichtlich Betrags- und Phasencharakteristiken. Bestimmen Sie in einer Teilübertragungsfunktion $G_{z1}(z) = k/(z - z_1)$ die Konstante k so, dass die Übertragungsfunktion $G_1(f)$ für Tiefpässe den Wert $G_1(0) = 1$ und für Hochpässe den Wert $G_1(f_p/2) = 1$ annimmt. Skizzieren Sie die Betrags- und Phasencharakteristiken für ausgewählte Lagen des Poles $z_1 = \pm 0,9; \pm 0,1; 0$ und ordnen Sie die entstehenden Charakteristiken als Tiefpass, Hochpass oder Allpass ein.

Für das Gesamtsystem (also die Kaskadenschaltung der fiktiven Einzelsysteme) mit der Übertragungsfunktion

$$G_z(z) = G_{z01}(z)G_{z1}(z) = (z - z_{01})\frac{1}{z - z_1} = \frac{z - z_{01}}{z - z_1}$$

und somit

$$|G(f)| = |G_z(e^{j2\pi t_0 f})| = |G_{z01}(e^{j2\pi t_0 f})||G_{z1}(e^{j2\pi t_0 f})| \qquad (2.98)$$

ergibt sich mit den ursprünglich gewählten PN-Lagen (Nullstelle negativ, Pol positiv) ein diskreter Tiefpass.

Es entsteht eine Gesamtphasencharakteristik

$$\varphi_G(f) = \varphi_{G_{01}}(f) + \varphi_{G_1}(f) \qquad (2.99)$$

Beide Charakteristiken für eine angenommene PN-Konfiguration mit $z_{01} = -a = -0,75$ und $z_1 = b = 0,5$ sind in Abbildung 2.34 dargestellt.

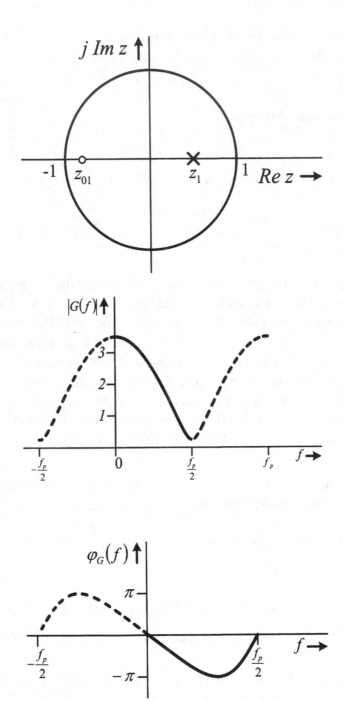

Abbildung 2.34: *Frequenzcharakterisiken der ausgewählten Tiefpass-PN-Konfiguration*

Gewichtsfunktionen

Durch Fourier-Transformation der fiktiven Teilsysteme, die Nullstellen und Polen zugeordnet sind, ergeben sich die zugehörigen Gewichtsfunktionen. Die Nullstelle $z_{01} = -a$ liefert

$$G_{01}(f) = G_{z01}(e^{j2\pi t_0 f}) = e^{j2\pi t_0 f} - z_{01} \bullet\!\!-\!\!\circ \delta(t + t_0) - z_{01}\delta(t) = g_{01}(t) \quad (2.100)$$

Sie erkennen, dass dieses fiktive System nichtkausal, also in dieser Form nicht separat realisierbar ist. Eine Eigenschaft von Bedeutung wollen wir aber hervorheben: Die Gewichtsfunktion ist von *endlicher* zeitlicher Ausdehnung. Ein System mit dieser Eigenschaft bezeichnet man als **FIR-System** (FIR = Finite Impulse Response).

Der Pol $z_1 = b$, der das Teilsystem mit der Übertragungsfunktion

$$G_{z1}(z) = \frac{1}{z - z_1}$$

beschreibt, bewirkt eine Gewichtsfunktion, die man nach Reihenentwicklung der Übertragungsfunktion durch gliedweise Transformation erhält.
Nach Umformung

$$G_{z1}(z) = \frac{1}{z - z_1} = \frac{1}{z}\frac{1}{1 - (z_1/z)}$$

und mit der Reihenentwicklung

$$\frac{1}{1 - (z_1/z)} = \sum_{n=0}^{\infty} \left(\frac{z_1}{z}\right)^n \quad \text{für } \left|\frac{z_1}{z}\right| < 1$$

ergibt für $G_1(f) = G_{z1}(e^{j2\pi t_0 f})$

$$G_1(f) = e^{-j2\pi t_0 f} \sum_{n=0}^{\infty} z_1^n e^{-j2\pi n t_0 f} = \sum_{n=0}^{\infty} z_1^n e^{-j2\pi(n+1)t_0 f} \quad \text{für } |z_1| < 1$$

und somit durch gliedweise Fouriertransformation

$$G_1(f) = \sum_{n=0}^{\infty} z_1^n e^{-j2\pi(n+1)t_0 f} \circ\!\!-\!\!\bullet \sum_{n=0}^{\infty} z_1^n \delta(t - (n+1)t_0) = g_1(t) \quad \text{für } |z_1| < 1$$

$$(2.101)$$

Man erkennt unmittelbar, dass dieses Teilsystem zwar kausal, aber nur für $|z_1| < 1$ stabil ist, wie auch für die Reihenentwicklung als Konvergenzbedingung verlangt, d. h. der Pol muss im Inneren des Einheitskreises der z-Ebene liegen. Ein diskretes System mit zeitlich *unendlicher* Ausdehnung der Gewichtsfunktion bezeichnet man als **IIR-System** (IIR = Infinite Impulse Response).

Bemerkenswert ist, dass die Gewichtsfunktion des Einzelstoßes bei $t = t_0$ beginnt, d. h. ein am Eingang zum Zeitpunkt $t = 0$ auftretender Stoß erst nach einer Verzögerungszeit $t = t_0$ zu einer Reaktion am Ausgang führt.

Beachten Sie bitte, dass der allgemeine Ausdruck auch den Fall eines Poles im Ursprung, also $z_1 = 0$, enthält. Zwar hätte es natürlich wegen $G_{z1}(z) = 1/z$ und damit

$$G_1(f) = e^{-j2\pi t_0 f} \bullet\!\!-\!\!\circ \delta(t - t_0) = g_1(t)$$

keiner Reihenentwicklung bedurft, aber der Summand für $n = 0$ bleibt wegen $z_1^n = z_1^0 = 1$ auch für $z_1 = 0$ mit $\delta(t - t_0)$ unabhängig von z_1 erhalten ($\lim_{z_1 \to 0} z_1^0 = 1$).

Nunmehr sind wir in der Lage, die Gewichtsfunktion $g(t)$ des Gesamtsystems zu bestimmen. Aus

$$G(f) = G_{01}(f)G_1(f) \bullet\!\!-\!\!\circ g_{01}(t) * g_1(t) = g(t)$$

erhält man sofort das Ergebnis der Faltungsoperation (die so schön einfach ist, weil es sich um die Faltung von zwei Stoßfolgen handelt):

$$
\begin{aligned}
g(t) &= [\delta(t + t_0) - z_{01}\delta(t)] * \left[\sum_{n=0}^{\infty} z_1^n \, \delta(t - (n+1)t_0)\right] \\
&= \delta(t) + \sum_{n=1}^{\infty} z_1^n \left(1 - \frac{z_{01}}{z_1}\right) \delta(t - nt_0) \\
&= \delta(t) + \sum_{n=1}^{\infty} b^n \left(1 + \frac{a}{b}\right) \delta(t - nt_0) \qquad (2.102)
\end{aligned}
$$

Die Gewichtsfunktionen der beiden Teilsysteme mit den gleichen PN-Werten wie in Abbildung 2.34 (negative Nullstelle $z_{01} = -a = -0,75$ und positiver Pol $z_1 = b = 0,5$ im Inneren des Einheitskreises) sowie die Gewichtsfunktion des Gesamtsystems sind in Abbildung 2.35 dargestellt.

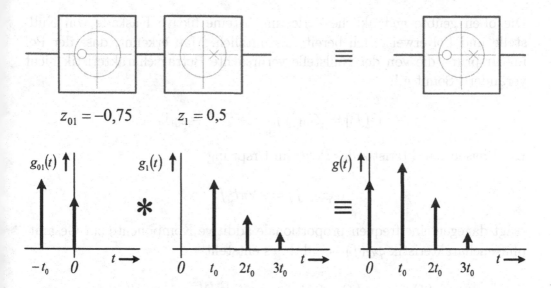

$z_{01} = -0,75$ $\qquad$ $z_1 = 0,5$

Abbildung 2.35: *Gewichtsfunktionen der fiktiven Teilsysteme und des Ge-samtsystems von Abbildung 2.30 mit gewählten Parametern $a = 0,75, b = 0,5$*

Sie erkennen zu Ihrer Beruhigung, dass das Gesamtsystem kausal ist. Die obi-ge formelmäßige Herleitung der Gewichtsfunktion war eigentlich überflüssig, denn sie ist durch Besichtigen des Blockschaltbildes unmittelbar niederzu-schreiben. (Man braucht nur die Auswirkungen eines Einheitsstoßes am Ein-gang des Systems zum Zeitpunkt $t = 0$ zu verfolgen.)

2.4.4 FIR- und IIR-System 1. Grades

Die formale Zerlegung des Gesamtsystems in die Kaskadenschaltung zweier fiktiver Teilsysteme hatten wir oben vorgenommen, um die Wirkung einzelner reeller Nullstellen und Pole zu studieren. Nunmehr wollen wir noch einmal zwei elementare Systeme betrachten, indem wir die Komplexität des oben untersuchten Systems reduzieren.

Fall 1: FIR-System 1. Grades

Im ersten Fall lassen wir durch $b = z_1 = 0$ den Rückkoppelweg verschwinden. Ein solches System wird auch als *nichtrekursiv* bezeichnet. Es ergibt sich:

$$G_z(z) = \frac{z + a}{z} = \frac{z - z_{01}}{z} \qquad (2.103)$$

Die oben geübte gedankliche Zerlegung in eine fiktive Kaskade von Nullstelle und Pol erweist sich bereits als nützlich. Man erkennt, dass der Pol
im Ursprung die von der Nullstelle verursachte Betragscharakteristik nicht
verändert. Somit gilt

$$|G(f)| = |G_{01}(f)| = |e^{j2\pi t_0 f} - z_{01}|$$

Die Phasencharakteristik des Poles im Ursprung

$$\varphi_{G_1}(f) = -2\pi t_0 f$$

trägt dagegen eine frequenzproportionale additive Komponente zur Gesamtphasencharakteristik $\varphi_G(f)$ bei, d. h. es entsteht

$$\varphi_G(f) = \varphi_{G01}(f) - 2\pi t_0 f = \arg(e^{j2\pi t_0 f} - z_{01}) - 2\pi t_0 f$$

Der Pol bei $z = 0$ entspricht also einem idealen Verzögerungsglied mit der
Laufzeit t_0, wie wir bereits oben erkannten. Damit ist auch über diesen Umweg klar, dass die nichtkausale Gewichtsfunktion des fiktiven Teilsystems mit
separater Nullstelle durch Verschiebung um t_0 in eine kausale übergeht.

Die Gewichtsfunktion dieses einfachen diskreten Systems lässt sich wiederum unmittelbar durch Besichtigung der Blockdarstellung direkt ermitteln
zu

$$g(t) = \delta(t) + a\,\delta(t - t_0) = \delta(t) - z_{01}\,\delta(t - t_0) \qquad (2.104)$$

Wie bereits erkannt, korrespondiert der Fall $z_{01} = -a < 0$ zu einem Tiefpass-
System (abgek. TP) und der Fall $z_{01} = -a > 0$ zu einem Hochpass-System
(abgek. HP). Falls man auf Selektivität Wert legt, wird man für einen Tiefpass $z_{01} = -a = -1$ und für einen Hochpass $z_{01} = -a = +1$ wählen. Diese
zwei Sonderfälle trennen wiederum je zwei Intervalle für mögliche Nullstellen-
lagen, nämlich einerseits die TP-Charakteristiken $z_{01} = -a < -1$ (Nullstelle
außerhalb des Einheitskreises) und $-1 < z_{01} = -a < 0$ (Nullstelle innerhalb
des Einheitskreises) sowie andererseits die HP-Charakteristiken $0 < z_{01} =
-a < +1$ (Nullstelle innerhalb des Einheitskreises) und $z_{01} = -a > +1$
(Nullstelle außerhalb des Einheitskreises).

Bei näherer Betrachtung stellt sich heraus, dass die Betrags-Charakteristiken für spiegelbildlich zum Einheitskreis liegende Nullstellen, abgesehen von
einem konstanten Faktor, identisch sind. Dieser merkwürdigen Behauptung

wollen wir aus Gründen der Übersichtlichkeit am Beispiel von TP-Systemen nachgehen. Um die Betragscharakteristiken vergleichbar zu machen, sollen anschließend *normierte* Übertragungsfunktionen betrachtet werden. Die Normierung bestehe darin, dass durch einen konstanten Faktor k vor der Übertragungsfunktion TP-Charakteristiken mit der Eigenschaft $G(0) = 1$ erzwungen werden. Mit dem Ansatz

$$G_z(z) = k \frac{z - z_{01}}{z}$$

und der Forderung

$$G(0) = G_z(1) = k(1 - z_{01}) = 1$$

und somit

$$k = \frac{1}{1 - z_{01}}$$

ergibt sich die normierte Übertragungsfunktion

$$G_z(z) = \frac{1}{1 - z_{01}} \frac{z - z_{01}}{z} = \frac{1}{1 - z_{01}} [1 - z_{01} z^{-1}] \qquad (2.105)$$

bzw.

$$G(f) = \frac{1}{1 - z_{01}} [1 - z_{01} e^{-j2\pi t_0 f}]$$

mit der zugehörigen Gewichtsfunktion endlicher Zeitdauer (FIR-System)

$$g(t) = \frac{1}{1 - z_{01}} [\delta(t) - z_{01} \delta(t - t_0)] \qquad (2.106)$$

Nun werden die beiden Fälle spiegelbildlich zum Einheitskreis liegender Nullstellen betrachtet, erklärt durch I: $z_{01} = -r$ und II: $z_{01} = -1/r$ mit $0 < r < 1$. Man erhält

$$g_I(t) = \frac{1}{1 + r} [\delta(t) + r \, \delta(t - t_0)] = \frac{1}{1 + r} \delta(t) + \frac{r}{1 + r} \delta(t - t_0) \qquad (2.107)$$

und

$$g_{II}(t) = \frac{1}{1 + r^{-1}} [\delta(t) + r^{-1} \delta(t - t_0)] = \frac{r}{1 + r} \delta(t) + \frac{1}{1 + r} \delta(t - t_0) \qquad (2.108)$$

In den beiden Gewichtsfunktionen sind also lediglich die Stoßintegrale der aufeinanderfolgenden Stöße vertauscht, wie in Abbildung 2.36 skizziert.

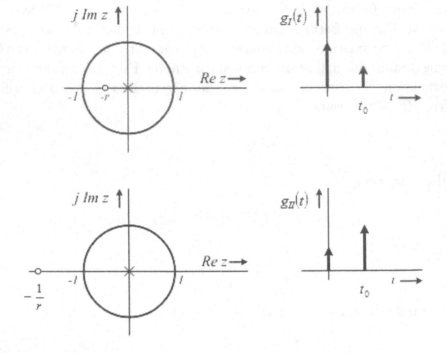

Abbildung 2.36: *Gewichtsfunktionen $g_I(t)$ und $g_{II}(t)$*

Spätestens beim Vergleich der beiden Gewichtsfunktionen in Abbildung 2.36 wird Ihnen klar, dass $g_{II}(t)$ durch zeitliche Umkehr von $g_I(t)$ und anschließende zeitliche Verschiebung um t_0 ausgedrückt werden kann, d. h.

$$g_{II}(t) = g_I(-(t - t_0)) = g_I(t_0 - t) \qquad (2.109)$$

Sowohl die Verschiebungsoperation im Zeitbereich (s. Verschiebungssatz) als auch die zeitliche Umkehr (s. Ähnlichkeitssatz) haben keinen Einfluss auf das Betragsspektrum. Mit $|U(f)| = |U(f)e^{-j2\pi t_0 f}| = |U^*(f)|$, angewandt auf die zu den beiden Gewichtsfunktionen gehörenden Übertragungsfunktionen $G_I(f) \bullet\!\!-\!\!\circ g_I(t)$ und $G_{II}(f) \bullet\!\!-\!\!\circ g_{II}(t)$, erhält man:

$$|G_{II}(f)| = |G_I(f)| \qquad (2.110)$$

Damit ist unsere obige Behauptung bewiesen, d. h. für den betrachteten diskreten Tiefpass mit der eingeführten Normierung gilt:

- Spiegelung der Nullstellen am Einheitskreis bewirkt keine Änderung der Betragscharakteristik.

Selbstverständlich hätten wir dies auch durch unmittelbare Betrachtung der Übertragungsfunktionen mit den am Einheitskreis gespiegelten Nullstellen herausfinden können. Der obige Weg über den Zeitbereich erscheint uns allerdings viel instruktiver und liefert zugleich eine interessante Erkenntnis über die Konsequenzen hinsichtlich der Gewichtsfunktionen, nämlich zeitliche Umkehr und zugleich zeitliche Verschiebung um t_0. (Diese Operation könnte man auch als zeitliche Spiegelung der Gewichtsfunktion an der Koordinate $t = t_0/2$ bezeichnen.)

Die Spiegelung der Nullstelle am Einheitskreis bewirkt allerdings eine Änderung der Phasencharakteristik, wie man qualitativ sofort am PN-Diagramm ablesen kann. Die Nullstelle im Inneren des Einheitskreises führt in Verbindung mit dem Pol im Ursprung zu einer Phasencharakteristik $\varphi_{GI}(f)$, die im Intervall $0 \leq f \leq f_p/2$ an beiden Intervallgrenzen den Wert Null annimmt

$$\varphi_{GI}(0) = \varphi_{GI}(f_p/2) = 0$$

und für $0 < f < f_p/2$ niemals die Schranke $-\pi f/f_p$ unterschreiten kann, genauer:

$$0 > \varphi_{GI}(f) > -\pi \frac{f}{f_p} \qquad \text{für} \qquad 0 < f < f_p/2$$

Dagegen hat der betrachtete diskrete Tiefpass mit einer Nullstelle außerhalb des Einheitskreises (und einem Pol im Ursprung) eine Phasencharakteristik $\varphi_{GII}(f)$, die an den Intervallgrenzen $f = 0$ und $f = f_p/2$ die Werte 0 und $-\pi$ annimmt:

$$\varphi_{GII}(0) = 0$$
$$\varphi_{GII}(f_p/2) = -\pi$$

Die untere Schranke für $\varphi_{GII}(f)$ im Frequenzintervall $0 < f < f_g/2$ ist gegenüber $\varphi_{GI}(f)$ dementsprechend weniger stringent:

$$0 > \varphi_{GII}(f) > -2\pi \frac{f}{f_p} \qquad \text{für} \qquad 0 < f < f_p/2$$

Da die Winkelvariation im Falle I (d. h. Nullstelle im Inneren des Einheitskreises) gegenüber dem Fall II (d. h. Nullstelle am Einheitskreis gespiegelt und damit außerhalb des Einheitskreises) kleiner ist, bezeichnet man das System I als **Minimalphasensystem**.

Eine bestimmte ausgewählte Betragscharakteristik kann also entweder mit
einer Phasencharakteristik *minimaler* Phase (Nullstelle im Inneren des Einheitskreises) oder einer Phasencharakteristik *nichtminimaler* Phase (Nullstelle außerhalb des Einheitskreises) verknüpft sein.

Der Grenzfall der Nullstelle *auf* dem Einheitskreis, hier also $z_{01} = -1$,
ist besonders interessant. Ein solches System wollen wir zu den Minimalphasensystemen rechnen, weil es für eine gegebene Betragscharakterisik keine alternativen Phasencharakteristiken gibt. Übertragungsfunktion und Gewichtsfunktion $G_z(z) \bullet\!\!-_z\!\!-\!\!\circ g(t)$

$$G_z(z) = \frac{1}{2}\frac{z+1}{z} = \frac{1}{2}[1 + z^{-1}] \bullet\!\!-_z\!\!-\!\!\circ g(t) = \frac{1}{2}[\delta(t) + \delta(t - t_0)] \qquad (2.111)$$

sind ist mit einer *frequenzproportionalen* Phasencharakteristik verknüpft:

$$\varphi_G(f) = -\pi\frac{f}{f_p} \qquad \text{für} \qquad 0 < f < f_p/2 \qquad (2.112)$$

Die zugehörige Betragscharakteristik $|G(f)|$ ist ebenfalls bemerkenswert. Mit
Kenntnis der Gewichtsfunktion $g(t)$ können Sie sofort die Betragscharakteristik angeben, denn Sie wissen, dass ein symmetrischer Doppelstoß die Fouriertransformierte einer Kosinusfunktion ist und die Verschiebungsoperation
im Zeitbereich keine Auswirkungen auf die Betragscharakteristik hat, d. h.
Sie können unmittelbar niederschreiben:

$$|G(f)| = |\cos(\pi t_0 f)| = |\cos(\pi f/f_p)| \qquad (2.113)$$

In Abbildung 2.37 finden Sie eine Übersicht über die typischen Charakteristiken des behandelten FIR-Tiefpasses 1. Grades.

Fall 2: IIR-System 1. Grades

Nachdem im vorhergehenden Fall durch den verschwindenden Koeffizienten
$b = 0$ das anfangs zugrunde gelegte diskrete System 1. Grades von Abbildung 2.30 zu einem FIR-System „entartete", soll es nun komplett betrachtet werden. Wiederum wird die Übertragungsfunktion durch einen frequenzunabhängigen Faktor k modifiziert, d. h. es gelte

$$G_z(z) = k\frac{z+a}{z-b} = k\frac{z - z_{01}}{z - z_1}$$

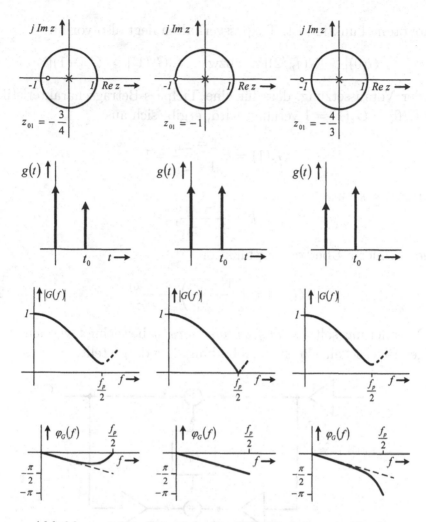

Abbildung 2.37: *Beispiele für FIR-Tiefpässe 1. Grades*

Die Nullstelle ist $z_{01} = -a$ und der Pol $z_1 = b$, für den aus Stabilitätsgründen $|z_1| < 1$ verlangt wird.

Den Faktor k kann man sich als zusätzlichen Koeffizienten am Eingang (oder Ausgang) des Systems vorstellen, der die PN-Konfiguration nicht verändert.

Tiefpass-Konfiguration: Als Tiefpassverhalten werde ein Verlauf der Betragscharakteristik im Intervall $0 \le f \le f_p/2$ bezeichnet, bei dem tiefe Frequenzen gegenüber hohen Frequenzen bevorzugt werden. Man kann zeigen, dass bei dem vorausgesetzten System 1. Grades die Betragscharakteristik eine monotone Funktion ist. Tiefpassverhalten liegt also vor für:

$$|G(0)| > |G(f_p/2)| \quad \text{bzw.} \quad |G_z(1)| > |G_z(-1)|$$

Unter der Voraussetzung, dass für eine Tiefpass-Betragscharakteristik wiederum $G(0) = G_z(1) = 1$ verlangt wird, ergibt sich aus

$$G_z(1) = k\,\frac{1 - z_{01}}{1 - z_1} = 1$$

der Parameter k zu

$$k = \frac{1 - z_1}{1 - z_{01}},$$

also die normierte Übertragungsfunktion:

$$G_z(z) = \left(\frac{1 - z_1}{1 - z_{01}}\right) \frac{z - z_{01}}{z - z_1} \tag{2.114}$$

Diese Normierung soll als *Tiefpassnormierung* bezeichnet werden. Ein zugehöriges Blockschaltbild ist in Abbildung 2.38 dargestellt.

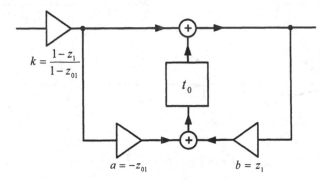

Abbildung 2.38: *Blockschaltbild eines Systems mit Tiefpassnormierung*

Mit der gedachten Kaskadierung der fiktiven Elementarsysteme „Nullstelle" und „Pol" im Hinterkopf erkennt man zunächst, dass für eine Tiefpasscharakteristik gelten muss:

$$z_1 > z_{01} \text{ falls } |z_{01}| < 1$$

Nullstellen $z_{01} \neq 0$, die spiegelbildlich zum Einheitskreis angeordnet sind, haben dabei die gleiche Auswirkung auf die Betragscharakteristik, wie bereits beim FIR-System gezeigt wurde.

Daher gilt für Tiefpasscharakteristiken allgemein die Forderung

$$1/z_1 < z_{01} < z_1 \text{ falls } z_1 < 0$$

bzw.

$$z_{01} > 1/z_1 \text{ oder } z_{01} < z_1 \text{ falls } z_1 > 0$$

Das PN-Diagramm erlaubt unmittelbar, zu beurteilen, ob eine schwach oder stark ausgeprägte Selektivität vorliegt. Obige Intervalle für PN-Lagen mit Tiefpassverhalten enthalten auch Fälle mit ausgesprochen schwacher Selektivität. Kräftige Tiefpass-Selektivität für Filteraufgaben wird erreicht mit einer Nullstelle im Punkt $z = -1$ (d. h. $a = -z_{01} = 1$) und einem Pol in der rechten Halbebene, wobei die Selektivität mit abnehmendem Abstand des Poles vom Punkt $z = 1$ zunimmt.

Sonderfälle:
a) Nullstelle bei z = 0: Für den Sonderfall $z_{01} = -a = 0$, d. h. Nullstelle im Ursprung, trägt die Nullstelle nichts zur Selektivität bei. Die Betragscharakteristik hängt von der Lage des Poles ab und stimmt, abgesehen von einem konstanten Faktor, mit der des fiktiven Elementarsystems „Pol" überein. Eine Tiefpasscharakteristik liegt dann also für $0 < z_1 < 1$ vor. Ein solches System wird auch als *rein rekursiv* bezeichnet.

Für die Übertragungsfunktion in z gilt:

$$G_z(z) = (1 - z_1)\, \frac{z}{z - z_1} = (1 - z_1)\, \frac{1}{1 - z_1\, z^{-1}} \qquad (2.115)$$

Dieser Ausdruck lässt sich für $|z_1\, z^{-1}| < 1$ in eine Reihe entwickeln:

$$G_z(z) = (1 - z_1) \sum_{n=0}^{\infty} z_1^n\, z^{-n}$$

Für $G(f)$ folgt daraus mit $z = e^{j2\pi t_0 f}$ (also $|z| = 1$ und damit unter der Bedingung $|z_1| < 1$, wie bekannt)

$$G(f) = (1 - z_1) \sum_{n=0}^{\infty} z_1^n\, e^{-j2\pi n t_0 f}$$

und daraus unmittelbar für die Gewichtsfunktion

$$g(t) = (1 - z_1) \sum_{n=0}^{\infty} z_1^n\, \delta(t - n t_0) \qquad (2.116)$$

b) Nullstelle bei z = −1: Legt man Wert auf Selektivität, ist bekanntlich eine Nullstelle $z_{01} = -1$ angebracht, mit der man wie beim FIR-System eine Nullstelle der Übertragungsfunktion $G(f)$ im Punkt $f = f_p/2$ erzwingt. Die Grenzfrequenz lässt sich durch Wahl der Lage des Poles z_1 variieren.

Die Systemcharakteristiken im Frequenz- und Zeitbereich lauten damit unter Verwendung obiger Umformung

$$
\begin{aligned}
G_z(z) &= \left(\frac{1-z_1}{2}\right)\frac{z+1}{z-z_1} \\
&= \left(\frac{1-z_1}{2}\right)\left[\frac{1}{1-z_1\,z^{-1}} + \frac{z^{-1}}{1-z_1\,z^{-1}}\right]
\end{aligned}
\tag{2.117}
$$

bzw.

$$
\begin{aligned}
G(f) &= \left(\frac{1-z_1}{2}\right)\left[\sum_{n=0}^{\infty} z_1^n\, e^{-j2\pi n t_0 f} + e^{-j2\pi t_0 f}\sum_{n=0}^{\infty} z_1^n\, e^{-j2\pi n t_0 f}\right] \\
&= \left(\frac{1-z_1}{2}\right)\left[1 + (1+z_1)\sum_{n=1}^{\infty} z_1^{n-1}\, e^{-j2\pi n t_0 f}\right]
\end{aligned}
$$

und somit (u. a. unter Berücksichtigung des Verschiebungssatzes)

$$
\begin{aligned}
g(t) &= \left(\frac{1-z_1}{2}\right)\left[\sum_{n=0}^{\infty} z_1^n\, \delta(t - nt_0) + \sum_{n=0}^{\infty} z_1^n\, \delta(t - t_0 - nt_0)\right] \\
&= \left(\frac{1-z_1}{2}\right)\left[\delta(t) + (1+z_1)\sum_{n=1}^{\infty} z_1^{n-1}\, \delta(t - nt_0)\right]
\end{aligned}
\tag{2.118}
$$

Diese Gewichtsfunktion könnte Sie an die Abgetastete der Gewichtsfunktion des elementaren RC-Tiefpasses erinnern. Für den RC-Tiefpass mit der Zeitkonstanten T_1 ergab sich die Gewichtsfunktion, die wir hier mit $g_{RC}(t)$ bezeichnen wollen zu

$$
g_{RC}(t) = \frac{1}{T_1}\, e^{-t/T_1}\, \mathrm{s}(t)
$$

und durch Normalabtastung die zugehörige Abgetastete

$$
A\{g_{RC}(t)\} = \frac{t_0}{T_1}\left[\frac{1}{2}\delta(t) + \sum_{n=1}^{\infty} e^{-nt_0/T_1}\delta(t - nt_0)\right]
$$

Tatsächlich lässt sich die Gewichtsfunktion des diskreten Tiefpasses zunächst auf eine vergleichbare Form bringen

$$g(t) = (1 - z_1) \left[\frac{1}{2} \delta(t) + \frac{1 + z_1}{2z_1} \sum_{n=1}^{\infty} z_1^n \, \delta(t - nt_0) \right]$$

Man kann nun z_1^n mit e^{-nt_0/T_1} identifizieren und die Näherung ansetzen

$$z_1 = e^{-t_0/T_1} \approx 1 - (t_0/T_1) \qquad \text{für} \qquad 0 < t_0/T_1 \ll 1$$

Unter dieser Voraussetzung sehr kleiner Abtastintervalle t_0 gegenüber der Zeitkonstanten T_1 bzw. einer Pollage z_1 dicht bei 1 (zulässig, da $z_1 < 1$) sind also die beiden Gewichtsfunktionen näherungsweise gleich, d. h. es gilt

$$g(t) \approx A\{g_{RC}(t)\} \qquad \text{für} \qquad 0 < t_0/T_1 = 1 - z_1 \ll 1$$

Für diesen Fall stellt also der diskrete Tiefpass 1. Grades mit der Nullstelle $z_{01} = -1$ eine Approximation des elementaren RC-Tiefpasses dar.

Die Phasencharakteristik des betrachteten IIR-Systems 1. Grades setzt sich aus den Phasencharakteristiken der beiden fiktiven Elementarsysteme zusammen, wobei eine Nullstelle im Inneren des Einheitskreises prinzipiell die Phasencharakteristik des Poles „zurück dreht" (Minimalphasensystem). Man erhält $\varphi_G(0) = \varphi_G(f_p/2) = 0$. Dagegen bleibt mit einer Nullstelle außerhalb des Einheitskreises der prinzipielle Phasenverlauf des Einzelpoles erhalten, d. h. $\varphi_G(0) = 0$ und $\varphi_G(f_p/2) = -\pi$.

Anmerkung: Wegen der prinzipellen Vieldeutigkeit einer Winkelangabe hinsichtlich Vielfachen von 2π wäre für $|z_{01}| > 1$ anstelle von $\varphi_G(f_p/2) = -\pi$ auch $\varphi_G(f_p/2) = \pm\pi$ richtig. Dies als Unstetigkeit der Phasencharakteristik zu deuten und etwa der Stelle $f = f_p/2$ den isolierten Wert $\varphi_G(f_p/2) = 0$ zuzuordnen, wäre verfehlt. Phasensprünge um 2π (oder ganzzahlige Vielfache von 2π) sind fiktiv. Bei einer Darstellung der Phasencharakteristik über den Punkt $f = f_p/2$ hinaus, also auch für $f > f_p/2$ ist es darstellungsmäßig vorteilhaft, bei $f = f_p/2$ einen solchen Sprung um 2π vorzusehen. Anders verhält es sich bei dem Sonderfall $z_{01} = -1$, in dem bei $f = f_p/2$ nur ein Phasensprung um π auftritt. Dort liegt eine echte Unstetigkeit vor. Es ist Definitionssache und eigentlich formal, ob man für die vorliegende Übertragungsfunktion mit einem Pol und einer Nullstelle bei $z_{01} = -1$ im Frequenzpunkt $f_p/2$ den Phasenwinkel $\varphi_G(f_p/2) = 0$ annimmt. Wir wollen aus

Plausibilitätsgründen wie etwa bei der Unstetigkeit des Rechtecksignals oder des idealen Tiefpasses dem Frequenzpunkt $f = f_p/2$ den Phasenwinkel Null zuordnen. Dies korrespondiert zu unserer Aussage, dass Systeme mit Nullstellen *auf* dem Einheitskreis zu den Minimalphasensystemen zu rechnen sind. (Das tun nicht alle Autoren, vielmehr wird oft für ein Minimalphasensystem die Bedingung formuliert, dass alle Nullstellen *im Inneren* des Einheitskreises liegen, hier also $|z_{01}| < 1$.)

Beispiele für die diskutierten PN-Lagen zeigt Abbildung 2.39. Bitte machen Sie sich die Mühe, für jede PN-Lage die obigen Erläuterungen zu rekapitulieren. Nach kurzer Zeit erschließt sich die Übersichtlichkeit der PN-Konfiguration.

Allpass-Konfiguration: Ein Allpass ist durch eine frequenzunabhängige Betrags-Charakteristik gekennzeichnet. Er kann damit als Grenzfall einer Tiefpass-Charakteristik mit verschwindender Selektivität aufgefasst werden. Da Nullstellen außerhalb des Einheitskreises erlaubt sind, lässt sich für $|z_{01}| > 1$ mit $z_1 = 1/z_{01}$ hinsichtlich des Betragsverlaufes eine Kompensation von Nullstellen- und Polcharakteristik erreichen.

Unter Beibehaltung der Tiefpass-Normierung (d. h. $G_z(1) = 1$) ergibt sich die Übertragungsfunktion in z

$$G_z(z) = \left(\frac{1 - z_1}{1 - 1/z_1}\right) \frac{z - 1/z_1}{z - z_1} = (-z_1) \frac{z - 1/z_1}{z - z_1} = \frac{1 - z_1 z}{z - z_1} \qquad (2.119)$$

und damit die frequenz*un*abhängige Betragscharakteristik

$$|G(f)| = \frac{|1 - z_1 e^{j2\pi t_0 f}|}{|e^{j2\pi t_0 f} - z_1|} = 1$$

Diese Identität lässt sich unmittelbar mit Hilfe der geometrischen Interpretation von Zähler- und Nenner-Ausdruck verifizieren. Abbildung 2.40 zeigt die Konstruktion der Beträge von Zähler und Nenner für einen gewählten Frequenzpunkt $f = f_x$ in der z-Ebene.

Die Phasencharakteristik $\varphi_G(f)$ ergibt sich aus der Übertragungsfunktion

$$G_z(z) = k \frac{z - z_{01}}{z - z_1} = (-z_1) \frac{z - 1/z_1}{z - z_1} \qquad (2.120)$$

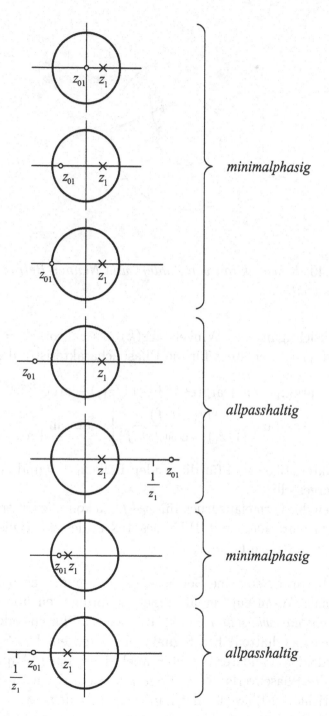

Abbildung 2.39: *Charakteristische PN-Lagen für IIR-Tiefpässe 1. Grades*

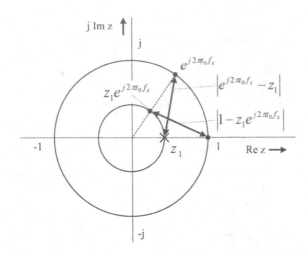

Abbildung 2.40: *Konstruktion von Zähler- und Nenner-Betrag einer Allpass-Übertragungsfunktion*

Unter Berücksichtigung des Winkels $\arg(k)$ des Faktors $k = -z_1$, also mit $\arg(k) = \arg(z_1) + \pi$, entsteht für die Phasencharakteristik des Allpasses

$$
\begin{aligned}
\varphi_G(f) &= \arg(z_1) + \pi + \arg(e^{j2\pi t_0 f} - (1/z_1)) - \arg(e^{j2\pi t_0 f} - z_1) \\
&= -\arctan\left[\frac{\sin(2\pi t_0 f)}{(1/z_1) - \cos(2\pi t_0 f)}\right] - \arctan\left[\frac{\sin(2\pi t_0 f)}{\cos(2\pi t_0 f) - z_1}\right]
\end{aligned}
$$

Phasencharakteristiken sind für die beiden Fälle $z_1 > 0$ und $z_1 < 0$ in Abbildung 2.41 dargestellt.

Falls Ihnen der Formelausdruck für $\varphi_G(f)$ zu kompliziert erscheint, möchten wir Ihnen empfehlen, mit Hilfe des PN-Bildes die typischen Verläufe wenigstens qualitativ zu bestätigen.

Der Allpass bewirkt also keine Betrags-, sondern nur Phasenänderungen des Eingangssignals. Wenn ein Signal möglichst formgetreu übertragen werden soll, ist dies ein *unerwünschter* Effekt, den wir als Phasen- oder Laufzeit*ver*zerrung bezeichnet hatten. Ein Signal, das durch ein LTI-System phasenverzerrt wurde, kann andererseits aber auch durch einen Allpass in Kaskade hinsichtlich des Phasenverlaufes *korrigiert* werden. Dann ist dies *erwünscht*, und man spricht von Phasen- oder Laufzeit*ent*zerrung.

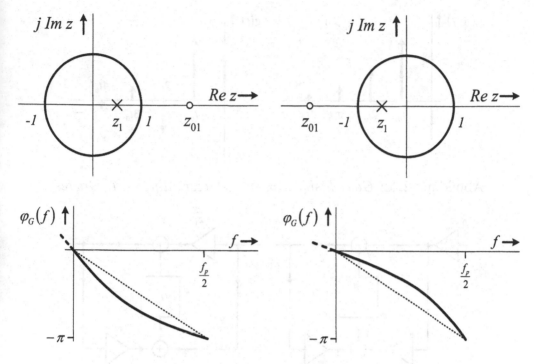

Abbildung 2.41: *Phasencharakteristiken diskreter Allpässe 1. Grades*

Wie sich eine Phasenverzerrung auswirkt, soll am Beispiel des Einheitsstoßes als Eingangssignal, also durch die Gewichtsfunktion $g(t)$ gezeigt werden.

Man erhält aus

$$G_z(z) = \frac{1 - z_1 z}{z - z_1} = \frac{1}{z - z_1} - z_1 \frac{z}{z - z_1}$$

unmittelbar

$$g(t) = \sum_{n=0}^{\infty} z_1^n \, \delta(t - t_0 - nt_0) - \sum_{n=0}^{\infty} z_1^{n+1} \, \delta(t - nt_0)$$

bzw. durch Zusammenfassen

$$g(t) = -z_1 \, \delta(t) + (1 - z_1^2) \sum_{n=1}^{\infty} z_1^{n-1} \, \delta(t - nt_0) \qquad (2.121)$$

Typische Allpassgewichtsfunktionen zeigt Abbildung 2.42.

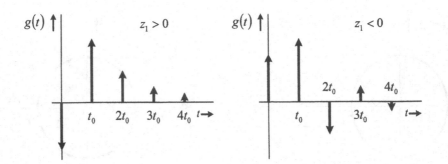

Abbildung 2.42: *Gewichtsfunktionen diskreter Allpässe 1. Grades*

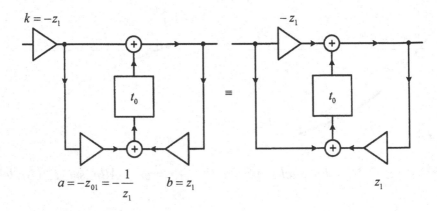

Abbildung 2.43: *Blockschaltbild eines diskreten Allpasses 1. Grades*

Auch die Allpassgewichtsfunktion lässt sich, zumindest qualitativ, unmittelbar aus dem Blockschaltbild gewinnen. Mit dem Normierungsfaktor $k = -z_1$ ergibt sich aus dem allgemeinen Blockschaltbild die in Abbildung 2.43 dargestellte Schaltung.

Ein Stoß am Eingang löst zwei zeitlich um t_0 gegeneinander verschobene exponentiell abklingende Stoßfolgen unterschiedlicher Amplitude aus. Sie werden durch die Rückkoppelschleife verursacht, durch den Koeffizienten $b = z_1$ bestimmt und überlagern sich additiv.

Zu Übungszwecken ist es vorteilhaft, sich in den „Bildungsmechanismus" der Stoßantwort $g(t)$, also der linearen Verzerrung eines Stoßes, hineinzudenken. Die Allpassgewichtsfunktion enthält als Sonderfall für $z_1 = 0$ mit $g(t) = \delta(t - t_0)$ auch den Ausdruck für das bereits behandelte reine Verzögerungsglied (Totzeitglied) mit der Übertragungsfunktion $G_z(z) = 1/z$ bzw. $G(f) = e^{-j2\pi t_0 f}$.

Dem Verzögerungsglied ist in der z-Ebene neben dem Pol bei $z = 0$ eine Nullstelle bei $z = \infty$, also außerhalb des Einheitskreises zuzuordnen, womit es zur Kategorie der Nichtminimalphasensysteme gehört. Die zeitliche Verzögerung ohne Verzerrung der Signalform ist somit als eine spezielle Allpassoperation zu deuten. Für Pollagen $z_1 \neq 0$ treten lineare Verzerrungen auf. Aus der Gewichtsfunktion ist abzulesen: Pole in der Umgebung von $z = 0$ bewirken im Wesentlichen eine Signalverzögerung, verbunden mit einer Amplitudenänderung gemäß dem Faktor $(1 - z_1^2)$ und verzerrt durch einen Vorläufer mit der Amplitude $-z_1$ und exponentiell schnell abklingende Nachläufer. Für Pole dicht bei ± 1 dagegen, ist die Systemoperation dadurch gekennzeichnet, dass das Signal im Wesentlichen nicht verzögert wird, sondern je nach Polarität des Poles z_1 mit postiver oder negativer Amplitude gemäß dem Faktor $-z_1$ am Ausgang erscheint, allerdings verzerrt durch Nachläufer, zwar kleiner Amplitude aber relativ langsam abklingend und damit beachtlich. Die Lösung folgender Aufgabe macht dieses Verhalten am Beispiel der Antwort auf eine spezielle Eingangs-Stoßfolge deutlich.

Übungsaufgabe: Skizzieren Sie die Antwort eines (normierten) Allpasses mit einem Pol bei a)$z_1 = 0, 1$ und b) $z_1 = 0, 9$ auf ein Eingangssignal $u_1(t) = \sum_{n=0}^2 \delta(t - nt_0)$.

Diese Verzerrungen sind also reine Phasenverzerrungen.

Hochpass-Konfiguration: Wie Sie bereits vorher in Verbindung mit den Kammfiltern gesehen hatten, lässt sich eine Hochpasscharakteristik aus einer Tiefpasscharakteristik durch Frequenzverschiebung um den Wert $f_p/2$ erzeugen. In der z-Ebene wird eine Frequenzverschiebung durch Drehung einer PN-Konfiguration um den Koordinatenursprung erreicht, wobei die Frequenzverschiebung um $f_p/2$ einer Drehung um den Winkel π entspricht. Mit anderen Worten, aus Tiefpass- werden Hochpass-Konfigurationen, indem man alle Pole und Nullstellen mit dem Faktor (-1) multipliziert oder, anders ausgedrückt, am Koordinatenursprung spiegelt. Eine Tiefpass-Übertragungsfunktion

$$G_{zTP}(z) = k_{TP} \frac{z - z_{01\,TP}}{z - z_{1\,TP}}$$

geht dadurch in eine Hochpass-Übertragungsfunktion über

$$G_{zHP}(z) = k_{HP} \frac{z - z_{01\,HP}}{z - z_{1\,HP}}$$

Die Pole und Nullstellen des Hochpasses ergeben sich aus denen des Tiefpasses zu

$$z_{01\,HP} = -z_{01\,TP} \qquad z_{1\,HP} = -z_{1\,TP}$$

Da die PN-Konfiguration durch Normierungsfaktoren k nicht beeinflusst wird, kann man k_{HP} so wählen, dass für $f = f_p/2$ der Übertragunsgsfaktor $+1$ entsteht, d. h.

$$G_{HP}(f_p/2) = G_{z\,HP}(-1) = 1$$

erzwungen wird.

Mit der allgemein angesetzten Beziehung für eine Hochpass-Übertragungsfunktion, bestimmt durch $z_{01\,HP}$ und $z_{1\,HP}$, ergibt sich daraus

$$k_{HP} = \frac{1 + z_{1\,HP}}{1 + z_{01\,HP}}$$

Falls die Pole und Nullstellen des Hochpasses aus denjenigen eines Tiefpasses nach obiger Vorschrift der Vorzeichenumkehr hervorgehen, gilt also

$$k_{HP} = k_{TP}$$

Das hätten Sie vorhersagen können, denn die HP-Übertragungsfunktion geht bei diesem Ansatz aus der TP-Übertragungsfunktion lediglich durch spektrale Verschiebung um $f_p/2$ hervor, d. h. ohne Änderung der Kurvenform wird der TP-Durchlassbereich in der Umgebung von $f = 0$ zu einem HP-Durchlassbereich in der Umgebung von $f = f_p/2$.

Man bezeichnet obige Überführung eines Tiefpasses in einen Hochpass auch als **Tiefpass-Hochpass-Transformation** (TP-HP-Transformation).

In Abbildung 2.44 ist ein Beispiel dargestellt.

Falls Sie den Verschiebungsmechanismus nicht „sehen" können, denken Sie bitte daran, dass die Übertragungsfunktionen periodisch und die Beträge zudem gerade Funktionen sind. Vereinbarungsgemäß werden sie aber – weil dies eindeutig und damit ausreichend ist – nur im Intervall $0 < f < f_p/2$ gezeichnet.

Eine ausführliche Erläuterung verschiedener spezieller PN-Anordnungen, wie sie beim Tiefpass-Fall durchgeführt wurde, erübrigt sich. Alle Frequenzcharakteristiken von Hochpässen können durch spektrale Verschiebung von TP-Charakteristiken um $f_p/2$ erzeugt werden.

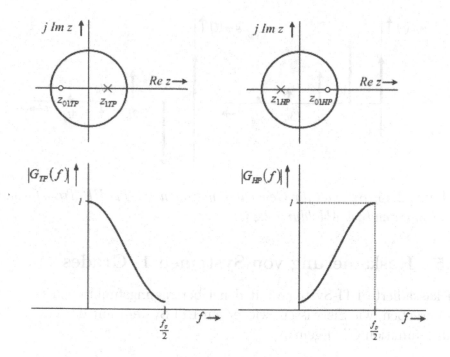

Abbildung 2.44: *Beispiel für Tiefpass-Hochpass-Transformation, PN-Konfigurationen und Betrags-Charakteristiken*

Die Gewichtsfunktionen von Hochpässen $g_{HP}(t)$ dagegen entstehen aus denen der zugeordneten Tiefpässe $g_{TP}(t)$ durch Vorzeichenumkehr der Stoßintegrale mit ungeradzahligen Indizes, wie bereits früher dargestellt. Mit

$$g_{TP}(t) = \sum_{n=0}^{\infty} c_{g\,TP}(n)\,\delta(t - nt_0)$$

und

$$g_{HP}(t) = \sum_{n=0}^{\infty} c_{g\,HP}(n)\,\delta(t - nt_0)$$

gilt

$$c_{g\,HP}(n) = (-1)^n\,c_{g\,TP}(n)$$

Als Beispiel zeigt Abbildung 2.45 die zu Abbildung 2.44 korrespondierenden Gewichtsfunktionen.

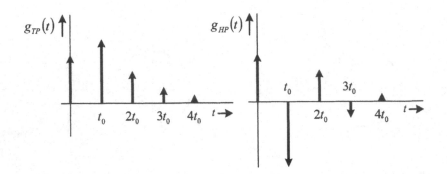

Abbildung 2.45: *Beispiel für Gewichtsfunktionen bei TP-HP-Transformation korrespondierend zu Abbildung 2.44*

2.4.5   Kaskadierung von Systemen 1. Grades

Zwei kaskadierte LTI-Systeme mit den Übertragungsfunktionen $G_1(f)$ und $G_2(f)$ ergeben, wie Sie wissen, wieder ein LTI-System mit der Gesamtübertragungsfunktion $G(f)$ gemäß

$$G(f) = G_1(f)\, G_2(f)$$

Bei zwei kaskadierten zeitdiskreten Systemen mit $G_{z1}(z)$ und $G_{z2}(z)$, die sich als Übertragungsfunktionen $G_1(f) = G_{z1}(e^{j2\pi t_0 f})$ bzw. $G_2(f) = G_{z2}(e^{j2\pi t_0 f})$ ausdrücken lassen, gilt folglich auch für die Gesamtübertragungsfunktion $G_z(z)$

$$G_z(z) = G_{z1}(z)\, G_{z2}(z)$$

Damit entsteht aus zwei Übertragungsfunktionen ersten Grades in PN-Darstellung

$$G_{z1}(z) = k_1 \frac{z - z_{01}}{z - z_1}$$

$$G_{z2}(z) = k_2 \frac{z - z_{02}}{z - z_2}$$

eine Übertragungsfunktion

$$
\begin{aligned}
G_z(z) &= \left(k_1 \frac{z - z_{01}}{z - z_1} \right) \left(k_2 \frac{z - z_{02}}{z - z_2} \right) \\
&= k \frac{(z - z_{01})(z - z_{02})}{(z - z_1)(z - z_2)} \quad \text{mit} \quad k = k_1\, k_2 \quad (2.122)
\end{aligned}
$$

Spätestens nach Ausmultiplizieren der Klammerausdrücke in Zähler und Nenner erkennt man, dass damit, zumindest formal, eine Übertragungsfunktion zweiten Grades entstanden ist. Auch ein System 2. Grades kann man natürlich durch seine PN-Konfiguration kennzeichnen. Abbildung 2.46 zeigt ein Beispiel.

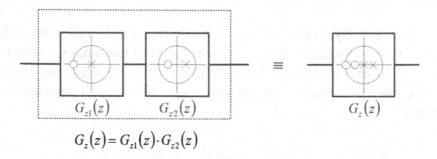

$$G_z(z) = G_{z1}(z) \cdot G_{z2}(z)$$

Abbildung 2.46: *Beispiel für die PN-Konfiguration zweier in Kaskade geschalteter Tiefpässe 1. Grades*

Allerdings kann durch die Kaskadierung zweier Systeme 1. Grades eventuell doch wieder ein System 1. Grades entstehen. In dem Sonderfall nämlich, dass sich ein Pol und eine Nullstelle der beiden Systeme kompensieren, also z. B. mit $z_2 = z_{01}$ kann man in der Übertragungsfunktion diese beiden Linearfaktoren kürzen, so dass die Kaskade ein neues System 1. Grades darstellt. Umgekehrt lässt sich ein System 1. Grades

$$G_z(z) = k \, \frac{z - z_{01}}{z - z_1}$$

durch Erweiterung der Übertragungsfunktion, z. B. mit einem willkürlich gewählten Pol z_2 als Kaskadenanordnung von zwei Systemen 1. Grades darstellen:

$$
\begin{aligned}
G_z(z) &= k \left(\frac{z - z_{01}}{z - z_1} \right) \left(\frac{z - z_2}{z - z_2} \right) \qquad \text{mit} \qquad k = k_1 \, k_2 \ \text{(wählbar)} \\
&= \underbrace{\left(k_1 \frac{z - z_2}{z - z_1} \right)}_{G_{z1}(z)} \underbrace{\left(k_2 \frac{z - z_{01}}{z - z_2} \right)}_{G_{z2}(z)}
\end{aligned}
$$

Bitte beachten Sie, dass die damit entstandene Nullstelle des Systems $G_1(f)$ im Inneren des Einheitskreises liegt, weil der gewählte Pol z_2 diese Eigenschaft haben muss.

Was als rein mathematische Spielerei erscheint, kann bei der Realisierung digitaler Filter durchaus praktische Bedeutung haben, wenn numerische Probleme zu befürchten sind.

Anschließend sollen zwei Sonderfälle behandelt werden, bei denen die obigen Überlegungen eine Rolle spielen.

Allpasshaltiges System: Systeme ersten Grades mit einer außerhalb des Einheitskreises befindlichen Nullstelle, also Nichtminimalphasensysteme, werden auch als *allpasshaltig* bezeichnet. Sie können nach obigem Muster nämlich in eine Kaskadenschaltung von Allpässen und Minimalphasensystemen zerlegt werden:

$$G_z(z) \;=\; k\,\frac{z - z_{01}}{z - z_1} \qquad \text{mit} \qquad |z_{01}| > 1$$

$$=\; \underbrace{\left(k_1\,\frac{z - z_{01}}{z - (1/z_{01})} \right)}_{\text{Allpass}} \; \underbrace{\left(k_2\,\frac{z - (1/z_{01})}{z - z_1} \right)}_{\text{Minimalphasensystem}}$$

Abb 2.47 zeigt ein Beispiel.

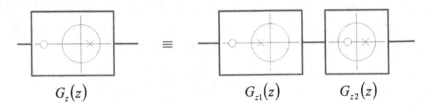

$$G_z(z) \qquad\qquad\qquad G_{z1}(z) \qquad\qquad G_{z2}(z)$$

Abbildung 2.47: *Beispiel für die Zerlegung eines allpasshaltigen Systems in einen Allpass und ein Minimalphasensystem*

Entzerrer: Die beschriebene Möglichkeit der Kompensation von Polen und Nullstellen durch Kaskadierung kann unter bestimmten Bedingungen zur Entzerrung ausgenutzt werden. Die Entzerrungsaufgabe für ein verzerrendes System $G_{z1}(z)$ lautet dann im einfachsten Falle: Wähle ein entzerrendes System $G_{z2}(z)$ so, dass die Kaskadierung zu einem Gesamtsystem mit der Übertragungsfunktion $G_z(z) = 1$ führt, also

$$G_z(z) = G_{z1}(z)G_{z2}(z) = 1$$

Das ergibt eine formale Dimensionierungsvorschrift für den Entzerrer

$$G_{z2}(z) = \frac{1}{G_{z1}(z)}$$

wobei natürlich zu prüfen ist, ob $G_{z2}(z)$ überhaupt realisierbar ist.

Die obige Forderung $G_z(z) = 1$ erweist sich allerdings als zu scharf. Mit „verzerrungsfrei" hatten wir nämlich bereits ein System bezeichnet, wenn es nur das Eingangssignal in der Kurven*form* unverändert lässt. Eine Veränderung durch einen konstanten Faktor k und eine konstante Verzögerungszeit t_v dagegen ist erlaubt. Die Übertragungsfunktion eines verzerrungsfreien Systems lautet also allgemein $G(f) = k e^{-2\pi t_v f}$ bzw. die Gewichtsfunktion $g(t) = k\delta(t - t_v)$. Bei zeitdiskreten Systemen mit einem Zeitraster t_0 ist allerdings eine Verzögerungszeit $t_v = qt_0$ ($q \geq 0$, ganzzahlig) zwingend. Zur Wiederherstellung der Kurvenform eines Eingangssignals genügt somit die modifizierte Vorschrift

$$G_z(z) = G_{z1}(z)G_{z2}(z) = k\,z^{-q}$$

bzw.

$$G_{z2}(z) = \frac{k}{z^q\,G_{z1}(z)} = \frac{1}{z^q}\frac{k}{G_{z1}(z)} \qquad k, q \text{ reell}, q \geq 0 \text{ ganzzahlig}$$

Der Faktor $1/z^q = z^{-q}$ kann als vor- oder nachgeschaltetes separates Verzögerungsglied mit der Verzögerungszeit $t_v = qt_0$ gedeutet werden. Diese Interpretation macht natürlich aus praktischer Sicht keinen Sinn, denn eine beliebige Verzögerung ist schließlich mit technischem Aufwand und gegebenenfalls anderen Nachteilen verbunden. Vielmehr ist dieser Faktor $1/z^q$ von Bedeutung, wenn das verzerrende System $G_{z1}(z)$ z. B. eine Nullstelle bei $z = \infty$ besitzt, somit eine entzerrende Übertragungsfunktion $k/G_{z1}(z)$ einen Pol bei $z = \infty$ hat und folglich nicht realisierbar ist. Dann wird das Gesamtsystem $G_{z2}(z)$ durch Wahl von $q = 1$ realisierbar. Allerdings darf das verzerrende Sytem keine *endlichen* Nullstellen außerhalb des Einheitskreises oder auf dem Einheitskreis besitzen, denn das würde zu unzulässigen Pollagen des Entzerres führen.

Als Beispiel soll nun ein *verzerrendes* zeitdiskretes System 1. Grades betrachtet werden mit der Übertragungsfunktion

$$G_{z1}(z) = k_1 \frac{z - z_{01}}{z - z_1}$$

Es ist $q = 0$ vorzusehen, so dass dessen Ausgangssignal *ent*zerrt werden kann durch ein System mit der Übertragungsfunktion

$$G_{z2}(z) = k_2 \frac{z - z_{02}}{z - z_2}$$

In diesem Falle kann das linear verzerrte Eingangssignal also in Form und Zeitlage wieder hergestellt werden, indem

$$z_2 = z_{01} \quad \text{mit} \quad |z_2| < 1 \quad \text{und} \quad z_{02} = z_1$$

gewählt wird. Da der Pol z_2 im Inneren des Einheitskreises liegen muss, kann also weder ein allpasshaltiges System noch ein System mit $z_0 1 = \pm 1$ komplett entzerrt werden. (Der zu den allpasshaltigen Systemen gerechnete Sonderfall einer Nullstelle bei $z = \infty$, d. h. der Übertragungsfunktion $G_{z1}(z) = 1/(z - z_1)$, kann mit $q = 1$ nach obigem unter Inkaufnahme einer Verzögerung um t_0 durch einen Entzerrer mit der Übertragungsfunktion $G_{z2}(z) = (z - z_1)/z$ entzerrt werden.)

In manchen Fällen reicht für allpasshaltige Systeme eine so genannte *Betrags*entzerrung aus, wenn nur eine frequenzunabhängige *Betrags*charakteristik verlangt wird. Das Gesamtsystem ist dann ein Allpass, so dass das Signal „nur" phasenverzerrt wird. Bitte beachten Sie, dass Systeme mit Nullstellen *auf* dem Einheitskreis (die wir zu den Minimalphasensystemen gerechnet hatten) nicht entzerrt werden können (auch nicht betragsmäßig). Das ist unmittelbar einsehbar, denn eine Frequenzkomponente, die vollständig unterdrückt wurde, kann nicht „wiederbelebt" werden (jedenfalls nicht durch ein stabiles System). In diesem Zusammenhang ist aus praktischer Sicht anzumerken, dass die Kompensation einer Nullstelle $|z_{01}| < 1$, sofern sie sehr dicht am Einheitskreis liegt, zwar theoretisch durch einen zulässigen Pol $z_2 = z_{01}$ kompensiert werden kann, dass aber die praktische Realisierung u. U. problematisch ist (kritische numerische Stabilität, Rauschanfälligkeit).

Bisher hatten Sie vermutlich eine Kaskadenschaltung vor Augen, bei der das entzerrende System $G_{z2}(z)$ dem verzerrenden $G_{z1}(z)$ folgt. Wegen der Vertauschbarkeit kaskadierter Systeme kann diese Reihenfolge allerdings auch umgekehrt werden. Man spricht dann häufig von *Vorverzerrung*, d. h. das Signal wird zunächst so verzerrt, dass das nachfolgende vorgegebene System als Entzerrer wirkt.

Eine Verfolgung dieses Gedankens führt zur Möglichkeit der Aufteilung des entzerrenden Systems $G_{z2}(z)$ auf zwei Teilsysteme $G_{z2v}(z)$ und $G_{z2n}(z)$ mit $G_{z2}(z) = G_{z2v}(z)\,G_{z2n}(z)$, d. h. die gesamte Entzerrung kann auf Vorverzerrung und Nachentzerrung aufgeteilt werden. Abbildung 2.48 zeigt diese Varianten.

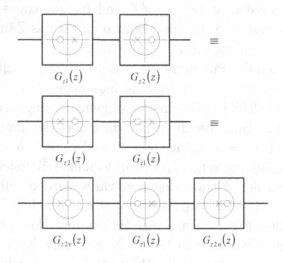

Abbildung 2.48: *Entzerrungsvarianten durch Kaskadierung eines verzerrenden Systems $G_{z1}(z)$*

Die Aufteilung einer Entzerrung kann sowohl aus theoretischen als auch aus praktischen Gründen nützlich sein. Leider können wir im Rahmen dieser Darstellung darauf nicht eingehen.

2.4.6 Diskrete Systeme vom Grade N

Anstelle der Kaskadierung von zwei Systemen, wie soeben betrachtet, können selbstverständlich auch N Systeme 1. Grades kaskadiert werden. Dadurch entstehen Systeme vom Grade N, wenn man die Kompensation von Polen und Nullstellen ausschließt. Allerdings hat man damit nicht die gesamte Vielfalt diskreter Systeme erschlossen, denn das Gesamtsystem hätte nur reelle Pole und Nullstellen.

Wie bereits erwähnt, hat ein diskretes LTI-System vom Grade N die allgemeine Übertragungsfunktion

$$G_z(z) = \frac{\sum_{m=0}^{M} \alpha_m z^m}{\sum_{n=0}^{N} \beta_n z^n} = \frac{\alpha_M}{\beta_N} \frac{\prod_{\mu=1}^{M}(z - z_{0\mu})}{\prod_{\nu=1}^{N}(z - z_\nu)}$$

Die Koeffizienten α_m und β_n werden als reell vorausgesetzt, so dass die Nullstellen von Zähler- und Nennerpolynom, also die Nullstellen $z_{0\mu}$ und Pole z_ν entweder reell sind oder in konjugiert komplexen Paaren auftreten. Zur Vereinfachung soll ohne Beschränkung der Allgemeingültigkeit $\beta_N = 1$ vereinbart werden. Bei kausalen Systemen muss für den Grad M des Zählerpolynoms $M \leq N$ verlangt werden, wobei $\alpha_M \neq 0$ und $\beta_N \neq 0$ sowie $z_{0\mu} \neq z_\nu$ für alle μ und ν vorausgesetzt sind. (Formal kann man für das Zählerpolynom stets den Grad N annehmen, wobei $\alpha_m \equiv 0$ für $m > M$.)

Die Koeffizienten der Polynomform lassen sich unmittelbar einem Blockschaltbild zuordnen, wie es in Abbildung 2.49 angegeben ist.

Dieses Blockschaltbild stellt eine Verallgemeinerung der Schaltung nach Abbildung 2.30 dar. Bitte beachten Sie, dass dort die allgemeinen Koeffizienten $\alpha_1 = 1$ und $\alpha_0 = a$, sowie $\beta_1 = 1$ und $\beta_0 = -b$ angesetzt wurden. Dies geschah aus pädagogischen Gründen, weil eine übersichtliche Schaltung als Ausgangspunkt der Betrachtungen gewählt werden sollte. In dem allgemeinen Schaltbild treten also im Rückkoppelzweig die Koeffizienten $-\beta_n$ auf, wodurch die mathematische Form von Zähler- und Nennerpolynom einheitlich wird. Da ein Polynom vom Grade N genau N Nullstellen hat, wobei mehrfache Nullstellen mehrfach zu zählen sind, hat die Übertragungsfunktion eines *stabilen* Systems vom Grade N genau N Pole und zwar im Inneren des Einheitskreises, d. h. es muss gelten $|z_\nu| < 1$. Zum Grad M des Zählerpolynoms korrespondieren M *endliche* Nullstellen der Übertragungsfunktion. Im Falle $M < N$ treten $N - M$ Nullstellen bei $z = \infty$ auf. Es ist zweckmäßig, diese mitzuzählen, so dass gilt:

- Ein System vom Grade N hat N Pole und N Nullstellen

Die bei Systemen 1. Grades behandelten Klassifizierungen haben auch bei Systemen vom Grade $N > 1$ Bedeutung, wie anschließend in Kürze gezeigt wird.

Minimalphasensystem: Bei einem *Minimalphasensystem* müssen, analog dem System 1. Grades, alle Nullstellen *im Inneren* des Einheitskreises oder *auf* dem Einheitskreis liegen, d. h. es muss gelten

$$M = N \qquad \text{und} \qquad |z_{0\mu}| \leq 1$$

(Die Bedingung $M = N$ ist für ein Minimalphasensystem notwendig, aber nicht hinreichend.)

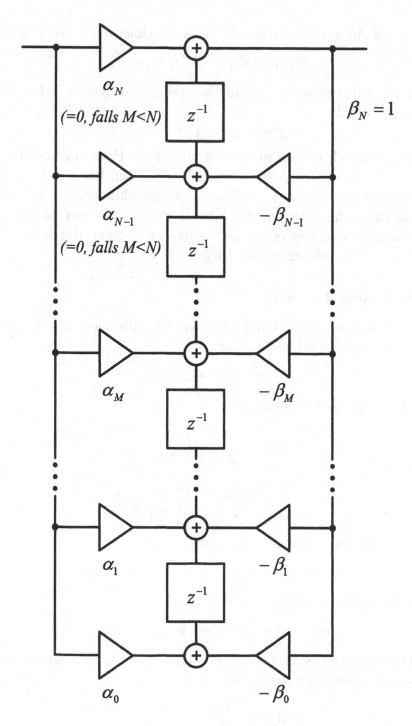

Abbildung 2.49: *Blockschaltbild eines diskreten Systems vom Grade N (mit* $\beta_N = 1$*)*

Allpass: Ein *Allpass* vom Grade N, gekennzeichnet durch die Eigenschaft

$$|G(f)| = |G_z(e^{j2\pi t_0 f})| = \text{const},$$

liegt genau dann vor, wenn – ebenfalls analog dem System 1. Grades – für alle Nullstellen gilt

$$z_{0\mu} = 1/z_\nu \quad \text{mit} \quad \mu = \nu$$

Wie beim System 1. Grades sollen Systeme mit N Polen im Koordinatenursprung ($z = 0$) und der gleichen Anzahl Nullstellen bei $z = \infty$, also „reine" Verzögerungsglieder mit der Übertragungsfunktion $G_z(z) = k/z^N$, den Allpässen zugerechnet werden. Bitte beachten Sie, dass ein solches „reines" Verzögerungssystem, also ein verzerrungsfreies System, durch die Phasenlaufzeit $T_{ph} = Nt_0$ gekennzeichnet ist.

Beispiel System 2. Grades

Bei einem Polynom zweiten Grades können die Nullstellen explizit angegeben werden. Eine quadratische Gleichung

$$x^2 + c_1 x + c_0 = 0$$

hat die Lösungen x_1 und x_2 gemäß

$$x_{1,2} = -\frac{c_1}{2} \pm \sqrt{\left(\frac{c_1}{2}\right)^2 - c_0}$$

bzw.

$$x_{1,2} = -\frac{c_1}{2} \pm j \sqrt{c_0 - \left(\frac{c_1}{2}\right)^2}$$

Für die Koeffizienten c_1 und c_0 gilt somit

$$c_1 = -(x_1 + x_2) \quad \text{sowie} \quad c_0 = x_1 x_2$$

bzw. bei komplexen Lösungen $x_2 = x_1^*$

$$c_1 = -Re(x_2) \quad \text{sowie} \quad c_0 = |x_2|^2$$

Im Falle *komplexer* Pole und Nullstellen eines Systems zweiten Grades ergibt sich also mit einer Übertragungsfunktion

$$G_z(z) = k \frac{(z - z_{02})(z - z_{02}^*)}{(z - z_2)(z - z_2^*)}$$

das in Abbildung 2.50 angegebene Blockschaltbild.

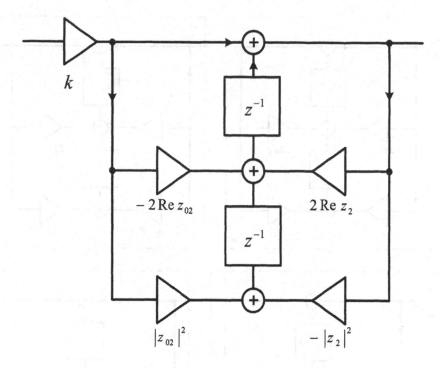

Abbildung 2.50: *Blockschaltbild eines diskreten Systems zweiten Grades*

Realisierung durch Kaskadierung

Da jede Übertragungsfunktion $G_z(z)$ als Produkt von Elementarsystemen ersten und (bei komplexen Polen oder Nullstellen) zweiten Grades niedergeschrieben werden kann, lässt sich für eine Übertragungsfunktion in Linearfaktorform, also mit vorgegebenen Polen und Nullstellen und dem Faktor $k = \frac{\alpha_N}{\beta_N}$, sofort auch eine Realisierung als Kaskadenschaltung von Teilsystemen ersten und zweiten Grades angeben.

Für ein System vierten Grades zeigt Abbildung 2.51 zwei Realisierungsvarianten, wobei die erste zu folgender Zerlegung korrespondiert

$$
\begin{aligned}
G_z(z) &= k \frac{(z - z_{02})(z - z_{02}^*)(z - z_{04})(z - z_{04}^*)}{(z - z_2)(z - z_2^*)(z - z_4)(z - z_4^*)} \\[2mm]
&= \underbrace{\left[k \frac{(z - z_{02})(z - z_{02}^*)}{(z - z_2)(z - z_2^*)} \right]}_{\text{Elementarsystem 1}} \underbrace{\left[\frac{(z - z_{04})(z - z_{04}^*)}{(z - z_4)(z - z_4^*)} \right]}_{\text{Elementarsystem 2}}
\end{aligned}
$$

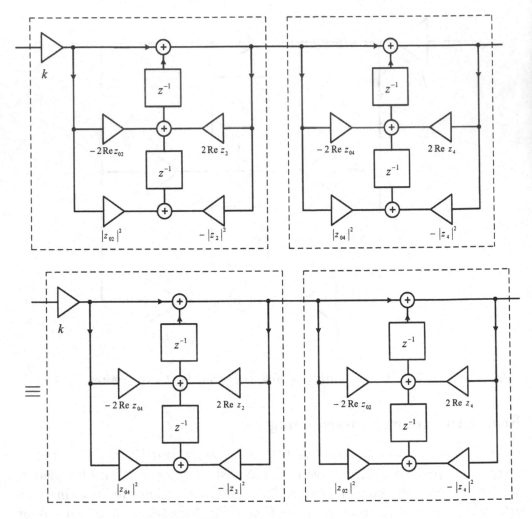

Abbildung 2.51: *Zwei theoretisch gleichwertige Kaskadenrealisierungen eines Systems 4. Grades mit komplexen PN*

Die zweite (untere) Variante in Abbildung 2.51 entspricht der Aufteilung der Übertragungsfunktion gemäß

$$G_z(z) \;=\; k\,\frac{(z - z_{02})(z - z_{02}^*)(z - z_{04})(z - z_{04}^*)}{(z - z_2)(z - z_2^*)(z - z_4)(z - z_4^*)}$$

$$=\; \underbrace{\left[k\,\frac{(z - z_{04})(z - z_{04}^*)}{(z - z_2)(z - z_2^*)} \right]}_{\text{Elementarsystem 1}} \underbrace{\left[\frac{(z - z_{02})(z - z_{02}^*)}{(z - z_4)(z - z_4^*)} \right]}_{\text{Elementarsystem 2}}$$

Vom rein *mathematischen* Standpunkt ist es gleichgültig, in welcher Kombination Nullstellen und Pole zu solchen Elementarsystemen zusammengefasst werden. Bei der *praktischen* Realisierung digitaler Systeme sieht es anders aus. Digitale Systeme beruhen auf numerischen Operationen in Verbindung mit der Quantisierung von Zahlen (Binärzahlen endlicher Wortlänge), also insbesondere auch der Koeffizienten. Die damit auftretenden parasitären Effekte bewirken, dass verschiedene Zuordnungen von Polen und Nullstellen zu einer unterschiedlichen Güte der Übertragungseigenschaft führen. Dies kann im Rahmen dieser Darstellung allerdings nicht behandelt werden, wir wollten Sie aber darauf aufmerksam machen.

Zum weiteren Studium diskreter Systeme ist z. B. [DKBK09] zu empfehlen.

Kapitel 3

Ergänzungen

In den vorhergehenden Hauptkapiteln wurde eine Auswahl von Gegenständen der Signal- und Systemtheorie behandelt. Im weiteren Studium und in der Berufspraxis können Ihnen neben der Fouriertransformation und der z-Transformation, die Ihnen in diesem Buch nahegebracht wurden, weitere Signaltransformationen begegnen. Von diesen soll anschließend in Kürze auf die Laplacetransformation, die Kosinustransformation und die Diskrete Fouriertransformation (wichtig für die so genannte Schnelle Fouriertransformation) eingegangen werden. Vor diesen brauchen Sie nicht zu erschrecken, denn sie hängen eng mit der Fouriertransformation zusammen, und mit der Fouriertransformation kennen Sie sich gut aus. Abschließend soll ein Wort zur Beschreibung statistischer Signale in Verbindung mit LTI-Systemen gesagt werden, soweit es die Korrelationstheorie betrifft. Dabei zeigt sich nämlich eine erfreuliche Verallgemeinerung bekannter Zusammenhänge.

3.1   Laplacetransformation

Die Laplacetransformation dient primär zur Beschreibung kausaler zeitkontinuierlicher Signale. Zur Erinnerung: Kausale Signale haben die Eigenschaft

$$u(t) \equiv 0 \text{ für } t < 0$$

Insofern ist die Laplacetransformation also ein Gegenstück zur einseitigen z-Transformation, die wir als geeignet zur Beschreibung kausaler zeitdiskreter Signale bezeichnet hatten. (Es gibt auch eine zweiseitige Laplacetransformation, die hier aber nicht betrachtet werden soll.)

Die mathematische Leistungsfähigkeit der Laplacetransformation übersteigt für kausale Signale die der Fouriertransformation, weil nämlich auch eine Klasse von Signalen zugelassen ist, die keine Energiesignale sind. Wir kommen darauf noch zu sprechen. Zunächst aber wollen wir aperiodische fouriertransformierbare Signale voraussetzen und dabei auch die Grenzfälle von Fouriertransformierten mit Stoßanteilen $\delta(f)$ ausschließen.

Die allgemeine Definition für die Laplacetransformierte $U_p(p)$ einer kausalen Zeitfunktion $u(t)$ lautet

$$U_p(p) = \int_0^\infty u(t)e^{-pt}\,dt \tag{3.1}$$

mit

$$p = \sigma + j\omega$$

Die inverse Operation ist

$$u(t) = \frac{1}{j2\pi}\int_{\sigma-j\infty}^{\sigma+j\infty} U_p(p)e^{tp}\,dp \tag{3.2}$$

mit

$$\sigma > \sigma_0, \ \sigma_0 \text{ Konvergenzabszisse}$$

Durch die obigen beiden Beziehungen ist die Laplacetransformation erklärt. In Kurzform notieren wir

$$u(t) \circ\!\!-_L\!\!-\!\!\bullet U_p(p)$$

Im Gegensatz zur Fouriertransformierten mit der reellen unabhängigern Variablen f ist die unabhängige Variable $p = \sigma + j\omega$ der Laplacetransformierten also im Allgemeinen komplex.

Man erkennt unmittelbar, dass für $\sigma = 0$ und $\omega = 2\pi f$ der Integralausdruck mit dem für die Fouriertransformierte $U(f)$ identisch wird, denn für kausale Zeitfunktionen $u(t)$ gilt für die Fouriertransformierte $U(f)$

$$U(f) = \int_\infty^\infty u(t)e^{-j2\pi ft}\,dt = \int_0^\infty u(t)e^{-j2\pi ft}\,dt \qquad \text{falls } u(t) \equiv 0 \text{ für } t < 0$$

Damit gilt also für fouriertransformierbare kausale Zeitfunktionen $u(t)$

$$U(f) = U_p(j2\pi f) \tag{3.3}$$

Beispiel: Für die Übertragungsfunktion des elementaren RC-Tiefpasses, der ein kausales System ist (kausale Gewichtsfunktion $g(t) = 2\pi f_1 e^{-2\pi f_1 t} s(t)$), hatten wir gefunden

$$G(f) = \frac{1}{1 + j(f/f_1)}$$

In der Schreibweise der Laplacetransformation ergibt sich für die Übertragungsfunktion $G_p(p)$, also für die Laplacetransformierte der Gewichtsfunktion $g(t)$:

$$G_p(p) = \frac{1}{1 + p/(2\pi f_1)}$$

Laplace- und z-Transformation

Die Laplacetransformation ist vorteilhaft zur Beschreibung von kausalen LTI-Systemen mit kontinuierlicher Gewichtsfunktion, also von realisierbaren so genannten Analog-Systemen, zu verwenden. Insbesondere eignet sie sich auch zur Beschreibung von Systemen mit konzentrierten elektrischen Schaltelementen, d. h. mit punktförmig gedachten Widerständen, Kondensatoren und Spulen, aber auch mit punktförmig angenommenen Verstärkern. Das ist eine Idealisierung, die für hinreichend kleine Frequenzen brauchbar ist. In diesem Falle ist nämlich die Übertragungsfunktion $G_p(p)$ eine rational gebrochene Funktion in p, die mit der Übertragungsfunktion $G_z(z)$ als rationaler Übertragungsfunktion in z für zeitdiskrete LTI-Systeme vergleichbar ist.

Anstelle von

$$G_z(z) = \frac{\sum_{m=0}^{M} \alpha_m z^m}{\sum_{n=0}^{N} \beta_n z^n} = \frac{\alpha_M}{\beta_N} \frac{\prod_{\mu=1}^{M}(z - z_{0\mu})}{\prod_{\nu=1}^{N}(z - z_\nu)}$$

gilt

$$G_p(p) = \frac{\sum_{m=0}^{M} \alpha_m p^m}{\sum_{n=0}^{N} \beta_n p^n} = \frac{\alpha_M}{\beta_N} \frac{\prod_{\mu=1}^{M}(p - p_{0\mu})}{\prod_{\nu=1}^{N}(p - p_\nu)}$$

Insbesondere ist also das vorausgesetzte Analogsystem auch durch Pole p_ν und Nullstellen $p_{0\mu}$ in einer komplexen p-Ebene zu beschreiben.

Der wiederholt behandelte elementare RC-Tiefpass z. B. ist gemäß

$$G_p(p) = \frac{1}{1 + p/(2\pi f_1)} = \frac{2\pi f_1}{p - 2\pi f_1}$$

durch einen reellen Pol an der Stelle $p = p_1 = \sigma_1 = -2\pi f_1$ und eine Nullstelle bei $p = \infty$ gekennzeichnet.

Die hochinteressante und bedeutsame mathematische Ähnlichkeit in der mathematischen Beschreibung von diskreten LTI-Systemen und Analogsystemen mit konzentrierten Schaltelementen führt u. a. zu folgenden Aussagen:

Die Pole und Nullstellen der Übertragungsfunktion in p sind ebenfalls entweder reell oder treten in konjugiert komplexen Paaren auf.

Wie bei den diskreten LTI-Systemen beschrieben, kann somit auch für die angegebene Klasse der kausalen Analogsysteme mit Hilfe des PN-Diagrammes eine schnelle qualitative Abschätzung des Verlaufes von Betrags- und Phasencharakteristik vorgenommen werden, indem die Funktionswerte der Funktion $G_p(p)$ für $p = j2\pi f$, also auf der imaginären Achse der p-Ebene, betrachtet werden.

Die imaginäre Achse der p-Ebene hat demzufolge für die Analogsysteme die gleiche Bedeutung wie der Einheitskreis in der z-Ebene für die diskreten Systeme.

Korrespondierend dazu müssen für *stabile* Analogsysteme alle Pole *im Inneren der linken p-Halbebene* liegen, während bei diskreten Systemen alle Pole im Inneren des Einheitskreises liegen müssen.

In gleicher Weise wie bei diskreten LTI-Systemen sind anhand der Lage der Pole und Nullstellen Minimalphasensysteme und Allpässe sowie allpasshaltige Systeme erklärt.

Da diskrete LTI-Systeme wahlweise entweder durch $G(f)$ oder durch $G_z(z)$ gemäß $G(f) = G_z(z)$ mit $z = e^{j2\pi t_0 f}$ beschrieben werden können, lassen sie sich, Kausalität vorausgesetzt, wegen $G(f) = G_p(p)$ für $p = j2\pi f$ auch mit Hilfe der Laplacetransformation durch eine Übertragungsfunktion $G_p(p)$ beschreiben. Mit $z = e^{pt_0}$ gilt

$$G_p(p) = G_z(e^{pt_0})$$

Die Beziehungen zwischen Laplace- und z-Transformation sind unmittelbar paxiswirksam auszunutzen. Der Zusammenhang

$$z = e^{pt_0} \qquad \text{bzw.} \qquad p = \frac{1}{t_0} \ln(z)$$

kann nämlich als Abbildung einer p-Ebene auf eine z-Ebene aufgefasst werden. Mit ihrer Hilfe bzw. einer Näherung für diese Beziehung lässt sich ein Analogsystem durch eine diskretes System approximieren.

Eine brauchbare Approximation für die Beziehung $p = \frac{1}{t_0} \ln(z)$ in der Umgebung von $z = 1$ d. h. $f = 0$ ist die Näherung

$$\ln(z) \approx 2\, \frac{z-1}{z+1} \qquad \text{für} \qquad z \approx 1$$

Aus einer rational gebrochenen Übertragungsfunktion $G_p(p)$ lässt sich somit durch die Substitution

$$p = \frac{2}{t_0}\, \frac{z-1}{z+1}$$

eine ebenfalls rational gebrochene Übertragungsfunktion in z erzeugen, die in der Umgebung von $z = 1$ bzw. $p = 0$ bzw. $f = 0$ die Originalfunktion approximiert. Diese Transformation wird als *Bilineartransformation* bezeichnet. Damit lässt sich also *näherungsweise* ein Analogsystem durch eine diskretes System ersetzen. Selbstverständlich geht dabei die aperiodische Übertragungsfunktion $G(f)$ in eine periodische mit der Periode $f_p = 1/t_0$ über, d. h. von einer Approximation im engeren Sinne kann nur in einem Intervall $|f| < f_p$ gesprochen werden. (*Anmerkung*: Bemerkenswert bei Anwendung der Bilineartransformation ist, dass ein stabiles Analogsystem in ein stabiles diskretes System übergeht. Außerdem bleiben gewisse Eigenschaften der Betragscharakteristik, wie z. B. maximale Dämpfung im Durchlassbereich und minimale Dämpfung im Sperrbereich eines Tiefpass-Systems, erhalten.)

Laplace- und Fouriertransformation

Die obigen Betrachtungen beziehen sich auf Signale, für die sowohl die Laplace-Transformation als auch die Fouriertransformation (und die z-Transformation) erlaubt sind. Da für die (einseitige) Laplacetransformation nur kausale Signale möglich sind, ist sie in diesem Sinne gegenüber der Fouriertransformation

eingeschränkt. Für kausale Signale allerdings ist die Laplacetransformation leistungsfähiger als die Fouriertransformation, denn das Laplaceintegral
konvergiert auch für Signale, die mit zunehmender Zeit unbeschränkt betragsmäßig anwachsen. Genau gilt die Laplacetransformation für kausale Signale $u(t)$ unter der Bedingung

$$|u(t)| < k_0\, e^{\sigma_0 t} \qquad \text{mit} \qquad \sigma_0, k_0 > 0, \text{reell}$$

Die Signale dürfen also betragsmäßig höchstens exponentiell anwachsen. Insbesondere ist damit z. B. die Sprungfunktion unproblematisch.

Das Laplaceintegral $U_p(p)$ mit $p = \sigma + j\omega$ konvergiert, sofern der Realteil σ
der Variablen p größer als die so genannte *Konvergenzabszisse* σ_0 ist. Unter
dieser Bedingung lässt sich die Zeitfunktion $u(t)$ aus der Laplacetransformierten $U_p(p)$ berechnen (Rücktransformation) gemäß

$$u(t) = \frac{1}{j2\pi} \int_{\sigma-j\infty}^{\sigma+j\infty} U_p(p) e^{tp}\, dp \qquad \text{für} \qquad p = \sigma + j\omega,\ \sigma > \sigma_0$$

Setzt man in das Laplaceintegral explizit $p = \sigma + j\omega = \sigma + j2\pi f$ ein, ergibt
sich

$$
\begin{aligned}
U_p(p) &= \int_0^\infty u(t) e^{-pt}\, dt \\
&= \int_0^\infty u(t) e^{-(\sigma + j\omega)t}\, dt \\
&= \int_0^\infty u(t) e^{-\sigma t} e^{-j\omega t}\, dt \\
&= \int_0^\infty u(t) e^{-\sigma t} e^{-j2\pi f t}\, dt \\
&= \int_{-\infty}^\infty \underbrace{u(t) e^{-\sigma t}}_{u_\sigma(t)}\, e^{-j2\pi f t}\, dt
\end{aligned}
$$

In der untersten Zeile erscheint der Ausdruck für die Fouriertransformierte
einer Zeitfunktion $u_\sigma(t) = u(t)e^{-\sigma t}$. Dabei wurde berücksichtigt, dass für eine
kausale Zeitfunktion $u_\sigma(t)$ gilt: $\int_0^\infty = \int_{-\infty}^\infty$. Die Zeitfunktion $u_\sigma(t)$ ist fouriertransformierbar, denn $u(t)$ wird durch Multiplikation mit dem Faktor $e^{-\sigma t}$
durch die Bedingung $\sigma > \sigma_0$ „gezähmt", so dass mit $u_\sigma(t)$ ein Energiesignal
vorliegt. (Die Funktion $u_\sigma(t)$ ist sogar *absolut* integrabel: $\int_{-\infty}^\infty |u_\sigma(t)|\, dt < \infty$.)

Zusammengefasst lässt sich die Laplacetransformation durch die Fourier-transformation wie folgt erklären:

- Die Laplacetransformierte $U_p(p)$ ist die Fouriertransformierte $U_\sigma(f)$ einer mit $e^{-\sigma t}$ multiplizierten kausalen Zeitfunktion $u(t)$, die somit nicht nur von f bzw. $\omega = 2\pi f$, sondern auch von dem wählbaren Parameter $\sigma > \sigma_0$ abhängt.

Beispiel: Der Einheitssprung $s(t)$ ist ein für die Fouriertransformation kritischer Grenzfall, wie wir gesehen hatten. Es galt $U(f) = \frac{1}{j2\pi f} + \frac{1}{2}\delta(f)$. Da für $s(t)$ die Konvergenzabszisse $\sigma_0 = 0$ angegeben werden kann, ergibt sich für die Laplacetransformierte des Einheitssprunges

$$U_p(p) = \frac{1}{p} = \frac{1}{\sigma + j\omega} \text{ für alle } \sigma > 0$$

In diesem Fall ist also $U(f) \neq U_p(j2\pi f)$, denn für $f = 0$ existiert das Fourierintegral eigentlich nicht, was durch den Ausdruck $\delta(f)$ „umschrieben" wird. Wohl hingegen gilt: $U(f) = U_p(j2\pi f)$ für $f \neq 0$. Aus praktischer Sicht der Spektralanalyse allerdings ist diese „Feinheit" ohne Bedeutung, weil das Spektrum bei $f = 0$ sowieso nicht messbar ist.

Es soll ausdrücklich bekannt werden, dass die Betrachtungen im letzten Beispiel vom mathematischen Standpunkt nicht befriedigend sind. Wir verzichten hier auf eine ausführlichere Behandlung, weil das Ziel dieses Abschnittes war, Ihnen lediglich die Grundidee der Laplacetransformation und ihren Zusammenhang mit der Fouriertransformation nahezubringen.

Aus unserer Sicht kann die Laplacetransformation also als Sonderfall der Fouriertransformation betrachtet werden.

Hinsichtlich der Anwendung ist die Laplacetransformation mit der Fourier-transformation vergleichbar. Vor allem bildet sich die zeitliche Faltungsoperation als Multiplikation im Frequenzbereich ab, so dass die Beschreibung von LTI-Systemen derjenigen entspricht, die wir in Verbindung mit der Fourier-transformation kennengelernt haben (vgl. Übertragungsfunktion $G_p(p)$ für den elementaren RC-Tiefpass).

3.2 Kosinustransformation

Die Kosinustransformation ist ebenfalls als Sonderfall der Fouriertransformation aufzufassen. Lassen Sie uns an die bei der Fouriertransformation besprochenen Zusammenhänge von geraden und ungeraden Komponenten bei Zeit- und Frequenzfunktion anknüpfen. Insbesondere gilt:

- Gerade reelle Zeitfunktionen $u(t)$ haben gerade reelle Frequenzfunktionen $U(f)$.

Das heißt, falls $u(t) = u(-t)$, entsteht aus dem allgemeinen Fourierintegral

$$U(f) = \int_{-\infty}^{+\infty} u(t)e^{-j2\pi ft}\, dt = \int_{-\infty}^{+\infty} u(t)[\cos(j2\pi ft) - j\sin(2\pi ft)]\, dt$$

wegen

$$\int_{-\infty}^{+\infty} u(t)\sin(2\pi ft)\, dt = 0$$

der Ausdruck

$$U(f) = \int_{-\infty}^{+\infty} u(t)\cos(2\pi ft)\, dt = 2\int_{0}^{+\infty} u(t)\cos(2\pi ft)\, dt$$

Damit ist die Spektralfunktion $U(f)$ allein durch die rechte Hälfte der geraden Zeitfunktion $u(t)$ bestimmt, also durch die kausale Zeitfunktion $u(t)s(t)$ berechenbar.

In gleicher Weise ergibt sich für die Zeitfunktion aus dem allgemeinen Fourierintegral

$$u(t) = \int_{-\infty}^{+\infty} U(f)e^{+j2\pi tf}\, df$$

unter Berücksichtigung dessen, dass $U(f)$ ebenfalls reell und gerade ist:

$$u(t) = 2\int_{0}^{+\infty} U(f)\cos(2\pi tf)\, df$$

Auch $u(t)$ wird also allein durch die rechtsseitigen Werte für $U(f)$ bestimmt. Da wir bisher in der Regel stillschweigend $u(t)$ reell vorausgesetzt hatten, ist diese Aussage an sich nicht neu. Für reelle Zeitfunktionen gilt allgemein wegen des geraden Realteils $\mathrm{Re}[U(f)]$ und des ungeraden Imaginärteils $\mathrm{Im}[U(f)]$ ihrer Spektralfunktionen:

$$u(t) = 2\int_{0}^{+\infty} \mathrm{Re}[U(f)]\cos(2\pi tf)\, df + 2\int_{0}^{+\infty} \mathrm{Im}[U(f)]\sin(2\pi tf)\, df$$

Für reelle Spektralfunktionen (d. h. $\text{Im}[U(f)] \equiv 0$ und somit $\text{Re}[U(f)] = U(f)$) ergibt sich also

$$u(t) = 2 \int_0^{+\infty} U(f) \cos(2\pi t f) \, df$$

wie gerade gezeigt.

Die beiden Beziehungen

$$U(f) = 2 \int_0^{+\infty} u(t) \cos(2\pi f t) \, dt \tag{3.4}$$

und

$$u(t) = 2 \int_0^{+\infty} U(f) \cos(2\pi t f) \, df \tag{3.5}$$

stellen lineare Funktionaltransformationen dar, die als **Kosinustransformation bezeichnet** werden.

Da sowohl $u(t)$ als auch $U(f)$ gemäß der Integrationsintervalle nur als „rechtsseitige Teilstücke" zur Transformation benötigt werden, kann man mit den neuen Funktionsbezeichnungen für *kosinustransformierbare* Funktionen

$$u_c(t) = u(t)s(t) \text{ und } U_c(f) = U(f)s(f)$$

als Kosinustransformation im engeren Sinne erklären:

$$U_c(f) = \left[2 \int_0^{+\infty} u_c(t) \cos(2\pi f t) \, dt \right] s(f) \tag{3.6}$$

Die inverse Transformation ist mathematisch die gleiche Operation (vollständige Symmetrie):

$$u_c(t) = \left[2 \int_0^{+\infty} U_c(f) \cos(2\pi t f) \, df \right] s(t) \tag{3.7}$$

Wenn man von den kosinustransformierbaren Funktionen ausgeht, lässt sich also folgender Zusammenhang mit der Fouriertransformation formulieren:

- Die Kosinustransformierte $U_c(f)$ der Zeitfunktion $u_c(t)$ ist für $f > 0$ identisch mit der Fouriertransformierten $U(f)$ der (geraden) Zeitfunktion $u(t) = u_c(t) + u_c(-t)$.

- Die komplette Fouriertransformierte $U(f)$ der geraden Zeitfunktion $u(t) = u_c(t) + u_c(-t)$ ergibt sich zu $U(f) = U_c(f) + U_c(-f)$.

In Kürze kann die Kosinustransformation wie folgt charakterisiert werden:

Die formale Einführung der kosinustransformierbaren, d. h. auf positive Argumente begrenzten Funktionen $u_c(t)$ und $U_c(f)$ führt zu obiger Formulierung $U(f) = U_c(f) + U_c(-f)$. Es gilt, wie oben angegeben,

$$U(f) = 2 \int_0^{+\infty} u_c(t) \cos(2\pi f t)\, dt,$$

d. h., wenn in dem Integral die Parameterwerte $f < 0$ nicht unterdrückt werden, ergibt sich die komplette Fouriertransformierte $U(f)$.

Es liegt eine ähnliche Situation vor wie bei der Berechnung einer zeitbegrenzten Zeitfunktion aus den Fourierkoeffizienten (bzw. Abtastwerten der Fouriertransformierten) mit Hilfe einer Fourierreihe: Generell liefert die Fourierreihe eine periodische Zeitfunktion, aber durch Begrenzung der periodischen Zeitfunktion auf eine Periode kann mittels Fourierkoeffizienten auch eine aperiodische Funktion dargestellt werden.

Bezüglich der mathematischen Symmetrie der beiden Transformationsrichtungen ist die Kosinustransformation mit der Fouriertransformation vergleichbar. Die Symmetrie der Fouriertransformation wird allerdings erst in Verbindung mit *komplexen* Zeitfunktionen deutlich, wenn eine *komplexe* Zeitfunktion im Zeitintervall $-\infty \cdots +\infty$ zu ihrer Darstellung im Spektralbereich eine *komplexe* Frequenzfunktion im Frequenzintervall $-\infty \cdots + \infty$ benötigt. Bei der Kosinustransformation erfordert eine *reelle* Zeitfunktion im Zeitintervall $0 \cdots + \infty$ zu ihrer Darstellung nur eine *reelle* Frequenzfunktion im spektralen Intervall $0 \cdots + \infty$. (Für die von uns bisher bevorzugten *reellen* Signale $u(t)$ ist die Fouriertransformation eigentlich „überdimensioniert", denn eine *reelle* Zeitfunktion im Zeitintervall $-\infty \cdots + \infty$ hat zwar im Allgemeinen ein *komplexes Spektrum*, das sich von $-\infty \cdots + \infty$ erstreckt, aber durch seinen Verlauf im Intervall $0 \cdots + \infty$ vollkommen bestimmt ist. Die komplette komplexe Spektralfunktion enthält in diesem Fall also Redundanz.)

Wenn es sich um Operationen mit LTI-Systemen handelt, ist die Kosinustransformation hinsichtlich ihrer Eigenschaften gegenüber Fourier- und Laplacetransformation deutlich unterlegen. Ihre Vorteile bestehen darin, dass zu ihrer numerischen Auswertung keine komplexen Rechnungen benötigt werden. Die Anwendung erfolgt vorzugsweise in einer diskreten Variante und dort, wo Original-Zahlenfolgen durch Manipulation ihrer Tansformierten (im einfachsten Falle durch spektrale Begrenzung) näherungsweise darzustellen sind. Das ist z. B. in der Sprach- und Bildverarbeitung der Fall, wenn Redundanz vermindert werden soll.

3.3 Diskrete Fouriertransformation (DFT)

Mit einer Beschreibung der Grundlagen der diskreten Fouriertransformation (abgek. DFT) kehren wir zu unserer geliebten Fouriertransformation zurück und verallgemeinern sie in einer für die technische Praxis außerordentlich nützlichen Weise. Die DFT ist nämlich, wie bereits erwähnt, die Basis für einen zeitsparenden numerischen Algorithmus, die so genannte „Schnelle Fouriertransformation" (abgek. SFT oder FFT von Fast Fourier Transform). Die FFT ist in einer Vielzahl von technischen Geräten und Verfahren implementiert. Aus diesem Grunde geben wir hier eine Einführung in die signaltheoretischen Grundlagen der DFT.

Sukzessive Periodifizierung und Abtastung

Ausgangspunkt unserer Betrachtungen ist die (Normal-)Abtastung von Funktionen in einem periodischen Intervall, wie wir sie kennen gelernt haben. Wir wiederholen zunächst:

1. Abtastung einer Zeitfunktion:

Als Abgetastete $A\{u(t)\}$ einer Zeitfunktion $u(t)$ mit dem Abtastintervall t_0 erklären wir die Stoßfolge

$$A\{u(t)\} = u(t)\, t_0 \sum_{n=-\infty}^{+\infty} \delta(t - nt_0) = \sum_{n=-\infty}^{+\infty} t_0 u(nt_0)\delta(t - nt_0)$$

Die zugehörige Fouriertransformierte ist die Periodifizierte $P\{U(f)\}$ der zu $u(t)$ korrespondierenden Spektralfunktion $U(f)$ mit der Periode $f_p = 1/t_0$

$$P\{U(f)\} = \sum_{\nu=-\infty}^{+\infty} U(f - \nu f_p)$$

In Kurzform ergibt sich

$$A\{u(t)\} \circ\!\!-\!\!\bullet P\{U(f)\}$$

2. Abtastung einer Frequenzfunktion:

Als Abgetastete $A\{U(f)\}$ einer Frequenzfunktion $U(f)$ mit dem Abtastintervall f_0 erklären wir die Stoßfolge

$$A\{U(f)\} = U(f)\, f_0 \sum_{\mu=-\infty}^{+\infty} \delta(f - \mu f_0) = \sum_{\mu=-\infty}^{+\infty} f_0 U(\mu f_0)\delta(f - \mu f_0)$$

Die zugehörige (inverse) Fouriertransformierte ist die Periodifizierte $P\{u(t)\}$ der zu $U(f)$ korrespondierenden Zeitfunktion $u(t)$ mit der Periode $t_p = 1/f_0$

$$P\{u(t)\} = \sum_{m=-\infty}^{+\infty} u(t - m t_p)$$

In Kurzform ergibt sich

$$A\{U(f)\} \mathrel{\bullet\!\!-\!\!\circ} P\{u(t)\}$$

Bitte machen Sie sich die Mühe, den obigen Text Aussage für Aussage unter 1. und 2. synchron zu vergleichen, damit Sie wieder im Bilde sind. Registrieren Sie insbesondere auch, wie die Parameter $t_0 = 1/f_p$ bzw. $f_0 = 1/t_p$ eindeutig der Abtastung im Zeit- bzw. Frequenzbereich und f_p bzw. t_p der Periodifizierung im Frequenz- bzw. Zeitbereich zugeordnet sind. Prägen Sie sich ein, dass der „Operator" $A\{\cdots\}$ im Zeitbereich mit t_0 und im Frequenzbereich mit f_0 verbunden ist. Desgleichen gehören zum „Operator" $P\{\cdots\}$ im Zeitbereich t_p und im Frequenzvereich f_p.

Mit diesem Formalismus können wir in fabelhafter Kürze die Grundidee der diskreten Fouriertransformation darlegen. Bitte verfolgen Sie das anschließende Gedankenexperiment auch an Hand der Abbildung 3.1.

Wir gehen von einer komplexen aperiodischen kontinuierlichen Zeitfunktion $u(t)$ aus und der zugehörigen komplexen Spektralfunktion $U(f)$, die folglich ebenfalls aperiodisch und kontinuierlich ist. In Abbildung 3.1 haben wir allerdings der Übersichtlichkeit halber eine reelle gerade Zeitfunktion und eine zugehörige reelle gerade Spektralfunktion gewählt.

Durch Periodifizierung von $u(t)$ mit der Periode t_p erhalten wir eine periodische Zeitfunktion $P\{u(t)\}$. Diese periodische Zeitfunktion wollen wir nun mit dem Abtastintervall t_0 abtasten. Wir wünschen, dass die sich ergebende Stoßfolge die gleiche Periode t_p hat wie das abzutastende Signal. Das tritt

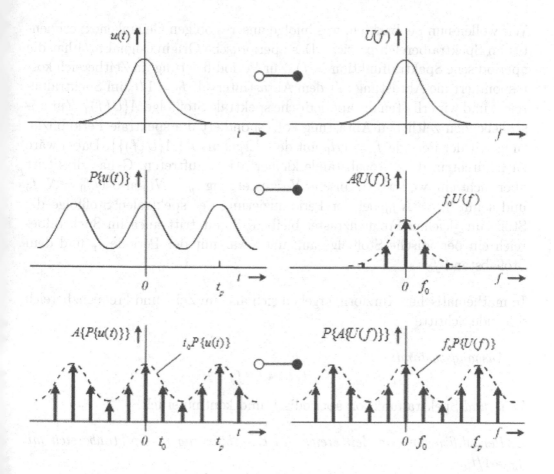

Abbildung 3.1: *Sukzessive Periodifizierung und Abtastung einer Zeitfunktion mit $t_0 = t_p/N$*

nur dann ein, wenn die Periode t_p ein ganzzahliges Vielfaches von t_0 ist. Wenn diese Voraussetzung nicht erfüllt ist, ergibt sich zwar für die Stoßfolge wiederum eine periodische Funktion, wenn wir den Quotienten t_0/t_p rational annehmen, aber diese Periode ist ein Vielfaches von t_p. Das ist uns zu unübersichtlich.

Wir wählen also

$$t_p = Nt_0 \qquad \text{bzw.} \qquad t_0 = \frac{t_p}{N} \qquad \text{mit } N \in \mathbf{N} \qquad (3.8)$$

In Kurzform notiert, erhalten wir somit unter obiger Bedingung die in t_p periodische Folge äquidistanter Stöße $A\{P\{u(t)\}\}$ mit t_0 als Stoßabstand.

Wir wollen nun beobachten, was infolge unseres obigen Gedankenexperimentes im Spektralbereich passiert. Das aperiodische Originalsignal $u(t)$ hat die aperiodische Spektralfunktion $U(f)$. Zur Periodifizierung im Zeitbereich korrespondiert die Abtastung mit dem Abtastintervall $f_0 = 1/t_p$ im Spektralbereich, und wir erhalten die aperiodische spektrale Stoßfolge $A\{U(f)\}$. Zur anschließenden zeitlichen Abtastung korrespondiert die spektrale Periodifizierung mit der Periode $f_p = 1/t_0$ mit dem Ergebnis $P\{A\{U(f)\}\}$. Dabei wäre zu befürchten, dass Stoßabstände kleiner als f_0 auftreten. Genau dies tritt aber nicht ein, weil wegen unserer Voraussetzung $t_p = N t_0$ also $1/f_0 = N/f_p$ und somit $f_p = N f_0$ bei der Periodifizierung der spektralen Stoßfolge die Stöße im gleichen Frequenzraster bleiben. Somit tritt auch im Spektralbereich ein periodische Stoßfolge auf, und zwar mit der Periode f_p und dem Stoßabstand f_0.

In mathematischer Kurzform ergeben sich also im Zeit- und Frequenzbereich folgende Schritte

1. Ausgangszustand:

$$u(t) \circ\!\!-\!\!\bullet U(f)$$

Zeit- *und* Spektralfunktion aperiodisch und kontinuierlich

2. Periodifizierung im Zeitbereich mit t_p, Abtastung im Spektralbereich mit $f_0 = 1/t_p$:

$$P\{u(t)\} \circ\!\!-\!\!\bullet A\{U(f)\}$$

Zeitfunktion periodisch, kontinuierlich; Spektralfunktion aperiodisch, diskret (Stoßfolge)

3. Abtastung im Zeitbereich mit $t_0 = t_p/N$, Periodifizierung im Spektralbereich mit $f_p = 1/t_0 = N/t_p = N f_0$:

$$A\{P\{u(t)\}\} \circ\!\!-\!\!\bullet P\{A\{U(f)\}\}$$

Zeit- *und* Spektralfunktion periodisch und diskret (periodische Stoßfolgen)

Bitte führen Sie nun das Gedankenexperiment noch einmal selbstständig durch, aber mit vertauschter Reihenfolge von Abtastung und Periodifizierung. Zum Skizzieren dieses Falles brauchen Sie nur Abbildung 3.1 zu modifizieren bzw. Zeit- und Frequenzparameter zu vertauschen. Wenn Sie keinen

Fehler gemacht haben, können Sie feststellen, dass unter der gemachten Voraussetzung $t_p = N t_0$ und damit auch $f_p = N f_0$, d. h. gewissermaßen „synchronisierter" Zeitraster von Abtastintervallen und Perioden, die Reihenfolge von Abtastung und Periodifizierung vertauschbar ist, d. h. es gilt

$$P\{A\{u(t)\}\} = A\{P\{u(t)\}\} \qquad \text{und} \qquad A\{P\{U(f)\} = P\{A\{U(f)\}\}$$

Daraus folgt

$$P\{A\{u(t)\}\} \circ\!\!-\!\!\bullet P\{A\{U(f)\}\} \tag{3.9}$$

sowie

$$A\{P\{u(t)\}\} \circ\!\!-\!\!\bullet A\{P\{U(f)\}\} \tag{3.10}$$

In diesen Notierungen kommt eine erfreuliche Symmetrie zum Ausdruck. Wie wir schon im Schritt 3 unseres Gedankenexperimentes bemerkt haben, gilt unter unserer Voraussetzung „synchronisierter" Abtastintervalle und Perioden im Zeit- und Frequenzbereich:

- Synchron abgetastete periodische Zeitfunktionen haben synchron abgetastete periodische Fouriertransformierte, d. h. allgemeiner:

- Ein diskretes periodisches Signal hat eine diskrete periodische Spektralfunktion.

Zur weiteren Verinnerlichung der bisher betrachteten Operationen wird in Abbildung 3.2 der so genannte DFT-Würfel vorgestellt, der in übersichtlicher Weise das oben ausführlich beschriebene Gedankenexperiment und die von Ihnen bearbeitete Variante vereint.

Den folgenden Unterabschnitt können Sie übergehen, wenn Sie hinreichend motiviert sind, die bisher gefundenen Zusammenhänge weiterzubearbeiten und unmittelbar zur DFT zu gelangen.

Zwischenbilanz und Motivation für die DFT

In einer Rückschau möchten wir die obigen Zusammenhänge ein wenig in den Rahmen der bisher von uns erworbenen signaltheoretischen Kenntnisse stellen. Hoffentlich sind Sie sich darüber im Klaren, dass wir in diesem Abschnitt nur das Kalkül der Fouriertransformation verwendet haben.

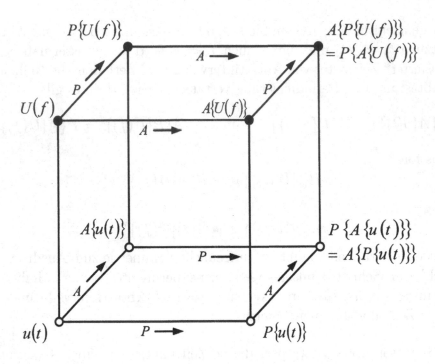

Abbildung 3.2: *DFT-Würfel*

Nunmehr können wir also die folgenden 4 Signalklassen einheitlich mit der Fouriertransformation behandeln, nämlich

- aperiodische kontinuierliche Signale

- periodische kontinuierliche Signale

- aperiodische diskrete Signale

- periodische diskrete Signale

In Abbildung 3.3 sind diese 4 Signalklassen, d. h. die Funktionsklassen von Zeitfunktionen in Verbindung mit den Funktionsklassen der zugehörigen Fouriertransformierten, noch einmal dargestellt. (Diese Abbildung kennen Sie schon als Abbildung 1.36 am Ende des Kapitels 1.)

Durch die Einführung des Stoßes als Grenzfall eines argumentkontinuierlichen Vorganges wird diese einheitliche Verwendung der Fouriertransformation ermöglicht, können also argumentdiskrete Funktionen einbezogen werden.

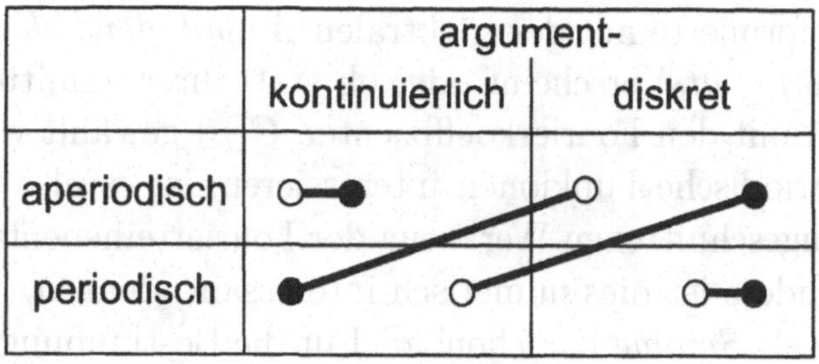

	argument-	
	kontinuierlich	diskret
aperiodisch	○—●	○ ●
periodisch	● ○	○—●

Abbildung 3.3: *fouriertransformierbare Signalklassen in Zeit- und Frequenz-bereich*

Am Beispiel der periodischen Signale $u_p(t)$, zunächst mit kontinuierlichem Argument, hatten wir gesehen, dass gemäß

$$u_p(t) \circ\!\!-\!\!\bullet\, U_\delta(f)$$

ihre Fouriertransformierte $U_\delta(f)$ existiert und ergibt:

$$U_\delta(f) = \int_{-\infty}^{+\infty} u_p(t)e^{-j2\pi ft}\,dt = \sum_{\mu=-\infty}^{+\infty} C(\mu)\delta(f - \mu f_0)$$

(Die sinnfällige Schreibweise $U_\delta(f)$ für eine Stoßfolge wird hier vorübergehend eingeführt.)

Für die inverse Fouriertransformation gilt:

$$u_p(t) = \int_{-\infty}^{+\infty} U_\delta(f)e^{+j2\pi tf}\,df$$

Wegen der diskreten Spektralfunktion als Summe von Stößen aber kann gliedweise integriert und das Integral sofort als Summe geschrieben werden

$$u_p(t) = \int_{-\infty}^{+\infty} U_\delta(t)e^{+j2\pi tf}\,df = \sum_{\mu=-\infty}^{+\infty} C(\mu)e^{j2\pi\mu f_0 t}$$

Der rechte Summenausdruck ist, wie wir wissen, die Fourierreihe, die als spezielles Werkzeug für periodische Signale separat behandelt und studiert werden kann. Die spektrale Repräsentation des periodischen Signals ist letztlich durch die Folge der als Fourierkoeffizienten bezeichneten Stoßintegrale $C(\mu)$ gegeben, unabhängig davon, ob die spektrale Darstellung von $u_p(t)$

als Fouriertransformierte mit der spektralen *Amplitudendichte* in Form einer Stoßfolge $C(\mu)\delta(t - \mu t_0)$ erscheint oder ob statt ihrer unmittelbar ein *Amplitudenspektrum* mit den Fourierkoeffizienten $C(\mu)$ gewählt wird.

Falls nur periodische Funkionen interessieren, ist es also durchaus sinnvoll, mit dem zugeschnitenen Werkzeug der Fourierreihenentwicklung zu arbeiten. Insbesondere ist dies numerisch interessant, denn $u_p(t)$ ist in relativ einfacher Weise als *Summe* berechenbar. Für die Bestimmung der Fourierkoeffizienten $C(\mu)$ ergibt sich allerdings ein Integralausdruck

$$C(\mu) = \frac{1}{t_p} \int_{t_p} u(_p(t)e^{-j2\pi\mu f_0 t}\, dt \qquad \text{mit} \qquad f_0 = 1/t_p$$

Das ist sogar ein Fourier*integral*, aber dieses ist durch endliche Integralgrenzen gekennzeichnet und somit „friedlicher" als das allgemeine Fourierintegral der Fourier*transformation*.

Anders wird die Lage, wenn wir über den Tellerrand der periodischen Signale hinaus schauen und die aperiodischen Signale in unsere Betrachtungen mit einbeziehen. Dann ist es interessant (auch vom technischen Standpunkt), ein periodisches Signal $u_p(t)$ als Summe von aperiodischen Signalen $u(t)$ darzustellen, was wir auch als Periodifizierung bezeichnet haben, d. h.

$$u_p(t) = P\{u(t)\} = \sum_{m=-\infty}^{+\infty} u(t - mt_p)$$

Nun zeigt sich, dass aus der Spektralfunktion $U(f)$ des aperiodischen Signals sofort die Fourierkoeffizienten des daraus abgeleiteten periodischen Signals bestimmt werden können, denn es gilt

$$C(\mu) = f_0 U(\mu f_0)$$

Da die Werte $U(\mu f_0)$ Abtastwerte von $U(f)$ sind, kommt hier also die (systemtheoretische) Abtastung der Fouriertransformierten $U(f)$ ins Spiel, definiert durch

$$A\{U(f)\} = \sum_{\mu=-\infty}^{+\infty} \underbrace{f_0 U(\mu f_0)}_{C(\mu)} \delta(f - \mu f_0)$$

Spätestens jetzt bemerken wir, dass in dieser Beziehung die Fourierkoeffizienten $C(\mu)$ enthalten sind. Damit beschreiben die Abtastwerte $U(\mu f_0)$ die durch Periodifizierung von $u(t)$ entstehende periodische Zeitfunktion mit dem Kalkül der Fourier*reihe*.

Die Periodifizierung ist im Allgemeinen mit einer Überlagerung von Funktionswerten verbunden, so dass die Kurvenform von $u(t)$ mit abnehmenden Werten der Periode t_p zunehmend verändert wird. Wegen $f_0 = 1/t_p$ tritt diese Erscheinung also mit zunehmendem Abstand f_0 der Abtastwerte $C(\mu) = U(\mu f_0)$ von $U(f)$ kräftiger auf, wodurch aus den Abtastwerten bzw. Fourierkoeffizienten zwar $u_p(t)$ korrekt, aber $u(t)$ nur näherungsweise berechnet werden kann. Nur bei zeitbegrenzten Signalen $u(t)$ und hinreichend kleinen Abtastintervallen f_0 kann $u(t)$ exakt aus den Abtastwerten (bzw. den Fourierkoeffizienten) berechnet werden (vgl. Abtasttheorem für Abtastung im Spektralbereich).

Diese Zusammenhänge lassen sich für die Formulierung von Näherungsbeziehungen ausnutzen (wichtig insbesondere bei numerischen Rechnungen).

1. Näherungsweise Berechnung aperiodischer Signale:

Aus Abtastwerten $U(\mu f_0)$ der korrekten Spektralfunktion $U(f)$ lässt sich *näherungsweise* die aperiodische Zeitfunktion $u(t)$ berechnen gemäß

$$u(t) \approx \tilde{u}(t) = \sum_{\mu=-\infty}^{+\infty} f_0 U(\mu f_0) e^{j2\pi\mu f_0 t}$$

Wir erkennen:

- Es handelt sich de facto um die Berechnung einer fiktiven *periodischen* Zeitfunktion $\tilde{u}(t)$ aus ihren Fourierkoeffizienten $C(\mu) = f_0 U(\mu f_0)$.

- Der Charakter der Näherung besteht darin, dass die fiktive periodische Funktion $\tilde{u}(t)$ und die korrekte aperiodische Zeitfunktion $u(t)$ infolge von Überlagerungseffekten bei der Periodifizierung im Allgemeinen nur näherungsweise und nur im Intervall einer Periode der Zeitdauer $t_p = 1/f_0$ übereinstimmen. Daraus folgt insbesondere, dass die Näherungsbeziehung alleine prinzipiell keine zeitliche Lokalisierung von $u(t)$ zulässt.

- In Sonderfällen, nämlich wenn $u(t)$ zeitbegrenzt ist auf ein Intervall der Länge T und $f_0 < 1/T$ gewählt wurde, liefert die Näherungsbeziehung sogar exakte Werte für die Kurvenform von $u(t)$, bis auf die fehlende Lokalisierung. (Zeitliche Verschiebungen um ganzzahlige Vielfache von $T = 1/f_0$ sind nicht erkennbar.)

Wenn man bedenkt, dass die angebene Näherungsbeziehung rein mathematisch als Näherungsformel (Rechteckregel) für die numerische Berechnung
eines Integrales, hier eben des Fourierintegrales, hätte angegeben werden
können, wird die Bedeutung der signaltheoretischen Interpretation klar.

2. Näherungsweise Berechnung spektraler Amplitudendichten:

Die Spektralfunkion $U(f)$ einer aperiodischen Zeitfunktion $u(t)$ lässt sich
näherungsweise berechnen, indem man in dem uneigentlichen Integral der
Fouriertransformation $\int_{-\infty}^{+\infty} \cdots dt$ durch $\int_{-T/2}^{+T/2} \cdots dt$ (mit hinreichend großem
Zeitintervall T) ersetzt und sich auf äquidistante Stützwerte $U(\mu f_0)$ be-
schränkt, also

$$U(\mu f_0) \approx \tilde{U}(\mu f_0) = \int_{-T/2}^{+T/2} u(t) e^{-j2\pi \mu f_0 t}\, dt$$

Wiederum erkennen wir durch signaltheoretische Interpretation:

- Die Wahl eines zeitlich begrenzten Integrationsintervalles entspricht
  einer zeitlichen Begrenzung des aperiodischen Signales $u(t)$ und damit einer Approximation, wenn man die Intervallbreite T hinreichend
  groß wählt. Wir wollen die zeitbegrenzte Version von $u(t)$ mit $u_T(t)$
  bezeichnen, so dass gilt
  $$u(t) \approx u_T(t)$$

- Die berechneten Näherungswerte $\tilde{U}(\mu f_0)$ sind mit $f_0 = 1/T$ de facto,
  abgesehen von einem Faktor $1/T$, die *Fourierkoeffizienten* $C_T(\mu)$ der
  mit der Periode $t_p = T$ periodifizierten Zeitfunktion $u_T(t)$, somit von
  $\sum_{-\infty}^{+\infty} u_T(t - mT)$. Es gilt:

  $$\tilde{U}(\mu f_0) = T C_T(\mu)$$

- Die Näherung liefert korrekte Werte, wenn die aperiodische Zeitfunktion $u(t)$ zeitlich begrenzt ist und T hinreichend groß gewählt wurde.

Mit obigen Überlegungen wollten wir Ihnen demonstrieren, wie nützlich es
ist, die signaltheoretischen Zusammenhänge von aperiodischen und periodischen Signalen und ihrer spektralen Darstellung in allgemeiner und speziell

zugeschnittener mathematischer Formulierung zu kennen. Zugleich wollten wir Sie motivieren, auch die allgemeinen Zusammenhänge bei sukzessiver Periodifizierung und Abtastung weiter zu spezifizieren. Es wird sich herausstellen, dass diese Spezifizierung eine Vereinfachung bedeutet, die außerdem für die näherungsweise Berechnung von Fourierintegralen große Bedeutung hat.

Spezifizierung der DFT

Periodische Vorgänge werden durch ihren Verlauf in einer einzigen Periode und die Angabe der (Primitiv-)Periodenlänge vollständig beschrieben. Da in der von uns gefundenen Beziehung Gl. (3.10)

$$A\{P\{u(t)\}\} \circ\!\!-\!\!\bullet\, A\{P\{U(f)\}\}$$

sowohl im Zeitbereich als auch im Spektralbereich periodische Ausdrücke auftreten und in jeder Periode nur je N äquidistante Stöße vorhanden sind, werden durch die Fourierintegralbeziehung letztlich nur zwei endliche Zahlenfolgen mit je N Zahlen (Stoßintegrale) in Zeit- und Frequenzbereich miteinander verknüpft.

Wir rekapitulieren:

- Eine Periode der Länge t_p der Periodifizierten $P\{u(t)\}$ von $u(t)$ wird durch N Abtastwerte im Abstand t_0 beschrieben.

Analog gilt:

- Eine Periode der Länge f_p der Periodifizierten $P\{U(f)\}$ von $U(f)$ wird durch N Abtastwerte im Abstand f_0 beschrieben.

Die Parameter t_p, t_0, f_p, f_0 und N sind wie folgt verknüpft:

- $t_p = Nt_0, \qquad f_p = Nt_0$

- $t_p = 1/f_0, \qquad f_p = 1/t_0$

- $N = t_p f_p = \frac{1}{t_0 f_0}$

Um Sie nicht zu erschrecken, ersparen wir uns für unsere Fourierbeziehung

$$A\{P\{u(t)\}\} \circ\!\!-\!\!\bullet A\{P\{U(f)\}\}$$

die explizite Darstellung in Form der Fourierintegrale (Doppelintegrale). Die mathematische Bearbeitung ergibt Summenausdrücke anstelle der Integrale und liefert mit den folgenden Kurzschreibweisen

$$P\{u(nt_0)\} = P\{u(t)\}|_{t=nt_0}$$

$$P\{U(\mu f_0)\} = P\{U(f)\}|_{f=\mu f_0}$$

schließlich die Zusammenhänge

$$P\{u(nt_0)\} = f_0 \sum_{\mu=0}^{N-1} P\{U(\mu f_0)\}e^{j2\pi\frac{n\mu}{N}} \qquad (3.11)$$

$$P\{U(\mu f_0)\} = t_0 \sum_{n=0}^{N-1} P\{u(nt_0)\}e^{-j2\pi\frac{\mu n}{N}} \qquad (3.12)$$

Diese beiden Beziehungen bilden also einerseits N Abtastwerte einer Periode der Periodifizierten P\{u(t)\} und andererseits N Abtastwerte einer Periode der Periodifizierten P\{U(f)\} aufeinander ab. Von besonderer Bedeutung ist: Die Abbildung wird durch *endliche Summen* vermittelt, was eine numerische Berechnung einfach macht.

Im Kern ist damit bereits die DFT erklärt.

In der Literatur wird üblicherweise mit folgenden Substitutionen gearbeitet:

$$d(n) = t_0 P\{u(nt_0)\}$$

$$D(\mu) = P\{U(\mu f_0)\}$$

Damit erhält man die Abbildungsvorschriften

$$d(n) = \frac{1}{N} \sum_{\mu=0}^{N-1} D(\mu)e^{j2\pi n\mu/N} \qquad (3.13)$$

$$D(\mu) = \sum_{n=0}^{N-1} d(\mu)e^{-j2\pi\mu n/N} \qquad (3.14)$$

Diese Beziehungen erklären die **Diskrete Fouriertransformation (DFT)**. Oft wird auch Gl. (3.14) im engeren Sinne als DFT bezeichnet und Gl. (3.13) als IDFT (Inverse DFT).

In Kurzform vereinbaren wir die Schreibweise

$$d(n) \circ\!\!-_{DFT}\!\!-\!\bullet D(\mu) \qquad n, \mu = 0 \dots N - 1 \tag{3.15}$$

Entsprechend den periodischen Funktionen $P\{u(t)\}$ und $P\{U(f)\}$ und ihren Abtastwerten bilden auch die Elemente $D(\mu)$ und $D(n)$ der DFT zyklische (= periodische) Folgen, d. h. die diskreten Argumente μ, n sind modulo N zu verstehen. Als Grundintervall wird $\mu, n = 0 \cdots N - 1$ bezeichnet.

Wenn man den Signalaspekt hervortreten lassen will, ergibt sich in der Kurzschreibweise mit dem DFT-Symbol auch

$$t_0 P\{u(nt_0)\} \circ\!\!-_{DFT}\!\!-\!\bullet P\{U(\mu f_0)\} \qquad n, \mu = 0 \dots N - 1 \tag{3.16}$$

An die Stelle der beiden Fourierintegrale sind also nunmehr zwei endliche Summenausdrücke, vom Charakter her Fouriersummen, getreten, die jetzt aber zyklische Zahlenfolgen verknüpfen, welche ihrerseits abgeleitet sind aus periodifizierten Zeit- und Freqenzfunktionen.

Spektralanalyse mit DFT

Entscheidend für die praktische Anwendung der DFT ist deren Nutzung zur näherungsweisen Berechnung von Fourierintegralen, also Abbildung von periodischen und aperiodischen Signalen $u(t)$ durch ihre Spektren $U(f)$ und umgekehrt. Dies wollen wir nun zunächst an Hand periodischer Signale erläutern.

Die Fourierreihe

$$u_p(t) = P\{u(t)\} = \sum_{\mu=-\infty}^{+\infty} C(\mu) e^{j2\pi \mu f_0 t}$$

ergibt für die Abtastwerte $u_p(nt_0))$ der periodischen Funktion $u_p(t)$ mit $t_0 = t_p/N = 1/(f_0 N)$ unter Berücksichtigung von $f_0 t_0 = 1/N$ den Ausdruck

$$u_p(nt_0) = P\{u(nt_0)\} = \sum_{\mu=-\infty}^{+\infty} C(\mu) e^{j2\pi \frac{n\mu}{N}}$$

Der Summenausdruck für $u_p(nt_0)$ ähnelt der DFT-Abbildung

$$d(n) = \frac{1}{N} \sum_{\mu=0}^{N-1} D(\mu) e^{j2\pi \frac{n\mu}{N}}$$

Damit sind Beziehungen offenbart zwischen einerseits $d(n)$ und den Abtastwerten $u_p(nt_0)$ einer periodischen Funktion und andererseits $D(\mu)$ und den Fourierkoeffizienten $C(\mu)$.

Mit der Identifizierung

$$d(n) = u_p(nt_0)$$

sind die durch DFT erhaltenen Elemente $\frac{1}{N}D(\mu)$ (zumindest abschnittsweise) Näherungswerte für die Fourierkoeffizienten $C(\mu)$. Die Werte $\frac{1}{N}D(\mu)$ sollen deshalb vorübergehend mit $\tilde{C}(\mu)$ bezeichnet werden, d. h.

$$\tilde{C}(\mu) = \frac{1}{N}D(\mu)$$

Da $D(\mu)$ zu dem *periodifizierten* Originalspektrum korrespondiert und zyklisch ist, gilt also die Näherung $C(\mu) \approx \tilde{C}(\mu)$ zunächst nur im Intervall $\mu = 0 \ldots N/2$. Im Allgemeinen ist $u_p(t)$ nicht spektral begrenzt, so dass bei der Periodifizierung Überlagerungseffekte auftreten, die wir als Aliasing bezeichnet hatten. Die Güte der Näherung

$$C(\mu) \approx \tilde{C}(\mu) = \frac{1}{N}D(\mu) \qquad \mu = 1 \ldots N/2 \qquad (3.17)$$

wird also durch Aliasing bestimmt. Die Verfälschung der Originalwerte durch Aliasing ist in der Umgebung von $f = f_p/2$ prozentual am kräftigsten. Das hat die Konsequenz, dass die „Näherungswerte" für $\mu \approx N/2$ praktisch unbrauchbar sind.

Fourierkoeffizienten $C(\mu)$ existieren aber auch für $\mu < 0$. Die Werte $D(\mu)$ für $\mu < 0$ sind nun wegen der Periodizierung und damit Zyklizität von $D(\mu)$ auch an den Stellen $\mu + N$ zu finden, d. h. es gilt $D(\mu) = D(\mu + N)$. Die Beziehung (3.17) ist somit zu ergänzen durch

$$C(-\mu) \approx \tilde{C}(-\mu) = \frac{1}{N}D(N - \mu) \qquad \mu = 1 \ldots (N/2 - 1) \qquad (3.18)$$

Die näherungsweise Spektralanalyse eines kontinuierlichen periodischen Signals mit der Primitivperiode t_p bzw. der Grundfrequenz $f_0 = 1/t_p$ also in folgenden Schritten auszuführen:

1. Schätze eine Frequenzgrenze f_{gr} für die Bandbreite des zu analysierenden Signals mit der Grundfrequenz f_0 und wähle die Gesamtanzahl N (N geradzahlig) der darzustellenden Fourierkoeffizienten $C(\mu)$ zu $N \approx 2f_{gr}/f_0$. (Gegebenenfalls ist die Prozedur mit größeren Werten für N zu wiederholen, wenn sich ein zu großer Aliasingfehler ergibt.)

2. Bestimme die Abtastperiode t_0 des Signals zu $t_0 = t_p/N = 1/(Nf_0)$.

3. Identifiziere $u_p(nt_0)$ mit $d(n)$ gemäß

$$d(n) = u_p(nt_0) \qquad n = 0 \ldots N - 1$$

4. Führe die DFT $d(n) \circ\!\!-_{DFT}\!\!-\!\!\bullet D(\mu)$ durch, d. h. berechne nach Gl. (3.14)

$$D(\mu) = \sum_{n=0}^{N-1} d(\mu)e^{-j2\pi\mu n/N}$$

5. Bestimme die Näherungswerte für die Fourierkoeffizienten $C(\mu)$ nach Beziehung (3.17) zu

$$C(\mu) \approx \frac{1}{N}D(\mu) \qquad \mu = 1 \ldots N/2$$

bzw. für $\mu < 0$ nach Beziehung (3.18) zu

$$C(-\mu) \approx \frac{1}{N}D(N - \mu) \qquad \mu = 1 \ldots (N/2 - 1)$$

Es gibt einen Sonderfall: Das Signal $u_p(t)$ ist streng bandbegrenzt, d. h. es kann eine Grenzfrequenz f_g angegeben werden, für die gilt $C(\mu) \equiv 0$ für $\mu \geq \mu_g = f_g/f_0$. Dann tritt bei der Abtastung bekanntlich unter der Bedingung kein Aliasing auf, dass die Abtastfrequenz f_p hinreichend groß gewählt wurde, nämlich $f_p \geq 2f_g$. Mit anderen Worten: Dann sind die Bedingungen des Abtasttheorems erfüllt. Dies entspricht einer Länge N der DFT-Summe von $N \geq 2f_g/f_0$. In diesem Fall werden die Werte $C(\mu)$ durch die DFT nicht näherungsweise, sondern exakt berechnet.

In ähnlicher Weise kann auch die Spektralanalyse aperiodischer kontinuierlicher Signale $u(t)$ näherungsweise durchgeführt werden. Bitte stellen Sie sich der Einfachheit halber *kausale* Signale vor. Es können also aus N Abtastwerten $u(nt_0)$ einer aperiodischen Zeitfunktion $u(t)$ mit Hilfe der DFT näherungsweise N äquidistante Abtastwerte $U(\mu f_0$ der Spektralfunktion $U(f)$

berechnet werden. Wenn die Bestimmung der Abtastwerte des Signals mit einer zeitlichen Begrenzung verknüpft werden muss, bewirkt dieser Eingriff einen Fehler, der als Abbruchfehler bezeichnet wird (engl. truncation error). Damit sind bei aperiodischen Signalen zwei mögliche systematische Fehlermechanismen zu beachten: Aliasing- und Abbruchfehler. Viele Varianten sind dabei möglich, wie etwa die Verwendung von Fensterfunktionen zur Milderung von Abbruchfehlern. Grundsätzlich treten aber die genannten systematischen Fehler auf. Die prinzipiellen systematischen Fehlermechanismen infolge Periodifizierung und Abtastung, die hier im Zeit- und Frequenzbereich zugleich erscheinen, sollten Ihnen damit klar sein. Ein genaueres Betrachten der Fehlerarten wäre eine gute Übung für Sie. Vor allem sollten Sie erkennen, dass die Güte der Näherungen einerseits natürlich mit der Anzahl N der Stützwerte (Abtastwerte) und damit der DFT-Summen potentiell zunimmt, dass aber andererseits auch das Gegenspiel von notwendiger zeitlicher und spektraler Begrenzung und der Überlagerungsfehler wichtig ist.

Die praktische Bedeutung dieser Näherungsbeziehungen erschließt sich erst unter Berücksichtigung des eleganten FFT-Algorithmus (FFT = Fast Fourier Transform) zur Durchführung der DFT. Mit der FFT sind aufwandsparend komplette DFT-Folgen $d(n)$ $\circ\!\!-_{DFT}\!\!-\!\bullet$ $D(\mu)$ numerisch zu berechnen. Die FFT ist in verschiedenen Varianten in der Software moderner Geräte oder Baugruppen mit digitaler Signalverarbeitung anzutreffen und wird z. B. auch in der verbreiteten Signalverarbeitungssoftware MATLAB® verwendet. Die dabei verwendeten Längen N der DFT-Summen sind im einfachsten Falle Zweierpotenzen und liegen bei z. B. $N = 1024$ oder weit darüber. Leider kann nicht auf Einzelheiten eingegangen werden.

Anmerkung: Die vorgestellte Definition der DFT hat sich zwar weitgehend durchgesetzt, aber zeitweilig wurde auch eine alternative Definition verwendet, die aus didaktischen Gründen Vorteile hat.
Mit den alternativen Substitutionen für $P\{u(nt_0)\}$ und $P\{U(\mu f_0)\}$

$$d_K(n) = P\{u(nt_0)\}$$

$$D_K(\mu) = f_0 P\{U(\mu f_0)\}$$

ergeben sich die alternativen DFT-Beziehungen

$$d_K(n) = \sum_{\mu=0}^{N-1} D_K(\mu) e^{j2\pi \frac{n\mu}{N}}$$

$$D_K(\mu) = \frac{1}{N} \sum_{n=0}^{N-1} d_K(\mu) e^{-j2\pi \frac{n\mu}{N}}$$

In der Gegenüberstellung der aus der Fourierreihe resultierenden Beziehung

$$u_p(nt_0) = P\{u(nt_0)\} = \sum_{\mu=-\infty}^{+\infty} C(\mu)e^{j2\pi\frac{n\mu}{N}}$$

und der alternativen DFT-Abbildung

$$d_K(n) = \sum_{\mu=0}^{N-1} D_K(\mu)e^{j2\pi\frac{n\mu}{N}}$$

sind die Korrespondenzen $d_K(n) \leftrightarrow u_p(nt_0)$ und $D_K(\mu) \leftrightarrow C(\mu)$ augenfällig. Da die „Geschäftsgrundlage" der DFT periodische Vorgänge sind, ist diese „alternative DFT" also zumindest vom mnemotechnischen Standpunkt studentenfreundlicher.

3.4   Statistische Signalbeschreibung

Wie bereits erwähnt, bedingt eine Informationübertragung Zufallssignale. Eine relativ einfache Beschreibung ergibt sich durch die Modellierung von Zufallssignalen (auch stochastische Signale genannt) als stationäre Vorgänge in Verbindung mit der Korrelationstheorie (vgl. a. z. B. [Hän01]). Als stationär bezeichnet man eine zufällige Zeitfunktion $x(t)$, wenn ihre statistischen Beschreibungsparameter, wie z. B. der lineare und der quadratische Mittelwert, zeitunabhängig sind. Wir verzichten auf das mathematische Modell des so genannten stochastischen Prozesses und nehmen an, dass die statistischen Beschreibungsparameter aus der Beobachtung in einem zeitlich unendlich ausgedehnten Intervall ermittelt werden können. (Dies entspricht einem so genannten ergodischen Prozess.) In der technischen Praxis können natürlich nur endlich ausgedehnte Beobachtungsintervalle (Zeitfenster) vorausgesetzt werden. Daher sind die praktisch ermittelten statistischen Beschreibungsparameter grundsätzlich nur Schätzwerte, also selbst statistische Größen.

Die Zufallsfunktion $x(t)$ sei reellwertig. Wie bereits bei determinierten Signalen werde das Quadrat einer Amplitude als Leistung (im signaltheoretischen Sinne) bezeichnet. Die Funktion $x^2(t)$ ist also die **Momentanleistung** des Signals, auch eine Zufallsfunktion. (Sie erinnern sich: In elektrischen Stromkreisen mit ohmschen Widerständen ist die signaltheoretische Leistung proportional der physikalischen Leistung.)

3.4.1   Mittelwerte

Wir unterscheiden lineare und quadratische Mittelung. Als **linearen Mittelwert** m_1 oder **Gleichkomponente** – es werden korrekte mathematisch Bezeichnungen und Ingenieurbegriffe (zuweilen etwas laxes Labordeutsch) möglichst zugleich angegeben – definieren wir

$$m_1 = \lim_{T \to \infty} \frac{1}{T} \int_T x(t)\, dt \qquad (3.19)$$

Die Schreibweise $\int_T \cdots dt$ soll bedeuten, dass über ein Zeitintervall der Ausdehnung T integriert wird. Die Lage des Intervalles der Länge T auf der Zeitachse ist ohne Bedeutung. Wegen der Stationarität der Zufallsfunktion $x(t)$ gilt somit z. B.

$$\lim_{T \to \infty} \frac{1}{T} \int_T x(t)\, dt = \lim_{T \to \infty} \frac{1}{T} \int_{-T/2}^{+T/2} x(t)\, dt = \lim_{T \to \infty} \frac{1}{T} \int_0^T x(t)\, dt$$

Anmerkung: Da x(t) keine determinierte Funktion ist, können die Integrale nicht analytisch gelöst werden. Die Integralausdrücke dienen zunächst nur zur Definition, können aber *näherungsweise* experimentell bestimmt werden, so dass sie technisch bedeutsam sind.

Als Kurzschreibweise für eine lineare zeitliche Mittelung führen wir den Querstrich über die zu mittelnde (stationäre) Zufallsfunktion ein. Damit gilt

$$m_1 = \overline{x(t)} = \lim_{T \to \infty} \frac{1}{T} \int_T x(t)\, dt \qquad (3.20)$$

Als **quadratischer Mittelwert** m_2 oder **mittlere Leistung** wird erklärt

$$m_2 = \overline{x^2(t)} = \lim_{T \to \infty} \frac{1}{T} \int_T x^2(t)\, dt \qquad (3.21)$$

Der quadratische Mittelwert ist somit der lineare Mittelwert der Momentanleistung $x^2(t)$.

Wenn keine Verwechslung möglich ist, wird anstelle der exakten Bezeichnung *mittlere Leistung* auch **Leistung** schlechthin verwendet.

In der Technik spielen Zufallssignale eine Rolle, deren linearer Mittelwert identisch verschwindet, also mit der Eigenschaft $\overline{x(t} \equiv 0$. Solche Vorgänge heißen **zentriert** oder **mittelwertfrei** und sollen durch $x_z(t)$ bezeichnet

werden. Solche Signale sind technisch von Bedeutung, weil sie grundsätzlich Information leistungseffizienter übertragen als Signale *mit* Gleichanteil.
In elektrischen Stromkreisen entstehen sie z. B. bei Signalübertragung über
einen Längskondensator (kapazitive Kopplung) oder mit Querinduktivität
bzw. bei induktiver Kopplung. Mathematisch ergibt sich eine zentrierte Zufallsfunktion aus $x(t)$ gemäß

$$x_z(t) = x(t) - m_1 = x(t) - \overline{x(t)} \tag{3.22}$$

In der Technik wird der zentrierte Anteil eines Signals auch als **Wechselkomponente** bezeichnet, in Analogie zum Gleichanteil $\overline{x(t)}$, der **Gleichkomponente**. Der quadratische Mittelwert μ_2 (die mittlere Leistung) der
Wechselkomponente eines Signals heißt **Varianz** oder **Wechselleistung** und
ist erklärt durch

$$\mu_2 = \overline{x_z^2(t)} = \overline{\left[x(t) - \overline{x(t)}\right]^2} \tag{3.23}$$

Der rechtsseitige Ausdruck sieht für Studenten etwas verwegen aus. Bitte
nehmen Sie sich die Zeit, ihn zu verinnerlichen, um mit der Schreibweise vertraut zu werden. (Noch abenteuerlicher würde die Notierung mit Integralen
aussehen. Vielleicht versuchen Sie es zu Übungszwecken. Auch ein Blockschaltbild mit den Funktionsblöcken Quadrierer, Mittelwertbildner usw. ist
vielleicht hilfreich.)

Es gilt der fundamentale Zusammenhang

$$\overline{x^2(t)} = \left[\overline{x(t)}\right]^2 + \overline{x_z^2(t)}$$

bzw. mit anderen Symbolen

$$m_2 = m_1^2 + \mu_2 \tag{3.24}$$

oder in Worten

- **Gesamtleistung = Gleichleistung + Wechselleistung**

Diesen Satz kennen Sie bereits aus der Wechselstromrechnung mit sinusförmigen Spannungen und Strömen.

Ergänzend nennen wir noch zwei *Amplitudengrößen*, die aus den Leistungs-größen abgeleitet sind, nämlich *Effektivwert* x_{eff} und *Standardabweichung* σ mit den Definitionen

$$x_{eff} = \sqrt{m_2} = \sqrt{\overline{x^2(t)}} \qquad (3.25)$$

$$\sigma = \sqrt{\mu_2} = \sqrt{\overline{\left[x(t) - \overline{x(t)}\right]^2}} \qquad (3.26)$$

(Für die Standardabweichung gibt es keinen Ingenieurausdruck, es ist der Effektivwert der Wechselkomponente.)

Bitte sehen Sie sich die jeweils rechten Wurzelausdrücke genau an und kommen Sie nicht auf die Idee, sie etwa durch Wurzelziehen zu vereinfachen!

Mit diesen Größen lässt sich die Aussage: „Gesamtleistung = Gleichleistung + Wechselleistung" ebenfalls einprägsam ausdrücken:

$$x_{eff}^2 = m_1^2 + \sigma^2$$

3.4.2 Korrelationsfunktionen und Anwendung

Es sind Autokorrelationsfunktion und Kreuzkorrelationsfunktion zu unterscheiden.

Autokorrelationsfunktion und spektrale Leistungsdichte

Die Autokorrelationsfunktion (abgek. AKF) $\psi_{xx}(\tau)$ eines (stationären) Zufallssignals $x(t)$ ist erklärt durch

$$\psi_{xx}(\tau) = \overline{x(t)x(t+\tau)} = \lim_{T \to \infty} \frac{1}{T} \int_T x(t)x(t+\tau)\,dt \qquad (3.27)$$

Bitte zeichnen Sie ein Blockschaltbild, um sich mit dieser Operation eingehend auseinanderzusetzen.

Die AKF gibt an, in welchem Maße benachbarte, um τ entfernte, Funktionswerte eine (lineare) statistische Abhängigkeit aufweisen, d. h. korreliert sind. Sie ist eine gerade Funktion in τ und enthält für $\tau = 0$ und $\tau = \pm\infty$ Größen, die uns bereits bekannt sind, nämlich die mittlere Leistung

$$\psi_{xx}(0) = \overline{x^2(t)} = m_2$$

Auch die Gleichleistung ist in der AKF enthalten als

$$\lim_{\tau \to \pm\infty} \psi_{xx}(\tau) = \left[\overline{x(t)}\right]^2 = m_1^2$$

Nun endlich tritt die Fouriertransformation in Erscheinung. Als determinierte Funktion in τ ist die AKF fouriertransformierbar. Die Fouriertransformierte von τ ist die **spektrale Leistungsdichte** $\Psi_{xx}(f)$, d. h. es gilt

$$\Psi_{xx}(f) \quad = \quad \int_{-\infty}^{+\infty} \psi_{xx}(\tau)e^{-j2\pi f\tau}\, d\tau \qquad (3.28)$$

$$\psi_{xx}(\tau) \quad = \quad \int_{-\infty}^{+\infty} \Psi_{xx}(f)e^{+j2\pi\tau f}\, df \qquad (3.29)$$

bzw. in Kurzdarstellung

$$\psi_{xx}(\tau) \circ\!\!-\!\!\bullet\ \Psi_{xx}(f) \qquad (3.30)$$

Dieser Zusammenhang wird als *Wiener-Chintschin*-Theorem bezeichnet.

Mathematische Einzelheiten, vor allem die Herleitung, müssen wir hier übergehen. Ein Indiz allerdings für die Logik der Bezeichnung „Leistungsdichte" ergibt sich aus der bekannten Eigenschaft der Fouriertransformation

$$\int_{-\infty}^{+\infty} \Psi_{xx}(f)df = \psi_{xx}(0) = m_2 = x_{eff}^2 \qquad (3.31)$$

Das heißt, salopp ausgedrückt, die spektrale Leistungsdichte ist die Belegung der Frequenzachse mit „Leistungsintensität", so dass das Integral die Gesamtleistung liefert.

Als Fouriertransformierte einer reellen und geraden Funktion, der Autokorrelationsfunktion $\psi_{xx}(\tau)$ ist die spektrale Leistungsdichte $\Psi_{xx}(f)$ ebenfalls reell und gerade.

Da die Leistung in beliebigen Frequenzintervallen nur positive Werte annehmen kann, ist eine wesentliche Eigenschaft

$$\Psi_{xx}(f) \geq 0$$

Die AKF hat diese Eigenschaft nicht, d. h. es können Abstandsintervalle benachbarter Funktionswerte von $x(t)$ existieren, in denen bevorzugt entgegengesetzte Polarität auftritt.

Jedoch folgt aus der Positivität der spektralen Leistungsdichte für die AKF:

$$\psi_{xx}(0) > \psi_{xx}(\tau)|_{\tau \neq 0} \tag{3.32}$$

Das heißt in Worten: Das absolute Maximum der AKF befindet sich an der Stelle $\tau = 0$.

Von besonderer Bedeutung ist die spektrale Leistungsdichte für die Beschreibung der Übertragung von Zufallssignalen über LTI-Systeme. Das stochastische Eingangssignal soll mit $x(t)$ und das Ausgangssignal mit $y(t)$ bezeichnet werden. Die zugehörigen Autokorrelationsfunktionen werden mit $\psi_{xx}(\tau)$ und $\psi_{yy}(\tau)$, die Leistungsdichten entsprechend, angegeben. In Analogie zu der Gesetzmäßigkeit bei determinierten aperiodischen Signalen mit

$$U_2(f) = U_1(f)G(f)$$

ergibt sich nämlich zu unserer Freude

$$\Psi_{yy}(f) = \Psi_{xx}(f)|G(f)|^2 \tag{3.33}$$

Anstelle spektraler Amplitudendichten von Ein- und Ausgangssignal bei determinierten Signalen und im Allgemeinen komplexer Übertragungsfunktion $G(f)$ erscheinen bei stochastischen Signalen die spektralen Leistungsdichten und die Betragsquadrat-Funktion $|G(f)|^2$ der Übertragungsfunktion. $|G(f)|^2$ könnte daher als *Leistungs*übertragungsfunktion bezeichnet werden. Dass diese „Leistungsübertragungsfunktion" nicht komplex, sondern reell und positiv ist, sollten Sie gebührend würdigen. Wollen Sie bitte bemerken

- Die Phasencharakteristik des LTI-Systems hat keinen Einfluss auf die spektrale Leistungsdichte am Ausgang.

Natürlich hat obige Beziehung ihr Pendant im Zeitbereich. In Analogie zum Faltungsintegral

$$u_2(t) = u_1(t) * g(t)$$

gilt für stochastische Signale

$$\psi_{yy}(\tau) = \psi_{xx}(\tau) * \psi_{gg}(\tau) \tag{3.34}$$

In dieser Beziehung tritt die AKF $\psi_{gg}(\tau)$ der Gewichtsfunktion (Stoßantwort) $g(t)$ auf. Sie ist die Fouriertransformierte der Betragsquadrat-Charakteristik und ergibt sich aus

$$|G(f)|^2 = G(f)G^*(f) \bullet\!\!-\!\!\circ g(t)*g(-t) = \int_{-\infty}^{+\infty} g(t)g(t+\tau)\,dt = \psi_{gg}(\tau) \tag{3.35}$$

Die AKF einer determinierten aperiodischen Funktion, hier der Gewichtsfunktion $g(t)$, ist also anders definiert als die AKF eines stationären Zufallssignals.

Mit diesen Beziehungen sind Sie nun in der Lage, die (mittlere) Leistung des Ausgangssignals eines LTI-Systems zu berechnen. Sie benötigen dazu die spektrale Leistungsdichte $\Psi_{xx}(f)$ des Eingangssignals (und nicht etwa nur die Leistung) und die Betragsquadrat-Charakteristik $|G(f)|^2$ des Systems. Für die Ausgangsleistung y_{eff}^2 erhält man

$$y_{eff}^2 = \psi_{yy}(0) = \int_{-\infty}^{+\infty} \Psi_{xx}(f)|G(f)|^2 \, df \qquad (3.36)$$

Sonderfall weißes Rauschen und idealer Tiefpass. Als **weißes Rauschen** bezeichnet man ein stochastisches Signal mit konstanter Leistungsdichte Ψ_0 im Frequenzintervall $-\infty \cdots +\infty$. Dass es physikalisch in dieser Form nicht existieren kann (die Leistung des Signals wäre unendlich), soll uns im Augenblick nicht interessieren. In der Praxis ist weißes Rauschen durch (nahezu) konstante Leistungsdichte im interessierenden Frequenzbereich gekennzeichnet.

In Verbindung mit einem idealen Tiefpass und seiner Übertragungsfunktion $G(f) = G_0 \text{rect}(f/B)$, der mit weißem Rauschen der Leistungsdichte Ψ_0 beaufschlagt wird, ergibt sich aus obiger Formel die Ausgangsleistung

$$y_{eff}^2 = \Psi_0 \, G_0^2 \, B$$

Merke (verallgemeinert):

- Die Ausgangsleistung eines mit weißem Rauschen beaufschlagten Tiefpasses ist proportional seiner Bandbreite.

Kreuzkorrelationsfunktion und spektrale Kreuzleistungsdichte

Die Kreuzkorrelationsfunktion (abgek. KKF) liefert eine Aussage über die (lineare) statistische Abhängigkeit von Funktionswerten (wiederum im Abstand τ) nunmehr *zweier* stochastischer Signale $x(t)$ und $y(t)$. Sie ist analog der AKF definiert gemäß

$$\psi_{xy}(\tau) = \overline{x(t)y(t+\tau)} = \lim_{T \to \infty} \frac{1}{T} \int_T x(t)y(t+\tau) \, dt \qquad (3.37)$$

Durch Fouriertransformation ergibt sich daraus die **spektrale Kreuzleis-tungsdichte** $\Psi_{xy}(f)$

$$\Psi_{xy}(f) = \int_{-\infty}^{+\infty} \psi_{xy}(\tau)e^{-j2\pi f\tau}\, d\tau \tag{3.38}$$

$$\psi_{xy}(\tau) = \int_{-\infty}^{+\infty} \Psi_{xy}(f)e^{+j2\pi\tau f}\, df \tag{3.39}$$

Da die KKF zwar reell, aber nicht notwendig eine gerade Funktion ist, wird die Kreuzleistungsdichte im Allgemeinen komplex.

Bei einem LTI-System, das mit einem Eingangssignal $x(t)$ beaufschlagt wird, ist das Ausgangssignal $y(t)$ entsprechend der Systemcharakteristik linear abhängig vom Eingangssignal, was sich in der Kreuzkorrelationsfunktion $\psi_{xy}(\tau)$ ausdrückt.

Wiederum gibt es eine Analogie zu dem Systemverhalten bei determinierten Signalen. Es gilt im Frequenzbereich

$$\Psi_{xy}(f) = \Psi_{xx}(f)G(f) \tag{3.40}$$

und im Zeitbereich

$$\psi_{xy}(\tau) = \psi_{xx}(\tau) * g(\tau) \tag{3.41}$$

In diesem Fall ist also die Phasencharakteristik des Systems von Bedeutung.

Anwendungsbeispiel: Korrelationsmesstechnik. Insbesondere aus der Beschreibung im Zeitbereich lässt sich eine hochinteressante Anwendung her-leiten, nämlich die Bestimmung der Gewichtsfunktion eines LTI-Systems mit Hilfe der Messung der Kreuzkorrelationsfunktion von Eingangs- und Aus-gangssignal. Mit weißem Rauschen als Eingangssignal, also für

$$\Psi_{xx}(f) = \Psi_0 \bullet\!\!-\!\!\circ \psi_{xx}(\tau) = \Psi_0\delta(\tau)$$

ergibt sich nämlich (es handelt sich um die Faltung mit einem Stoß)

$$\psi_{xy}(\tau) = \Psi_0\, g(\tau) \tag{3.42}$$

Die Messung der Gewichtsfunktion lässt sich also mit einem stationären, im interessierenden Frequenzbereich weißen Rauschen und einem Kreuzkorrela-tor durchführen. Vom Prinzip her handelt es sich um eine punktweise Be-stimmung der Gewichtsfunktion (obwohl auch hier Mehrkanaltechnik oder

Wobbelverfahren möglich sind). Dabei werden sogar unabhängige additive Störsignale unterdrückt. Dieses Messverfahren (Korrelationsmesstechnik) zur Bestimmung der Gewichtsfunktion ist damit im Gegensatz zur Messung mit einem einmaligen kurzzeitigen Impuls hinsichtlich potenzieller Präzision das eigentliche Pendant zur ebenfalls prinzipiell punktweisen und potenziell präzisen Bestimmung der Übertragungsfunktion mit einem stationären Sinussignal als Testsignal und mit selektiver Messung von Amplituden- und Phasenunterschieden (Sinusmesstechnik).

Vom praktischen Standpunkt gibt es freilich ähnliche Einschränkungen hinsichtlich der Präzision wie bei der Messung mit determinierten Testsignalen. Ebensowenig wie ein Stoß und ein periodisches Sinussignal als Testsignale streng realisierbar sind, ist auch weißes Rauschen im Sinne der mathematischen Definition nicht realisierbar. Ähnlich verhält es sich mit der Auswertung der Messsignale. Auch ein Kreuzkorrelator kann praktisch nur eine Schätzung der KKF durchführen. Letztlich ist zwar mit hinreichendem technischen Aufwand jede erforderliche Präzision erreichbar, aber es wird immer je nach Anwendungsfall über die zweckmäßigste Auswahl unter den nunmehr theoretisch vorrätigen drei grundsätzlichen Messverfahren zur Bestimmung der Übertragungseigenschaft eines Systems zu entscheiden sein.

Korrelationsempfang

Aus dem umfangreichen Gebiet des Korrelationsempfanges soll der einfachste Fall der Empfangsproblematik für Binärzeichen vorgestellt werden.

Wir betrachten folgende Anordnung: Ein kontinuierliches Zufallssignal $x(t)$ mit konstanter Leistungsdichte $\Psi_{xx}(f) = \Psi_0$ (weißes Rauschen) werde einem LTI-System mit der Gewichtsfunktion $g(t)$ und der zugehörigen Übertragungsfunktion $G(f)$ zugeführt. Diesem Rauschsignal sei möglicherweise ein aperiodisches determiniertes Signal bekannter Form $u_1(t)$ additiv überlagert. Am Ausgang des LTI-Systems soll durch Abfrage des Ausgangssignals zum Zeitpunkt $t = 0$ festgestellt werden, ob das Eingangssignal das aperiodische Signal enthält oder nicht. Das ist ein Modell für den Empfang der beiden logischen Binärzeichen „Eins" oder „Null", die durch Vorhandensein oder Nichtvorhandensein eines Impulses mit der Form $u_1(t)$ repräsentiert werden, also für den Elementarfall einer digitalen Informationsübertragung.

Da es sich um ein lineares System handelt, können die Eingangssignale $x(t)$ und $u_1(t)$ separat betrachtet und gedanklich getrennt übertragen werden. Stellen Sie sich das aperiodische Signal vielleicht als Rechteckimpuls vor. Die Antwort des Systems auf das aperiodische Signal $u_1(t)$ allein sei $u_2(t)$ mit $u_2(0) > 0$ und die auf das weiße Rauschen $x(t)$ allein sei $y(t)$. Die Binärentscheidung „Impuls vorhanden" bzw. „Impuls nicht vorhanden" soll am Ausgang des Systems getroffen werden, indem zum Zeitpunkt $t = 0$ festgestellt wird, ob die Momentanamplitude des Ausgangssignals oberhalb oder unterhalb einer festen Schwelle $u_d > 0$ liegt. Diese Entscheidung kann falsch sein, denn es ist möglich, dass bei nicht vorhandenem Impuls die Zufallsgröße $y(0)$ allein bereits größer als der Schwellwert ist, d. h. $y(0) > u_d$, was fälschlich als „Impuls vorhanden" gedeutet wird. Bei tatsächlich vorhandenem Impuls wiederum kann der Fall $y(0)+u_2(0) < u_d$ auftreten und damit die falsche Entscheidung „Impuls nicht vorhanden" auslösen. Selbstverständlich kann die (mittlere) Fehlerwahrscheinlichkeit berechnet werden, wenn man die Amplitudenstatistik des weißen Rauschens kennt. Im einfachsten Falle ist es normalverteiltes (oder Gauß-) Rauschen. Da wir dies nicht behandelt haben, bleibt uns nur übrig zu akzeptieren, dass als Gütekriterium an Stelle der Fehlerwahrscheinlichkeit ein so genanntes Signal-Rausch-Verhältnis SNR (Signal Noise Ratio) dient, erklärt durch den Quotienten aus Signalamplitude $u_2(0)$ und Rauscheffektivwert y_{eff}

$$\text{SNR} = \frac{u_2(0)}{y_{eff}} \quad \text{mit} \quad y_{eff} = \sqrt{\psi_{yy}(0)}$$

Aus der Forderung nach Wahl einer Systemcharakteristik, die zu einem möglichst großen Signal-Rausch-Verhältnis führt, ergibt sich – wir übergehen die Herleitung – eine optimale Gewichtsfunktion $g_{opt}(t)$ zu

$$g_{opt} = ku_1(-t) \qquad k = \text{const, reell (dimensionsbehaftet)}$$

Die zugehörige Übertragungsfunktion lautet $G_{opt} = kU_1^*(f)$.

Ein solches an das determinierte Eingangssignal „angepasste" LTI-System bezeichnet man im Angloamerikanischen als *matched filter*. Wir wollen es mit Hänsler [Hän01] *signalangepasstes Filter* nennen. Damit entsteht für das komplette (determinierte) Ausgangssignal $u_2(t)$

$$u_2(t) = u_1(t) * g_{opt}(t) = u_1(t) * ku_1(-t)) = k \int_{-\infty}^{+\infty} u_1(\tau)u_1(t+\tau)\, d\tau$$

Es liegt nahe, eine Autokorrelationsfunktion auch für determinierte aperiodische Signale zu erklären gemäß

$$\psi_{11}(\tau) = \int_{-\infty}^{+\infty} u_1(t)u_1(t+\tau)\, dt$$

Diese hat, abgesehen von der Dimension, die gleichen Eigenschaften wie die AKF eines stochastischen Signals. Insbesondere hat die AKF $\psi_{11}(\tau)$ ebenfalls ihr globales Maximum an der Stelle $\tau = 0$, und man stellt fest, dass dies ein bekannter Ausdruck ist, nämlich die (signaltheoretische) Energie E_1 des Signals $u_1(t)$

$$E_1 = \psi_{11}(0) = \int_{-\infty}^{+\infty} u_1^2(t)\, dt$$

Besichtigen wir nun wieder das Ausgangssignal des signalangepassten Filters. Man erkennt durch Vertauschen der Variablen t und τ, dass das Ausgangssignal wie folgt notiert werden kann

$$u_2(t) = k\psi_{11}(t)$$

Das signalangepasste Filter erzeugt also, abgesehen von einem Faktor, die AKF des aperiodischen Signals $u_1(t)$. Die AKF entsteht in Form einer Zeitfunktion. Die Entscheidung „vorhanden" oder „nicht vorhanden" erfolgt somit wegen $u_2(0) = k\psi_{11}(0)$ vernünftigerweise an der Stelle, an der der Maximalwert von $u_2(t)$ zu erwarten ist. Für den Fall, dass $u_1(t)$ ein Rechtecksignal ist, entsteht für $u_2(t)$ ein Dreiecksignal. Bitte beachten Sie, dass man gemäß Modell die zeitliche Lage von $u_1(t)$ geeignet wählen muss, wenn man Wert auf die Kausalität des signalangepassten Filters legt.

Sie sind in der Lage, den Effektivwert y_{eff} des Rauschsignals $y(t)$ am Filterausgang zu berechnen, eben so wie den Wert $u_2(0)$. Denken Sie daran, auch den Frequenzbereich zu benutzen. Wenn Sie richtig gerechnet haben, ergibt sich für das signalangepasste Filter das (maximale) Signal-Rausch-Verhältnis

$$\text{SNR} = \sqrt{\frac{E_1}{\Psi_0}}$$

Da also nur die Energie E_1 des Eingangssignals $u_1(t)$, nicht aber dessen Form für das erreichbare Signal-Rausch-Verhältnis wichtig ist, kann man z. B. Zeitdauer und Amplidude gegeneinander austauschen. Auch kann man Signale wählen, deren AKF einen ausgeprägt nadelförmigen Verlauf in der Umgebung des Maximums hat, und somit einen präzisen Zeitpunkt markieren, so dass sie zur Synchronisation geeignet sind. Solche Signale haben eine Feinstruktur, was zu einer größeren spektralen Ausdehnung führt, d. h. es sind Breitbandsignale. Sie können z. B. wiederum aus einer Folge von elementaren Rechtecksignalen zusammengesetzt sein. Dann entsteht eine Art Codezeichen, deren Energie durch die zeitliche Dauer bzw. Länge des Codewortes beliebig vergrößert werden kann. Da solche Signale unter den vorausgesetzten Bedingungen durch ein signalangepasstes Filter gewissermaßen aus dem Rauschen „herausgesucht" werden können, bezeichnet man das System auch als *optimales Suchfilter*.

Selbstverständlich muss man ein signalangepasstes Filter nicht als Analogfilter aufbauen. Vielmehr leistet eine entsprechende Korrelatoranordnung mit Multiplizierer und Integrator dasselbe. Der Korrelationsempfang ist in moderner Technologie als diskretes bzw. digitales System elegant realisierbar.

Da man bei der digitalen Nachrichtenübertragung fortgesetzt solche Binärentscheidungen treffen muss, bestimmt die Zeitdauer der verwendeten Signale die Übertragungsgeschwindigkeit, also die Bitrate. Außerdem ist die spektrale Ausdehnung, d. h. die belegte Bandbreite, von Bedeutung. Das oben vorgestellte Modell entspricht in der Nachrichtentechnik einer Codierung der Binärzeichen, die man als On-Off-Keying (OOK) bezeichnet. Es gibt andere Codierungen, die die Signalenergie besser ausnutzen, in der Regel auf Kosten der Bandbreite. Generell sind Energie- und Bandbreiteneffizienz gegenläufig verknüpft.

Schließlich soll noch darauf hingewiesen werden, dass man in obigem Modell für ein vorgegebenes Signal und das zugehörige angepasste Filter spezielle andere Signale angeben kann, deren Ausgangssignal (die Kreuzkorrelationsfunktion aperiodischer Signale) im Abfragezeitpunkt eine Nullstelle hat, so dass sie de facto unwirksam sind und auf diese Weise ausgeblendet werden. Man bezeichnet sie als orthogonale aperiodische Signale, und man kann Klassen orthogonaler Funktionen angeben, die in der modernen Nachrichtentechnik in mannigfacher Hinsicht (z. B. im Mobilfunk bei UMTS) eine Rolle spielen, weil sie durch Korrelationsempfang selektiert werden können.

Für viele andere Disziplinen außerhalb der Nachrichtentechnik im engeren Sinne sind derartige Korrelationsmethoden ebenfalls wichtig, auch für mehrdimensionale Signale, wie etwa bei der zweidimensionalen Mustererkennung.

Literaturverzeichnis

[DKBK09] Armin Dekorsy, Karl-Dirk Kammeyer, Dieter Boss, and Kristian Kroschel. *Digitale Signalverarbeitung*. Vieweg+Teubner, 2009.

[Dob07] Gerhard Doblinger. *Zeitdiskrete Signale und Systeme*. Schlembach, 2007.

[FB08] Thomas Frey and Martin Bossert. *Signal- und Systemtheorie*. Vieweg+Teubner, 2008.

[Fli08] Norbert Fliege. *Signale und Systeme*. Schlembach, 2008.

[Fri81] Gottfried Fritzsche. *Informationsübertragung*. Verlag Technik, 1981.

[Hän01] Eberhard Hänsler. *Statistische Signale*. Springer, 2001.

[Kam08] Karl-Dirk Kammeyer. *Nachrichtenübertragung*. Vieweg+Teubner, 2008.

[Kar05] Ulrich Karrenberg. *Signale – Prozesse – Systeme*. Springer, 2005.

[KI90] Dieter Kreß and Ralf Irmer. *Angewandte Systemtheorie*. Oldenbourg, 1990.

[KJ08] Uwe Kiencke and Holger Jäkel. *Signale und Systeme*. Oldenbourg, 2008.

[KK09] Karl-Dirk Kammeyer and Kristian Kroschel. *Digitale Signalverarbeitung*. Vieweg+Teubner, 2009.

[Küp49] Karl Küpfmüller. *Systemtheorie der elektrischen Nachrichtenübertragung*. Hirzel, 1949.

[Lan71]   Franz Heinrich Lange. *Signale und Systeme*. Technik, 1971.

[Mey09]   Martin Meyer. *Digitale Signalverarbeitung*. Vieweg+Teubner, 2009.

[OL07]   Jens-Rainer Ohm and Dieter Lüke. *Signalübertragung*. Springer, 2007.

[Sch05]   Rainer Scheithauer. *Signale und Systeme*. Teubner, 2005.

[Sch08]   Hans Wilhelm Schüßler. *Digitale Signalverarbeitung*. Springer, 2008.

[Unb02]   Rolf Unbehauen. *Systemtheorie*. Oldenbourg, 2002.

[Vic64]   Robert Vich. *Z-Transformation*. Technik, 1964.

[Vog99]   Peter Vogel. *Signaltheorie und Kodierung*. Springer, 1999.

[Wer08]   Martin Werner. *Signale und Systeme*. Vieweg+Teubner, 2008.

[Wun06]   Gerhard Wunsch. *Stochastische Systeme*. Springer, 2006.

Sachwortverzeichnis

Informationstechnik

Kammeyer, Karl-Dirk / Kroschel, Kristian
Digitale Signalverarbeitung
Filterung und Spektralanalyse mit MATLAB®-Übungen
7., erw. u. korr. Aufl. 2009. XVI, 587 S. mit 323 Abb. u. 30 Tab. Br. EUR 39,90
ISBN 978-3-8348-0610-9

Kammeyer, Karl Dirk
Nachrichtenübertragung
4., neu bearb. und erg. Aufl. 2008. XVI, 845 S. mit 468 Abb. u. 35 Tab. Br. EUR 62,90
ISBN 978-3-8351-0179-1

Kammeyer, Karl-Dirk / Klenner, Peter / Petermann, Mark
Übungen zur Nachrichtenübertragung
Übungs- und Aufgabenbuch
2009. X, 212 S. mit 107 Abb. und 15 Tab. Br. EUR 29,90
ISBN 978-3-8348-0793-9

Werner, Martin
Digitale Signalverarbeitung mit MATLAB®
Grundkurs mit 16 ausführlichen Versuchen
4., durchges. u. erg. Aufl. 2009. XII, 294 S. mit 180 Abb. u. 76 Tab. mit OnlinePLUS
Br. EUR 29,90
ISBN 978-3-8348-0457-0

Werner, Martin
Nachrichtentechnik
Eine Einführung für alle Studiengänge
6., verb. Aufl. 2009. XII, 363 S. mit 233 Abb. u. 35 Tab. Br. EUR 24,90
ISBN 978-3-8348-0456-3

Werner, Martin
Signale und Systeme
Lehr- und Arbeitsbuch mit MATLAB®-Übungen und Lösungen
3., vollst. überarb. und erw. Aufl. 2008. XII, 386 S. mit 256 Abb. u. 48 Tab. mit
OnlinePLUS Br. EUR 29,90
ISBN 978-3-8348-0233-0

**VIEWEG+
TEUBNER**

Abraham-Lincoln-Straße 46
65189 Wiesbaden
Fax 0611.7878-400
www.viewegteubner.de

Stand Januar 2010.
Änderungen vorbehalten.
Erhältlich im Buchhandel oder im Verlag.